재료역학

공학과 예술

조승현
동양미래대학교 기계공학과 부교수

이성오
동양미래대학교 기계공학과 前교수

이순아
홍익대학교 대학원 미학과 겸임교수

재료역학
공학과예술

1판 1쇄 인쇄 2016년 2월 25일
1판 1쇄 발행 2016년 2월 29일

지은이 조승현, 이성오, 이순아
발행인 김병계
발행처 도서출판 보문당
등록 1990년 6월 15일(제1-1066호)
주소 서울시 마포구 토정로 15길 32(신수동)
전화 02. 704. 7025 / 02. 704. 0635
팩스 02. 704. 2324
이메일 bmdpub@naver.com
홈페이지 www.bomoondang.co.kr

값 25,000원

ISBN 978-89-8413-209-2 (93550)

이 도서의 국립중앙도서관 출판예정도서목록(CIP)은
서지정보유통지원시스템 홈페이지(http://seoji.nl.go.kr)와
국가자료공동목록시스템(http://www.nl.go.kr/kolisnet)에서
이용하실 수 있습니다.(CIP제어번호: CIP2016005510)

본 교재는 동양미래대학교 공학기술교육센터의 연구지원사업의 지원으로 집필되었으며,
관계자 여러분들께 감사드립니다.

재료역학

공학과 예술

조승현 • 이성오 • 이순아 지음

普文堂

| 차례 |

머리말

1. 수와 수학 __ 1

1.1 수(Number) 5

1.2 수학(Mathematics) 26

2. 공학단위 __ 33

1) 시간 35

2) 길이 35

3) 질량 36

4) 중력 가속도 36

5) 힘 38

6) 압력 40

7) 일 41

8) 일률 43

3. 이상적 비례와 적합미 __ 45

3.1 디자인과 공학 46

3.2 건축미와 적합미 47

3.3 예술과 미 52

3.4 수학과 이상적 비례 57

3.5 카논의 팔등신, 사각형 인간 63

3.6 콘트라포스토와 유기적 신체의 구현 65

4. 레오나르도 다 빈치 __ 67

4.1 원근법, 비례, 기하학 70

4.2 사실주의 기법의 집대성 74
4.3 역학적 원리와 미적 원리의 조화 75
4.4 무게, 중력, 운동과 역학 75
4.5 데생과 해부도 77
4.6 수학과 과학 81
4.7 바람, 물, 유체역학 83
4.8 기구설계와 태양에너지 87
4.9 마찰과 베어링 89

5. 역학과 예술 — 91

5.1 재료역학 93

5.1.1 하중
5.1.2 응력
5.1.3 변형과 변형률
5.1.4 재료의 역학적 특성
5.1.5 응력-변형률 선도
5.1.6 허용응력과 안전계수
5.1.7 응력집중
5.1.8 열응력
5.1.9 잔류응력
5.1.10 탄성변형에너지
5.1.11 재료의 선정
5.1.12 설계의 중요성

5.2 파르테논 신전 : 그리스 건축의 미적 구조와 역학적 구조 154

5.2.1 미적 구조
5.2.2 완벽한 형태미를 위한 착시교정
5.2.3 재료역학을 이용한 파르테논 신전의 기둥 설계

5.3 고딕 건축의 역학적 구조와 예술적 표현 165

5.3.1 고딕 건축의 성립
5.3.2 고딕 건축의 특징
5.3.3 플라잉 버트레스의 역학
5.3.4 고딕 건축의 미적, 표현적 구조

5.4 고딕 건축의 역학적 구조와 보 189

5.4.1 타이 빔
5.4.2 해머 빔
5.4.3 보의 종류와 하중
5.4.4 보의 전단력과 굽힘모멘트
5.4.5 보의 전단력과 굽힘모멘트의 관계
5.4.6 전단력선도와 굽힘모멘트선도
5.4.7 외팔보에 대한 선도
5.4.8 탄성곡선의 미분방정식
5.4.9 외팔보의 처짐각 및 처짐
5.4.10 단순보의 처짐각 및 처짐

5.5 구조재의 단면 특성 242

5.5.1 도심과 면적의 1차 모멘트
5.5.2 면적 2차 모멘트(면적 관성 모멘트)
5.5.3 단면계수
5.5.4 평행축 정리
5.5.5 극관성모멘트
5.5.6 굽힘강성
5.5.7 기둥의 휨, 좌굴
5.5.8 기둥 지지조건에 따른 임계하중

5.6 브루넬레스키-돔건축과 기계장치 284

5.6.1 피렌체 대성당
5.6.2 기계의 발명
5.6.3 도르레 원리
5.6.4 토크에 의한 힘의 감소
5.6.5 비틀림

5.7 피사의 사탑-회전에너지의 균형 319

5.7.1 로마네스크 건축의 성립
5.7.2 로마네스크 건축의 특징
5.7.3 피사의 사탑
5.7.4 사탐의 균형-힘과 모멘트
5.7.4 피사의 연약지반과 반력

5.8 판테온과 아치 334

5.8.1 로마 건축의 특성

5.8.2 로마 건축의 구조 기술
5.8.3 판테온-구조 방식과 상징적 의미
5.8.4 아치의 역학

6. 움직이는 조각 — 351

6.1 알렉산더 칼더-모빌 354
6.2 힘의 균형, 모멘트 356
6.3 축소모형의 공학적 의미 358
6.4 장 팅겔리와 기계동력 359
6.5 모터의 원리 361

7. 추상화와 물질구조 — 365

7.1 추상의 개념 366
7.2 추상화와 물리학 369
7.3 재료의 미시적 구조 373

8. 부록-과학 박물관 — 377

1. 런던 과학 박물관 379
2. 파리 국립기술공예 박물관 383
3. 독일 과학기술 박물관 391
4. 독일 철도 박물관 397
5. 독일 바우하우스 403
6. 이탈리아 레오나르도 다 빈치 국립 과학 기술관 407
7. 미국 스미스소니언 박물관 417
8. 상하이 과학기술 박물관 423
9. 동경 국립 과학 박물관 431

찾아보기 — 437

| 머리말 |

"공학과 예술의 만남"

과학(Science)은 사전적 의미가 라틴어 scientia에서 유래한 지식(Knowledge)을 뜻하며, 우주에 대해 예측하고 실증적 검증을 위한 지식을 구조적으로 조직화하는 것을 의미하며 한 가지의 가정위에 여러 방법을 이용하여 얻어진 광범위한 지식 체계이다. 반면에 공학[01](Engineering)은 발명을 뜻하는 라틴어 ingenium을 어원으로 하며 장치, 시스템, 재료, 프로세스 등을 디자인하고 유지하기 위한 과학적, 경제적, 사회적, 실증적 지식의 적용을 의미하며 문제해결을 위해 관련된 다양한 지식체계를 활용할 수 있는 사고력과 장치나 공정의 성능과 비용 등을 종합적으로 고려하는 능력이 요구되는 학문이다.

즉 과학은 지식의 체계를 확립하며 우주의 진리와 현상을 탐구하는 학문이고 공학은 그러한 지식을 이용하여 문제의 해결방안을 탐구하며 삶의 질을 높이는 실용적인 학문이다. 따라서 공학자들은 현실 속에서 직면하는 다양한 문제를 해결하기 위해서 다양한 지식을 적용해야하기 때문에 예술

01 미국 전문 직업발전을 위한 엔지니어협의회(Engineers Council for Professional Development in the United States)의 공학에 대한 정의이다. "공학은 구조물, 기계, 장치, 공정과정을 설계하기 위해 과학적 원리를 적용하는 것. 또는 구조물, 기계, 장치, 공정과정을 독립적으로나 복합적으로 사용하여 일하는 것. 또는 설계에 대한 완벽한 인지를 바탕으로 제작하거나 운영하는 것. 또는 특정한 운용 조건하에 이들의 거동을 예측하는 것이며 이 모든 경우에 있어 의도한 기능, 동작의 경제성, 생명과 재산의 안전성에 관한 것들이 포함된다."

과 과학에서 얻어지는 아이디어들을 조합하여 사용할 줄 알아야한다. 과학적 연구와 발견으로부터 공학과 기술이 발전해오고 있지만, 공학과 기술의 발전이 과학적 성과를 촉진하고 가능하게 하는 경우도 많다. 예를 들면 컴퓨터 기술의 발전이 전산과학 발전의 밑바탕이 되었고, 허블망원경의 개발이 천체물리학의 지평을 넓혔으며, 광학현미경의 개발이 생체과학의 발전을 촉진시켜왔다. 즉, 과학과 공학은 서로의 발전에 기여하는 상호 보완적인 협력관계라고 할 수 있다.

사실 문명의 발전은 공학의 발전과 궤를 같이 한다. 기원전 2600년 전 이집트의 피라미드는 임호텝(Imhotep)이라는 엔지니어에 의해 설계되었고, 토목공학, 기하학 등 공학적인 업적이 있었기에 가능하였다. 풍차의 설계와 제작, 동력을 발생하기 위한 수차, 효율적인 경작을 위한 농기구 등이 고대사회의 발전을 가져왔고, 금속활자를 사용한 인쇄기술의 발전으로 인해 인류의 역사가 현재까지 전해올 수 있었다. 또한 14세기~16세기 유럽사회에 큰 변화를 가져온 르네상스는 예술, 과학, 공학 등 모든 분야에 걸쳐 일어났는데, 이 시기에 대표적 인물인 레오나르도 다빈치(1452-1519)와 인류유산인 건축물에서 알 수 있듯이 예술과 공학이 분리되지 않고 함께 발달했기에 문명의 발전이 가능하였다.

우리나라는 1960년대 이후 공학의 발전을 기반으로 지속적인 경제발전을 이루어 세계가 인정하는 첨단공업국가가 되었다. 조선, 반도체, 휴대폰, 자동차 등 우리나라에서 생산하는 최첨단 제품들이 세계 일류 상품으로 전 세계의 사랑을 받고 있다. 우리나라가 좁은 국토에 천연자원이 부족하고 민족이 분단된 현실에서도 경이로운 성장을 이룬 배경에는 무엇보다 세계 최고수준의 높은 교육열과 우수한 인적자원 그리고 창의적인 공학기술이 있다.

그러나 현재까지의 눈부신 발전이 미래의 발전을 보장하지 않으며 세계는 지금 보이지 않는 경제전쟁, 기술전쟁을 하고 있다. 애플사의 휴대폰은 휴대폰의 개념을 바꾸며 창의 · 혁신의 아이콘이 되었지만 불과 5-6년

이 지나지 않아 시장에서 혁신제품의 이미지를 잃어가고 있다. 그만큼 관련 공학기술의 급속한 발전으로 기업 간 기술적 차이가 없어지기 때문이다. 또한, 최근 경험한 기업 간의 특허분쟁을 통해 공학기술이 한 기업의 이해뿐만 아니라 국가의 발전과 대외이미지에도 막대한 영향을 미치는 것을 확인할 수 있었다.

기업 간 기술이 비슷해지면서 선진기업일수록 제품의 차별화를 위해 제품기획 단계에서부터 철학, 음악, 미술, 역사, 디자인 등 다양한 학문의 경험자를 개발에 참여시키고 있다. 이것은 소비자는 사람이고 사람의 마음을 움직이려면 기술이 아닌 사람을 이해해야 한다는 필요성에 기인한 것이다.

"공학과 예술의 융합"

예술은 영어로 아트(art)로 표기되는데 아트의 어원은 라틴어로 아르스(ars)이며 아르스는 그리스어 테크네(techne)에서 기원하고 있다. 그리스어 테크네에서 파생된 또 다른 단어가 공학, 기술을 의미하는 테크닉(technique)이다. 즉 예술과 공학은 처음부터 동일한 어원, 의미에서 파생된 것이다.

그리스시대의 테크네가 의미하는 것을 살펴보면 공학과 예술이 융합되어 있었음을 알 수 있다. 테크네는 지식에 따라 일정한 기술(skill)에 입각한 인간의 제작활동과 관련 지식, 인간이 만들어내는 제품(production), 생산(manufacturing) 활동을 의미하고 있었다. 예술영역인 회화, 조각과 공학과 기술영역인 건축, 기하학, 항해술이 테크네의 영역이었다. 따라서 공학과 예술의 융합은 이질적인 학문의 결합이 아니라 원래 동일했던 학문의 근원적 성격을 회복한다는 의미가 있다고 할 수 있다.

융합교육이 본격적으로 미래교육의 트렌드가 되었다. 지금까지 교육은 과목별 전문성과 학문적 위계에 따라 발달 단계를 고려해 따로 따로 가

르쳐왔다면, 앞으로의 교육은 실생활 문제나 주제와 관련해 다른 교과목을 연계하여 교육해야 한다.

흔히들 레오나르도 다빈치는 화가로만 알고 있지만 그가 남긴 르네상스 시대의 그림, 발명품, 해부학자료 등을 살펴보면 현대인들이 깜짝 놀랄 많은 아이디어가 숨어 있다. 그래서 다빈치는 정말 다양한 분야에서 천재성을 드러낸 만능인(Homo universalis)으로 알려져 있다. 또한 스티브 잡스는 스탠퍼드대학교 졸업식 축사에서 그가 대학 시절에 들었던 서체학 수업이 컴퓨터 개발에 도움이 되었다고 했다. 인류사회의 발전과 지속 가능한 개발을 위해서는 융합과 창의성(Creativity)이 꼭 필요하다. 과학, 기술, 공학, 예술, 수학 등 다양한 학문의 융합(STEAM)이 창의성의 바탕이 되는 것은 물론이고, 문화적 다양성은 또한 새로운 창조의 원천이 될 수 있다.

이와 같이 현대사회가 원하는 인재는 타 학문에 대한 긍정적인 수용태도, 다양한 분야의 지식을 통합할 수 있는 능력, 다양한 타 전공자들과 소통하고 협력하여 과제를 수행할 수 있는 능력, 과학 · 기술 · 공학이 미래 사회시스템에 미치는 영향을 예측할 줄 알고, 현 시대에 논의되고 있는 과학 · 기술 · 공학 지식을 빠르게 습득할 줄 아는 능력이 요구되고 있다.

과학기술이 비약적으로 발전함에 따라 실생활의 첨단 과학기술 수준은 높아졌으나, 학교에서의 수학 · 과학 · 기술 교육은 이를 따라가지 못하는 상황이고 다른 한편으로 예술 교육은 입시 경쟁 속에서 무력화되어 오히려 예민한 감성과 상상력을 결빙시키는 상황을 초래했다. 따라서 최첨단 과학, 기술, 공학에 대한 흥미를 높이고, 과학적 지식을 인간의 감성과 실생활의 유용성과 관련시키는 상상력을 키워줄 수 있는 융합교육 프로그램이 절실히 요구된다.

“전문기술인 양성을 위한 융합교육”

그동안 대학에서도 각 분야의 창의적인 인재를 양성하기 위한 교과 간 융합교육의 중요성에 대한 목소리는 지속되고 있고 특히 과학기술 및 공학 분야에서 인문학 및 예술 분야와의 융합의 필요성이 강조되어 왔지만, 구체적인 융합교육의 모델이나 커리큘럼이 개발되지 못한 것이 사실이다. 또한 기업에서건 학교에서건 지금 당장 어떻게 하면 스티브 잡스처럼 창의적인 엔지니어를 키울 수 있을까 하면서 너무 성급하게 무턱대고 인문학과 예술 분야와의 연계를 강조만하는 방식으로 진행이 되고 있는 인상이다.

하지만 창의성과 기발한 상상력은 그리 단시간에 개발 되는 것이 아니다. 인간은 유아시절부터 차곡차곡 놀이와 예술 교육을 통해, 그리고 학교교육 속에서는 다양한 인문학을 통해 인간을 성찰하는 기회를 가짐으로써 자연스럽게 미적 감수성을 개발시키고 융통성 있는 자유로운 사고능력을 발전시키게 된다. 그리고 이러한 능력들은 다양한 분야에서 인간의 창의력과 상상력으로 이어질 것이다.

따라서 이제까지의 우리나라의 교육 현실 속에서 성급하고 피상적인 과학기술 · 공학 - 인문학 · 예술의 융합의 강조는 비효과적이다. 물론 근래 제안되고 있는 초등 · 중등 · 고등 교육에서 다양한 실험과 탐구, 예술 체험을 통한 창의적 인재를 양성하는 융합 교육의 모색은 매우 바람직하다. 하지만 현 시점에서 대학은 앞선 교육과정을 통해 자연스럽게 감성과 상상력을 개발시킬 기회를 갖지 못한 대학생들을 위해 인문교양 강좌, 예를 들어 역사 · 문화사와 예술론 및 미학 관련 강좌를 강화함으로써 인간의 삶과 가치 및 미의식, 다양한 문화의 이해 등 인간에 대해 성찰하게 하고 다양한 분야의 지식을 자신의 전공분야와 융합시킬 수 있는 교육을 시도해야 한다.

특히 취업 지향적이고 직업교육 중심적인 공학전문대학의 학생의 경우, 이전의 학교나 가정 교육과정 속에서 예술교육이나 감성교육에 많이 노출되지 않았을 가능성이 높고 또 전문대학 교육과정에서도 인문학 분야를 접할 기회가 많지도 않아 인문학이나 예술에 대해서는 관심도가 매우 낮을 것이다. 따라서 상식적 수준의 인문적 지식이나 예술에 대해 학생들의 관심을 이끌어내고 그러한 관심을 학생들의 전공분야와 관련하여 창의적 사고의 자극이 되도록 유도할 수 있는 구체적인 내용의 교육이 요구된다.

이러한 교육의 목표는 문화예술에 대한 기초이해가 부족한 학생들에게 예술이해와 관련된 기초개념을 제시함으로써 예술에 대한 관심을 높이고 더 나아가 감성적 예술적 사고를 고양시켜서 자신의 전공분야의 지식을 인간의 감성 및 생활과 관련시킬 수 있는 상상력과 응용력을 개발시키는 것으로 한다.

"재료역학"

앞서 기술과 공학의 기원을 살펴본 바와 같이 인류의 역사와 함께한 가장 오래된 공학분야는 사용가능한 재료의 힘과 변형의 관계를 규명하는 학문으로서 기계공학의 필수교과인 재료역학이다. 저자가 다년간 대학에서 재료역학을 강의하면서 느낀 바는, 기계공학의 필수교과로 재료역학의 필요성을 인식하고 열심히 공부하려고 하지만 수학, 물리 등 기초학력이 부족한 상태에서 "왜 공학을 공부해야 하는가?" 라는 근본적인 의문을 가지면서 재료역학을 수학의 나열로 인식하여 어려움을 호소하는 공학도들이 의외로 많다는 점이다. 이러한 점에서 재료역학의 근원을 쉽게 이해시키고 재료역학을 배우는 이유를 설명하기 위해, 생활과 예술속에서 재료역학을 유추할 필요를 해가 거듭할수록 크게 느끼고 있다.

따라서 저자는 위의 문제점을 인식하여 공학도가 보다 쉽게 재료역학을 공부할 수 있도록 다음과 같은 형태로 본 교재를 집필하였다.

① 공학의 근본인 수(number)가 가지고 있는 의미를 풀이하여 숫자가 가지고 있는 디자인, 공학의 의미를 학습하고, 과학사를 통해 수학(mathematics)의 기원을 이해함으로써 공학을 배우기 위해 왜 수학을 학습해야 하는지를 학생들이 이해하도록 하였다.

② 기존 교재는 모든 공학의 기초가 되는 단위(unit)를 부록이나 간단하게 언급하는 수준으로 집필되어 있으나, 단위가 가지고 있는 물리적 의미를 이해하면 단위변환이나 주어진 조건의 역학계산이 용이해지기 때문에 단위를 별도의 장으로 구성하여 학생들이 단위의 의미를 이해하도록 하였다.

③ 이상적 비례와 적합미의 고찰을 통해 수학과 인간의 본성에 대한 이해가 이상적 아름다움을 창조하는 원동력임을 설명함으로써 갈수록 중요성이 커지는 아름답고 기능적인 디자인의 중요성을 이해할 수 있도록 하였다.

④ 예술가이자 만능인의 전형인 레오나르도 다빈치를 독립적인 장으로 구성하여 레오나르도 다빈치가 남긴 기록들을 통해 예술과 공학의 근원과 재료역학의 주요내용을 학생들이 이해하도록 하였다.

⑤ 역학과 예술이라는 주제에서는 인류가 남긴 위대한 예술작품인 파르테논 신전, 고딕성당, 피사의 사탑, 판테온 신전 등을 살펴보고 이러한 예술작품의 탄생이 가능하게 한 공학을 통해 재료역학의 핵심내용인 하중, 응력, 변형률, 보(beam), 기둥 등을 학습하도록 하였다.

⑥ 움직이는 조각인 모빌과 움직이는 분수를 통해 기계공학과 재료역학의 이해가 현대 설치미술의 근원임을 설명하였다.

⑦ 피카소로 대표되는 추상화와 기계재료의 공통점을 살펴봄으로써 예술작품과 공학기술의 연관성을 이해하도록 하였다.

⑧ 부록으로 영국, 프랑스, 독일, 이탈리아, 미국, 중국, 일본의 공학관련 박물관을 자세히 소개하여 학생들이 해외여행 시 테마가 있는 여행을 할 수 있도록 팁을 제공하였고, 관련 여행을 갈 경우 깊이 있는 여행이 될 수 있도록 전공서적인 본 교재가 여행지침서로 활용할 수 있도록 하였다.

⑨ 가능한 어려운 수식 전개는 배재하였고, 이론전개가 무리없이 되도록 노력

하였다.

⑩ 예술작품의 소개와 이론전개 후 이를 확인할 수 있는 간단한 예제를 상세한 설명과 함께 실었으며, 장별로 연습문제를 수록하여 재료역학을 이해하는데 부족함이 없도록 하였다.

저자는 '역학은 어렵다'는 선입견을 깨기 위한 노력으로 시작된 본 교재가 공학도들이 '재료역학이 더 이상 어렵기만 한 학문이 아닌 재미있고 해야만 하는 학문'이라고 인식한다면 충분한 목표를 달성했다고 생각할 것이다.

공학과 예술 두 영역에서 오류가 없도록 최선의 노력을 기울였으나 부족한 점이 많은 저자로서 미비점이 많으리라 생각되며, 이는 앞으로 지속적인 연구를 통해 수정 · 보완해 갈 것을 약속드린다.

2016. 2

저자 씀

1. 수와 수학

수는 만물의 근원이다.[01]

피타고라스(B.C. 580?~500?, 그리스의 철학자, 수학자)는 '수는 만물의 근원이다'라고 말했다. 그것은 아마도 수가 존재하지 않는다면 어느 누구도 사물에 관한 것을 이해하지 못하기 때문일 것이다. 수는 그 자체가 본질이기 때문에 수에는 오해가 있을 수 없다. 우리가 오해를 하는 것은 수 자체가 아니라 잘못된 곳에 놓인 수이다. 필롤라오스(B.C. 5세기, 피타고라스학파의 철학자)는 이러한 수를 두고 '수의 본질에는 진리가 내재하고 있으며, 그 속에 본래부터 들어있다'라고 하였다.[02]

수는 가장 높은 수준의 지식이다. 수는 지식 그 자체이다.[03]

고대의 철학자들은 수학이나 음악, 자연 속에 존재하는 반복적인 조화로운 패턴들 속에서 일관성 있는 조화가 우주 전체에 나타난다고 믿었다. 그리스인은 조약돌을 다양한 기하학적 모양으로 배열하면서 산술을 연구했는데 그것을 통해 유형 속에 내재하는 원형적 패턴과 원리를 발견했다. 이것은 오랜 세월에 걸쳐 '수론'이라는 근대 수학의 한 분야로 발전하였다. 패턴에 대한 광범위한 연구와 직관을 통해 고대인들은 산술과 기하학의 구조와 패턴이 자연의 사물 속에 구현되어 있다고 생각했다. 사물에서 색이나 냄새와 같은 모든 감각적 특징을 제거하면 크기와 무게와 같은 양을 나타내는 수만이 남는다. 그리고 마지막 남은 수로 표현되는 것을 제거하면 사물은 사라진다. 수학은 그리스어로 아르카이(archai), 곧 우주의 설계와 구조의 창조원리를 보여주는 철학적 언어이다. 만질 수 없는 수를 문자로 나타낸 숫자와 기하학 도형은 이러한 원리의 표상이다. 자연의 조화로운 원

01 『소크라테스 이전 철학자들의 단편선집』, 김인곤 외 편역, 아카넷, 2005, pp. 186-187.

02 위의 책, pp. 460.

03 플라톤은 『국가』에서 수를 "모든 기술과 모든 형태의 사고와 지식이 이용하는 공통의 것이며, 모드가 맨 먼저 배워야만 하는 것"(522C)이라 하면서 산술을 진리로 인도하는 교과목으로 간주하였다. (『국가 • 정체』, 박종현 역, 서광사, 2009 참조)

리들은 그 수학적 관계들을 통해 드러나고 누구에게나 똑같다는 점에서 보편적이다.[04]

공학을 전공하는 학생들에게 전공이 어려운 이유를 물어보면 대부분 수학 때문이라고 대답한다. 초등학교에서부터 가장 많은 시간을 할애하며 공부한 교과가 수학인데도 학생들은 여전히 수학을 어려워한다. 초등학교 때 학교수업이 어려워지는 때가 수학이 어렵게 느끼는 시작하는 시기와도 일치한다. 대학교 입시에서 수학이 차지하는 비중이 절대적이기 때문에 벌어지는 사회현상이겠지만 대학을 입학한 후에도 수학 때문에 고통을 받는 것을 보면서 이것은 수학학습 방법에 문제가 있지 않을까하는 생각을 하게 된다. 수학을 대학입시를 위한 반드시 익혀야하는 도구로 인식한다면 수학의 고통에서 벗어날 수 없다. 왜냐하면 모든 사람이 수학적 재능이 우수하지 않기 때문이다.

그러나 수학을 앞서 언급한 바와 같이 삶의 그 자체로 인식하면 얘기는 달라진다. 사실 수학은 우리 일상생활 어디에도 있다. 마트에서 돈을 계산하는 것은 물론이고 우리가 매일 이용하는 모든 건축물, 구조물, 이동수단 등은 수학을 사용한 설계로 제작되었고 매일 사용하는 휴대폰도 음성정보를 디지털화하고 재생하는 과정에서 수학이 사용된다. 우리가 직감적으로 느끼는 아름다운 조형물을 아름답다고 느끼는 이유 중 하나는 작품에 숨어있는 수학적 비례 때문이기도 하다. 우리가 경외감을 갖게 되는 모든 인류사적 예술품도 수학적 사고가 바탕이 되어 탄생할 수 있었다. 이처럼 수학은 우리의 삶 깊숙이 이미 들어와 있다.

수학이 있어 우리는 미지의 자연현상들을 이해할 수 있고 예측할 수 있게 되었다. 뉴턴이 사과가 떨어지는 현상에서 '중력'을 발견하고 입증하기 위해 미분과 적분을 만들어 내었듯이 인류문명의 발전은 수학의 발전과 궤를 같이하고 있다. 경이롭고 때로는 공포스러운 자연현상을 이해하고 예

04 마이클 슈나이더, 『자연, 예술, 과학의 수학적 원형』, 이충호 역, 경문사, 2002

측하는데 수학은 필수적이다.

고대의 철학자들은 1에서 10까지의 수와 원, 선, 삼각형, 사각형처럼 그 수를 나타내는 모양 속에서 우주를 이루고 있는 사물의 원형을 찾아내고자 하였다. 1611년 갈릴레이는 "철학은 우주에 쓰여 진다. 이 책은 우리 시야 앞에 항상 펼쳐진 채 서 있지만, 그 언어를 이해하고 그 언어를 쓴 문자를 해석하는 법을 먼저 배우지 않으면 이해할 수 없다. 그것은 수학의 언어로 쓰여 있으며, 그 문자는 삼각형, 원 및 그 밖의 기하학적 도형이다. 이것들이 없다면 인간의 힘으로는 단 한단어도 이해할 수 없으며, 이것들이 없다면 우리는 캄캄한 미로 속에서 방황할 것이다"라고 말했다[05].

모든 학문이 마찬가지겠지만 자신의 생활과 분리된 학문을 탐구하는 것은 '왜 해야 하나?'하는 학습에 의문을 가지게 하고, 동기부여가 결여된 학습은 노력한 것에 비해 효과가 작다. 우리의 일상과 학문을 연결시켜 생각해보고 학문의 원리를 생각해보는 것은 학습의 동기부여를 높일 수 있는 매우 좋은 방법이다. 이러한 측면에서 이 장에서는 마이클 슈나이더의 『자연, 예술, 과학의 수학적 원형』(이충호 역, 경문사, 2001)의 내용을 중심으로 수학의 탄생과정과 수(number)의 의미(수와 자연의 원형적 원리)를 살펴보고 우리 주변의 사물과 연결시켜보고자 한다.

05 위의 책, 서론 X Ⅶ..

1.1 수 (Number)

1(One, Monad)

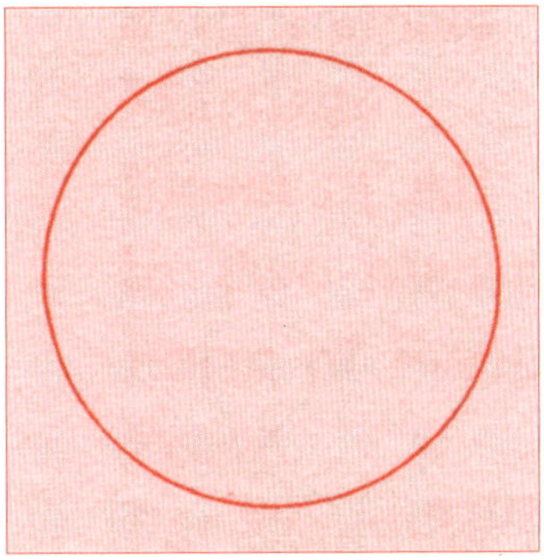

• 모나드

14세기 교황 베니딕투스 12세는 바티칸의 미술가를 선발하면서 각자 자기 재능을 보여줄 수 있는 작품을 제출하라고 했다. 당대 디자인과 구성의 대가인 피렌처의 화가 조토(Giotto, 1266-1337)는 그냥 원 하나만 그려 제출했고 그는 미술가로 선발되었다. 이것이 유명한 '조토의 O'이다.

고대의 수학적 철학자들에게 원은 1이라는 수를 상징했고 원은 모든 모양의 원천, 즉 모든 가하학적 패턴의 원형이라고 믿었다. 그들에게 원은 '하늘', '천국', '영원', '깨달음'의 상징을 의미하였고 조토가 그린 원은 이러한 우주적인 이상을 표현한 것이다. 세계를 의미하는 universe가 라틴어로 한 바퀴를 의미하는 것도 이 때문이다.

고대의 수학적 철학자들에게 원은 1이라는 수를 상징했다. 원으로 표현되는 원리를 그리스어로 '모나드(Monad)'라고 하는데, 라고 하는데, 그 어원은 '안전하다'는 뜻의 menein과 '단일성(oneness)'이라는 뜻의 monas이다. 원은 가장 실용적이고 효율적인 기하학적 공간을 나타낸다. 최소의 길이로 최대의 공간을 만들어내는 것이 원이다. 아래의 그림에서 알 수 있듯이 원에 내접하는 정다각형은 무한대의 다각형이 되더라도 원의 면적을 넘어설 수 없다.

• 조토의 종탑(우측), 피렌체, 1334년 시작하여 1359년 완공됨

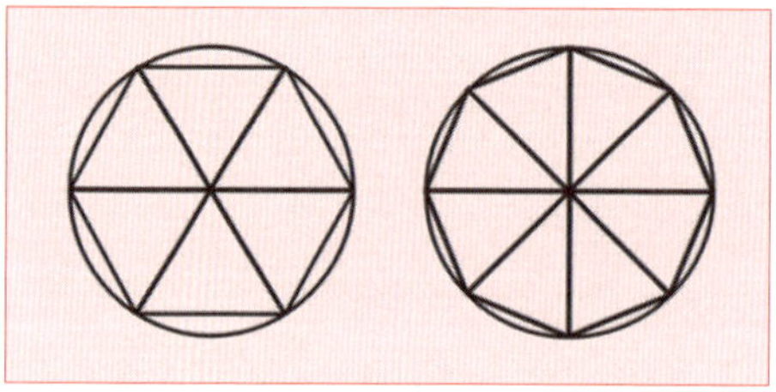

• 원에 내접하는 정다각형 예

• 물은 원형 파동형태로 퍼져나간다

원의 첫 번째 원리는 빛과 공간과 시간과 힘이 모든 방향으로 펼쳐나간다는 것이다.

원의 두 번째 원리는 원이 회전 운동으로 표현되는 것이다. 원은 자연의 보편적인 주기와 순환, 진동, 리듬을 나타낸다. 우리가 즐겨 타는 놀이기구 중 회전판이 있다. 회전운동을 하는 원형판에 올라가서 원의 회전력을 느끼며 스릴을 맛보는 기구인데, 여기에 원의 두 번째 원리인 원

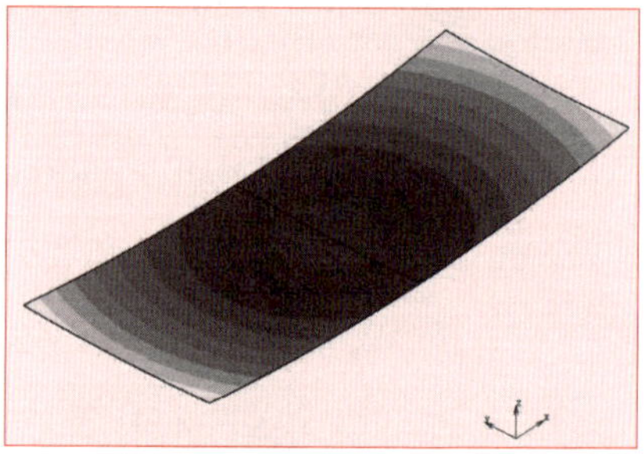

• 반도체용 PCB의 열변형 형태, 힘이 PCB의 가운데를 중심으로 원형으로 분포하여 원형 형태의 변형이 발생한다

• 놀이동산의 회전놀이판

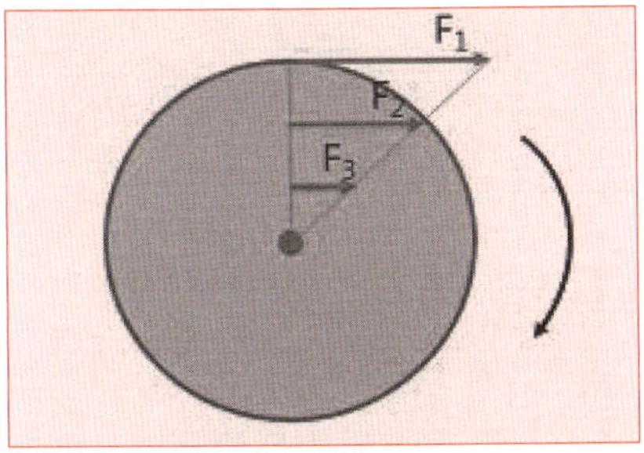

• 회전판의 위치에 따른 느끼는 회전력의 크기

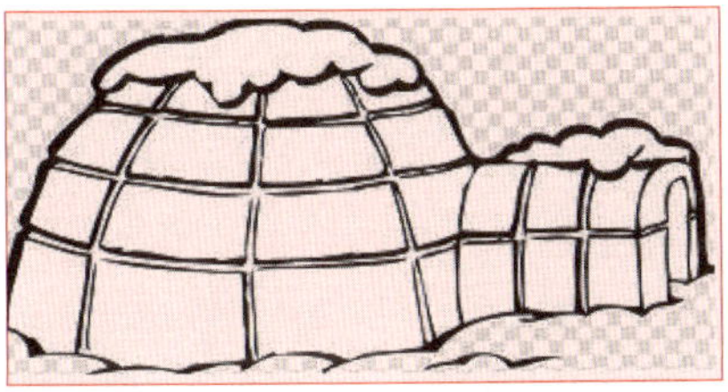

• 이글루

의 회전운동이 있다. 회전하는 원형판은 어느 위치에든 동일한 각속도를 갖지만 위치에 따라 느끼는 회전력은 원형판의 중심에서 거리에 비례한(F1〉F2〉F3)다. 즉, 원형판의 중심에서 느끼는 회전력은 없고, 중심에서 멀리 떨어져 있을수록 회전력을 크게 느끼기 때문에 회전판 놀이기구에서는 외곽에 앉을수록 회전에 따른 스릴감과 어지러움을 더 느끼게 된다. 일반적인 회전기계에서는 이러한 원리를 적용하여 힘을 증가시키거나 감소시키게 된다.

원의 세 번째 원리는 원주내부의 면적에 관한 것이다. 원은 모든 모양 중에서 최소의 길이로 최대의 공간을 가둘 수 있는 것이 원이다. 둥근 접시는 가장 많은 음식을 담을 수 있고 둥근 프라이팬은 작은 재료로 가장 큰 음식을 만들 수 있는 음식도구이다. 또한, 원(구)의 형태는 중심에서부터 동일한 반지름을 갖고 균일한 변형(팽창)을 하며 가장 많은 공간을 가질 수 있다. 이글루와 같은 원형이나 반구형의 집은 이러한 특징을 가지기 때문에 극한의 환경에서 주거공간으로 만들어졌다.

2 (Two, Dyad)

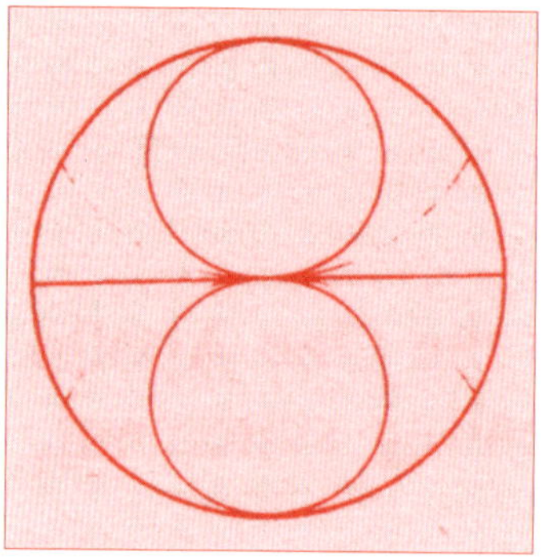

• 드야드

기원전 5세기의 그리스 철학자들은 '2'를 다른 것 또는 결합의 의미로 보았다. 'two'의 어원은 결합을 나타낸다. 'twin 쌍둥이' 'twain 짝' 등이 이에 해당된다. 두 개의 원이 만나면 겹치는 공간이 생기는데 이것을 '베시카 피시스'라고 하고 기하학자, 건축가, 미술가 등의 관심을 끌어왔다. 이슬람교의 아치와 성당의 입구는 정신의 세계로 들어가는 입구의 의미가 있는데 이러한 베시카 피시스를 이용해 형상화하였다.

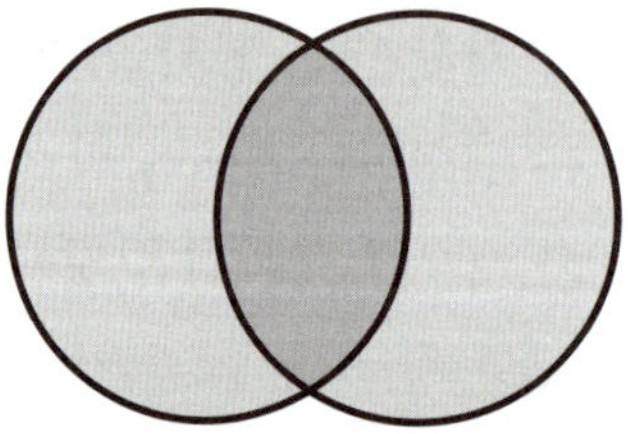

• 베시카 피시스

• 기업 로고에 사용된 베시카 피시스

(좌측부터 시계방향으로) • 알함브라 궁전내 아치 입구, 스페인 • 세비아 성당의 아치, 스페인 • 명동성당 입구, 한국
• 노트르담 대성당 정면 심판의 문, 프랑스 파리

3 (Three, Triad)

• 트리아드

우리는 셋으로 이루어진 것들을 일상에서 흔히 경험할 수 있다. 3차원(가로,세로,높이), 시간(과거,현재,미래), 기술의 3단계(초급, 중급, 고급), 신호등 색깔(빨강, 노랑, 초록), 스포츠의 메달(금,은,동), 야구의 아웃(3스트라이크 아웃) 등이 셋으로 구성되어 있다. 이외에도 셀 수 없을 만큼 많은 셋으로 구성된 것들이 많이 있다. 무엇인가 결정을 내릴 때 삼세판을 외치고, 가위바위보가 셋이다. 셋보다 작은 것은 부족하고 셋보다 많으면 과하다는 느낌을 갖는다. 즉, 3은 '완전성'을 의미한다.

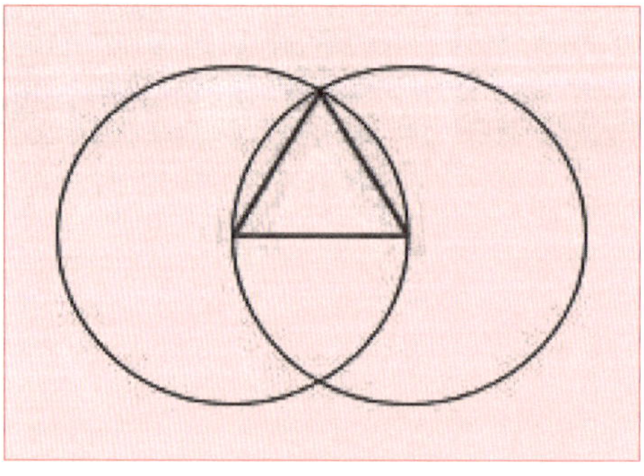

• 삼각형의 작도

삼각형은 두 개의 원이 각각 원의 중심이 지나 겹치도록 베시카 피시스를 만들고 두 원의 중심과 겹쳐서 만나는 점을 연결하면 정삼각형이 만들어진다. 이러한 삼각형은 최대의 둘레 길이로 최소의 면적을 만드는 성질이 있고 힘의 평형과 분배를 위한 안정적인 구조에 많이 사용된다.

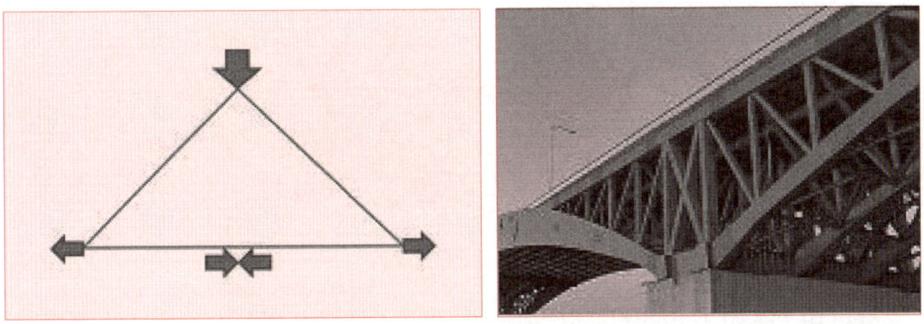

• 트러스 구조에서 힘의 작용 방향과 성산대교의 삼각트러스

삼각형은 세변의 길이로 이루어져있는데 세변의 길이가 변형되지 않는 강체라면 어떠한 힘이 가해져도 움직이는 않는 완전 고정체이다. 반면에 사각형, 오각형 등 다각형은 힘을 가하면 변형이 되는 불안정한 구조이다. 이러한 이유로 삼각형구조는 다양한 분야의 구조물에 적용되고 있다.

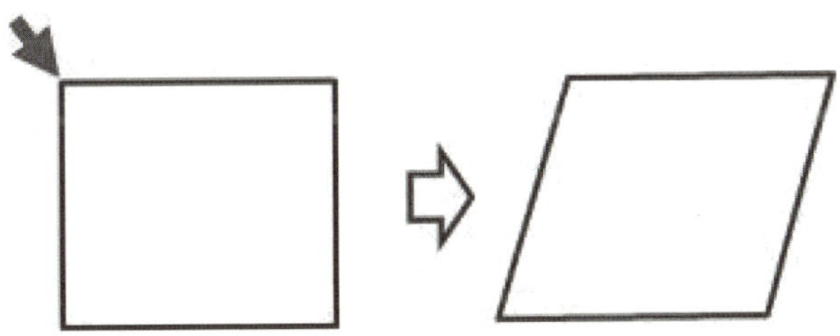

• 외부 힘에 의한 사각형의 변형

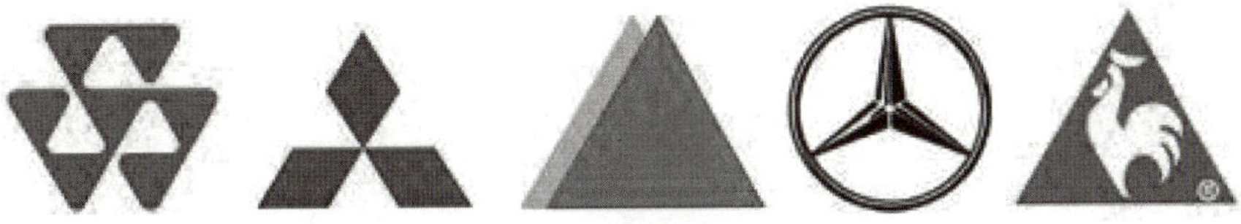

• 다양한 삼각형 기업로고

4 (Four, Tetrad)

• 테트라드

정사면체, 사각형, 정육면체를 살펴보면 정사면체는 정삼각형의 4면을 가진 입체도형이다. 사각형은 네 변의 길이가 같은 도형이고 정육면체는 이러한 사각형이 6면을 이루고 있다. 정사각형과 정사면체 모두 베시카 피시스 속에서 작도가 가능하다. 정사면체는 각 꼭짓점 사이의 거리가 같은 유일한 3차원 도형이고 공간을 최소의 부피로 담는 형태로써 벅민스터 폴러(Buckminster Fuller)는 정사면체를 공간의 기본 단위로 간주했다. 이러한 이유로 인해 기계분야 구조해석을 하는 컴퓨터 시뮬레이션 프로그램은 정사면체 격자를 사용하여 해석을 한다. 정확한 해석을 위해서는 정육면체 격자가 더 유리하지만 정사면체 격자가 구조형상을 최대한 근사하게 디자인할 수 있기 때문이다.

이러한 정사면체 모양은 유기화학, 무기화학에 흔히 발견할 수 있다. 메탄(CH_4), 에탄(C_2H_6) 등과 같은 물질은 정사면체 형태를 가지고 있다.

• 정사면체의 작도

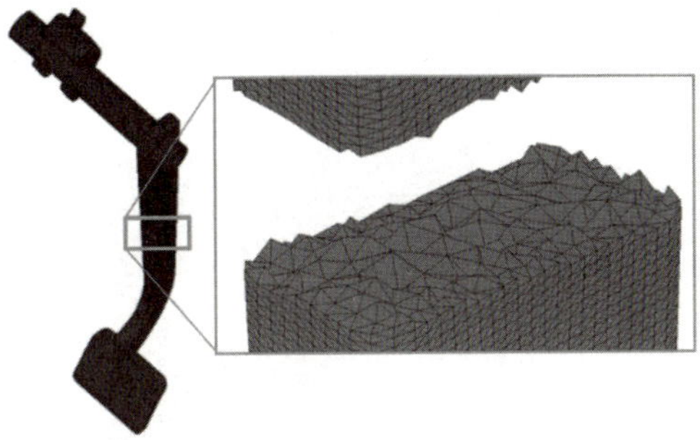

• 자동차 브레이크 페달의 컴퓨터 시뮬레이션 모델링에 사용된 정사면체 격자

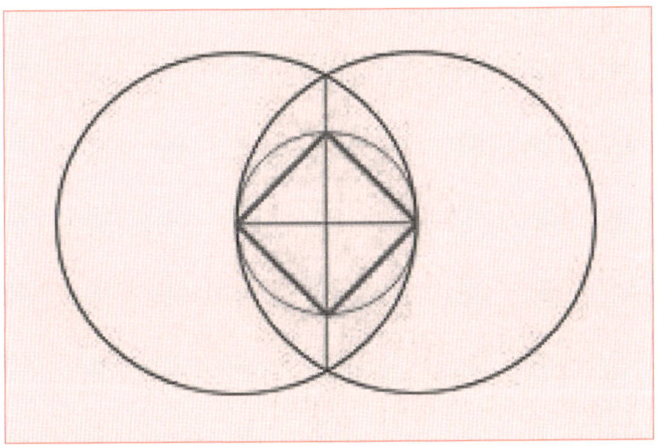

• 정사각형의 작도

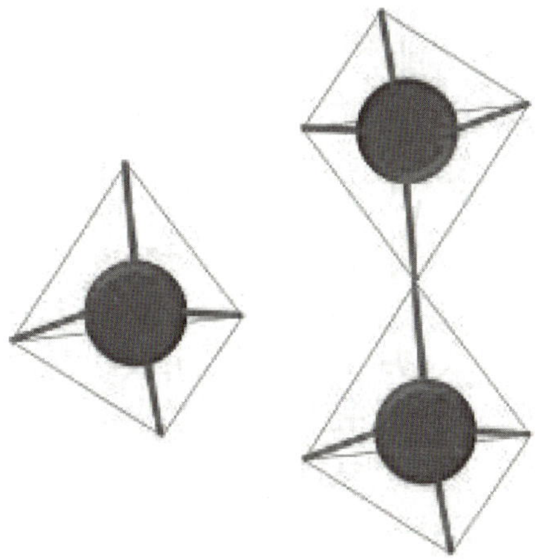

• 메탄과 에탄의 정사면체 구조

5 (Five, Pentad)

• 펜타드

최근 국내 돌침대의 광고에는 차별화로써 "별이 다섯 개"를 강조한다. 6성급 호텔이란 말이 있지만 최고호텔에는 다섯 개의 별로 호텔의 급을 인증한다. 영화 스타, 스포츠 스타 등 한 분야에서 인기를 누리는 사람들에게 우리는 '스타'라는 호칭을 붙여준다. 이 중에서 최고의 스타를 '슈퍼스타'라고 부른다. 다섯 개의 팔을 가진 별은 또한 세계 60개국 이상의 국기에 사용된다. 세계 최대의 관공서인 미국 국방성인 펜타곤도 오각형의 별 형태이다. 이것은 별이 저항할 수 없는 우월성, 힘의 인상 그리고 권위의 느낌을 주기 때문이다. 이러한 별의 힘과 우월성의 원천은 5의 원형이 생명의 신선함과 생명의 속성을 의미하기 때문이다.

정오각형의 대칭성은 황금비의 비율을 따른다. 아래 그림에서 AB:AC, AD:DC, DE:EC는 황금비인 1: 1.618의 비율이다. 이러한 정오각형은 시작적인 즐거움과 균형감으로 아름다움을 주며 별이 지닌 우월성, 힘, 권위, 생명력의 느낌을 준다. 1509년 정오각형 내부의 기하학적 관계에 경이로움을 표현한 루카 파치올리의 『신성한 비례』*(De divina proportione)*가 출판되면서 미술가들은 별의 작도와 공간을 미학적으로 조화로운 구도로 조직하는데 별이 지닌 가치에 다시 접근할 수 있었다.

로마의 고미술품 책임자였던 라파엘로는 새로 발굴된 미술품, 공예품, 건축물을 그림으로 그리는 임무를 맡으면서 고대 로마의 작품들은 그리스와 이집트의 대칭성을 모방했다는 사실을 알아냈다. 그의 작품 〈성체를 둘러싼 논쟁〉은 원에 내접하는 펜타그램을 사용했다.

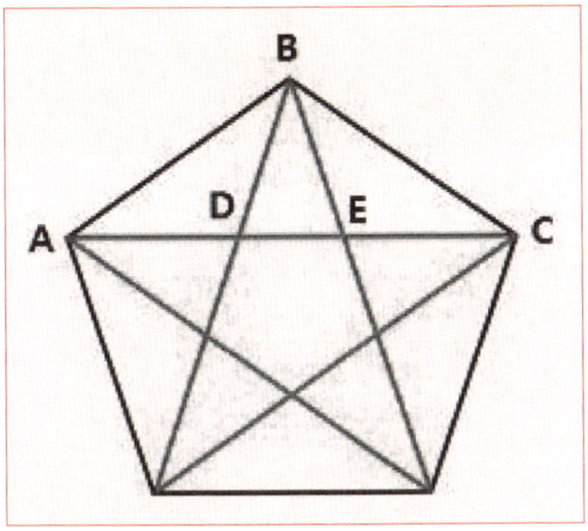

• 정오각형의 황금비

• 투탕카멘 황금가면의 정오각형

6 (Six, Hexad)

• 헥사드

10이내의 수 중에서 서로 다른 두 개의 인수(1은 제외)를 곱해서 나타나는 수는 6과 10뿐이다.

1=1×1	6=2×3
2=1×2	7=1×7
3=1×3	8=2×2×2
4=2×2	9=3×3
5=1×5	10=2×5

6은 3을 두 배 한 것이므로 6은 3의 균형 잡힌 구조의 원리를 가지고 있다. 삼각수는 맨 밑줄의 수들이 수를 세는 순서대로 증가하며 커지는데 6은 세 번째 삼각수이다.

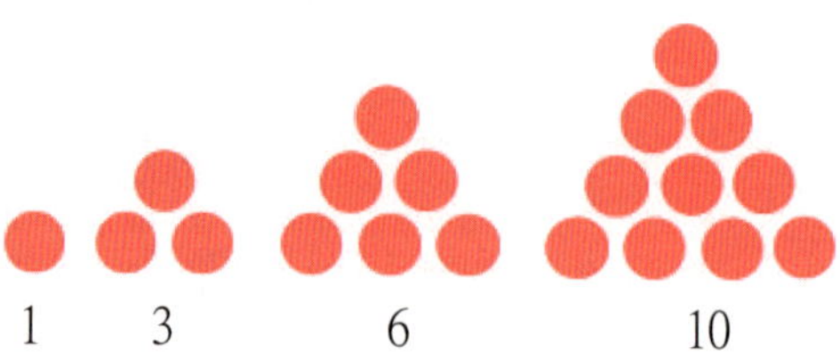

• 삼각수

육각형은 원의 형상에 근접함으로써 재료, 노동 등에 최대의 효율성을 제공할 수 있기 때문에 발명품에 많이 사용되었다.

벌집의 구조는 대표적인 육각형 건축물이다. 내부의 공간과 강도를 최대화하기 위해 벌집은 육각형 집(허니콤)을 만든다. 이러한 허니콤은 무게를 줄이면서 최대의 강도를 낼 수 있는 장점으로 많은 분야의 구조재 형상으로 사용되고 있다.

이집트의 나일강을 그리스어로는 ΝΕΙΛΟΣ 라고 쓰고 숫자로 고치면 50+5+10+30+70+200이 되며 합이 365가 된다. 365는 나일강이 솟아오르고 범람하고 비옥한 침적토를 쌓고 다시 물러가는 365일의 주기를 가리킨다. 길이단위로써 12인치는 1피트이고, 36인치는 1야드이다. 각도단위의 60초는 1분, 60분은 1도, 360도는 원주각이 된다. 무게단위로 12온스는 1파운드이다(후에 16온스로 바뀜). 시간단위로 60초는 1분, 60분은 1시간, 24시간은 1일, 30일은 1달, 12달은 1년을 나타낸다. 이와 같이 우리가 일상에서 사용하는 길이, 무게, 시간의 단위는 6이라는 숫자와 매우 밀접한 관계가 있다. 즉, 고대로부터 6은 우주질서를 나타내는 중요한 숫자인 것이다.

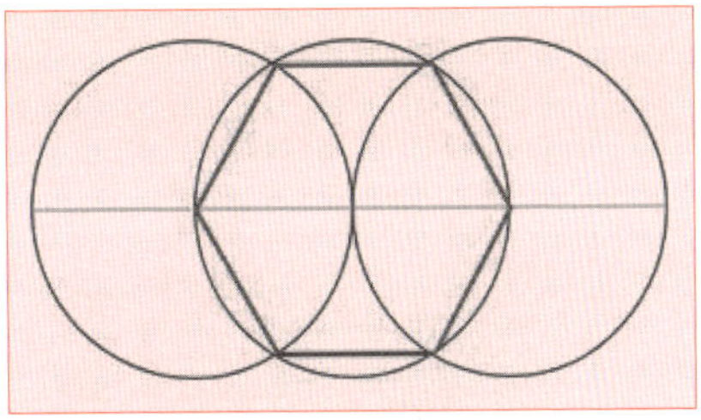

• 베시카 피시스를 이용한 정육각형 작도

• 6각형 볼트-너트

• 허니콤

• 허니콤형상 자동차 바퀴

7 (Seven, Heptad)

• 헵타드

서구 문화의 원천인 성경에는 7이나 7의 배수에 관한 표현이 대단히 많이 나온다. 다니엘이 던져서 사자 굴에는 일곱 마리의 사자가 나오며, 삼손이 잘라버린 머리카락도 일곱 가닥이다. 여호수아는 일곱 명의 나팔수로 하여금 여리고 성 주위를 일곱 바퀴 돌도록 했다. 신드바드는 항해에 일곱 차례 나서며, 고대 세계의 불가사의도 일곱 가지를 꼽는다. 순례자들은 메카의 카바 신전주위를 일곱 바퀴 돈다. 노아의 방주에 동물들은 깨끗한 동물이 일곱 마리씩 올랐고 깨끗하지 못한 동물은 두 마리씩 올랐다. 백설공주를 돌보는 난장이도 일곱 난장이다. 행운의 숫자는 럭키 세븐, 7을 의미한다. 6일의 평일이 지나고 신성한 일곱 번째 날은 안식일인 일요일로 쉰다.

고대의 사람들은 7을 '처녀' 수라고 했다. 7은 어떤 수로도 나눌 수 없고 손상되지 않기 때문이다. 영어로 세븐(seven)인 7을 그리스인들은 '존경'이라는 뜻을 가진 '세보(sebo)'라는 별명을 붙여줬다. 신화, 신비주의, 마술, 의식, 미신에서 7은 항상 중요한 수였다.

이러한 일곱 개의 각도를 가진 정칠각형은 베시카 피시스로 작도가 안되고 컴퍼스와 자로도 작도가 되지 않는다.

• 다니엘과 7마리 사자

• 카바신전을 일곱바퀴 돌고 있는 순례자들

8 (Eight, Octad)

• 옥타드

8을 나타내는 인도-유럽 어족의 이름들은 '4의 두 배'라는 뜻을 강조하고 이름은 산스크리트어 오-카타스라(o-catasrah)에서 유래하여 그리스에서 옥타(okta)가 되고 라틴어에서 옥토(octo)가 되었다. 8이라는 숫자는 일상에서 쉽게 사용되지 않지만 동양의 신화와 종교적 상징으로는 많이 사용되고 있다. 중국인은 풍향의 팔방을 숭배하고, 불교는 여덟 가지 상서로운 상징과 깨달음에 이르는 팔성도(팔정도)로 유명하다.

• 다르마 휠, 팔정도를 나타낸다

• 베시카 피시스를 통한 정팔각형 작도

• 팔각형과 사각형의 기하학

정팔면체의 작도는 베시카 피시스로부터 작도가 가능하며 팔각형이 정사각형과 결합하면 평판을 채울 수 있는데 원의 90°간격 위치와 원과 사각형이 만나는 꼭짓점을 연결하면 정팔각형을 그릴 수 있다.

9 (Nine, Ennead)

• 엔네아드

고대의 철학자들은 9를 '종착역' 또는 '완성에 이르는 곳'이라고 불렀다. 9는 최상의 완전, 균형, 질서를 표현하며 가장 거룩한 것으로 간주하였다. 옛날 아시아에서는 아홉 개 단위로 준비한 선물을 가장 높이 쳤고, 한문에서 '9'를 나타내는 단어는 '선물'이란 의미를 가지고 있다. 9는 더 이상 넘어갈 수 없는 한계이자 극한의 경계이고 이룰 수 있는 최고의 단계이다. 고대 그리스인은 9를 '지평선'이라 불렀다. 9의 원리 너머에는 아무것도 존재하지 않으며, 그리스인은 9의 원리를 엔네아드(Ennead, 9개의 묶음)라 불렀다. 기도를 끝낼 때 하는 '아멘(amen)'은 '그렇게 되게 해 달라'는 뜻의 히브리어에서 온 말인데, 신약 성서를 기록한 언어인 그리스어의 숫자알파벳에서는 99라는 수로 변환된다. 이것은 인간의 기도가 신의 무한한 신비로운 앞으로 올라갈 수 있는 가장 높은 상태를 의미한다.

신화에는 '9'라는 숫자가 많이 나온다. 호메로스의 이야기에서 트로이는 9년 동안 포위되었다. 오디세우스는 트로이 전쟁이 끝난 뒤 9년을 방랑한 뒤에 집으로 돌아왔다. 수확의 여신인 데메테르는 9개의 밀알과 함께 묘사되는데 납치된 딸을 9일 동안이나 찾아 헤매다가 마침내 하계에서 딸을 찾게 된다. 그 결과 페르세포네는 일 년 중 수확이 이루어지는 9개월은

• (좌) 황룡사 9층 목탑, (우) 월정사 9층 석탑

지상에서 보내고 3개월을 하계에서 보낸다. 중세 유럽에서는 문장에서 아홉 종류의 왕관은 완전한 아홉 겹의 통치를 나타냈다.

고대 중국에서 하늘의 힘을 나타내는 가장 상서로운 수로서 9는 아홉 가지의 큰 사회적 법과 관리들의 아홉 계급, 신성한 아홉 가지 의식, 9층의 파고다를 정한다 .

구구단의 숫자를 서로 더한 후 나오는 수를 다시 더하면 그 수는 구구단의 근원 수이다. 예를 들어 4×8=32에서 앞 수 3과 뒤 수 2를 더하면 즉, 3+2=5이다. 5는 0+5=5로 표시할 수 있으므로 32의 근원수는 5가 된다. 또한, 7×7=49에서 앞 수 4와 뒤 수 9를 더하면 즉, 4+9=13이다. 13은 1+3=4로 표시할 수 있으므로 49의 근원수는 4가 된다. 이와 같이 계산하면 구구단의 근원표를 만들 수 있다. 구구단의 근원표에서 9는 변화가 없이 9이다. 그리고 9를 제외하고 1~8까지 정리한 근원숫자를 살펴보면 사선방향으로 좌우 대칭인 것을 알 수 있다.

	1	2	3	4	5	6	7	8	9
1	1	2	3	4	5	6	7	8	9
2	2	4	6	8	10	12	14	16	18
3	3	6	9	12	15	18	21	24	27
4	4	8	12	16	20	24	28	32	36
5	5	10	15	20	25	30	35	40	45
6	6	12	18	24	30	36	42	48	54
7	7	14	21	28	35	42	49	56	63
8	8	16	24	32	40	48	56	64	72
9	9	18	27	36	45	54	63	72	81

• 구구단 표

	1	2	3	4	5	6	7	8	9
1	1	2	3	4	5	6	7	8	9
2	2	4	6	8	1	3	5	7	9
3	3	6	9	3	6	9	3	6	9
4	4	8	3	7	2	6	1	5	9
5	5	1	6	2	7	3	8	4	9
6	6	3	9	6	3	9	6	3	9
7	7	5	3	1	8	6	4	2	9
8	8	7	6	5	4	3	2	1	9
9	9	9	9	9	9	9	9	9	9

• 구구단 근원표

이러한 근원 수를 이용하면 복잡한 계산이 맞는지 신속하게 검산할 수 있다. 즉, 계산수와 결과값의 근원수는 같아야 한다. 예를 들어 358×72는 답이 25776이다. 여기서 358은 3+5+8=16이 되고 16은 1+6=7이 된다. 두 번째 항인 7+2=9가 되고 9는 0+9=9가 된다. 그리고 첫 번째 항의 근원수 7과 두 번째 항의 근원수 9를 곱하면 7×9=63이 되고 이 숫자의 근원수는 6+3=9가 된다. 따라서 358×72의 근원수는 9가 된다.

그러므로 25776의 근원수도 9가 되어야 한다. 계산을 해보면 2+5+7+7+6=27이고 2+7=9이므로 해의 근원수도 9가 된다. 이와 같이 근원수를 구하는 방식으로 계산이 정확성을 확인할 수 있다.

0 (Zero)

숫자 0은 인도에서 발견되었다. 처음의 0은 숫자가 아닌 비어있는 자리수를 표시하는 기호로 사용되었다. 인도인들은 빈 자리수를 표현하기 위해 띄어쓰기를 사용했는데 숫자와 숫자사이의 간격차가 모호하여 정확히 어떠한 숫자를 표시했는지 구별하기가 어려웠다.

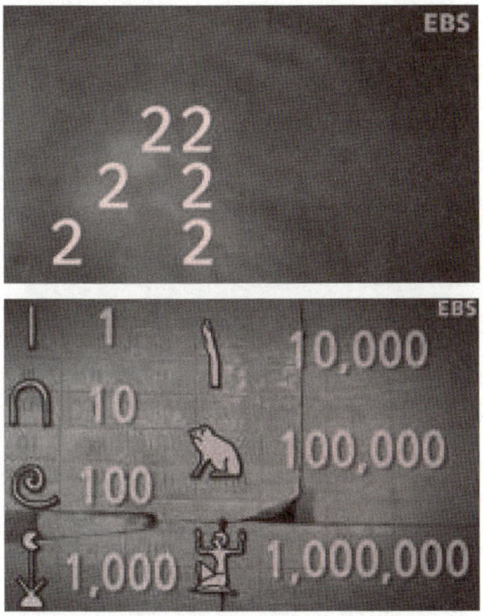

• 자리수를 표시하는 0, EBS 다큐프라임 화면 캡처

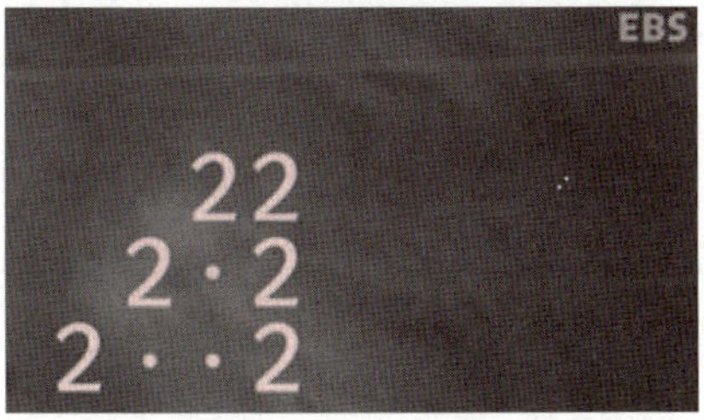

• 자리수를 표시하는 점, EBS 다큐프라임 화면 캡처

그러나 이집트에서는 10, 100, 1000을 나타내는 기호가 있었기 때문에 인도처럼 숫자를 띄워 표시할 필요가 없었다. 천문학자이자 수학자인 아리아바타(476-550, 인도)는 자리수를 표시하기 위해 점을 사용하여 숫자를 구분하기가 쉬워졌고, 이집트의 표기법보다 간단해졌다.

점 대신 숫자 0을 사용한 기록은 9세기이다. 숫자 0은 대수학의 아버지로 알려진 수학자 무하마드 이븐무사 알콰리즈미(780-846년, 페르시아)에 의해 알려지기 시작했다. 아라비아 숫자 1~9와 0은 10세기경 유럽으로 소개되었으나 13세기 아라비아 등 각국을 여행하며 발전된 수학을 유럽인들에게 소개한 책인 산반서(레오나르도 피보나치, 1170-1250년, 이탈리아)에서 숫자 0은 활용되기 시작되었다. 즉, 이때부터 숫자 0은 자리수를 표시하는 것에서 수를 쓰고 계산을 할 때 편리하게 사용되는 숫자로 사용되었다. 이후 0은 빈자리를 나타낼 때, 없다는 의미, 시작점을 나타낼 때, 양수와 음수의 기준점으로 사용되었다.[06]

06 『자연, 예술, 과학의 수학적 원형』, 마이클 슈나이더 지음, 이충호 옮김, 경문사.

1.2 수학 (Mathematics)

사칙연산

중세의 철학자이자 수학자 겸 물리학자들이 과학을 서술하기 위해서는 수학에 사용되는 기호들이 있어야만 했다. 1540년 수학자 로버트 레코드(Robert Recorde, 1512-1558, 영국)는 기호 +와 -를 「산술의 기초, The grounds of artes」에서 처음으로 사용하였고, 1557년 출판된 「지혜의 숫돌, Wbeststone of witte」에서 등호(=)를 도입했다. 윌리엄 오트레드(William oughtred, 영국)는 1631년 「수학의 열쇠」에서 수학기호인 ~와 곱셈(×)을 사용하였다. 나눗셈(÷)은 1659년 도입되었다. 1657년 「삼각법」에서 평면과 구면 삼각법을 다루면서 sin, tan의 기호를 사용하였다.

로그

로그(logarithm, 대수對數)는 수학자 네이피어(John Napier, 1550-1617, 영국)가 발견(발명)했다. 로그의 발견은 천문학자와 과학자들의 산술적 계산과정을 획기적으로 단순화시키고 계산속도를 크게 향상시키게 해주었다. 로 그는 '10의 제곱수들'을 조작하는 것과 관련된 체계다. 예를 들어 $100 \times 10{,}000 = 1{,}000{,}000$를 $10^2 \times 10^4 = 10^6$으로 표현하는 것이다. 즉 곱셈을 2+4=6이라는 덧셈으로 바꾸어 계산하는 것이다. 우리가 계산을 할 때 편리하게 사용하는 로그표는 브리그스(Henry Briggs, 1561-1630, 영국)가 네이피어가 만든 로그를 바탕으로 10을 밑으로 하는 상용로그를 고안한 것이다. 이것은 엄청나게 큰 수를 다루는 천문학 등에 대단히 큰 영향을 미쳤다.

좌표

방 한구석에서 윙윙거리고 있는 파리를 한가로이 바라보던 데카르트는 갑자기, 파리의 위치를 세수로 표시할 수 있다는 생각을 했다. 이 세수는 방구석에서 교차하는 세 개의 벽면에서 파리가 앉아 있는 곳까지의 거리에 해당한다는 사실을 깨달았다. 그는 곧바로 3차원으로 나아갔다. 그래프상의 한 점은 두 수로 표현될 수 있는데, 각 수는 수평의 x축과 수직의 y축으로부터 그 점까지의 거리에 해당한다. 3차원에서는 z축을 추가하면 된다. 이와 같이 공간에서 점들의 위치를 수로 표시하는 체계를 데카르트 좌표(Cartesian coordinates)라고 한다. 데카르트의 발견이 의미하는 것은 모든 기하학적 형태를 간단한 수의 집합으로 나타낼 수 있다는 점이다. 대수학으로 기하학을 좀 더 쉽게 분석할 수 있게 되면서 수학은 일대 전환기를 맞이했다. 이것으로부터 해석기하학이라는 새로운 수학의 장르가 시작되었다. 그 과정에서 데카르트는 알려진 양(상수)을 나타내기 위해서 알파벳의 처음 부분에 있는 철자들(a, b, c ...)를 사용하고 알려지지 않은 양(미지수)를 알파벳의 끝부분에 있는 철자들(x, y, z)을 사용하였다. 또한, 우리가 수학에서 익숙하게 사용하는 $x^2 = x \times x$, $x^3 = x \times x \times x$과 같은 지수 표기법도 도입하였다.[07]

07 『사람이 알아야 할 모든 것 과학』, 존 그리빈 지음, 강윤재 • 김옥진 옮김, 들녘, pp. 153-154.

방정식[08]

방정식은 인류 문명을 발전시킨 중요한 수단으로 인류 과학의 진보는 모두 방정식을 바탕으로 이루어졌다고 해도 과언이 아니다. 우리가 알고 있는 거의 대부분의 이론식과 법칙은 방정식의 형태로 이루어져있다. 자연의 법칙이 방정식의 형태로 표현되면서 우리는 경험하지 않은 미래의 일을 예측할 수 있게 된 것이다.

르네상스 시대 철학자이자 과학자, 수학자, 천문학자인 갈릴레오 갈릴레이(1564-1642년, 이탈리아)는 자연을 관찰하고 자연의 현상을 수학으로 설명하고자 하였다. 지구가 돈다는 '지동설'을 입증하기 위해 안경렌즈 두 개를 사용하여 망원경을 제작하고 달의 표면을 관찰한 후 상세히 기록하였다. 그리고 태양을 관찰하면서 그는 태양의 흑점을 발견하였는데 태양의 흑점이 이동하는 것을 확인한 후 '지동설'을 확신하였다.

갈릴레이는 계산에 의해 자연의 현상을 예측할 수 있음을 입증하기 위해 경사면 실험을 하였다. 경사면 실험이란 '동일한 시간동안 종이 울리는 시간과 구슬이 움직인 거리를 기록하기 위한 기구'를 이용한 실험으로 움직임을 기록하는 것이다. 갈릴레이는 구슬을 경사면위에서 굴렸을 때 구슬은 동일한 시간동안 1,3,5,7,9만큼 이동하여 총 이동거리는 $1(1^2)$, $4(2^2)$, $9(3^2)$, $16(4^2)$, $25(5^2)$ 즉, 시간의 제곱에 비례한다는 것을 발견하였고 다음과 같은 거리(S), 높이(h), 길이(d), 시간(t)의 관계식을 만들었다.

$$S=\frac{1}{2}\times 10\frac{h}{d}t^2$$

이것이 인류가 만들어낸 최초의 방정식이 된다. 방정식은 이와 같이 관찰을 통해 자연의 현상을 예측할 수 있는 '자연의 언어'가 된다.

---

08 존 그리빈 『사람이 알아야 할 모든 것: 과학』, 강윤재 • 김옥진 역, 들녘, 2004 참조.
<문명과 수학> EBS 다큐프라임.

x값에 따라 참이 되기도 하고 거짓이 되는 것을 방정식이라고 한다. 고대 공정한 자원의 배분은 통치자의 제일 덕목이었다. 자원의 배분을 위한 방정식의 x값이 참일 때 그 x는 공정함을 의미한다.

• 갈릴레이의 경사면 실험, 갈릴레이 박물관, 피렌체, wikipedia> 캡처

17세기 데카르트는 네덜란드의 위대한 과학자이자 수학자인 아이작 베크만(1588-1637년)을 만나면서 수학에 관심을 갖게 되었다. 그것은 입증이 되는 수학의 확실성이 그에게 매력적이었기 때문이었다. 그는 수학자들이 풀어온 기하학과 방정식에 관심을 가졌다. 이후 연구해온 내용을 정리하여 1637년 「방법서설」이란 책을 출간하였고, 여기에서 새로운 수학체계를 발표하였다. 알파벳의 첫 글자를 A, B, C를 기지수로 마지막 X, Y, Z를 미지수로 표현한 것인데 이것이 근대수학 표기의 시작이었다.

수학에서 방정식(수식)을 사용하면 구조를 확인할 수 있고 다음에 무엇이 나오는지 예측할 수 있다. 방정식은 구체적인 문제에서 그 이면에 있는 구조를 이해하는 열쇠가 된다. 즉, 문제의 추상적인 개념을 명확하게 표현해주는 것이 방정식이다. 18세기 수학자, 과학자이자 천문학자인 요한 카를 프리드리히 가우스(1777-1855년, 독일)는 추상적인 문제를 구조적으로 바꾸고 방정식으로 표현하는 천재성을 가졌다. 1825년 가우스는 하노버 왕국을 측량하기 위해 '회광기'라는 기계를 만들었고 거울로 태양광을 반사시켜 먼 거리를 측정하였다. 이 과정에서 가우스는 삼각형 내각의 합이 180° 가 아니라는 것을 알았다. 평면위의 삼각형의 내각의 합은 180°이지만 구의 삼각형의 내각의 합은 270°임을 입증하였다. 이와 같이 가우스는 새로운 기하학의 존재와 타당성을 분명하게 증명하였다.

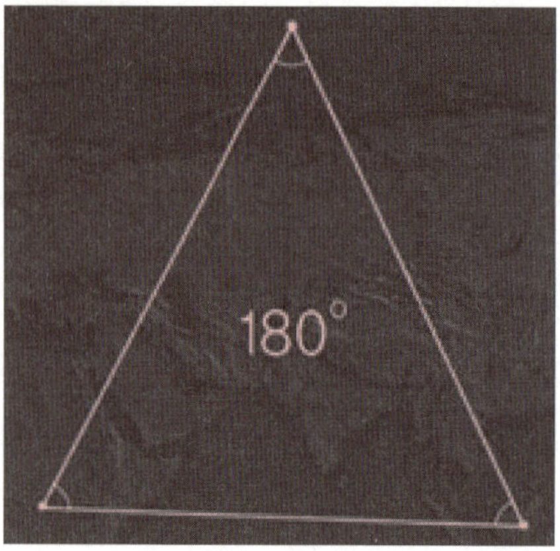

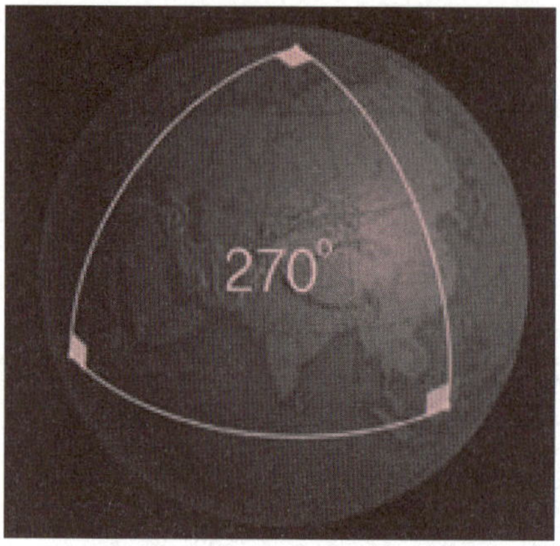

• 가우스의 삼각형 내각의 합, EBS 다큐프라임 화면 캡쳐

가우스는 도형을 작도하는데 방정식을 사용하였다. 그동안 컴퍼스를 사용하여 N각형을 그렸지만 데카르트의 좌표계에 방정식의 해를 점으로 표시하고 이 점들을 연결하는 방식으로 도형을 작도하였다. 이때 사용된 것이 복소수좌표계이다. 'N차의 다항식은 복소수상에서 N개의 해를 가진다'가 바로 가우스 대수학의 기본정리이다.

이와 같이 데카르트, 가우스를 시작으로 발전해온 방정식은 현대 과학과 기술에 지대한 영향을 미치고 있다. 특히 역학에 관련된 모든 문제들은 변수에 의한 방정식의 해를 구하는 것이 안전한 구조물을 설계하고 제조하는 것이 된다. 다시 말해서 방정식의 해를 정확하게 구하지 못하면 구조물의 안전을 담보할 수 없게 된다.

미적분학

아이작 뉴턴(1642-1727, 영국)은 일에 부딪치면 몸과 마음을 모두 내던지는 집착적인 성격의 소유자였다. 연구를 하거나 실험을 하는 동안에는 먹거나 잠자는 것을 잊기 일쑤였고 자신을 대상으로 정말 위험한 실험들을 했다. 태양을 너무 오랫동안 응시한 나머지 거의 눈이 멀 뻔 했으며 송곳바늘로 눈을 여기저기 쑤시면서 거칠게 눈을 자극했을 때 나타나는 빛의 색깔변화를 연구했다. 1660년대 미적분학의 또 다른 발명자인 고트프리트 라이프니츠(1646-1716년)와의 논쟁에서도 집착을 보였다. 미적분학의 핵심내용은 궤도를 따라 돌고 있는 행성의 위치처럼 초기 조건만 주어진다면 시간의 흐름에 따라 위치가 변하는 물체를 정확하게 계산해낼 수 있다는 점이다. 17세기 후반 뉴턴과 라이프니츠의 미적분학의 발견과 논쟁은 이후 현대 물리과학에 근본적인 수학도구를 제공하게 되었다.

뉴턴이 졸업한 후 얼마 되지 않아 흑사병에 의해 케임브리지대학이 휴교령이 내려지고 1665년 여름 링컨셔로 돌아왔다. 그는 나무에서 사과가 떨어지는 것을 보자 문득 궁금해졌다. '만약 지구 중력의 영향력이 나무 꼭대기까지 뻗친다면 달까지도 충분히 뻗어날 수 있지 않을까?' 곧바로 그는 달을 궤도에 붙잡아두기 위해 필요한 힘과 나무에서 사과를 떨어지게 하는데 필요한 힘 모두가 지구의 중심에서 거 거리의 역 제곱에 비례하여 커진다면, 두 현상 모두 지구의 중력으로 설명이 가능하다고 짐작했다. 뉴턴은 떨어지는 사과의 관찰에서 중력을 설명하고자 했고, 이것을 위해 미적분을 발명하였다.[09]

미적분에 관해서는 뉴턴과 라이프니츠가 모두 발명가로 인정받고 있다. 하지만 둘의 미적분의 성격은 다르다. 뉴턴은 미적분을 물리학에서 미적분을 활용한 첫 번째 사람으로 라이프니츠는 오늘날 사용하는 미적분 표기법의 대부분을 만든 사람으로 여겨진다.

미적분학(微積分學, calculus)은 수학의 한 분야로 극한, 함수, 미분, 적분, 무한급수를 다루는 학문이다. 기하학이 모양(Shape)에 중심을 둔 학문이고 대수학이 연산과 그 활용에 대한 학문이라면, 미적분학은 변화에 중점을

09 위의 책, pp. 235-237.

둔 학문이다. 미적분학은 크게 두 개의 분야로 분류되는데 미분학과 적분학이 바로 그것이다. 미분학은 국소적인 변화를 다루는 분야이고, 적분학은 국소적인 양의 집적을 다루는 분야이다. 미분은 특정 함수의 어떤 지점에서의 접선, 혹은 접평면을 구하는 연산이다. 다시 말하면, 미분은 원래는 복잡한 함수를 선형근사하여 다루기 쉬운 형태로 바꾸어 파악하려는 것이다. 그렇기 때문에 미분은 선형사상이 된다. 미분방정식은 이런 사고의 자연스러운 연장선상에 있다.

이에 대해 적분은 기하학적으로 보면, 곡선 또는 곡면과 좌표축으로 둘러싸인 영역의 면적을 구하는 것에 해당된다. 미분과 적분은 완전히 별개의 개념이지만, 밀접한 연관성을 갖는다. 변수가 하나인 경우 하나가 나머지의 역연산이 된다. 이를 미적분학의 기본정리라고 부른다.

2. 공학단위

공학은 수학을 기본으로 물리적인 현상을 다양한 단위계와 기호를 사용하여 기술한다. 공학에서 사용하는 단위계는 물리적인 의미를 함축하고 있기 때문에 공학단위를 정확하게 이해한다는 것은 공학을 이해하고 있다고 해도 과언이 아니다. 물리학이나 공학에서 많이 사용하는 국제단위계(SI 단위)에서는 MKS단위를 사용하는데 MKS는 M(미터, m), 질량(킬로그램, kg), S(초, s)를 의미한다. 또한, 우리가 다루는 사물의 크기가 현미경을 관찰할 정도로 매우 작은 것부터 거대한 크기까지 다양하기 때문에 단위변환에 익숙해져야 한다. 단위변환을 위해 국제단위계에서 사용하는 승수와 접두어는 다음 표와 같다.

승수	접두어	기호
10^{-12}	pico	p
10^{-9}	nano	n
10^{-6}	micro	μ
10^{-3}	milli	m
10^{-2}	centi	c
10^{-1}	deci	d
10	deka	da
10^{2}	hecto	h
10^{3}	kilo	k
10^{-6}	mega	M
10^{9}	giga	G
10^{12}	tera	T

• 승수와 접두어

1) 시간

1889년부터 1967년까지, 단위 시간은 평균 태양일의 적정한 분수로 정의되었다. 평균 태양일이란 매일 태양이 최고점에 도달할 때까지 걸린 시간의 평균을 뜻한다. 1967년에 만들어진 현재의 표준은 원자시계에 근거를 두고 있는데, 원자시계는 세슘 원자의 에너지 준위가 가장 낮은 두 개의 상태의 에너지 차이를 이용하고 있다. 아주 정확하게 적절한 진동수의 마이크로파로 세슘 원자를 충돌시키면 이 두 개의 상태 사이에서 전이가 일어난다. 1초는 이 파의 진동이 9,192,631,770번 일어나는데 걸리는 시간으로 정의된다.[01]

1ns (나노초) = 10^{-9}s (빛이 0.3m 진행하는 데 걸리는 시간)

1μs (마이크로초) = 10^{-6}s (궤도상의 우주 왕복선이 8mm 진행하는 데 걸리는 시간)

1ms (밀리초) = 10^{-3}s (소리가 0.35m 진행하는 데 걸리는 시간)

2) 길이

미터 단위계에서 기본적인 단위의 정의는 상당한 기간을 두고 발전해 왔다. 1791년 프랑스 과학아카데미는 처음 미터 단위계가 제정되었을 때 1m는 북극에서 적도까지의 자오선 길이의 1천만분의 1로 정의하였다. 초는 1m 길이의 진자가 한 쪽 끝에서 다른 쪽 끝으로 흔들리는데 소요한 시간으로 정의하였다. 이러한 정의는 복잡하고 정확하게 재현하기가 쉽지 않으므로 국제적 협약에 의해 보다 정교한 정의로 대체되었다. 1960년 방전관 속 크립톤 (86kr) 원자에서 방출되는 붉은 오렌지 빛의 파장을 사용하여 미터에 대한 원자 수준의 기준이 마련되었다. 1983년 길이의 표준은 보다 혁신적으로 변하였다. 진공 중에서 빛의 속력을 정확하게 299,792,458m/s로 정의하였다. 미터는 이 수와 위에서 정한 단위 시간과 일관성을 유

01 『대학물리학 10판』, 대학물리학교재편찬위원회 역, 북스힐, 2000, pp. 5-6.

지하도록 정의되었다. 따라서 새롭게 정의된 미터는 진공 중에서 빛이 1/299,792,458초 동안 진행한 거리이다. 이 정의는 빛의 파장을 사용한 정의보다 훨씬 정교한 표준을 제공한다.[02]

1nm(나노미터) = 10^{-9}m (가장 큰 원자의 수 배)

1㎛(마이크로미터) = 10^{-6}m (어떤 박테리아나 살아있는 세포의 크기)

1mm(밀리미터) = 10^{-3}m (볼펜 끝의 지름)

3) 질량

질량의 표준인 킬로그램은 백금-이리듐 합금의 특별한 봉의 질량으로 정의된다. 이 봉은 프랑스 파리 근처 Sevres에 위치한 질량과 측정에 관한 국제 표준 사무국에 보관되어 있다. 원자를 이용한 질량의 정의가 보다 근본적이겠으나 현재 우리는 거시 수준에서 측정하는 것보다 더 정확한 원자 수준에서의 질량 측정을 하지 못하고 있다. 1그램(이것은 기본 단위가 아님)은 0.001킬로그램이다.[03]

1㎍(마이크로그램) = 10^{-6}g = 10^{-9}kg (아주 작은 먼지의 질량)

1mg(밀리그램) = 10^{-3}g = 10^{-6}kg (소금 알갱이의 질량)

1g(그램) = 10^{-3}kg (종이 클립 한 개의 질량)

4) 중력 가속도

중력 가속도(g)는 중력에 의해 운동하는 물체가 지니는 가속도이다. 갈릴레오 갈릴레이에 의해 지구 중력 가속도는 물체의 질량과 관계없이 대략 일정하다는 것이 밝혀졌다. 지구의 반지름이 일정하지 않기 때문에 정확

02 위의 책, pp. 5-6.

03 위의 장소.

한 값은 위치마다 다르다. 지오이드를 기준으로 한 표준 중력가속도 값은 9.80665 m/s^2이다. 무게는 질량에 중력가속도를 곱한 값이다.

갈릴레오 갈릴레이(1564-1642, 이탈리아)

철학자이자 과학자, 물리학자, 천문학자이고 과학 혁명의 주도자이다. 갈릴레오는 요하네스 케플러와 동시대 인물이다. 그는 아리스토텔레스의 이론을 반박했고 교황청을 비롯한 종교계와 대립했다. 그의 업적으로는 망원경을 개량하여 관찰한 것, 운동 법칙의 확립 등이 있으며, 코페르니쿠스의 이론을 옹호하여 태양계의 중심이 지구가 아니고 태양임을 믿었다. 그는 실험적인 검증에 의한 물리를 추구했기 때문에 근대적인 의미의 물리학의 시작을 대개 갈릴레오의 것으로 본다. 또한, 진리의 추구를 위해 종교와 맞선 과학자의 상징적인 존재로 대중들에게 인식되고 있다. 하지만 그는 종교계와의 대립과는 상관없이 독실한 로마 가톨릭 신자였으며, 그런 대립도 자신의 의도와는 거리가 먼 것이었다.

물리학 입문 과정에서 배우는 등가속 물체의 운동은 운동학으로서 갈릴레오에 의해 연구되었다. 그의 관측적 천문학의 업적은 금성의 위상과, 그를 기리기 위해 갈릴레이 위성이라 불리는 목성의 가장 큰 네 개 위성의 발견, 태양 흑점의 관측과 분석이라 할 수 있다. 갈릴레오는 또한 나침반 디자인의 개량 등 과학과 기술에 기여하였다. 그의 최대 공적은 과학적 연구 방법으로써 보편적 수학적 법칙과 경험적 사실의 수량적 분석을 확립한 점에 있다고 평가되며, '근대 관측천문학의 아버지', '근대 물리학의 아버지', 또는 '근대 과학의 아버지'라 불린다.

[출처, 위키백과]

5) 힘

힘은 물체를 움직이거나 변형하거나 속도와 방향을 바꾸는 작용을 의미하며, '힘이 세다', '힘이 약하다'라고 할 때 힘의 크기는 질량과 가속도의 곱으로 정의하고 뉴턴으로 읽는다.

$$\text{뉴턴(N)} = 1\text{kg} \cdot 1\text{m/s}^2$$

뉴턴이란 아이작 뉴턴(Sir Isaac Newton)에서 유래한다. 이 단위는 1960년 CGPM(the General Conference on Weights and Measures)에서 정식으로 도입되었다. 1뉴턴은 1kg의 질량(mass)을 갖는 물체를 1m/s^{2}만큼 가속시키는 데에 필요한 힘으로 정의된다. 두 물체가 중력으로 당기는 힘이 무게(weight)이므로 뉴턴은 무게의 단위로도 사용된다. 1kg의 질량은 지구 표면에서 9.80665N의 무게를 갖는다. 즉, 약 100g의 무게가 1N에 해당한다고 할 수 있다.[04]

힘을 정의할 때 힘의 크기, 힘의 방향, 힘의 작용점이 필요하며 힘은 벡터량으로 힘을 계산할 때는 좌표계를 설정하는 것이 중요하다. 힘이 임의의 방향으로 작용할 때는 다음과 같이 방향으로 분해하여 표시한다.

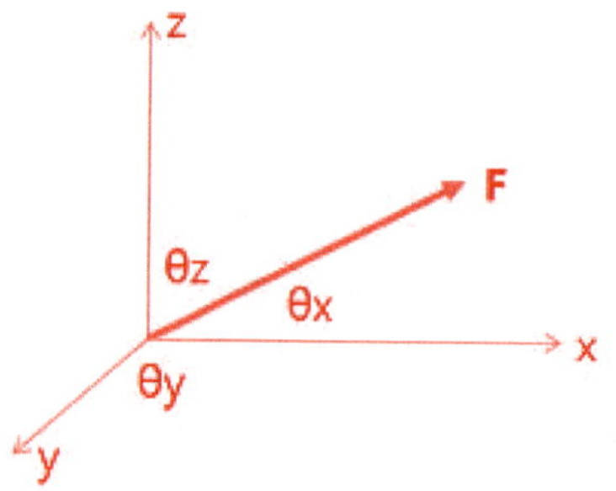

$$F_x = F\cos\theta_x$$
$$F_y = F\cos\theta_y$$
$$F_z = F\cos\theta_z$$
$$F = \sqrt{F_x^2 + F_y^2 + F_z^2}$$

04 최종근 외, 『해석 재료역학 3판』, 북스힐, 2012, p. 17.

아이작 뉴턴(1643-1727, 영국)

물리학자, 수학자, 천문학자, 광학자, 자연철학자이자 연금술사, 신학자이다.

1687년 발간된 자연철학의 수학적 원리는 고전역학의 기본 바탕을 제시하며 과학사에서 가장 영향력 있는 저서 중의 하나로 꼽힌다. 이 저서에서 뉴턴은 다음 3세기 동안 우주의 과학적 관점에서 절대적이었던 만유인력과 세 가지의 운동 법칙을 저술했다. 뉴턴은 케플러의 행성운동법칙과 그의 중력 이론 사이의 지속성을 증명하는 방법으로 그의 이론이 어떻게 지구와 천체 위의 물체들의 운동을 증명하는지 보여줌으로써 태양중심설에 대한 마지막 의문점들을 제거하고 과학 혁명을 발달시켰다. 뉴턴은 또한 첫 번째 실용적 반사 망원경을 제작했고, 프리즘이 흰 빛을 가시광선으로 분해시키는 것을 관찰한 결과를 바탕으로 색에 대한 이론도 발달시켰다. 또한, 그는 실험에 의거한 냉각 법칙을 발명하고 음속에 대해 연구했다.

수학적으로는, 뉴턴은 라이프니츠와 함께 미적분의 발달에 대한 성과를 가지고 있다. 또한, 그는 일반화 된 이항정리를 증명하고, 소위 뉴턴의 방법이라 불리는 미분 가능한 연속 함수 f(x)=0을 푸는 방법을 발명하고, 거듭제곱 급수의 연구에 기여했다. 뉴턴은 전통적인 기독교 성직자는 아니었지만 신앙심 또한 깊었다. 그는 그를 오늘날까지 기억되도록 만든 자연 과학보다도 성서 해석이나 오컬트 연구에 더 많은 시간을 쏟았다.

[출처, 위키백과]

v·d·e·h	뉴턴 (SI unit)	다인 dyn	킬로그램힘 kgf	파운드힘 lbf	파운달 pdl
1N(뉴턴)	$\equiv 1kg \cdot m/s^2$	$= 10^5 dyn$	$\approx 0.10197kp$	$\approx 0.22481lb_f$	$\approx 7.2330pdl$
1dyn(다인)	$= 10^{-5}N$	$\equiv 1g \cdot cm/s^2$	$\approx 1.0197kp \times 10^{-6}kp$	$\approx 2.2481 \times 10^{-6}lb_f$	$\approx 7.2330 \times 10^{-5}pdl$
1kp(킬로폰드)	$= 9.80665N$	$= 980665dyn$	$\equiv gn \cdot (1kg)$	$\approx 2.2046lb_f$	$\approx 70.932pdl$
1lb_f(파운드힘)	$\approx 4.448222N$	$\approx 444822dyn$	$\approx 0.45359kp$	$\equiv gn \cdot (1lb)$	$\approx 32.174pdl$
1pdl(파운달)	$\approx 0.138255N$	$\approx 13825dyn$	$\approx 0.014908lb_f$	$\approx 0.031081lb_f$	$\equiv 1lb \cdot ft/s^2$

6) 압력

(1) 파스칼(pascal) : 1 Pa = 1 N/m^2

파스칼은 B.Pascal(1623 ~ 1662)에서 유래한다. 프랑스에서는103Pa을 피에즈(pz)라고 하는데 1피에즈는 104dyn/cm^{2}에 해당한다.

블레즈 파스칼 (1623-1662, 프랑스)

물리학자, 발명가, 수학자, 블레즈 파스칼은 프랑스의 심리학자, 수학자, 과학자, 신학자, 발명가 및 작가이다. 블레즈 파스칼은 흔히 과학자나 수학자로 알려져 있지만, 실제로는 철학과 신학에 더 많은 시간을 투자했다. 블레즈 파스칼의 주저로는『팡세』,『시골 친구에게 보내는 편지』이 있다. 인간은 자연 가운데서 가장 약한 하나의 갈대에 불과하다. 그러나 그것은 생각하는 갈대이다. — 블레즈 파스칼

[출처, 위키백과]

다인(dyn) : 다인은 '누른다'라는 의미의 그리스어로써 힘의 단위로1g의 질량에1cm/s^{2}의 가속도를 부여하는 힘이며, 1873년 영국에서 공인을 받았다.

(2) 바아(bar) : 1bar = 10^{5}Pa = 1.02kgf/cm^2 = 750.062mmHg

바아(bar)는 무게를 뜻하는 그리스어 바로스에서 유래하였고 1bar는 1m^{2}당100,000N의 압력을 의미한다. 이 단위는1911년, Bjerkness (노르웨이, 1862 ~1951)에 의하여 제안되고 1929년 국제적으로 채택되었다. 대기압은 일반적으로 밀리바를 사용하며 표준 해수면 압력을 1013.25밀리바(mbar)로

정의한다. 유럽은 bar의 사용에 익숙해져있고 압력계는 중요한 안전관리 단위이므로 변경하는 것이 위험하다는 인식을 바탕으로 ISO(국제 표준화 기구)에서는 bar를 파스칼과 함께 압력의 단위로 사용하고 있다.[05]

v·d·e·h	파스칼 (Pa)[1]	바 (bar)	공학 기압 (at)	기압 (atm)	토르 (Torr)	제곱인치당 파운드힘 (psi)
1 Pa	$\equiv 1 N/m^2$	10^{-5}	1.0197×10^{-5}	9.8692×10^{-6}	7.5006×10^{-3}	145.04×10^{-6}
1 bar	100,000	$\equiv 10^6 dyn/cm^2$	1.0197	0.98692	750.06	14.504
1 at	98,066.5	0.980665	$\equiv 1 kgf/cm^2$	0.96784	735.56	14.223
1 atm	101,325	1.01325	1.0332	$\equiv 1 atm$	760	14.696
1 Torr	133.322	1.3332×10^{-3}	1.3595×10^{-3}	1.3158×10^{-3}	$\equiv 1 Torr, = mmHg$	19.337×10^{-3}
1 psi	6,894.76	68.948×10^{-3}	70.307×10^{-3}	68.046×10^{-3}	51.715	$\equiv 1 lbf/in^2$

7) 일

줄(joule) : 1N · m

줄은 에너지 또는 일의 국제단위이며 1줄은 1뉴턴의 힘으로 물체를 1미터 이동하였을 때 한 일이나 이에 필요한 에너지다. 이 양은 기호 N · m을 사용하여 뉴턴 미터로도 측정한다.[06]

05 위의 책, p. 17.

06 위의 장소.

제임스 프레스콧 줄(1818-1889, 영국)

영국의 물리학자이자 양조업자이다. 에너지 보존 법칙의 발견자 중 하나이다. 맨체스터에 가까운 설포드에서 조부 때부터 양조업을 하는 집에서 태어났다. 16세 때부터 수년간, 화학자 존 돌턴에게 배웠으나 그밖에는 독학하였다. 20세부터 집에서 실험연구를 시작, 전기에 의한 동력의 능률 문제를 통하여 전류의 발열 작용에 관한 법칙(줄의 법칙)을 발견하였다(1840). 그로부터 열과 일과의 관계를 깊이 연구하였고, 열의 일당량을 측정하는 실험을 면밀하게 또 여러 가지 방법으로 실행하여(1843-1849), 에너지 보존 법칙의 확립에 큰 기여를 하였다.

그러나 그 업적이 세상에 알려지게 된 것은 1847년 학회에서 윌리엄 톰슨이 줄의 발표에 대하여 흥미를 보인 데서부터였다. 두 사람은 그 후 오래도록 협력하여 연구를 진전시켰다. 공동성과 중에는 줄-톰슨 효과의 발견(논문은 1852년)이 유명하다.

[출처, 위키백과]

$$1J = 1N \cdot m$$

$$1J = 1kg \cdot \frac{m^2}{s^2}$$

전기 에너지에서의 1줄은 1와트의 전력이 1초 동안 흘렀을 때의 에너지이다.

$$1J = 1W \cdot s$$

8) 일률

(1) 와트(Watt) : 1W = 1J/s

1 와트는 스코틀랜드의 기계공학자 제임스 와트에서 유래하며 1초 동안의 1줄(J/초)에 해당하는 일률의 SI 단위로써 1889년에 영국 학술 협회의 총회에서 채택되었다. 일률이나 전력 단위에 시간 단위를 사용하면서 에너지를 나타내는 단위로 자주 쓰인다.

제임스 와트(1736-1819, 스코틀랜드)

스코틀랜드와 발명가이자 기계공학자였다. 그는 영국과 세계의 산업 혁명에 중대한 역할을 했던 증기 기관을 개량하는 데 공헌하였다. 흔히 증기 기관을 발명했다 알려졌지만, 실제론 기존의 이미 존재하는 증기기관에 응축기를 부착하여 효율을 높인 것이다.

[출처, 위키백과]

$$1\,W = 1\frac{J}{s} = 1\frac{kg \cdot m^2}{s^3} = 1\frac{N \cdot m}{s}$$

전력의 단위로도 사용되며 1W=1 Volt × 1 Ampere를 의미한다. 볼트(V, Volt)는 전압의 단위를 나타내며 1볼트는 저항이 1옴인 도체에 1암페어의 전류가 통하였을 때 그 도체의 양끝에 생기는 전위차이다.

옴(Ω, Ohm)은 독일의 물리학자 옴(Ohm, G. S.)의 이름에서 유래한 전기 저항의 단위를 나타내며 1옴은 양끝에 1볼트의 전위차(電位差)가 있는 도선(

導線)에서 1암페어의 전류가 흐를 때 나타내는 저항을 이른다.

암페어(A, Ampere)는 프랑스의 물리학자 앙드레 마리 앙페르(Ampère, A.M.)의 이름에서 유래한 전류의 국제 기준 단위로써 1암페어는 1초 동안 1 쿨롱(C)의 전기량이 흐를 때의 전류의 세기이다. [07]

	W	$kgf{\cdot}m/s$	PS	kcal/h
1 와트 (W)	1	0.102	0.00136	약 0.860
1 $kgf{\cdot}m/s$	9.80665	1	약 0.01333	약 8.4322
1 마력 (PS)	735.49875	75	1	약 632.415
1 kcal/h	1.163	약 0.1186	약 0.00158	1

07 위의 장소.

3. 이상적 비례와 적합미

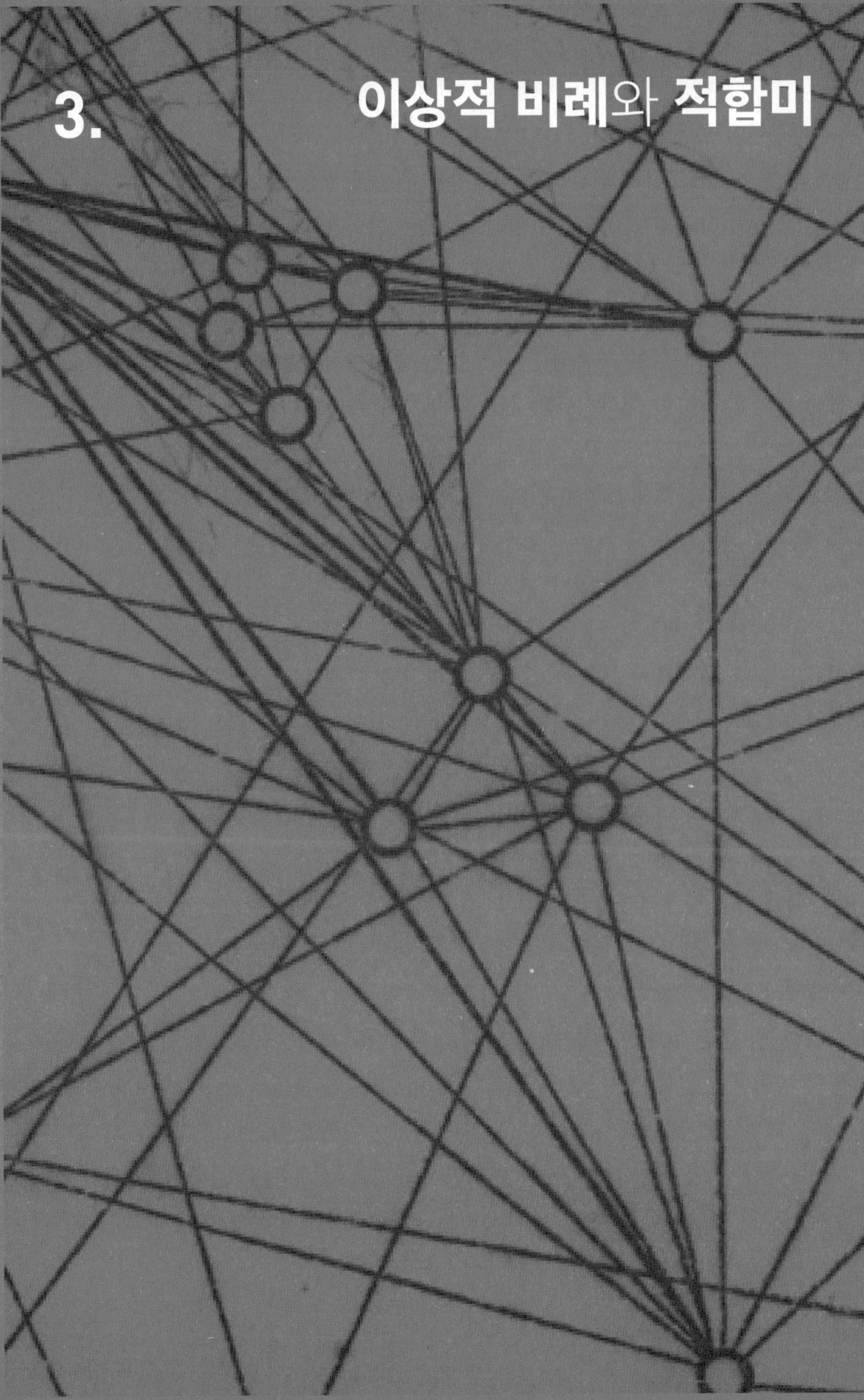

3.1 디자인과 공학

공학자들이 좋은 디자인을 능숙하게 사용하면 정서적으로 감동적인 경험을 만들 수 있고 의사 전달성과 명확성을 개선해 제품의 편리성을 더 좋게 만들 수 있다. 이것은 회사의 신뢰도를 높이고 궁극적으로 소비자의 의사 결정에 영향을 미치게 된다. 스탠퍼드 대학에서 진행한 연구의 사례가 이것을 잘 말해주고 있다. 실험 참가자들에게 두 개의 웹 사이트를 보여주고 각 사이트의 신뢰도 순위를 매기게 한 후 그 이유를 설명하게 했다. 실험결과 디자인이 웹사이트의 신뢰를 평가하는데 대단히 큰 영향을 미쳤음을 알 수 있었다. 신뢰도가 높은 웹 사이트는 "전문성 있는 디자인이다.", "고급스런 외관과 느낌이 있다." 등의 의견이었고 신뢰도가 떨어진 웹 사이트는 "전문성 있게 보이지 않는다.", "디자인이 조잡하다." 등의 의견이었다.

모든 디자인은 제품의 목적, 사용자의 요구를 반영해야 하고 사용자가 디자인을 통해 제품의 목적과 정보를 정확하게 이해하는 소통의 도구가 되어야 한다. 이때 디자이너가 반드시 고려해야하는 것이 제품의 소재(material)이다. 대리석이 많이 나온 지역의 건축물은 대리석 소재를 사용한 경우가 많고, 벽돌로 높은 건축물을 지을 수 없었던 고딕 건축물이 벽의 자중을 줄이기 위해 스테인드글라스를 디자인 한 것은 대표적인 소재가 디자인의 방향을 바꾼 사례이다. 디자인의 만족도를 높이기 위해서는 심미성도 고려되어야 한다. 사람들이 직관적으로 느끼는 아름다움이 고려된 디자인은 기하학적 비례, 색상의 조화 등 시각을 만족시키는 특성을 가지고 있다.

애플사의 성공 요인은 다양하지만, 스마트 폰의 개념을 재정립하고 '혁신'의 아이콘이 된 애플사의 아이폰의 성공을 많은 사람들은 깔끔하고 기능적인 디자인을 첫 번째 성공요인으로 꼽는다. 아이폰에 황금비가 적용된 사실을 많은 사용자들이 모르지만 디자인이 좋다는 것은 알고 있다. 이것은 아이폰의 디자인이 '쌍방향 통신기'라는 폰의 목적을 정확히 반영하면서 치수, 색상, 소재, 촉감, 무게 등이 적절히 선택되어 소유하고 싶은 좋은 디자인을 만들어냈기 때문이다. 제조회사인 애플사에서 좋은 디자인을 만들기 위해 공학자 외에 미술, 음악, 철학 등 인문학 전공자들을 제품개발에 참여한 것은 유명한 사례이다. 스티브 잡스는 "사람들 대부분은 디자인을 겉치장이라고 생각한다. 인테리어 장식, 커튼이나 소파를 꾸미는 천과 같이 말이다. 그러나 나는 모든 것이 디자인이라는 범주에 속할 수밖에 없다고 생각한다. 디자인은 인간이 만들어낸 창조물의 본질적 영혼으로 제품과 서비스를 겹겹이 포장하며 드러나는 것이다." 스티브 잡스의 말처럼 디자인은 겉치장이 아니다. 우리가 디자인을 잘 하려면 그 대상이 어떻게 작동하는지 정확히 알아야 한다. 대상의 본질을 이해하고 그 본질을 구현하기 위해 동원가능한 도구들을 어떻게 사용할지를 알아야 한다.

산업화 초기에 기능 위주로 제품을 만들고 색을 칠하는 단순개념으로 디자인을 정의했다면 이제는 좋은 디자인을 실현하기 위해 제품의 기능이 개선되는 방식으로 제품이 제작되고 있다는 것을 명심해야 한다.

3.2 건축미와 적합미

로마 건축가 비트루비우스(Vitruvius)의 저서인 「건축십서」(*De architectura libri decem*, B.C. 25-23)[01]는 오늘날의 건축학 편람 혹은 건축학 핸드북에 해당하는 저서로, 이후 중세에도 알려졌고 르네상스의 문예부흥의 기운 속에서

01 마르쿠스 비트루비우스 폴리오가 로마제국의 1대 황제 아우구스투스에게 헌정한 『건축십서』는 오늘날 전해진 건축에 관한 논문들 중 가장 오래된 문헌이다. 르네상스 인문학자 포지오 브라치올리니(Poggio Bracciolini)가 1416년 생 갈(St. Gall)수도원에서 9세기 사본(Harleianus)을 발견하였고, 인쇄술에 힘입어 1487년에 출간되고 그 이후 여러 언어로 번역되어 18세기까지 건축의 교과서로서 여겨져 왔다. 고대 그리스인들도 건축에 관하여 상당히 많은 것을 썼지만, 이것들에 대해서는 주로 비트루비우스의 문헌을 통해서 알려져 있다. 고대 그리스 시대에 기원을 둔 이 문헌은 기술적인 문제뿐 아니라 역사적 · 미학적 문제들까지 망라하고 있다. 그는 실제로 작업하는 엔지니어였지만, 일반적인 보통 고등교육을 받았고 당시의 철학자들을 자유로이 인용했으며 미학에도 관심을 갖고 있었다. 그러므로 그는 고대 건축 미학에 관해 신뢰할 만한 권위로서 간주될 수 있겠다. M. H. 모르간 편역, 『비트루비우스: 건축십서』(1914), 오덕성 역, 기문당, 1992 참조 ; W. 타타르키비츠,『미학사1-고대미학』, 손효주 역, 미술문화, 2005, pp. 473-474 참조.

중요시 된 건축의 근본 문헌으로서 서양 건축계에 커다란 영향을 미쳤다. 이 저서의 내용은 건축사, 건축미론, 재료, 구조, 계획, 장식, 설비, 도시계획 등 모든 분야를 총망라하고 있는데, 특히 그리스 건축을 규범으로 하여 건축은 그리스 이래의 자연학, 논리학을 배양해 온 전통적인 학문적 기반 위에 세워져 있다는 것을 입증하고 있다.

비트루비우스는 가장 먼저 1권 1장에서 건축가에게 이론과 실기의 겸비를 주장하면서 상당한 배움을 요구했는데, 건축은 다음과 같은 여섯 가지 원리에 따라 좌우되기 때문이었다(I ii).

① 질서(ordinatio) - 모듈(modulus-척도)을 추출하여 모듈에 맞추어 건물 전체와 부분들에 치수를 책정하는 것. 전체적인 비례관계에 있어서 균제의 원칙에 의거하는 것.

② 배열(dispositio) - 건물 각 부분들을 적절한 위치에 배열하는 것.

③ 시각적 보정(eurythmia) - 건물의 각 부분들의 높이와 폭, 길이와 폭이 서로 어울려 부분들 상호간에 비례관계가 있을 때 얻어지는 아름다운 구성과 적절한 외관.

④ 균제(symmetria) - 건물 각 부분과 전체에 일정한 치수를 할당하는 것. 즉 전체와 부분들 사이의, 혹은 부분과 부분들 사이의 조화로운 비례관계가 있는 것.

⑤ 적합성(decor) - 형식과 내용의 적합성, 즉 신의 성격에 어울리는 건축형태를 채택하는 것, 내부와 외관이 일치하는 것, 건물 성격에 부합하는 자연적 조건을 고려하는 것.

⑥ 경제성(distributio) - 재료, 토지의 경리(經理)와 공사비의 결정 및 배분을 적절히 하는 것. 계층에 알맞은 주택을 계획하는 것.

이와 같이 건축의 기본 원리들에서 알 수 있듯이, 비트루비우스는 건축이 최고의 학(테크네)으로서 경제학, 지리학, 기하학, 수학, 예술, 공학 등 다양한 분야의 지식을 통합할 수 있는 능력을 요구함을 강조하였다.

또한 비트루비우스는 건축가가 만든 건축물이 첫째 튼튼해야 하고(firmitas-견고성), 둘째 기능에 부합해야 하며(utilitas-유용성), 셋째 아름다운 외관을 갖춰야 한다(venustas-심미성)고 하였다(I iii, 2). 이때 견고성은 건축물의 역학적 구조와 관련되는 것이고, 유용성은 사물이 기능에 부합할 때 나타나는 적합미(πρέπων, decorum)와 관련되며, 심미성은 쾌감을 일으키는 미적 구성 즉 균제와 관련되는 개념이다. 이러한 견고성, 유용성, 심미성은 건축의 근간이 되는 세 가지 조건으로 오늘날까지 보편적으로 여겨지는데, 이러한 조건은 건축물뿐만 아니라 오늘날 인간 생활과 관련된 많은 생산물품들이 지녀야 하는 덕목이기도 하다.

비트루비우스는 특히 건축물의 아름다움(심미성)은 "건물의 외관이 우아하고(grata) 보기 좋으며(elegans) 건물 각 부분의 치수 관계가 올바른 균제(symmetria)를 이루고 있는 경우에 얻어 진다"고 하면서 우아, 쾌적함, 균제 등을 건축미의 요인으로 들었다. 그 중에서 균제는 가장 주요한 미의 요인으로 중시되었는데, 이것은 그리스 피타고라스학파의 '수'에 대한 신앙의 영향으로 완전수[02]가 미의 근원이라고 생각한 데에서 유래하였다.[03]

균제는 「건축십서」 전권을 통해 건축의 구성 원리 중 가장 중심적인 개념으로 강조되고 있다. 그것은 각 부분과 전체의 상응관계인 비례(ἀναλογία, proportio)에 의한 것으로, 비트루비우스는 이것을 인체의 비례에 의해 설명하였다. 이미 그리스 인들은 인간의 신체의 치수를 완전수 10의 형태로 배분하여 간단한 비례로 구성하였는데, 얼굴은 턱에서 이마 위 머리카락이

02 그리스 인들이 텔레이온(τέλειον)이라고 부른 '완전수'는 일반적으로 그 자신을 제외하고 1을 포함한 모든 약수의 합이 자신이 되는 수이다. 6의 약수는 1, 2, 3이며 그 합이 다시 6이 되므로 완전수이다. 피타고라스는 자연수의 맨 처음 네 수, 즉 1, 2, 3, 4의 합이 10인 것에 근거하여 10을 완전수로 여겼다. 또한 10과 같은 처음 네 수들의 합을 텍트락튀스(τετρακτύς)라 하였고 언제나 흐르는 자연의 원천으로 생각했다. 그에 의하면, 우주 전체가 네 수 1, 2, 3, 4로 이루어지는 비율들에 의해 표현될 수 있는 조화(harmonia)를 가졌기 때문에 아름답다. 이 조화는 음악의 세 협화음, 즉 제4음(4:3)과 제5음(3:2) 및 옥타브(2:1)의 체계이다. 이런 점에서 피타고라스는 우주를 수적인 구조를 가진 것으로 보았으며 가장 아름다운 것을 수적 조화라고 보았다. 이와 같은 생각은 플라톤(『티마이오스』 31b-36b, 53b)에게도 이어진다. 김인곤 외 편역, 『소크라테스 이전 철학자들의 단편 선집』, 아카넷, 2005, p. 185, pp. 709-712 참조.

03 이노우에 미쯔오, 『건축미론』, 임영배 · 신태양 역, 도서출판국제, 1994, p. 42.

있는 부분까지로 신장의 1/10, 손바닥은 손목에서 장지 끝까지로 팔 길이의 1/10, 머리는 턱에서 머리 끝까지로 신장의 1/8, 팔 길이는 신장의 1/4, 가슴폭도 1/4이다(III i, 2).[04]

또한 인체는 간단한 기하학적 도형에 들어맞는다. 완전한 인체는 사지를 뻗으면 사지가 정사각형의 꼭짓점에 닿고 그 정사각형은 인체의 배꼽을 중심으로 해서 그려지는 원에 내접한다. 이것이 바로 '사각형 인간'(homo quadratus-호모 콰드라투스)이다(III i, 3).[05] 이미 플라톤은 『티마이오스』(55c)에서 우주를 구형에 가까운 정십이면체로 제시하였고, 네 원소 중 가장 안정된 원소로서 흙을 정육면체와 관련시켰다. 따라서 플라톤이 가장 완전하고 절대적으로 아름답다고 한 기하학적 형태인 원과 사각형[06]에 들어맞는 인체는 당연히 우주 만물 중 가장 완

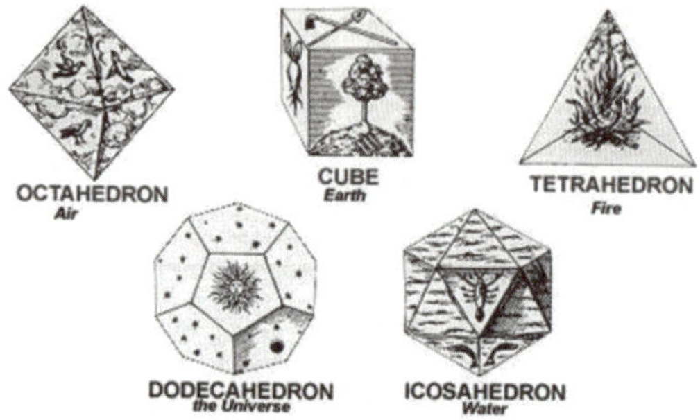

• 플라톤의 우주적 도형, 출처: www.imshd.com.ne.kr

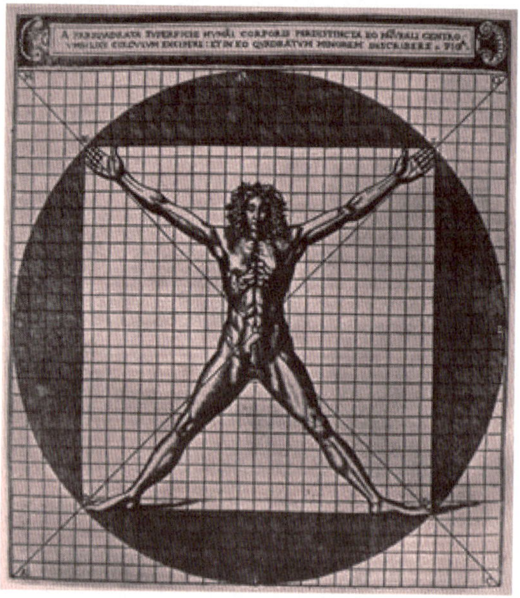
• 비트루비우스의 사각형 인간, 출처: W.타타르키비츠, 『미학사1-고대미학』

04 대표적으로 인체의 비례규준을 확립한 B.C 5세기의 폴리클레이토스(Polycleitos)를 들 수 있는데, 그는 『카논』(Kanon, 비례법전)의 저자로서 그 저술에 근거하여 <창을 든 남자>(Doryphoros)를 조각했다. '카논'은 원래 눈금자를 이르는 말로서, 잣대, 기준, 본보기라는 의미를 지녔다.

05 이러한 개념은 비트루비우스의 독창적인 것이 아니고, 그리스 시대에 이미 인간의 이상적인 신체에는 원과 사각형과 같은 단순하고 기하학적인 형태들이 포함된다는 생각이 확립되어 있었다. 인체가 사각형 속에 들어갈 수 있다고 생각하여 이로 말미암아 사각형의 인간(그리스어로는 아네르 테트라고노스 aner tetragonos)이라는 개념이 생겼으며 이것은 근대에까지 예술해부학에 남아있는 개념이다. W. 타타르키비츠, 『미학사1-고대미학』, pp. 114 참조.

06 플라톤, 『필레보스』 51c, "곧은 것(직선)과 원 그리고 바로 이것들로 선반에 의해 만들어지는 평면들과 입체들 및 직선자나 곱자에 의해서 만들어지는 것들......언제나 그 자체로 본성 상 아름다운 것들이며, 뭔가 특유한 즐거움들을 지니고 있다." (플라톤, 『필레보스』, 박종현 역, 서광사, 2004 참조.) 『티마이오스』 33b, "그는 그것을 중심에서 모든 방향으로 끝점들에 대해서 같은 거리를 갖는 구형으로 둥글게 돌려 만들어 냈는데, 이것은 모든 형태 가운데서도 최대의 자기 동일성을 지닌 것입니다." (『티마이오스』, 박종현 · 김영균 역, 서광사, 2000 참조.)

전하고 아름다운 것의 전형이었다. 비트루비우스는 자연이 비례를 맞추어 조화롭게 구성한 인간의 신체를 건축 구성의 모범으로 삼고 있다.

균제나 비례와 같이 순수하게 형식적인 측면의 미의 특질 이외에도, 사물의 쓰이는 목적이나 기능에 대한 적합성도 고대로부터 미의 특질 중 하나로 간주되어 왔다.[07] 일찍이 소크라테스는 미가 비례에 있지 않고 사물과 그것의 목적 및 본질 간의 상응성에 있다고 하였다. 황금방패의 경우 그 자체로는 존귀한 사물이지만 쉽게 무르고 사용하기에 너무 무겁기 때문에 아름답지 않을 것이라 하여 '적합미' 개념을 시사하였다.[08]

비트루비우스도 건축이 갖추어야 할 세 가지 조건의 하나로서, '유용성'을 들고 있는데, 건축물이 배치된 장소에 결함이 없고 사용상 지장이 없도록 배치되며 각 부분이 알맞은 방위에 면하고 있을 때 얻어진다고 하였다. 20세기 전반기의 모더니즘 건축이 추구했던 '기능주의'(Functionalism)', 즉 건축이 '기능을 만족시키면 자동적으로 아름답게 된다'는 생각은 바로 이와 같은 고대 이래의 '유용성=미'라는 사상을 계승한 것이다.[09] 오늘날 수많은 인간의 산물들의 미가 그것들이 기여하는 목적에 대한 유용성과 적합성에서 나온다.

---

07 W. 타타르키비츠, 『미학의 기본개념사』, 손효주 역, 미술문화, 1999, p. 198-199 참조.

08 크세노폰, 『소크라테스의 회상』, 최혁순 역, 범우, 2015, III. 8, 4.

09 이노우에 미쯔오, 앞의 책, p. 192-193 참조. 모더니즘(근대주의) 건축은 20세기 전반기에 유럽을 시작으로 범세계적으로 널리 유행한 일련의 건축을 말하는데, 르네상스 이후 지속되어 온 건축이념을 근본적으로 변혁하였다. 다음과 같은 명확한 양식적 특성을 지닌다. ⓐ과거의 건축양식을 모방하지 않으며, 고전적 원주나 장식 조각 일체 배제. ⓑ수직, 수평의 직선 혹은 평면만으로 구성(사면, 곡면, 곡선 드물게 사용). ⓒ배치, 평면, 입면 모두 대칭형을 피해 입구나 전면을 강조하지 않고 내부, 외부 공간을 융합시킴. ⓓ색채는 백색을 기조로 하며, 재료 본연의 성질을 그대로 표현. ⓔ규범, 원칙, 척도의 추구-질서 있는 단순하고 순수한 건축형태 구성. 모더니즘 건축 이론을 주도한 건축가로는 아돌프 로스, 르코르뷔지에, 월터 그로피우스가 대표적인데, 그들은 절충주의에 반대하고 이에 대처할 새로운 디자인 원칙을 내세우고 있다. 그들의 이론은 결국 장식을 배제하고 기능적 미를 추구하는 데 있었다.

3.3 예술과 미(美)

1) 예술의 개념

예술은 한마디로 정의내리기 쉽지 않다. 예술은 시대, 국가, 문화에 따라 다른 형식을 취할 뿐 아니라 다른 기능을 수행하기도 한다. 예술은 상이한 동기들로부터 비롯되며 상이한 욕구들을 충족시켜 준다. 따라서 우리가 지니는 예술의 개념에는 그 산물 자체와 의도 및 효과와 가치가 뒤섞여 있다. 그럼으로써 예술은 한마디로 정의하기 어려운 개념이 되었고 동시에 예술 자체가 이해하기 어려운 것이 되었다.

그럼에도 불구하고 우리는 예술이 무엇인지를 이해하기 위해 예술의 사전적 정의를 살펴볼 필요가 있다. 「옥스포드 사전」에 의하면 예술은 "아름다움과 정서를 위해 감상되는 작품을 산출하는 인간의 창조적 기술과 상상력의 표현"이다. 물론 이 정의는 근대의 예술 개념에 근거하고 있어서, 20세기 이래의 다양한 예술 현상을 다 포괄하지 못한다.[10] 따라서 오늘날과 같은 상황에서 예술의 어원과 본래적 의미를 살펴보는 것이 예술의 고유한 본성을 이해하는데 도움이 될 것이다.

예술'(art)의 어원은 라틴어 '아르스'(ars)인데, 아르스는 그리스어 '테크네'(τέχνη)의 번역어이다. 그리스 시대의 테크네는 일반적으로 일정한 과제를 해결해낼 수 있는 숙련된 능력 또는 활동으로서 규칙과 법칙에 의해 발휘되는 것이었다. 그 영역은 매우 광범위해서 오늘날의 학술, 기술, 예술을 모두 포괄하였다.[11] 한편 이러한 기술로서의 예술의 의미와 더불어, 오늘날의 예술 개념 형성에 토대가 된 또 하나의 고대의 개념이 있었다. 그것

10 오늘날의 예술 개념은 고대 및 중세의 예술 개념에 비해 범위가 더 좁기 때문에 더 잘 정의될 것처럼 보일지 모르나 사실은 정의가 안 되며 정의를 기피한다. 이러한 사실은 오늘날의 사전이나 백과사전을 보면 잘 드러난다. 사전마다 정의내리기를 회피하거나 옛날의 정의를 그대로 고수하고 있다. W. 타타르키비츠, 『미학의 기본개념사』, pp. 38-70 참조.

11 이러한 광범위한 테크네 개념의 예증은 테크네(techne)에서 직접 파생된 과학기술 및 공학기술을 의미하는 technology, technique라는 단어를 들 수 있다.

은 테크네와 대립되는 것으로서 '무시케'(μουσική)였다. 그리스 인들에게 규칙 없이 단순히 영감이나 상상으로부터 무언가를 하는 활동은 테크네가 아니었다. 뮤즈 여신들(μοῦσα)[12]에 의한 영감에서 비롯되는 모든 활동을 무시케라 칭했는데, 오늘날의 시문학, 음악, 무용의 영역이 바로 테크네가 아니라 무시케라 여겨졌다.[13]

고대에 성립된 이러한 개념체계, 즉 실용적 가치를 산출하는 규칙을 따르는 기술이라는 테크네 개념과, 실용적 가치와 무관한 쾌를 산출하는 자유로운 상상력의 소산인 무시케 개념이 근대까지도 지속되면서 오늘날의 예술 개념의 토대를 이루었다. 르네상스 시대부터 학술이나 기술일반과 예술의 구별이 차츰 시도되었는데, 18세기에 이르러 자연을 모방하고[14] 실용성이 아닌 순수하게 쾌를 제공하는 활동이라는 측면에서, 테크네에 속했던 예술의 영역(회화, 조각, 건축)과 무시케의 영역(시문학, 무용 음악)이 하나의 개념으로 통합될 수 있었다. 예술은 "아름다운 자연의 모방"(L'imitation de la belle nature)이었다. 이러한 '순수예술'(Beaux arts, Fine arts) 개념의 성립을 통해 예술은 미라는 개념과 공식적으로 결부되었다. 미는 예술의 목적이고 성취 대상이자 최고의 가치가 되었다.[15]

이와 같은 고대와 근대로부터 물려받은 예술의 개념과 논의들에 새로

---

12 그리스 신화에 나오는 제우스와 기억의 여신 므네모시네 사이에서 난 딸들. 모두 아홉 명으로 각각 희극, 비극, 비가, 서정시, 영웅시, 음악, 춤, 역사, 천문술을 관장했다. 오늘날 시문학, 음악, 연극, 무용의 분야와 관련되었다.

13 W. 타타르키비츠, 『미학의 기본개념사』, p. 26.

14 일찍이 플라톤은 이데아계와 현상계의 관계를 설명하기 위한 '모방'(mimesis) 개념으로 여러 예술들을 포괄하여 예술을 현실세계의 모방이라 하였고 그럼으로써 예술을 부정적으로 보기까지 하였다(『국가』 597d, 『법률』 798d). 플라톤의 모방 개념을 이어받은 아리스토텔레스는 "예술은 자연의 모방" (『자연학』)이라고 정의하였지만, 더 나아가 『시학』에서는 플라톤의 모방개념을 변형시켜 모든 예술을 인간행위를 모방하는 기술로 정의하면서 예술의 고유한 본성을 제시하였다. 예술을 현실의 수동적이고 충실한 복제로 본 플라톤의 개념과 현실에 대한 자유로운 접근을 허용하는 그럴듯한 현실의 창조라는 아리스토텔레스의 개념은 이후 근본적이고 지속력 있는 예술관을 형성하였는데, 이 두 개념은 흔히 융합되어 서로 다른 개념이라는 인식이 종종 잊혀졌다.

15 이와 관련된 수많은 착상과 시도 중에서, 18세기 중엽에 샤를 바퇴(Charles Batteux)는 『동일한 한 가지 원리로 귀결되는 순수 예술들』(1747)에서 예술을 다른 분야들과 확연하게 구별하여 다양한 예술을 하나의 집단으로 모으는 단일 개념을 형성하였는데, 바로 '순수예술' 개념이었다. 자연을 모방한다는 사실 뿐만 아니라 순수한 쾌를 주기도 한다는 공통된 목적에서 회화, 조각, 건축, 시문학, 음악, 무용, 수사술을 '순수예술'로 열거하였다. 이때 동일한 원리는 "아름다운 자연의 모방"으로, 순수예술은 미를 본질로 하는 활동이 되었다.

운 논의들이 보충되면서 오늘날의 예술개념이 형성되었고 또 계속 형성되고 있다. 예술은 미를 산출한다. 현실을 재현한다. 형식을 창조한다. 내면을 표현한다. 미적경험을 낳는다. 충격을 낳는다 등등. 19세기와 20세기를 거치면서 예술작품 뿐 아니라 예술가와 감상자를 고려하는 논의들이 예술의 개념에 보충되었다.

한편 예술이 산출하는 미의 개념도 다양하게 나타났으며, 예술이 현실을 재현하는 방식도 다양하게 시도되었다. 또한 예술이 낳는 미적 경험도 쾌의 감정이나 다양한 감정에서부터 불쾌감, 공포감, 충격을 불러일으키는 것에까지 확장되었다. 특히 19세기 후반에 등장한 아방가르드[16]는 이러한 상황을 가속화했는데, 그 이전까지의 보편적 취미와 관습을 반대하고 새로운 것을 추구하고자 했던 신세대의 급진적 예술가들은 자유로운 창조성을 예술의 필수적 덕목으로 삼았다. 따라서 그들은 20세기 전반을 지나면서 예술이라는 바로 그 개념, 그 정의를 포괄할 정도의 엄청난 변화들을 야기하였다.

앞서 보았듯이 고대에서 오늘날에 이르기까지 예술 개념에서 많은 변화가 일어났다. 그리하여 오늘날 예술에 대한 포괄적인 한 가지 정의를 성취하기란 매우 어려울 뿐만 아니라 가능하지도 않다. 그럼에도 불구하고 테크네와 무시케라는 예술의 어원적 의미와 관련하여 오늘날의 예술을 이해하기 위한 실마리는 여전히 남아 있다.

2) 디자인(Design) 개념의 탄생

디세뇨(disegno)는 오늘날 디자인의 어원이다. 이탈리아어로 소묘, 구상, 계획을 의미하는 이 용어는 1400년경 르네상스 미학에서 주도적인 역

16 아방가르드(avant-garde)는 원래 프랑스의 전위부대를 지칭하는 용어로서, 19세기에 등장한 신세대의 급진주의를 지칭하였다. 처음에는 정치사상이나 사회사상에서 급진주의를 가리키는 용어였으나, 19세기 후반에서 20세기 전반 지배적 사회적 가치나 관례화된 예술적 관습에 도전한 예술의 경향 및 예술가들을 의미하였다.

할을 하였는데[17], 특히 각각의 테크네였던 회화, 조각, 건축을 단일개념으로 통합하는 계기가 되었다. 르네상스 예술론의 선구자인 알베르티(L. B. Alberti, 1404-1472)는 「건축론」(*De re aedificatoria*,1450)[18]에서 건축물은 정신의 창조인 디세뇨, 즉 건축가의 이성과 재능에 의한 고안이나 계획(invenzione, preordinazione)에 따라 형태 지워진다고 함으로써 건축이 이성적 작업임을 공표하였다. 더 나아가 바자리(G. Vasari, 1511~1574)는 「르네상스 미술가 열전」(1550)에서 회화, 조각, 건축은 예술가의 정신 안에 있는 계획을 손을 통해 표현하는 활동이라 하여 이 세 가지 테크네를 '디세뇨의 예술'(arti del disegno)이라고 지칭했는데, 이것은 디세뇨가 이 세 테크네를 함께 묶어주는 공통점이라는 확신에서 생겨난 것이다.[19]

3) 미에 대한 정의

알베르티는 「건축론」에서 비트루비우스의 「건축십서」에 근거하여 미를 순수하게 현상적으로 정의하여 르네상스 미술가들에게 예술제작과 관련된 실제적인 미 개념을 제시하였다. "미는 어떤 일치이다. 자연의 절대적이고 최고의 원리인 조화(concinnitas)가 요구하는 대로 일정한 수, 일정한 질서, 일정한 관계에 따르는, 전체를 구성하고 있는 부분들의 합치.......어떠한 첨가도, 어떠한 제거도, 어떠한 변경도 그러한 조화를 망가뜨릴 뿐인 모

---

17 디세뇨는 1400년경 첸니니(Cennino Cennini)와 함께 떠오른 개념으로서, 그는 이 용어의 의미를 ①도안 ②계획이나 의도, 두 가지로 생각하였는데, 그것을 예술가가 발견한다는 의미가 아니고 창조한다는 의미에서였다. W. 타타르키비츠, 『미학의 기본개념사』, p. 32 참조.

18 르네상스 예술론의 선구자인 알베르티는 자연주의에 입각한 과학성 · 합리성을 강조함으로써 사실주의를 지향하는 재현 예술 내지 자연의 모방이라는 고대의 개념을 새롭게 부활시켰다. 알베르티는 회화, 조각, 건축에 관해 저술을 남겨 르네상스 미술가들에게 이론적 토대를 마련해 주었다. 『회화론』(*Della pittura*, 1436)은 옛 고증 자료를 참고로 하여 회화를 예찬하고 예술가는 모든 지식에 능통해야 하지만, 특히 역사, 시, 수학을 잘 알아야 한다고 권고하고 있다. 알베르티는 이 저서에서 수학과 기하학을 원근법, 인체비례라는 형식으로 회화에 적용시켜 회화의 새로운 개념을 이론적으로 체계화하고 미술이 기능술(artes mechanicus)의 지위에서 벗어나 자유학예(artes liberales)로 고양될 수 있는 합리적 근거를 제공하였다(『알베르티의 회화론』, 노성두 역, 사계절, 1998 참조). 특히 『건축론』은 건축의 이론적 해석, 기술 등을 고루 언급하며 건축의 과학적 토대를 확립하였고, 예술제작과 관련된 실제적인 미 개념을 정립하였다(L. B. Alberti, *The Ten Books of Architecture*, N.Y: Dover, 1986 참조).

19 G. Vasari, 『이탈리아 르네상스 『미술가전』, 이근배 역, 탐구당, 1987 참조.

든 부분들의 이성적인 조화이다"(IX v).

이와 같이 일반적으로 미를 사물이 지니는 객관적 특질 즉 조화로운 질서로 보는 생각은 이미 고대 그리스 피타고라스로부터 시작되었는데, 이러한 생각은 이후 유럽 미학의 "대이론"[20]을 형성하였으며, 오늘날까지도 보편적인 미의 척도가 되고 있다.

오랜 시간동안 철학자와 예술가들은 다음과 같이 미에 대해 정의하였다.

피타고라스	미는 조화(harmonia)이다. 조화는 수들과 이들 사이의 비례관계(symmetria)이다.
소크라테스	모든 사물들은 그 목적에 부합하면 선하면서 아름답고, 목적에 부합하지 않으면 추하다.
폴리클레이토스	부분들의 조화로운 비례
플라톤	선은 아름답고 미는 균제(symmetria)를 결여할 수 없다. 선의 특성은 미의 본성으로, 미는 적도상태(metriotes)와 균제에 있다. 기하학적 형태는 그 자체로 아름답다.
아리스토텔레스	질서(taxis), 균제(symmetria) 그리고 한정성(horismenon) 혹은 크기(megethos)
키케로	균제(symmetria), 색채(color)
비트루비우스	균제(symmetria)
퀸틸리아누스	유용성(decorum)
플로티누스	균제(symmetria), 단일성(unity), 형상성(form)
아우구스티누스	수적 조화(numerositas), 적도(modus), 형체(species), 질서(ordo)
토마스 아퀴나스	완전(perfectio), 균제(symmetria) 광휘(claritas)
피치노	신성이 빛나는 비례(lucida proportio)
알베르티	부분들의 조화(concinnitas)
레오나르도 다 빈치	자연과의 일치, 균형 잡힌 조화
미켈란젤로	질료의 정화, 광휘

20 W. 타타르키비츠, 『미학의 기본개념사』, p. 160-164 참조.

푸생	질서, 비례, 형태
블롱델	조화로운 협화
샤프츠베리	아름다운 것은 조화적 · 균제적이며, 조화적 · 균제적인 것은 진리이고, 미이면서 동시에 진리인 것은 당연히 적절하고 알맞은 것이며 또한 선이다.
허치슨	다양의 통일
흄	부분들의 질서나 구축
라이프니츠	수들의 상호대응
칸트	자연의 합목적적 형식
헤겔	합규칙성, 균제
헤르바르트	형식(form)

• 미의 정의 사례

3.4 수학과 이상적 비례

그리스 시대로부터 오늘날까지 미의 객관적 특질로서 여겨져 온 것은 바로 균제, 조화, 비례와 같은 일정한 척도에 의한 수적 관계이다. 만물의 근원은 수라고 한 피타고라스로부터 플라톤, 아리스토텔레스와 같은 그리스를 대표하는 철학자들은 모두 수적 관계, 균제, 질서, 일정한 한도 등을 미의 원리로 간주하였다. 고대로부터 오늘날까지 철학자, 수학자, 예술가, 공학자 등은 자연과 인간의 신체 속에서 일정한 패턴을 갖는 비례를 발견하였으며, 건축물과 예술작품 및 인간의 생산물 등에 자연을 지배하는 비례를 적용하여 드러내 보였다. 이와 같은 대자연의 속성인 비례를 의미하는 것이 바로 균제였다.

특히 고대 그리스 건축물과 조각상은 황금비(Golden section)라고 불리는 이상적인 비례에 따라 제작되었다. 그리스 인들은 황금비의 산정을 위해 수학을 이용했는데, 한 선분을 등분이 아닌 두 부분으로 나누어 선분 전체와 두 부분 중 긴 부분 사이의 관계가 긴 부분과 나머지 짧은 부분 사이의 관계와 같은 분할을 산정해 내었다.

$$1 : \chi = \chi : (1-\chi)$$
$$\chi^2 = \frac{\sqrt{5}-1}{2}$$
$$\chi = 0.618$$

따라서 1:0.618=0.618:0.382 관계가 성립되고 이것을 정수화하면 3:2, 5:3, 8:5가 된다. 〈파르테논 신전〉이나 〈벨베데레의 아폴론 상〉과 〈밀로의 비너스 상〉은 이와 같은 황금비의 원리 혹은 유사 황금비(0.528:0.472)로 제작되었다.[21]

황금비 도형을 그리는 방법은 아래 그림과 같다. 먼저 한 변의 길이가 'a'인 정사각형을 그린다. 그리고 한 변의 중심점과 정사각형의 꼭짓점을 잇는 선 'c'를 그린다. 이렇게 작도한 선분 'c'를 반지름으로 하는 호를 그리고 정사각형 변의 연장선과 만나는 점을 이어서 선분'b'를 그리면 선분 'a'와 'b'의 비가 1:1.618인 황금비를 갖는 직사각형을 그리 수 있다. 이와 같

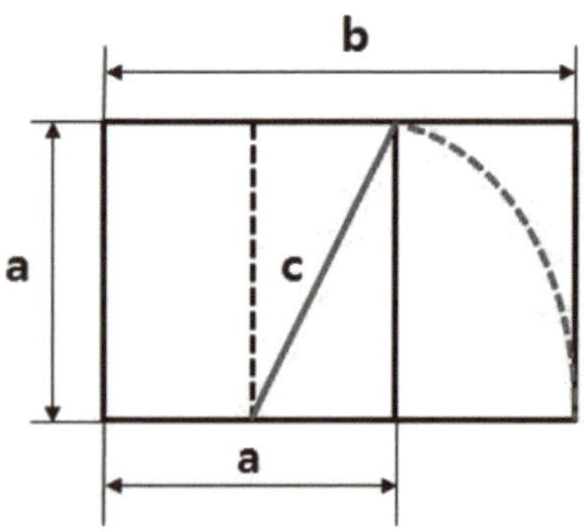

• 황금비율 직사각형 그리기

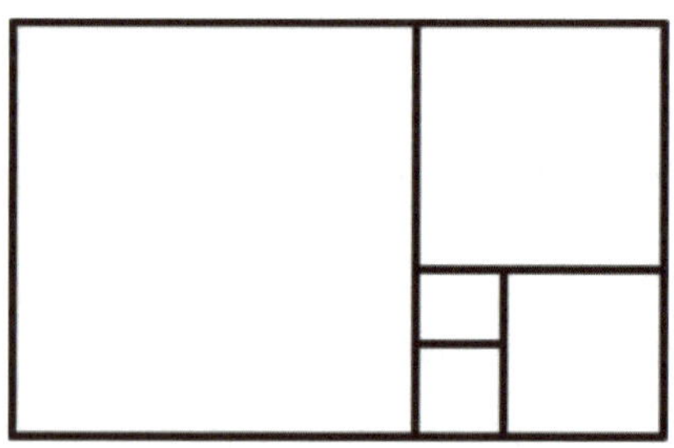

• 황금비율 직사각형의 무한 반복

21 W. 타타르키비츠, 『미학사1-고대미학』, p. 131.

은 방법은 직사각형 내부를 황금비의 비율로 무한 반복할 수 있다.

플라톤	분할
유클리드	극단과 중간의 비
로마인	오레아 섹티오(황금분할)
루카 파치올리	신성한 비
크리스토퍼 클라비우스	신과 같은 비
요하네스 케플러	신성한 분할
요한 로렌츠	연속적인 분할
J. 레슬리	중간 분할
아돌프 차이징	황금 분할(Golden cut)
마크 바	Φ(파이)

• 황금비에 대한 명칭

황금비는 고대 그리스에서 발견되어 그리스 건축과 조각에 적용된 이래, 유럽에서 가장 조화적이며 아름다운 비례로 간주되어, 르네상스 시대에 볼로냐의 수도승 루카 파치올리(L. Pacioli, 1445-1509)에 의하여 '신성한 비례'(de divina proportione)라고 불릴 정도로 중요시 되었다. 근대에 이르러 건축가 르코르뷔지에(Le Corbusier, 1887-1965)는 황금비를 피보나치(Fibonacci) 수열의 원리에서 착안하여 인체비례와 결부시켜 '모듈'(Le modulor, 황금기준척)을 고안했다.

1202년 수학자이자 상인인 피사의 레오나르도가 『계산서』(Liber Abaci)를 출판했다. 이 책은 오늘날 우리가 사용하는 0에서 9까지의 아라비아 숫자를 사용하도록 유럽사회를 변화시키는데 결정적인 역할을 했다. 아버지의 별명이 보나치오(Bonaccio)였으므로 레오나르도는 라틴어로 '보나치오의 아들'이란 뜻으로 '필리우스 보나치오'(filius Bonaccio)란 이름으로 불리다가 줄여서 '피보나치'(Fibonacci)라고 불리게 되었다.

피보나치 수열은 0, 1, 1, 2, 3, 5, 8, 13, 21, 34, 55, 89, 144, 233, 377,

…, 와 같이 다음 항이 앞선 두 항의 합으로 끝없이 계속되는 수열이다. 피보나치 수열을 관찰해보면

$$\frac{1}{0}\ \frac{1}{1}\ \frac{2}{1}\ \frac{3}{2}\ \frac{5}{3}\ \frac{8}{5}\ \frac{13}{8}\ \frac{21}{13}\ \frac{34}{21}\ \frac{55}{34}\ \frac{89}{55}\ .....$$

이상적인 황금비의 값에 접근하는 방정식은 아래의 두 식과 같다.

$$\text{황금비} = 1+\cfrac{1}{1+\cfrac{1}{1+\cfrac{1}{1+\cfrac{1}{1+\cfrac{1}{1+\cfrac{1}{1+\cfrac{1}{1+.....}}}}}}}$$

$$\text{황금비} = \sqrt{1+\sqrt{1+\sqrt{1+\sqrt{1+\sqrt{1+\sqrt{1+\sqrt{1+.......}}}}}}}$$

위의 피보나치 수열과 황금비를 나타내는 방정식을 계산해보면 1.61803...에 근접해가는 것을 알 수 있다. 피보나치 수열과 방정식을 진행할수록 1.618에 가깝다. 이것을 '황금', '신성'을 나타내는 '황금비'라고 한다. 1865년 페히너(G. T. Fechner, 1801-1887, 독일의 물리학자, 심리학자, 철학자)는 통계학적으로 미적 선호 경향을 측정한 최초의 공식적인 여론조사를 실시하였다. 열 개의 직사각형 중 가장 보기에 좋은 것과 나쁜 것을 고르라는 것이었는데 사람들은 피보나치 수에 가장 가까운, 즉 황금비에 가장 가까운 직사각형을 가장 보기 좋은 것으로 선택하였고, 가장 보기 싫은 도형으로는 가장 적게 선택하였다. 이것은 수학을 모르는 사람도 이러한 비례가 가

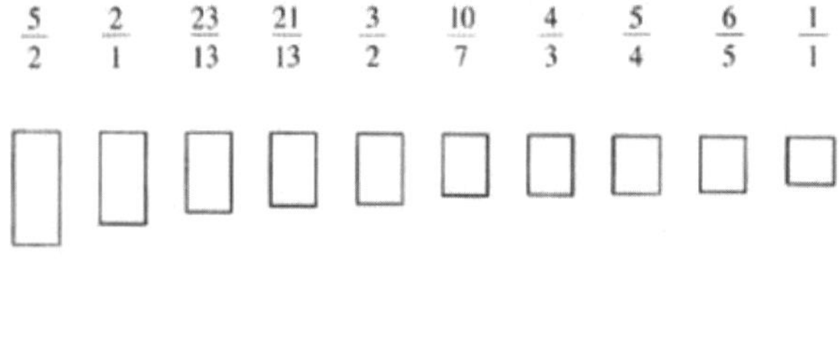

• 페히너의 황금비 실험

• 신용카드의 황금비

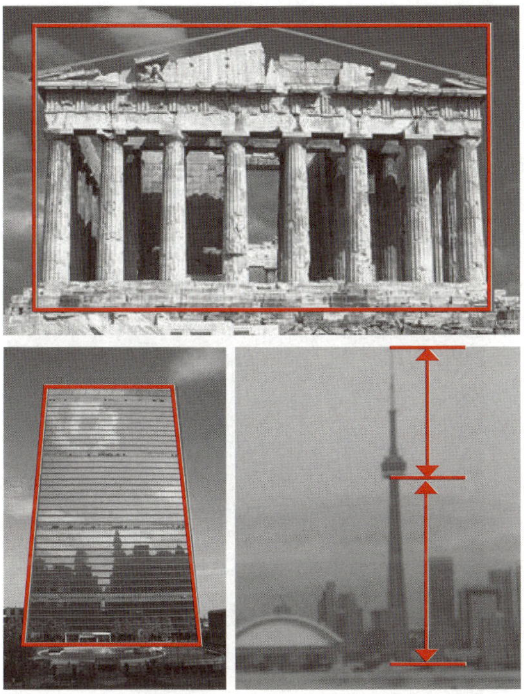

• 파르테논 신전의 황금비(위) • UN빌딩과 CN타워의 황금비(아래)

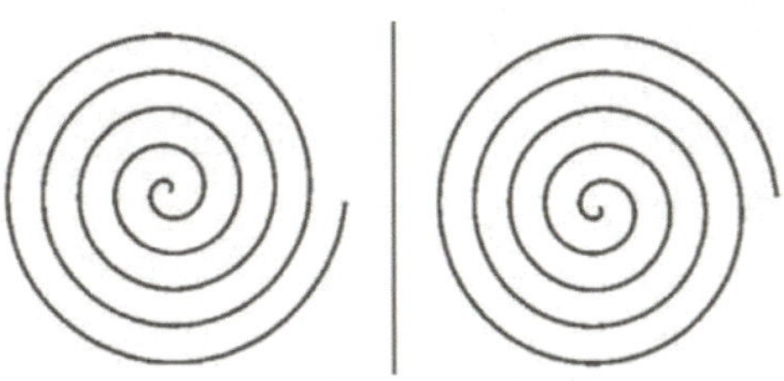

• 아르키메데스 나선형

장 보기 좋다는 것을 느낀다는 것이다. 하지만 황금비례를 선택하지 않은 실험 참가자들도 많았다는 사실은 반드시 모든 사람들이 황금비례를 선호하는 것은 아니라는 것이다.

황금비는 일상생활 속에서 쉽게 찾을 수 있다. 예를 들면 엽서, A4 용지, 노트, 책, 담뱃갑이나 명함과 같은 여러 직사각형 형태의 치수 등도 두 변의 비가 황금비에 가깝다. 물건을 선택할 때 대부분의 사람은 무의식중에 황금비의 치수를 취하고 있다. 신용카드의 규격은 가로 약 8.5cm, 세로 약 5.3cm이다. 약 1.603 : 1로 황금비에 가깝다.

그리스 파르테논 신전의 서쪽 면은 황금비례의 직사각형 안에 있다. 또한 UN 본부 건물은 파르테논 신전 세 개를 포개놓은 거처럼 세 개의 황금 직사각형을 겹친 모양으로 설계되었다. 이것은 UN본부가 세계의 조화를 지향하는 것을 상징한다. 캐나다 토론토의 상징인 CN타워도 황금비로 건축되었다.

나선형에는 아르키메데스 나선형과 황금 나선형이 있다. 아르키메데스 나선형은 일정한 단위길이를 더하면서 외부로 일정하게 확대되지만 황금 나선형은 피보나치 수열인 1, 1, 2, 3, 5, 8, 13,

21....이 더해지면서 외부로 확대되는 정도가 점점 증가하게 된다. 이러한 형태가 자연 속에서 발견되는 황금 나선형이다. 스위스의 수학자 자코브 베르누이(1654-1705)는 나선형에서 자기 누적과 자기 재생의 성질을 발견하고 이 나선형에 'Eadem mutato resurgo'(변할지라도 나는 항상 똑같이 다시 솟아난다)라는 좌우명을 붙여주었다. 그는 황금 나선형의 성질에 깊은 감명을 받아 자신의 무덤에 그 모양과 좌우명을 새겨줄 것을 부탁했다. 그러나 석수는 실수로 아르키메데스 나선형을 새겨 넣고 말았다.

옆의 그림은 아르키메데스 나선형을 이용하여 아래에 있는 물을 위로 옮기는 장치를 고안한 것이다. 정확하지는 않지만 황금 나선형과 유사한 나선형은 우리 주변에서 발견할 수 있다. 균형과 조화를 이루는 자연의 형태 중, 예를 들면 잎맥, 종자의 형상, 조개껍데기 소용돌이, 세포의 성장, 달팽이 집, 사람의 귀가 황금 나선형의 형태를 가지고 있으며, 애플사의 아이폰, 웹사이트의 화면 디자인에도 적용되었다.

• 아르키메데스 나선형을 이용한 양수기

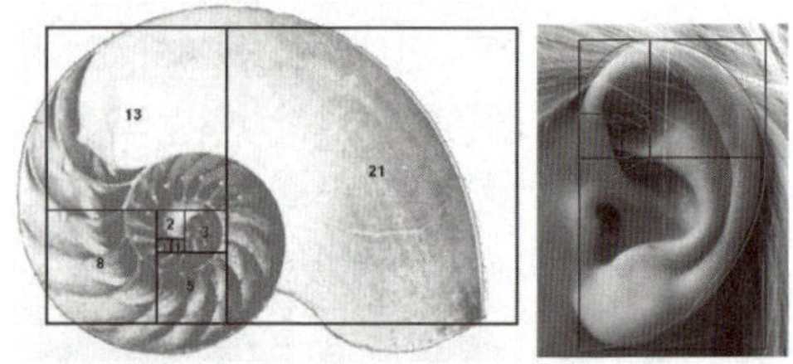

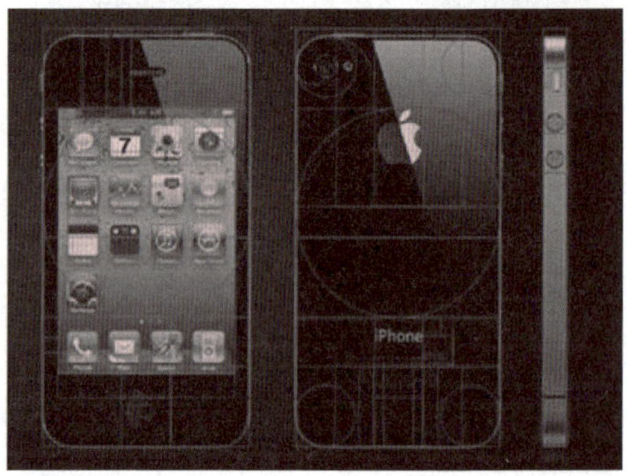

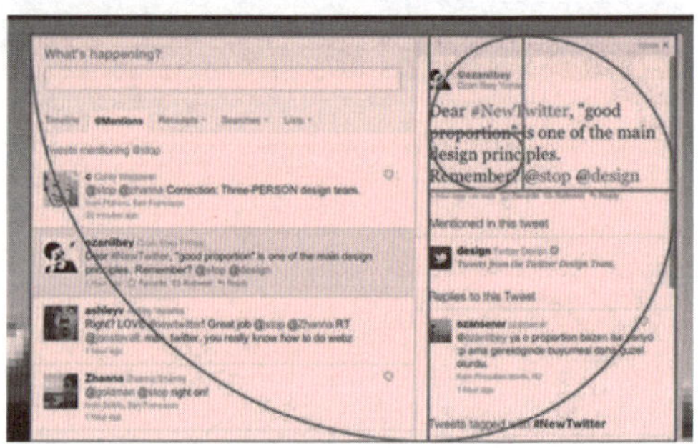

(위에서 부터) • 소라와 귀의 황금나선형과 유사한 나선형, 출처: http://www.google.com • 아이폰의 황금나선형, 출처: http://wind-skyrain.tistory.com/179 • 웹페이지의 황금나선형, 출처:Design for Hackers

3.5 카논의 팔등신, 사각형 인간

그리스 조각 중 가장 유명한 〈밀로의 비너스 상〉은 팔등신 미녀로 알려져 있다. B.C. 5세기의 그리스 조각가 폴리클레이토스는 「카논」이라는 저서에서 인체 전체와 부분들 상호간의 관계를 일정한 척도를 가지고 측정하여 인체의 이상적 비례를 설정하였다. 그에 따르면, 미는 부분들의 조화로운 비례에 놓여 있다고 하였는데, 그것은 한 손가락과 다른 손가락의 비례, 모든 손가락과 손바닥 및 손목의 비례, 그것들과 팔뚝의 비례, 팔뚝과 팔 전체의 비례, 즉 부분과 부분들 간의, 부분들과 전체 간의 비례이다.[22] 이와 같이 인체를 구성하는 사지와 다른 부분지체들이 서로 유기적으로 연관되어 있어서 상호 간에 분수로 표시되는 비례관계가 설정될 수 있었다. 얼굴은 신장의 1/10, 손바닥 길이는 신장의 1/10, 머리는 신장의 1/8, 발바닥 길이는 신장의 1/6, 어깨넓이는 신장의 1/4, 양팔을 가로로 펼쳤을 때 길이는 신장과 같다. 특히 인체 비례에서 신장과 머리의 관계가 8 : 1의 관계로 확립된 이래 오늘날에도 아름다운 인체의 기준으로 절대시되고 있다.

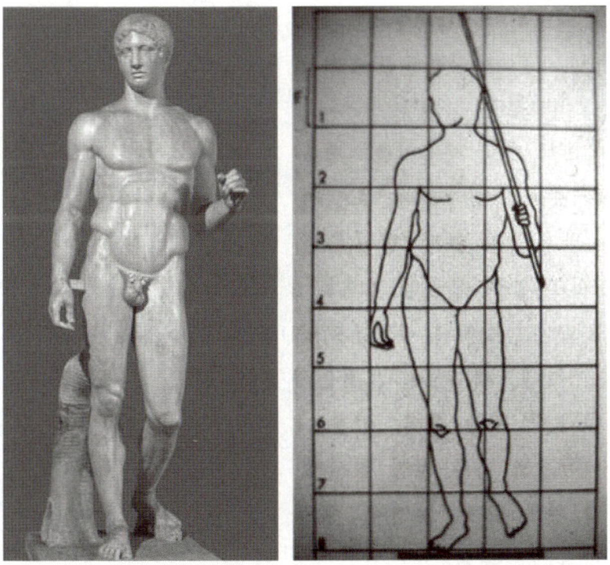

• 창을 든 남자, 폴리클레이토스, BC 440

그 저서는 오늘날 전하지 않지만 '카논'이라는 표현은 '비례법칙'을 의미하는 말로 사용되고 있고, '카논'의 완벽한 예시는 〈창을 든 남자〉라는 그의 조각상을 통해서 볼 수 있다. 그리스 미술을 대표하는 헬레니즘 시기의

22 E. Panofsky, "The History of the Theory of Human Proportion as a a Reflection of the History of Styles", in: *Meaning in the Visual Art*, Penguin Books, 1983, pp. 82-138, p. 92 참조.

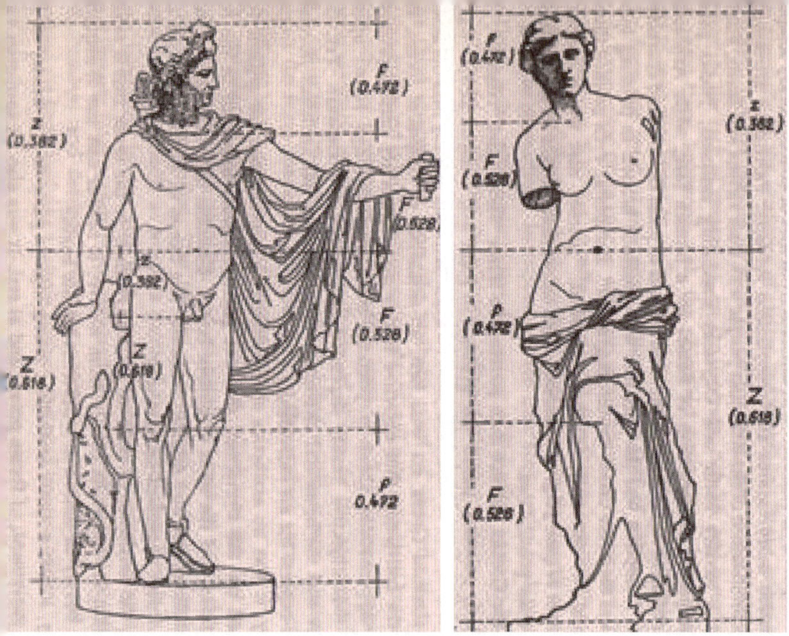

• 비너스와 아폴론의 황금비. 출처 : W. 타타르키비츠, 『미학사 1-고대미학』.

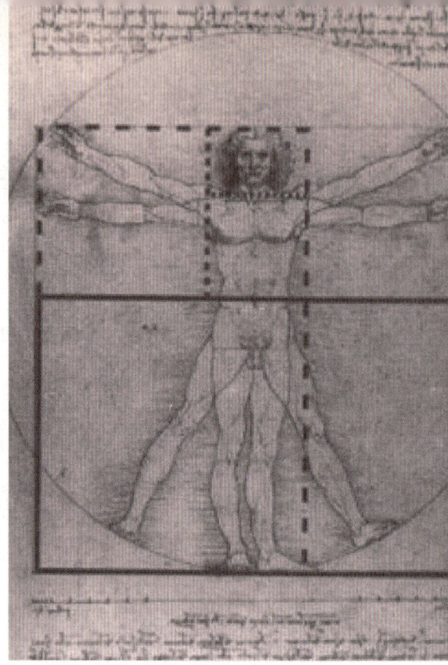

• 비트루비안 맨과 황금비, 출처:Design for Hackers.

〈밀로의 비너스 상〉과 〈벨베데레의 아폴론 상〉도 팔등신에 상체 대 하체의 비례가 황금비로 되어 있다.

앞서 보았듯이 비트루비우스는 질서 있는 건축물의 구성에 있어서 완전한 인체 비례에 근거해야 함을 증명하였다. 레오나르도 다 빈치가 비트루비우스의 생각을 기초로 해서 도해한 〈비트루비안 맨〉(Vitruvian man, 일명 호모 콰드라투스)의 비율은 황금비의 관계를 가지고 있다. 한쪽 손가락 끝에서 반대편 손가락 끝까지의 길이를 기준으로 황금비례 직사각형을 그리면 직사각형의 윗변이 정확히 배꼽을 지난다. 두 번째 황금비례 직사각형을 세워서 그리면 한쪽변이 인체의 오른쪽 어깨를 정확히 지나간다. 세워진 직사각형에서 두 직사각형이 겹치는 부분을 빼면 작은 직사각형이 남는다. 이 작은 직사각형에서 정사각형을 그리면, 그 선분은 왼쪽 어깨를 지나간다.. 마지막 직사각형에서 또다시 정사각형을 그리면 그 선분이 어깨높이를 잇는 직선이 되고 그 결과 머리 부분에 딱 맞는 틀이 생긴다. 비트루비우스의 생각과 레오나르도의 그림은 현재까지도 많은 디자인, 예술작품, 건축에 큰 영향을 미치고 있다.

3.6 콘트라포스토(Contrapposto)와 유기적 신체의 구현

그리스 인들은 앞서 황금비에서도 볼 수 있듯이 비대칭의 균제, 비대칭의 조화로움을 추구하였다. 예를 들어 조각의 경우도 이집트 조각에서 나타난 좌우 대칭의 부동의 자세보다는 좌우 비대칭의 동적인 자세를 추구하였다. 폴리클레이토스는 인체를 유기적으로 구성된 한 몸이라고 생각하고 움직임의 순간적 자세와 유기적 비례를 완벽하게 재현한 본보기를 제시하였다.[23] 그리하여 인체의 자연스러운 자세는 두 발에 힘을 똑같이 준 직립 부동의 자세가 아니라, 한 발에 힘을 주고 다른 한 발에 힘을 빼어 인체의 여러 부분이 유기적으로 움직이게 되는 자세임을 보여주었다. 이것을 '콘트라포스토'라고 부르는데, 원래는 한 쪽의 움직임을 다른 쪽의 움직임으로 상쇄한다는 의미이다. 이러한 자세로 인해 인체 상에는 자연스러운 기울기가 나타나 인체의 윤곽이 S자형을 이루게 되며 단조롭지 않은 비대칭의 균제가 형성된다. 이 자세는 그리스 이래 인체 조각상의 기본자세가 되었다. 즉 수학과 인간의 본성에 대한 면밀한 이해가 이상적 아름다움을 창조하는 동인이 되었음을 이해할 수 있다.

23 E. Panofsky, "The History of the Theory of Human Proportion as a a Reflection of the History of Styles", p. 97.

• 콘트라포스토 자세의 창을 든 남자, 비너스상과 다비드상, 출처:www.google.com

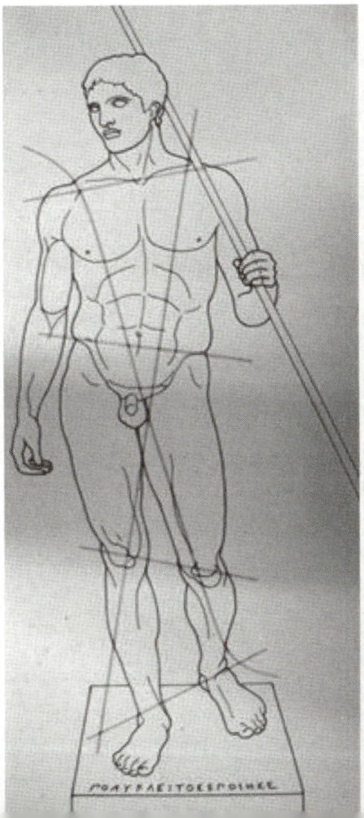

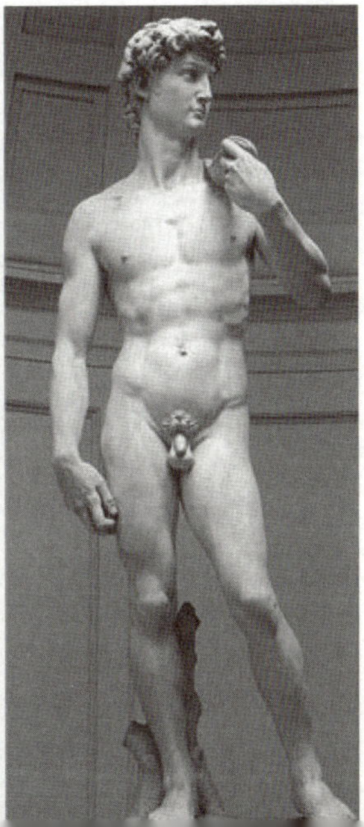

4. 레오나르도 다 빈치

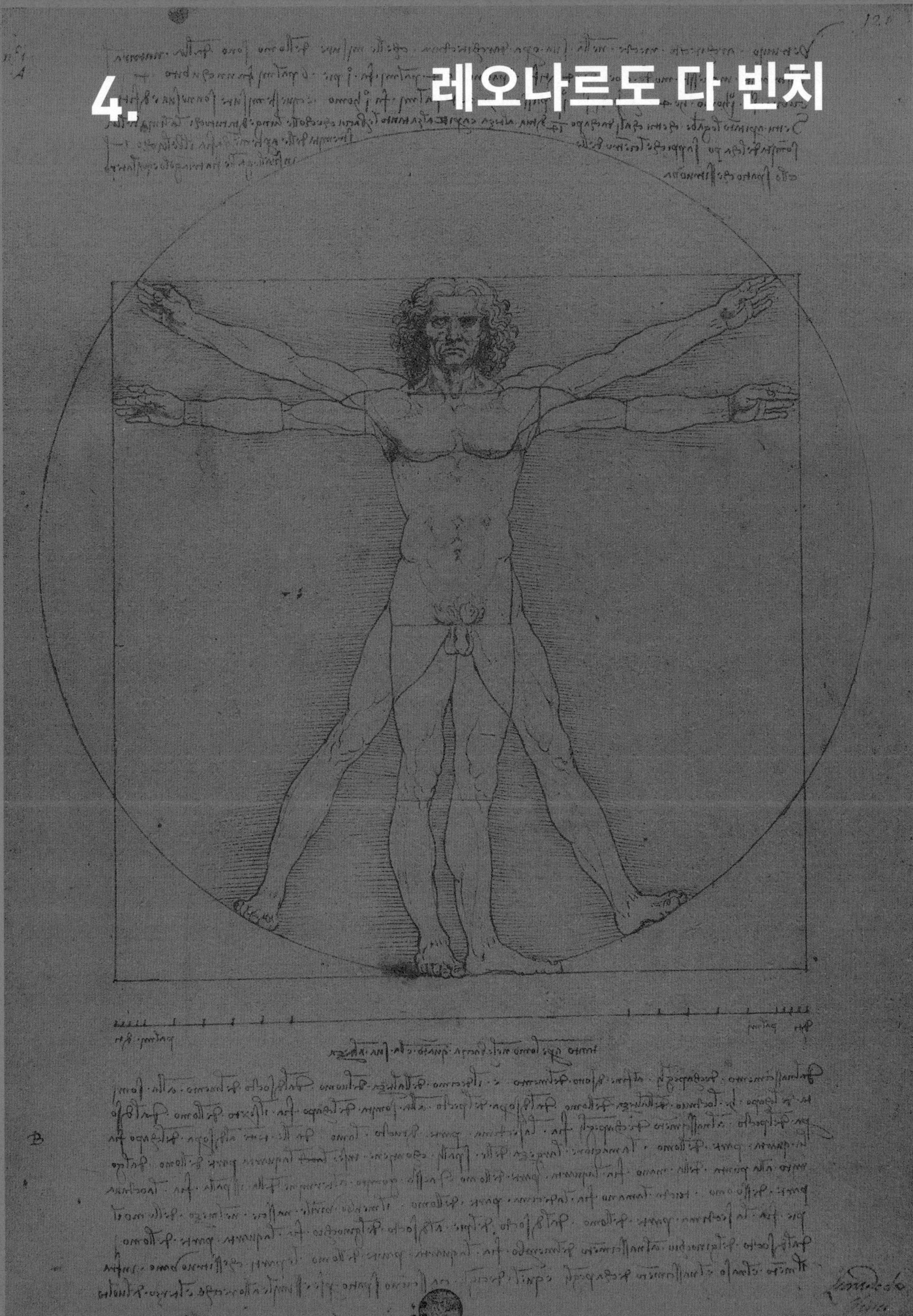

레오나르도 다 빈치

예술가이자 과학자였던 만능인의 전형

레오나르도 다 빈치(1452-1519)는 세르 피에로와 카테리나라는 하층계급의 여인 사이에서 태어난 사생아였다. 1468년 16세 때 아버지를 따라 피렌체로 이주하였고 당시 피렌체에서 가장 유명한 화가 중 한명인 베로키오의 공방에 들어갔다. 당시 그와 함께 베로키오의 공방에서 있었던 동료로는 보티첼리, 페루지오, 로렌초 디 크레디, 프란체스코 디 시모네 페루치 등이 있었다. 그는 르네상스의 요람인 피렌체에서 베로키오의 도제가 되어 조각, 회화, 건축, 도형연구, 원근법, 기하학, 식물학, 음악 등 예술 전반을 폭넓게 배울 수 있었고 르네상스 예술의 큰 후원자였던 메디치가를 비롯한 유력한 고객과 친분을 쌓을 수 있었다.

1482년 로렌초 일 마그니피코의 후원으로 당시 이탈리아 문화와 정치 도시인 밀라노로 이주했다. 레오나르도는 밀라노에서 인간의 형상을 해부학, 움직임, 표정, 골상 등을 연구하여 초상화, 소묘 등 다양한 형식으로 그렸다. 그 후 1495-1497년 산타마리아 델레 그라치에 성당에「최후의 만찬」을 그렸다. 1499년 프랑스 왕 루이 12세가 밀라노공국을 침공하면서 레오나르도는 밀라노를 떠나 피렌체로 돌아갔고「성 모자와 성 안나」와「모나리자」가 그려졌다. 1506년 프랑스 총독 샤를 당부아즈의 초청을 받아 다시 밀라노로 복귀했다.

레오나르도는 젊은 시절부터 왕성하게 활동했으며 항상 완벽한 그림을 그리기 위해 끝없이 노력했다. 예술가로서 그는 실제 경험에 의거하여 자연현상에 대한 과학적 연구를 중시하였다. 실험과 직접적인 관찰에 대한 절대적인 믿음에 바탕을 두어,[01] 예술가는 '자연의 정확한 모방' 위에 창조적 상상력을 발휘할 것을 주장하였다.[02] 또한 그는 자연의 정확한 모방을 위하여 빛과 그림자의 작용을 중요시했는데, 빛을 통하여 유동하는 자연의 모습을 전제하여 독자적인 새로운 자연관에 따른 풍경을 창조하기도 하였다. 이와 같은 자연에 대한 주의 깊은 관찰에 상상력을 더함으로써 그는 시대를 앞서가는 뛰어난 착상들을 하게 되었다. 그는 자연의 관찰, 인체해부학, 기계학(기계나 사물의 운동원리)에 대한 자세한 스케치 기록들을 남겨놓았는데, 그의 노트를 보면 그가 죽은 지 400년이 지난 뒤에 발명된 탱크, 비행기, 헬리콥터를 비롯한 갖가지 기계와 비슷한 것이 스케치 되어 있다.

---

01 "선한 판단은 명확한 이해에서 비롯되고 명확한 이해는 건전한 법칙에서 유도되고, 또한 건전한 법칙은 건전한 경험의 문제인 바, 후자는 모든 과학과 예술의 공통된 어머니이다." 쟝 폴 리히터 편,『레오나르도 다빈치 노트북』(*The Literary Works of Leonardo Da Vinci*, ed. by J. P. Richter, 2 vols., London, 1883), 김민영 외 역, 루비박스, 2007, 제1부, § 18, pp. 32.

02 레오나르도는 화가가 자연에 대한 정확한 지식을 바탕으로 모사하는 과학자일 뿐만 아니라 창조자로서 "자연물들뿐만 아니라 자연이 산출해 내는 그 이상의 것을 무한히 나타낼 수 있으며 동물, 풀, 식물, 풍경들의 새로운 형태를 끝없이 만들어 냄으로써 자연을 능가하게 된다"고 하였다. 그는 화가가 자연을 어떻게 모방할 것인가 즉 화가가 지니는 형태화의 문제를, 얼룩을 의미하는 '마키아'(Macchia)라는 용어와 더불어 얘기하는데, 이러한 논의는 예술가의 창안(invention)의 문제와 직결된다. 그는 얼룩으로 뒤덮인 담벼락도 예사롭게 보지 말 것을 권고하고 있다. 왜냐하면 담벼락의 얼룩들이 화가가 다양한 사물과 장면들을 새롭게 발견할 수 있는 예술적 창의를 북돋을 수 있기 때문이라는 것이다. 이와 같이 그에게는 보이는 것을 새롭게 발견하는 것이 화가의 정신 안에 다양한 창안을 일깨우고 상상력을 풍부하게 하는 것이었다. *Treatise On Painting[Codex Urbinas Latinus 1270] by Leonardo Da Vinci*, trans. and annot. by A. Philip McMahon, Princeton Univ. Press, 1956, vol. I, part 1, § 76, pp. 50-51 참조.

4.1 원근법, 비례, 기하학

밀라노[03] 체류 이후, 레오나르도에게 원근법, 비례, 기하학은 과학에 기반을 둔 예술연구의 핵심 요소들이었다. 그는 예술가의 기본자세로서, 눈앞에 펼쳐진 여러 사물들의 형태를 논리적으로 분석해야 함을 권고했는데, 이것은 사물들을 장소나 배경, 그리고 빛과 그림자의 관련 속에서 바라봄으로써, 이러한 관찰을 통해 자연의 법칙을 파악해야 함을 강조하는 것이었다.[04] 그는 「회화론」(1490)[05]에서 회화를 자연의 법칙에 근거하고 수학적 증명이 가능한 진정한 과학으로 주장하면서, 과학으로서의 회화의 기본 원리를 제시하였다.[06] 첫 번째 원리는 어떤 물체가 가시적 사물의 형태로 재현되는 데에 관련되는 점, 선, 평면, 입체라는 기하학적 요소들이다. 두 번째 원리는 평면에 부조와 같은 효과, 즉 실물감을 부여하는 빛과 그림자, 밝음과 어두움이다. 회화라는 과학이 포함하는 세 번째 원리는 바로 원근법으로, 이것은 평면을 부조처럼 보이게 하고 부조를 평면적으로 보이게 하는 성질을 띰으로써 "회화 예술의 가장 좋은 안내자"[07]이다.

그는 그림을 그릴 때 사용되는 원근법을 세 가지로 나누었는데, 이미

---

03 당시 유럽 학문의 중심지로 부상했던 파두아 대학을 중심으로 대학이 문화를 주도하는 이탈리아 북부의 대도시들은 로렌초 메디치의 영향력 아래에 있는 피렌체와는 그 분위기가 달랐다. 피렌체에서는 메디치가의 후원아래 마르실리오 피치노를 중심으로 플라톤주의적 사상이 인문주의적, 신학적 관심에서 활발히 연구되고 있었다. 반면, 일찍이 교통의 요지로서 상공업과 무역을 통해 경제적 부를 누리고 있었던 북부 이탈리아에서는 현세적인 분위기 속에서 자유로운 학문의 탐구가 보장되었고 특히 아리스토텔레스의 자연철학 사상이 대학에서 이미 널리 퍼져 있었다. 이에 따라 밀라노는 피렌체에 비해 실용적인 학문이 발달했으며 대학교육은 자연 즉 물리적 세계를 연구하는 데 초점이 맞추어져 있었는데, 그것은 밀라노의 참주 프란체스코 스포르차가 농업과 상업 및 산업의 육성을 위해 펼친 정책과도 밀접하다. 레오나르도는 밀라노에 도착하자마자 이러한 분위기를 간파하였고 그곳의 과학과 문화계를 이끌고 있는 인물들과 접촉함으로써, 고대와 중세의 과학이론을 접하게 되고 이것을 실험으로 입증하려는 연구를 본격적으로 하였다.

04 *Treatise On Painting by Leonardo Da Vinci*, vol. I, part 2, § 69, pp. 48.

05 레오나르도 다 빈치의 『회화론』*(Trattato della pittura)*은 회화에 대한 이론만이 아니라 당시 문화에 대한 실로 방대한 관심의 산물로서, 15세기 말과 16세기 초의 사상을 집약하고 있는데, 그것은 체계적인 저서는 아니고 그가 손으로 써놓은 방대한 분량의 글을 모은 것이다. 이것은 16세기 말에야 처음으로 편집되었으며 1651년에야 인쇄되어 출판되었다. 수기(手記)한 원본은 바티칸 도서관에 소장되어 있으며, 지난 5세기 동안 이에 대한 주석과 번역이 끊이지 않고 발간되었다.

06 *Treatise On Painting by Leonardo Da Vinci*, vol. I, part 1, § 1-2, pp. 3-5.

07 『레오나르도 다빈치 노트북』, 제1부, § 40, p. 43. *Treatise On Painting by Leonardo Da Vinci*, vol. I, part 2, § 70, pp. 48.

알베르티가 소개하여 르네상스의 화가들이 구사했던 선 원근법의 한계를 극복하기 위해 색채 원근법, 공기 원근법을 제시하여 기하학적인 성격과 더불어 색감으로 대상의 원근감뿐만 아니라 화면 전체의 공간성을 생동감 있게 표현하였다

① 선 원근법 - 물체가 눈으로부터 멀어질 때 보기에 작아지는 이유와 관련되는데, 거리에 따르는 물체의 크기 축소를 다룬다. 알베르티가 「회화론」에서 제시한 '시각 피라미드' 이론에 의한 원근법적 구성을 발전시켜 모든 평행하는 직선을 한 점으로 소실하게 그림으로써 평면 위에 거리를 나타내는 방법을 확립하였다.
② 색채 원근법 - 물체가 눈에서 멀어지면서 색채가 변화하는 방식과 관련되어 거리에 따르는 물체의 색채 감소를 다룬다. 근경의 물체의 색채는 진하게, 원경의 물체의 색채는 희미하게 처리하는 방법이다. 한편 근경의 물체에는 파장이 긴 난색계열의 색채를 사용하고 원경의 물체에는 파장이 짧은 한색계열의 색채를 사용하여 원근감을 나타내기도 한다.
③ 공기 원근법 - 물체가 먼 거리에 있을 때 명확하게 보이지 않는 이유와 관련되는데, 거리에 따라 물체의 윤곽선 혹은 형태가 희미해지는 것을 다룬다. 근경의 사물은 선명하고 뚜렷하게, 원경의 사물은 흐릿하고 불명료하게 처리함으로써 공기층을 느끼게 하여 원근감을 증진시키는 방법이다.

비례 이론은 르네상스 시대의 화가들이 매우 큰 관심을 가진 분야였다. 레오나르도는 비례가 수와 도량형에만 사용되는 것이 아니며 음향, 무게, 시간, 위치 등과 같은 힘이 작용하는 모든 것에 존재하는 것이라고 생각하였다. 「회화론」에서도 예술가를 위한 교육과정 중에 원근법 다음으로 모든 사물들의 비례를 들고 있다.[08]

08 *Treatise On Painting by Leonardo Da Vinci*, vol. I, part 2, § 59, pp. 45. 『레오나르도 다빈치 노트북』, 제1부, § 483, p. 345.

그는 르네상스 예술론의 토대가 되었던 고대 로마의 건축가 비트루비우스의 「건축십서」에서 제시된 인체 비례를 따라, 8등신의 비례를 이상적인 인체비례로 언급하면서도, 인체의 움직임과 나이에 따른 비례의 변화뿐만 아니라 인체의 개별적 특성에 따른 비례의 변화까지도 고려할 것을 역설하였다.[09] 특히 모든 전체의 부분은 전체와 조화를 이루어야 하고 이것은 모든 동물과 식물에도 적용된다고 하였다. 예를 들어 뚱뚱하고 짤막한 인체라면, 그의 신체의 모든 부분도 그와 같이 즉 짧고 두꺼운 팔, 넓고 두꺼운 손, 짧은 손가락에 어울리는 손가락 관절이어야 한다는 것이다.[10] 또한 그림은 조화로운 비례를 가져야 하고 이 비례 속에서 그림의 모든 부분은 동시에 상호작용하여 전체적인 구도와 개별적인 부분 모두가 마치 하나인 것처럼 보여야 한다고 생각했다. 이러한 인체의 비례와 움직임에 관한 연구는 1490년 무렵 인체 측정에 관심을 가지면서 시작되었다. 인체의 무게와 균형 사이의 관계를 규명하기 위해 비례도를 그렸다.

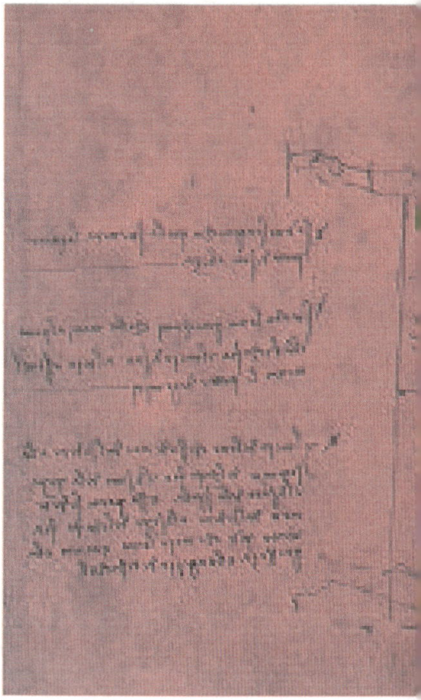

기하학은 그에게 모든 분야의 과학을 연구하고 자연 현상을 해석하는 연구의 시발점이었다. 그는 이미 피렌체 시절부터 기하학을 공부했다. 밀라노로 오자마자 기하학 연구를 재개하면서 회화, 해부학, 광학, 기계학, 정역학 등으로 연구의 범위를 확대했다. 그 무렵 「대수와 기하학」(1494)의 저자인 수학자 루카 파치올리의 도움으로 레오나르도의 기하학 실력은 더욱 깊어갔다. 파치올리가 「신성한 비례」(*De divina proportione*, 1498년 밀라노에서 완성)를 저술하자, 그는 투시법으로 표현한 기하학적 물체 스케치를 파치올리에게 헌정하고, 물체의 구조를 쉽게 볼 수 있도록 유리로 물체의 모형을 제

09 위의 책, 제1부, § 308-389, pp. 233-266.

10 위의 책, 제1부, § 366, p. 257.

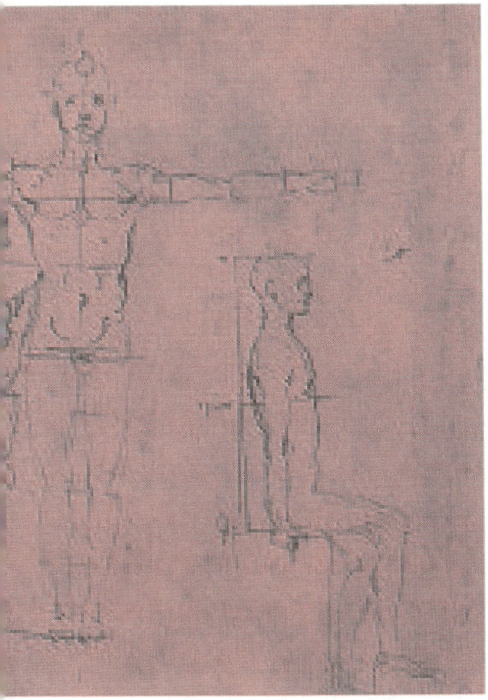

• 인체도에 적용된 기하학적 비례, 1490년경.
출처 : 카를로 페드레티, 『레오나르도 다빈치 위대한 예술과 과학』, 강주헌 • 이경아 역, 마로니에북스, 2008.

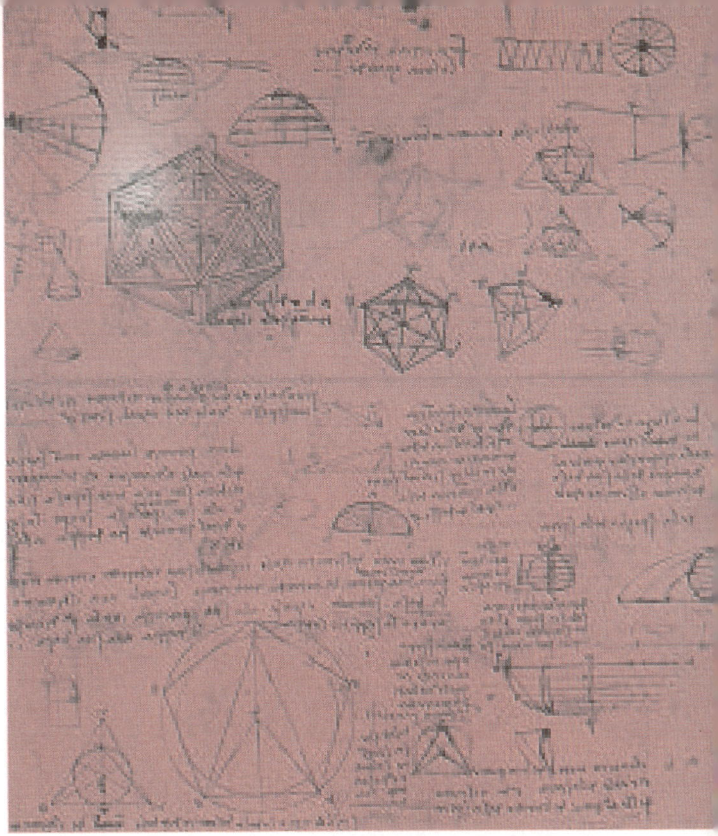

• 입체 기하학을 연구한 메모들, 1513-1514년.
출처 : 『레오나르도 다빈치: 위대한 예술과 과학』

• 루카 파치올리의 초상화, 야코포 데 바르바리, 1494년. 출처 : 위키백과

작하기도 했다.[11] 이 스케치는 가장 단순한 구에서부터 가장 복잡한 다면체까지 다양했다. 1509년 베네치아에서 출판된 이 책은 기하학적 형태에 대한 레오나르도의 평생에 걸친 관심을 잘 나타내 주고 있다.

레오나르도에게 이와 같은 기하학적 스케치는 추상적인 개념을 그림으로 나타내는 작업에 그치지 않고, 공간을 기하학적으로 재창조하는 과정의 기초를 이루는 건축 형태에 관한 구조 법칙을 재고찰하는 방법이기도 했다. 일례로 브라만테가 산타 마리아 델레 그라치아 성당의 후진을 완성할 무렵, 그 식당에 걸릴 〈최후의 만찬〉을 레오나르도가 완성했는데, 이것은 기하학적이고 조화로운 공간표현에 관한 연구를 근거로 한 정밀한 계획의 결실이었다.

4.2 사실주의 기법의 집대성

위에서 살펴본 바, 레오나르도에게 "자연이 산출한 가시적 대상들의 유일한 모방자인 회화"[12]가 목표로 하는 것은 평면 위에서의 부조와 같은 실물감이었다. 회화는 바로 빛과 그림자를 이용해 실체가 없는 무형의 것을 촉지할 수 있는 것으로 만들고, 편평한 대상을 입체감 있게 보이게 하고, 멀리 떨어져 있는 사물을 가까이 있는 것처럼 보이게 하고, 인물들이 살아있는 것처럼 보이게 할 수 있었다. 그는 「회화론」에서 빛과 그림자에 대해 관찰한 바를 세세히 풀어내고 있는데, 점진적으로 밝아지고 점진적으로 어두워지는 명암법 키아로스큐로(chiaroscuro)를 고안하여 입체감과 공간의 표현에 성공하였다. 이와 같은 키아로스큐로와 같은 기법은 원근법, 빛이 표면에 미치는 효과, 그림자에 대한 물리 지식 등이 없으면 습득될 수

11 이 모형은 1494년 아코포 데 바르바리가 그린 유명한 루카 파치올리의 초상화에 나와 있다.

12 앞의 책, 제1부, § 652, p. 433.

없는 것이었다.[13]

또한 그는 윤곽을 연기와 같이 흐릿하게 처리하는 스푸마토(sfumato) 기법에 의해 사물의 입체감을 표현함과 동시에 자연의 사물을 고정된 윤곽으로 나타내지 않고 빛을 통해 유동 · 변화하는 모습으로 표현하였다.

4.3 역학적 원리와 미적 원리의 조화

• 프란체스코 스포르짜 기마상 연구. 출처 : 『레오나르도 다빈치: 위대한 예술과 과학』

레오나르도는 밀라노에서 의뢰받은 〈프란체스코 스포르짜의 기마상〉을 위한 연구 습작(1485-1489)에서 이전의 기마상[14]의 형태를 따르지 않고, 말 위에 탄 스포르짜가 고삐를 바싹 당기어 말이 앞발을 모두 들고 있는 역동적인 모습의 기마상을 계획하였다. 그는 이 거대한 조각상의 역학적 균형을 해결하기 위해 스포르짜에 의해 쓰러진 적군이 앞발을 받치는 기발한 아이디어로 처리함으로써 역동적 동세와 균형의 조화를 꾀하였다. 그러나 레오나르도의 야심에 찬 이 계획은 밀라노에 프랑스 군이 쳐들어와 작품제작에 쓰일 청동이 무기제작에 사용됨으로써 이루어지지 못했다..

4.4 무게, 중력, 운동과 역학

레오나르도는 수학과 기하학을 바탕으로 운동과 에너지 및 역학에 대

13 위의 책, 제1부, § 110-221. pp. 87-146.

14 현존하는 유일한 고대 로마의 청동기마상인 <마르쿠스 아우렐리우스 황제의 기마상>(161-180년 경)은 중세이후 유럽의 기마상의 원형이 되었다. 이 기마상에는 말이 들어 올린 발아래 이민족 포로의 형상이 있었다고 한다. 한편 르네상스 시대의 대표적 기마상인 도나텔로의 <가타멜라타 장군의 기마상>(1453년)은 바로 이 로마의 기마상을 본으로 한 것이다. 이 군상은 커다란 말의 몸체의 수평적인 중량감을 안정되게 보여 주고 있다. 말이 걷기 위해 살짝 들어 올린 왼쪽 앞발 아래에 있는 구슬은 물리적 평형을 갖기 위한 것으로 군상의 안정성을 확보하는 역할을 하고 있다.

해서 근본적인 연구를 진행하였다. 그의 이론 역학에 관한 연구순서를 살펴보면 '무게(중량)'와 '중력'을 먼저 연구하고 다음으로 이를 뒷받침할 '통계학'을 연구하였다. 이후 '마찰'과 '운동' 마지막으로 '충격' 순서로 연구하였다. 레오나르도가 기술한 역학 요소들을 살펴보면 역학에 대한 전문가가 아니더라도 생활인이 일상에서 이해할 수 있는 내용에 가깝다. 다만, 그가 일반인들에 비해 대단히 주의 깊은 관찰과 깊은 사색과 연구를 했음을 알 수 있다. 현재의 사전적 역학개념과는 다소 차이가 있다고 볼 수 있으나 역학을 학문적으로 배우기 전의 공학입문자들이 역학의 주요 개념을 이해하는데 레오나르도의 정의를 깊이 생각해볼 만하다.

먼저 무게에 대한 정의를 살펴보면 "가벼움이란 밀도가 낮은 물질이 이 보다 밀도가 높은 물질 아래로 끌려갔을 때 생겨나는 것이다. 가벼움이란 무거움과 떨어져서 생겨날 수 없으며, 무거움 또한 가벼움 없이는 생겨날 수 없는 것이다. 물밑에 공기를 주입했을 때 공기는 가벼움을 얻게 되고, 물은 자신보다 가벼운 공기가 아래에 있어 무거움을 얻게 되는 것이다."라고 무게를 설명함에 있어 밀도와 무게는 상대적인 개념이라고 설명하고 있다.

레오나르도는 '중력'에 대해서도 설명하였다. 중력은 우주에 존재하는 모든 물질(질량)에 작용하는 것으로 무게(힘)의 원천이 된다. 이러한 중력에 대해 그는 "중력은 모든 부분에서 우주의 중심을 향해 그려진 중심선을 따라 무게를 나타내는 것이며, 물체 중량의 중심은 그 길이와 너비, 그리고 높이의 정 중앙에 위치한다. 서로 저항하며 균형을 이루고 있는 부분들의 정 중앙에 이 물체의 우발적인 중력의 중심은 존재한다."라고 말했다. 이것은 오늘날 기하학과 역학에서 무게중심, 도심의 개념에 해당하는 것이다.

현대 공학에서 무게(weight)는 힘(force)와 동일한 개념으로 사용된다. 1kg의 질량과 1m/s^{2}의 중력가속도의 곱을 1N이라는 힘의 기본 단위로 사용한다. 이때 지구의 중력가속도가 약 9.81m/s^{2}이므로 1kg의 질량과 지구의 중력가속도 9.81m/s^{2}의 곱이 1kgf라는 무게의 기본단위가 된다. 즉, 지구에서 1kgf의 무게는 약 9.81N의 힘을 갖는다.

이와 같이 공학에서 계산되는 힘의 성질에 대해 레오나르도는 다음과 같이 설명하고 있다. “힘이란 억제되어 원래의 용도에서 벗어난 물체 내에 저장되었다가 확산되는 움직임에 의해 예측할 수 없는 외압의 형태로 유발되는, 그 실체가 없는 작용이며 보이지 않는 능력이다.”, “무게는 실체가 있으나 힘은 그 실체가 없다. 무게는 물질적이나 힘은 영적이다. 만일 무게가 힘을 생성하면, 힘은 무게이다. 만일 무게가 힘을 지배하면 힘은 무게이다.”

4.5 데생과 해부도

레오나르도는 모든 기계의 작동원리를 고민하고 발견하려 노력했다. 그는 기계를 데생하는데 심혈을 기울였는데 그의 데생에는 기계의 구성뿐만 아니라 작동원리까지 표현되었다. 도제로부터 발전시킨 그의 예술적 재능이 기계의 데생을 현대의 설계도와 사용설명서의 의미를 갖도록 한 것이다.

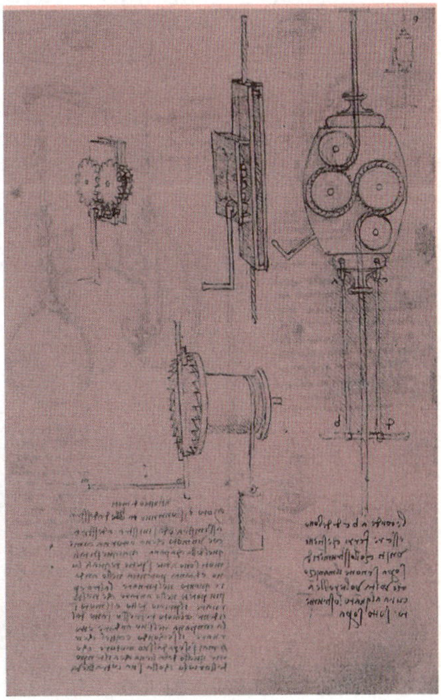

• 기계요소 시리즈 연구, 1495-1497년 경.
출처 : 『레오나르도 다빈치: 위대한 예술과 과학』

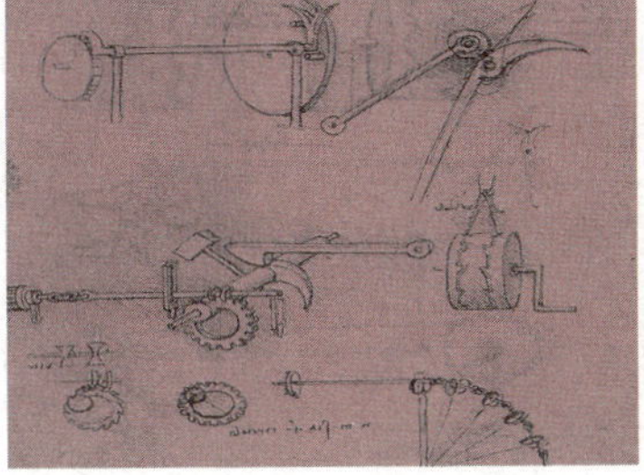

그는 관찰한 현상을 항상 필사본에 기록하여 연구에 참고하였고 연구내용을 지속적으로 다듬고 보완하여 시각적으로 이해할 수 있도록 스케치하였다. 이러한 스케치는 16세기 과학저술에 대단히 큰 기여를 했다. 1960년대에 발견된 첫 번째 〈코덱스 마드리드〉[15]는 다양한 기계요소에 관한 스케치를 보여주고 있다.

1517년 아라곤의 추기경을 동행하여 프랑스 레오나르도 작업실을 방문한 안토니오 데 베아티스의 증언에 따르면, 레오나르도는 각 연령층의 남녀 30명 이상을 해부하고 인체를 스케치로 남겼다.

"누드 상태에서 사지가 취할 수 있는 모든 자세와 행동을 완전히 익히려고 하는 화가는 반드시 근골, 골격, 근육, 힘줄과 관련된 해부학적 지식을 습득해야 한다. 이것은 사지가 다양한 형태로 움직이면서 힘을 가할 때, 어떤 신경 혹은 근육이 각 운동의 원인으로 작용하는지를 화가가 알고 사지를 명료하게 보여주기 위해서이다."[16]

이것은 「회화론」에서 레오나르도가 화가가 해부학에 대해 공부할 필요가 있다고 강조한 말이다. 해부학을 알아야 화가가 인간의 모습을 정확히 표현할 수 있다는 것이다.

그는 1507-1508년 피렌체의 산타 마리아 누

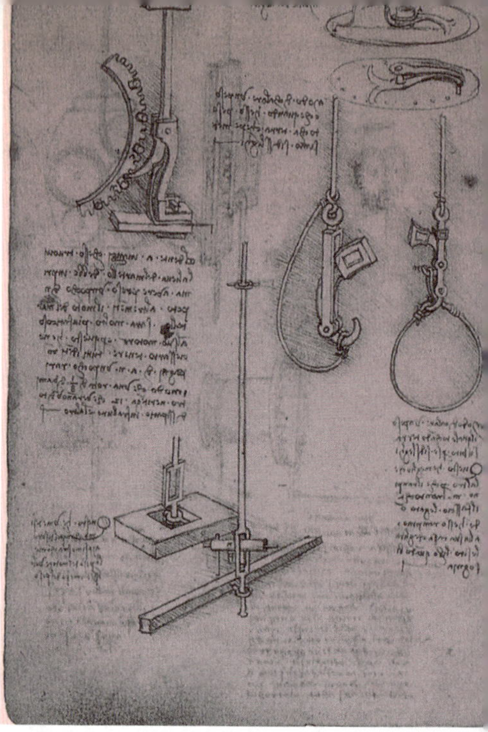

• 수동으로 작동하는 엘리베이터 연구, 1495-1497년 경.
출처 : 『레오나르도 다빈치: 위대한 예술과 과학』

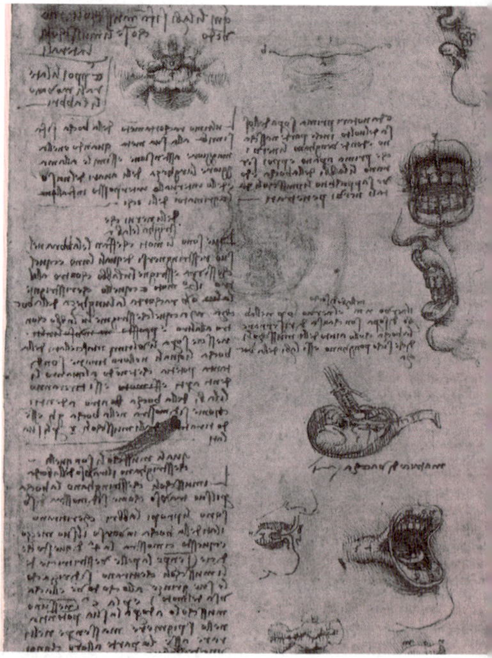

• 입 근육에 관한 연구, 1508년 경.
출처 : 『레오나르도 다빈치: 위대한 예술과 과학』

15 <코덱스 마드리드>는 1966년 마드리드 국립도서관에서 기적적으로 발견되어, 1973년에 영인본으로 발간된 두 권의 책이다.

16 『레오나르도 다빈치 노트북』 제1부, § 489, p. 488.

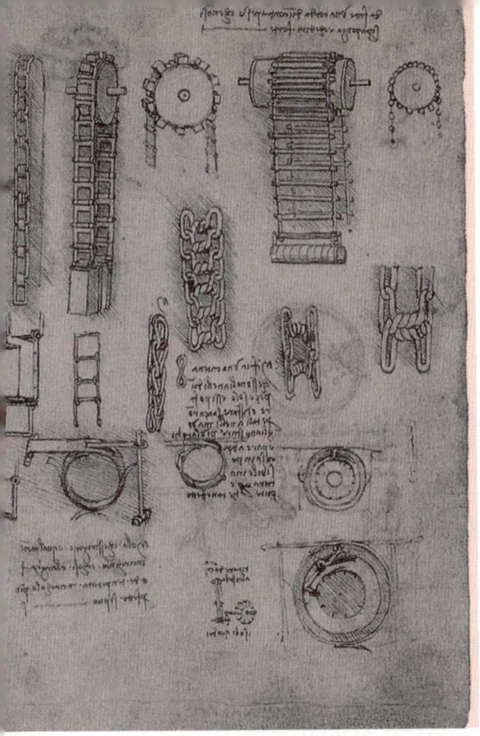

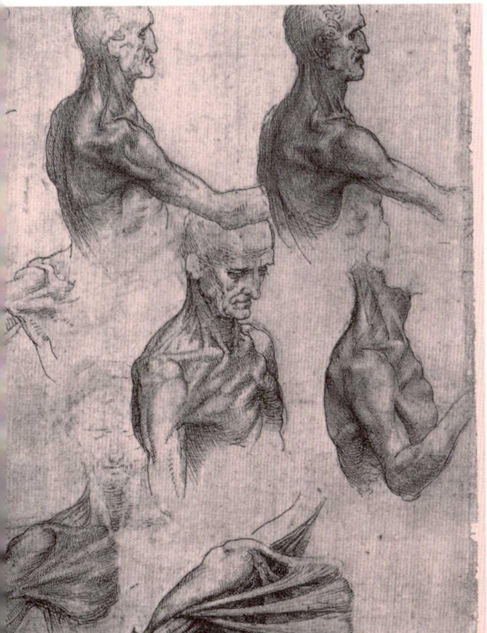

• 움직이는 순간의 어깨와 목과 가슴의 근육, 1508-1510년 경.
출처 : 『레오나르도 다빈치: 위대한 예술과 과학』

오바 병원에서 노인의 시신을 직접 해부하며 연구하기 시작하였고, 그 경험을 바탕으로 직접 해부하는 것보다 더 명쾌하고 유용한 도구를 제공할 수 있는, 프톨레마이오스의 '세계지도'에 버금가는 '해부지도'를 제작하기로 결심했다. 그러한 야심만만한 결심과 그로 인해 겪어야 했던 해부의 어려움은 다음의 글에서 잘 나타난다. "한 구의 시신으로는 충분하지 않다. 완전한 지식을 얻으려면 많은 시신을 해부해야 한다...... 설령 당신이 해부를 해보겠다고 나서도 위에서 구역질하고 중단하기 십상이다. 위는 넘어가더라도 4등분하여 껍질이 벗겨져서 보기에도 역겨운 시신과 밤을 보내야 한다는 두려움을 이겨내야 한다. 두려움을 이겨내더라도 분명하게 그림을 그려낼 재주가 없을 것이다."

레오나르도는 골격과 뼈를 인간이라는 기계의 기본적인 틀에 비유했고 골격과 뼈를 여러 각도에서 그리고 여러 관점에서 표현했는데, 그의 해부학 중에서 골격과 뼈의 해부도는 가장 사실적이라는 평을 받는다. 이 외에 그는 근육과 신경, 심장과 핏줄, 호흡기와 소화기 계통, 생식기관과 임신 등에 대해서도 다양한 해부도를 남겼다.

그의 해부학 연구는 그가 인간을 최고의 기계로 인식하고 인간과 기계사이의 관계를 고찰했음을 잘 보여주는데, 인간을 하나의 기계로 파악했다는 것은 당시 혁명적인 인식의 전환이었다. 따라서 인간의 몸을 원근법과 비례를 활용하고 해부학을 연구하여 과학적으로 표현하고자 한 그의 노력은, 르네상스 시대의 예술과 과학의 통합을 보여주는 증거이다.

더 나아가 필사본과 스케치에 나와 있는 과정은 레오나르도에게 예술이란 과학을 넘어선 창조적인 지식의 결합을 의미함을 보여준다. 예술이란 인간의 감정(마음의 움직임)을 보다 고차원적으로 표현하는 도구로서, 그는 이 마음의 움직임의 정수가 바로 미소라고 생각했다. 인간의 미소는 자신도 모르게 일어나는 안면 근육의 복잡한 동작으로 만들어지며 어떠한 기계로도 모방할 수 없는 것이었다. 그는 입 주위의 24개의 근육의 움직임을 설명하는 스케치를 남겼다.

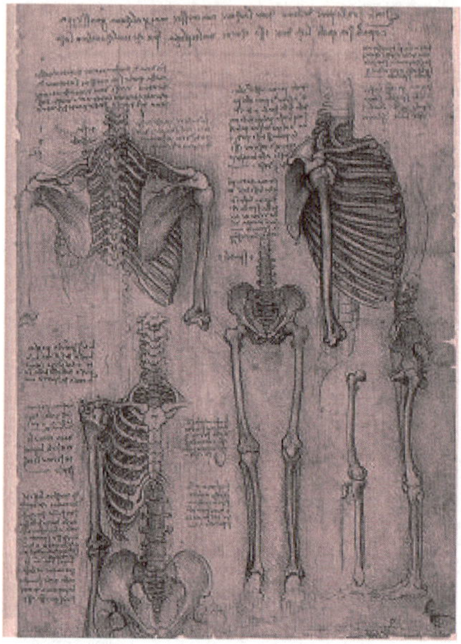

• 몸통과 다리 골격, 1508-1510년 경.
출처 : 『레오나르도 다빈치: 위대한 예술과 과학』

4.6 수학과 과학

레오나르도는 "자연현상에서 다루기 어려운 대상을 주제로 그것에 대한 궁극적 원인을 사고력을 바탕으로 조사해가는 것이 과학"이며, 진정한 과학임을 주장하기 위해서는 수학적 예증의 형식을 반드시 거쳐야만 한다고 하였다. 레오나르도의 노트에는 그가 '거짓된' 과학이라고 불렀던 당시의 사변적 자연 철학[17]에 대해 저항하는 글들이 곳곳에 나타나 있는데, 그러한 과학들은 자연 인식의 유일한 진정한 매개 수단인 수학을 경시한다고 비난했다. "수학이 가진 확실성을 비난하는 자는 혼란을 양분으로 살아가며, 영원히 사기를 치는 궤변적 과학의 모순을 결코 잠재울 수 없다."[18]

자연에는 결코 감각적 현상으로 드러나지 않는 수많은 원인들이 배태되어 있다. 따라서 레오나르도에게 경험을 수학과 연관시켜 일련의 유동적 현상에 특정 기준과 고정된 법칙을 부여하며, 경험적으로 우연적인 것을 법칙적이며 필연적인 것으로 변모시키는 것이야말로 진정한 자연에 대한 연구 태도였다.[19] 이와 관련하여 그는 '자연의 필연성'이라는 새로운 개념을 제시하여 자연 연구의 진정한 방법론적 핵심으로 놓았는데, "필연성은 자연의 선생이자 감독관인 동시에, 자연의 주제이자 고안자이며 자연의 제어자이자 영원한 규칙"[20]이었다. 이와 같이 자

17 15세기 후반에 피렌체에서 대두되었던 신플라톤주의와 관련하여 마법적 자연관이 르네상스의 자연 철학의 일부를 형성하고 있었다. 마술은 고대 그리스에서 유래된 공감이론을 바탕으로 자연에서 발견되는 숨겨진 힘들을 이용하여 마술적 작용을 수행하여 어떤 상황의 향방과 귀결을 결정할 수 있다고 보았다. 그러한 배경 하에서 성립된 자연 과학에는 전체적으로 기적적인 분위기가 감돌았다(피터 디어, 『과학혁명 : 유럽의 지식과 야망, 1500-1700』, 정원 역, 뿌리와 이파리, 2011, pp. 50-58 참조). 레오나르도는 이에 대해 자연과 그것의 은밀한 힘을 직접 관장할 수 있다는 헛된 희망을 부추긴다고 비판하였다.

18 『레오나르도 다빈치 노트북』, 제2부, § 371, p. 654.

19 레오나르도는 "수학적으로 사고하지 않는 이는 나의 이론을 읽지 말라"(『레오나르도 다빈치 노트북』, 제1부, § 3, p. 25)라고 하면서 과학의 필수 조건, 즉 자연 인식의 진정한 방법적 토대라고 주장했는데, 카시러에 의하면, 이와 같은 그의 과학관으로부터 르네상스 자연 철학은 그 이전에는 결코 다다를 수 없었던 새로운 경지에 이르게 되었으며, 경험이라는 방법과 단순한 사변을 명확히 구분하게 되었다는 것이다. E. 카시러, 『르네상스 철학에서의 개체와 우주』, 박지형 역, 민음사, 1996, pp. 231-234 참조.

20 『레오나르도 다빈치 노트북』, 제2부, § 346.

연은 이성의 법칙아래 놓여 있으며, 자연에 대한 인식은 감관이나 감각, 직접적인 느낌으로 도달할 수 있는 것이 아니라, 오로지 수학적 원리만이 자연에 대한 진정으로 합당한 수단이라는 것이다. 바로 이점이 레오나르도가 엄밀 과학에 미친 공로라고 할 수 있겠다.[21]

레오나르도는 그의 과학적 연구를 실험으로 입증하고자 했고, 실험을 위한 다양한 분야의 측정 장치, 기구 등 다양한 기계를 고안했다. 그는 실험을 할 때는 법칙을 접하기 전 두 세 번에 걸쳐 그 법칙이 타탕한지 살펴보고 그 과정이 재현될 수 있어야 하며, 동일한 조건으로 나타난 사실을 비교함으로써 실험의 정확성이 확보되어야 한다고 강조했다. 또한 "과학적 지식이 없는 상태에서 실험에만 몰두하는 사람은 마치 나침반이나 키 없이 배에 들어가는 선원과 같으며 그가 어디로 가는지 결코 확신할 수 없다"[22]며 실험을 하기 전 사전지식의 중요성도 언급하였다. 그러나 사전지식이 과학적 사실을 파악하는데 선입관을 갖는 것은 경계했다. 그에게 관찰과 실험은 자연의 물리적 법칙을 입증하는 전제조건이었다. 이러한 태도는 지렛대의 원리에 대한 연구에서의 언급에 잘 나타나 있다. "나의 의도는 우선 실험을 하고 난 연후에 이성을 통해 어째서 그와 같은 실험이 다름 아닌 그러한 방식으로 필연적인 귀결을 가지는가를 보여주는 데 있다. 바로 이것이 자연 현상을 연구하는 자들이 밟아야 할 절차이다. 즉 자연은 원인에서 출발하여 경험으로 귀결되지만 우리는 거꾸로 실험으로 시작하여 그것을 통해 근거를 연구하는 방식을 취해야만 한다."

이와 같이 실험에 기반한 과학의 입증을 강조하는 레오나르도의 태도는 당시 과학을 바라보는 질서를 깨는 획기적인 발상으로 관념적 분석을

21 엄밀 과학의 성립에 끼친 레오나르도의 공로는 초기에 다룬 근대적인 정역학과 동역학의 성과와 관련하여 흔히 언급된다. 사실 거기에서는 갈릴레이의 운동론의 기본 원리를 예견케 하는 것들이 곳곳에서 발견된다. 관성의 법칙뿐만 아니라 작용과 반작용의 동일함에 대한 명제, 힘의 평행사변형과 속도의 평형사변형의 문제, 지렛대의 원리에 이르기까지 두루 해당된다. 하지만 카시러에 의하면, 레오나르도의 업적은 새로운 문제 제기, 즉 그가 수렴하여 다각도에서 관철한 '자연의 필연성'이라는 새로운 개념에 있다. 이점과 관련하여서만 후대의 자연과학에 미친 영향을 제대로 파악하고 평가할 수 있는데, 갈릴레이는 바로 이점에서 레오나르도와 직결되며, 어떤 의미에서 레오나르도가 시작한 것을 확장하고 구현했을 뿐이라고 할 수 있겠다. E. 카시러, 앞의 책, pp. 237-238 참조.

22 『레오나르도 다빈치 노트북』, 제2부, § 375, p. 654.

뛰어넘는 혁신적인 것이었다.[23] "인간의 연구 활동은 수학적으로 증명할 수 있는 경우에만 진정한 과학이라고 부를 수 있다. 만약 과학이 머릿속에서 시작해 완성된다고 말한다면 나는 동의할 수 없다. 머리로만 이루어진 과학에는 경험이라는 실험이 없기 때문이다. 그리고 경험이 없으면 어떠한 확실성도 확보할 수 없다."

실험에 의한 이론의 입증은, 오늘날 실험을 통해 객관적 사실을 검증하고 예측하는 실험방법론으로 강조되고 있는 부분들이다. 즉 레오나르도는 15세기에 이미 현대 실험방법론의 본질을 의식했던 것이다.

4.7 바람, 물, 유체역학

레오나르도는 물고기를 이용해 새의 움직임을 이해했고, 새를 통해 물고기의 움직임을 이해했다. 물과 공기가 같은 유체영역이라는 점에서 레오나르도는 유체의 본질을 이해하고 있었던 것이다. "수영은 비행이 어떻게 이루어지는지를 설명해 주며 공중에서 무게가 가장 큰 것이 가장 큰 저항을 받음을 보여준다. 거위의 발을 잘 관찰해 보라. 만일 거위의 발이 항상 펼쳐져 있거나 접혀 있다면 이 생명체는 어떠한 종류의 운동도 할 수 없을 것이다. 물에서 움직이는 거위는 앞으로 나아갈 때 발을 접어 거의 물과 닿지 않는 방법으로 발이 앞쪽으로 속도를 내게 되고 다시 발을 펼치며 뒤로 밀어내 그 발 자체는 속도를 잃게 되지만 공기 쪽에 접한 몸 부분은 속도를 얻게 됨을 알 수 있을 것이다."

23 르네상스 대학에서는 중세후기로부터 수용된 스콜라주의적 아리스토텔레스주의가 자연철학을 지배하고 있었다. 아리스토텔레스주의적 자연 탐구는 자연에 대한 설명을 목적으로 하였는데, 자연을 관찰하고 자연의 '일상적 양상'에 대해 숙고함으로써 자연에 관한 이해에 도달하고자 했다. 따라서 형식논리학과 밀접하게 연결되어 성질의 측면을 문제 삼는 정성적 물리학이 전개되었다. 이에 반해 자연에 대한 탐구를 새롭게 수학적 · 경험적 토대 위에 놓은 갈릴레이에 의해 아리스토텔레스적 물리학이 붕괴되고 양의 측면을 문제 삼는 정량적인 물리학이 전개됨으로써 케플러에 이르러 근대 물리학이 수립되기에 이른다. 따라서 17세기의 자연에 대한 탐구는 정교하게 고안된 실험을 통해 자연이 어떤 일을 할 수 있는가의 문제를 다룸으로써 새로운 '발견'을 목표로 하는 자연 과학이 전개되었다. 이와 관련하여 레오나르도의 수학적이고 실험적인 자연 탐구 방법은 근대의 엄밀 과학의 형성에 공로가 크다고 하겠다. 피터 디어, 앞의 책, pp. 15-26 참조.

그는 연구노트에서 새의 운동에 대해 논하면서 첫째 대기에 의한 저항의 본질을, 둘째 새와 그 날개의 해부학을, 셋째 날개가 여러 가지 운동을 하는 법을, 넷째 날개가 움직이지 않고 바람이 여러 가지 운동을 인도해 주는 경우의 날개와 꼬리의 동력에 관한 순으로 설명하였다. 즉, 레오나르도는 공기와 물과 같은 유체의 본질을 고찰하고, 사물(새)의 구조(해부학)를 이해하고 구조의 역학(상호 운동)을 기술하였다. 이와 같은 그의 기술방식은 현대 기계공학의 체계 및 연구방식과 매우 유사하다.

"중량체가 대기 중에서 낙하할 때 이 중량체의 운동으로 생성되는 진공을 메우기 위해 공기는 반대 방향으로 곡선운동을 하게 된다. 그리고 공기를 움직인 물체 아래에 있는 공기는 압축되며 움직이는 물체에 의해 생긴 빈자리를 메우기 위해 상승한다. 중량체의 아래의 공기가 압축되지 않는다면 새들은 공중에 떠 있을 수 없게 될 것이다." "운동을 가하는 자의 힘은 항상 움직이는 물체의 무게와 운동이 이루어지는 매개체의 저항에 비례해야 한다. 하지만 먼저 운동체에 부딪힌 공기의 압축정도를 알지 못하면 이러한 운동법칙을 유도해 낼 수 없을 것이다. 이러한 압축은 운동체의 속도가 빠른가 느린가에 따라 그 밀도가 커지거나 작아진다. 이는 새들의 비행에서 알 수 있는데 날개 짓을 빨리 하는지 느리게 하는지에 따라 날개에서 나는 소리가 날카로워지거나

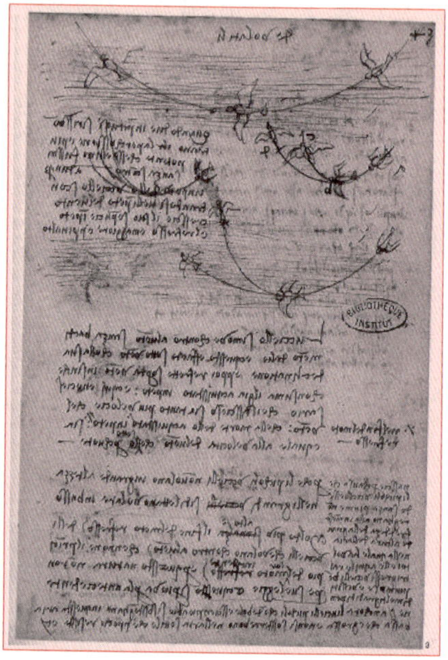

• 바람과 새의 관계에 대한 비행 연구, 1513-1514년.
출처 : 『레오나르도 다빈치: 위대한 예술과 과학』

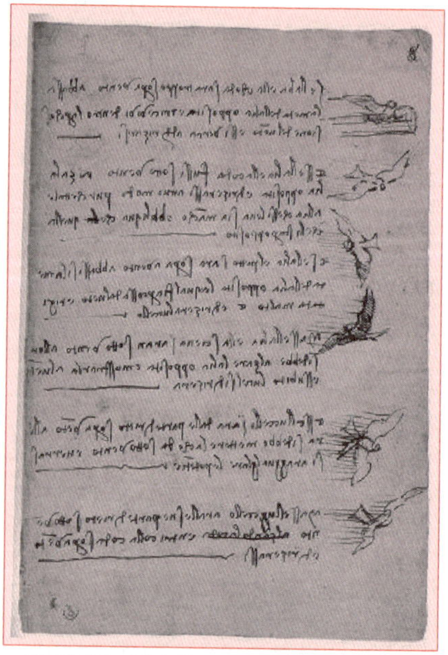

• 기류와 새의 비행의 관계에 대한 연구, 1505년
출처 : 『레오나르도 다빈치: 위대한 예술과 과학』

무거워지는 것이다."

이와 같이 바람에 관한 서술은 현대 공기역학의 이론과 매우 흡사한데 이는 그의 공기역학에 대한 매우 뛰어난 이해력을 보여주는 사례이다. 중요한 것은 그가 관찰을 통해 파악한 현상들(새들의 활공, 날개 짓에 따른 바람소리 등)을 과학적으로 입증하고자 했다는 점이다.

레오나르도는 하늘을 나는 새의 날개구조를 해부학적 관점에서 분석하여 날개의 관절, 깃털, 근육, 힘줄, 피부 등이 새의 비행에 어떠한 영향을 미치는지를 분석하였다. "새의 날갯죽지에서 이들 뼈들의 운동과 위치는 인간의 손에서 손가락의 운동과도 닮았는데 인간의 손가락은 각 손가락 뿌리 사이의 거리가 같은 4개의 힘줄로 싸여 있어 회전이나 직선운동을 무한정 반복할 수 있다. 새의 꼬리를 본떠 만든 방향타에 대해서도 마찬가지인데 큰 배가 재빨리 움직일 때 배 자체에 비해 이 방향타가 얼마나 많이 돌아야 하는지를 보면 알 수 있을 것이다."

1487년 무렵 레오나르도는 기계 부품을 그리려고 '얇고 넓은 자'를 무심코 빠르게 돌리다가 바람을 힘껏 가르는 자의 회전 운동으로 자신의 팔이 뜨려 한다는 사실을 깨달았다. 현대의 헬리콥터 프로펠러는 두 날로 되어 있는데 레오나르도의 '얇고 넓은 자'와 유사하다.

• 헬리콥터라고 부르는 비행기계 연구

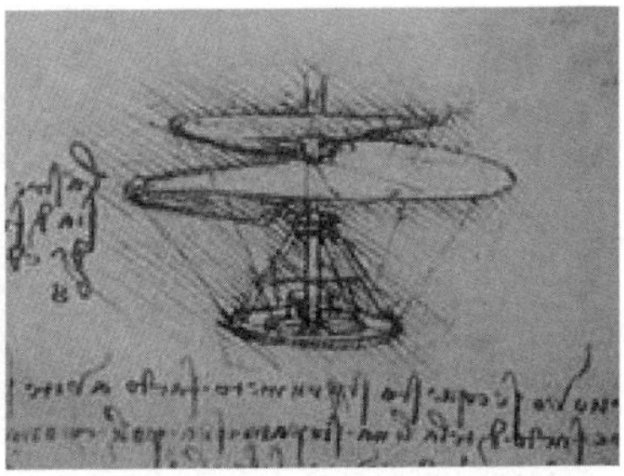

• 스케치의 모형 사진, 아시아경제신문

레오나르도는 사람에게 충분히 큰 날개가 적당히 붙어 있다면 공기의 저항을 극복할 수 있는 법을 배울 수 있을 것으로 보았으며 천으로 된 폭과 높이가 12브라치아(braccia, 고대 이탈리아의 길이 단위로써 1브라치아는 약 66-68cm이다)인 천막을 붙잡고 떨어진다면 어느 높이에서 떨어지든지 하나도 다치지 않고 내려 올 수 있다고 하였다. 이것은 현대의 낙하산과 비슷한 원리이다. 또한 그는 인공 비행체의 날개를 설계할 때 박쥐의 날개를 본떠서 만들어야 한다고 하였다. "박쥐의 껍질은 날개의 뼈대를 이루는 구조 역할을 하거나 혹은 구조들을 잇는 역할을 한다. 깃털이 있는 날개를 본뜨게 된다면 이 날개는 깃털이 나뉘어 공기가 그 속으로 들어갈 수 있기 때문에 구조적으로 더 강해야만 하지만 박쥐는 그 껍질이 전체를 감싸 공기가 침투할 수 없게 되어 있다. 박쥐를 해부해 유심히 살펴보고 이를 모델로 기구를 만들어야 한다."

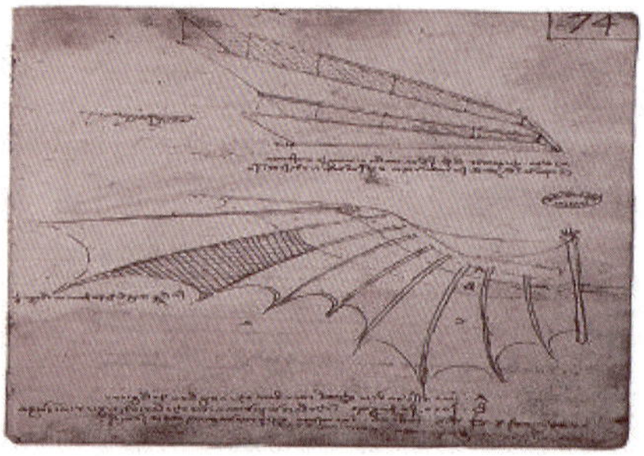

• 인공날개 연구, 1487-1490년. 출처 : 『레오나르도 다빈치: 위대한 예술과 과학』

• 인공날개 실험, 레오나르도 다 빈치 박물관, 피렌체

레오나르도는 현대 잠수함의 선구자로 평가를 받을 만하다. "이 장치를 이용하면 몇 명이 물속에서 오랫동안 버틸 수 있을까....코르크나 포도주를 담는 부대의 가죽으로 만든 숨 쉬는 대롱이 물 밖에서 보이기 때문이다." 이 구절로 미루어 그가 잠수함을 만들고 실험까지 마쳤음을 알 수 있다. 새와 바람의 운동으로부터 진행된 공기의 압축성에 관한 연구는 가압 시스템을 고안하게 하였는데 이것은 잠수 시간을 연장시키는 필수적 요소이다.

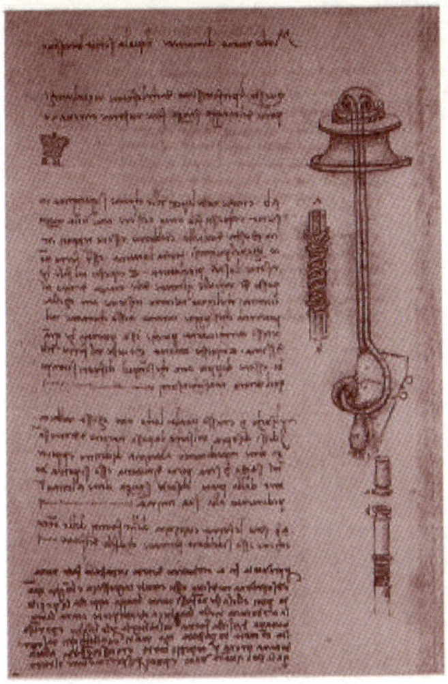

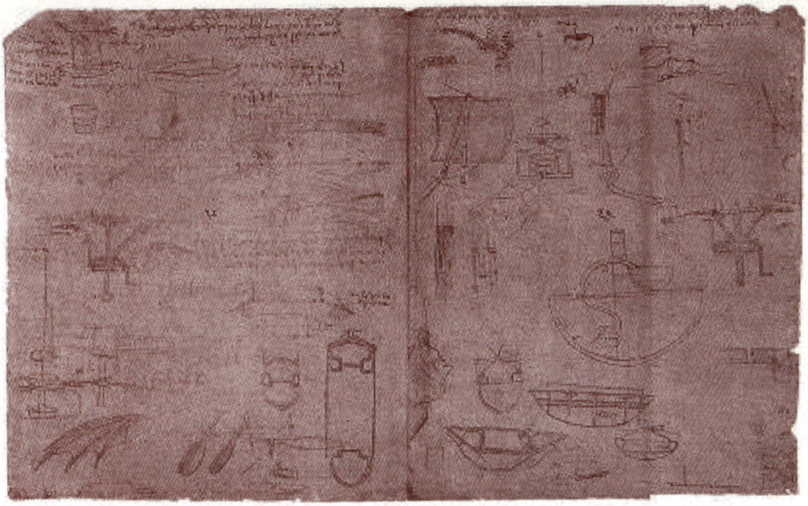

• 잠수부의 호흡용 장치, 1508년 경(좌) • 잠수함 연구, 1485-1487년 경(우) 출처 : 『레오나르도 다빈치: 위대한 예술과 과학』

4.8 기구설계와 태양에너지

• 산타 마리아 델 피오레 돔 지붕과 정탑

1469년 안드레아 델 베로키오는 피렌체 성당의 정탑 꼭대기에 설치할 구리로 만든 지름 2.5m, 무게 65톤의 구의 제작을 주문받는다. 이 구는 성당 건축의 대미를 장식하는 것으로 건축물에 영광의 왕관을 씌우는 의미를 가지고 있었다. 이 구를 기하학적으로 정확한 형태로 제작하고 돔의 꼭대기에 올리는 것은 기술적으로 매우 어려운 문제였다. 이것을 위해 레오나르도는 1478년부터 브루넬레스키가 발명한 피렌체 성당 건축에 사용한 기계들의 도안을 그리며 기구설계에 고민을 하기 시작하였다. 베로키오의 작업장에 들어간 그는 그곳에서 이루어지는 모든 작업을 지켜볼 수 있었으며 이때 기하학에 깊은 매력을 느꼈고 다음과 같은 기록을 남겼다. "산타 마리아 델 피오레의 종 제작에 이용된 용접작업을 모두 기억할 것."

레오나르도는 오목거울(포물경)을 이용하여 태양에너지를 동력으로 바꾸는 연구를 진행하였다. 이것은 성당의 꼭대기에 올릴 구를 제작하기 위해서였다. 구리 구를 만들기 위해서는 수많은 구리판을 용접해야 하는데, 구의 표면이 매끄러워야 구에 비친 태양광이 균일하게 반사되어 아름답기 때문이다. 따라서 기하학적으로 이어 붙인 구리판들의 곡면은 중심을 기준으로 정확하게 계산되어져야 했고 곡면 절단도 밀리미터 단위로 정확하게 이루어져야 했다. 당시 간단한 용접은 대장간에서 행해졌지만 구리 구 제작과 같이 큰 에너지가 필요한 용접작업은 대장간에서 할 수 없었다. 오늘날 위성안테나와 같은 오목거울을 당시 기술로 제작하는 것은 불가능하였으나 레오나르도는 베로키오가 여러 조각을 붙여 거대한 공을 만든 것을 참고하여 제작하기로 했다. 먼저 여러 장의 조각을 빈틈없이 붙일 정밀한 도구들도 고안하게 되었다. 그리고 용접에 필요한 많은 에너지를 만들기 위해 태양에너지를 사용하기로 하고 태양열을 모으기 위한 오목거울인 '불의 거울'을 제작하는 연구를 했다. 거울 한 장으로 직경 0.7~1미터 크기의 '불의 거울'을 만들 수 있었다. 거울에 반사된 태양빛이 모이는 지점을 기준으로 곡률을 계산했고, 태양빛이 모이는 지점이 용접이 이루어지는 위치가 되었다.

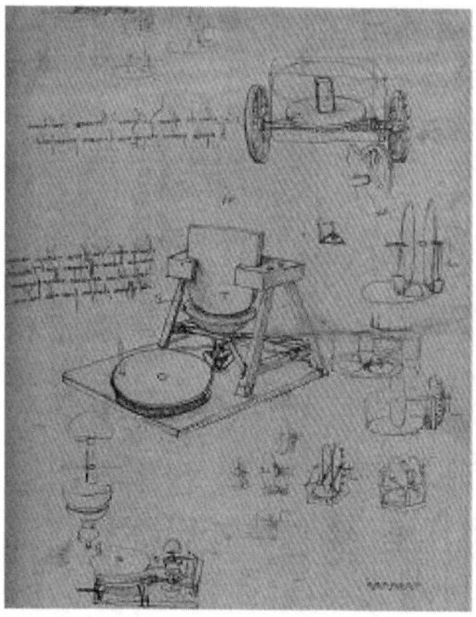

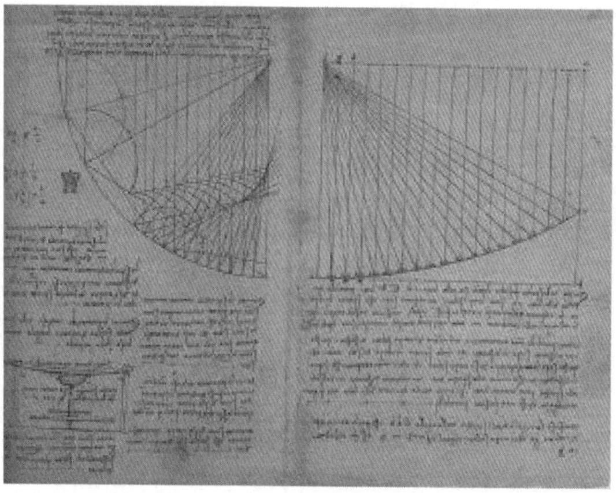

• 오목거울을 제작하기 위한 기계들,1478-1480년 경(좌) • 반사곡면과 오목거울을 제작하기 위한 연구, 1503-1505년 경(우)
출처 :『레오나르도 다빈치: 위대한 예술과 과학』

이와 같은 오목거울에 관한 연구는 용접목적 이외에도 다른 목적이 있었는데 당시 피렌체의 번영을 가져온 섬유산업을 로마에 접목시키고자 한 메디치가문의 염색공장내 중앙난방 시스템으로 활용하려는 목적도 있었다. "이 장치만 있으면 염색공장의 어떠한 보일러에도 열을 공급할 수 있고 풀장도 데울 수 있다. 왜냐하면 항상 끓는 물이 발생하기 때문이다."

4.9 마찰과 베어링

로마의 건축업자인 큐리우스가 세운 반원형의 이동식 무대는 두 개의 공연이 동시에 이루어지도록 설계되어 있는데 관객들의 불편함이 없이 무대가 회전할 수 있었다. 이 무대에 관해서 어떠한 설명이나 기록이 없었고 16세기의 유명한 건축가와 공학자들은 이 무대가 불가능하다고 하였으나 레오나르도는 상상력을 발휘하여 투시법으로 원형 극장의 닫힌 상태의 전체적인 모습을 스케치하였다. 그가 스케치한 무대의 모습을 보면 두 개의 반원 극장은 나무 블록으로 만든 체인으로 연결되어 있다. 이 거대한 무대는 롤러 위에 설치되어 있으며 동물이 끄는 크랭크에 의해 회전하는 것으로 보인다. 이때 회전체는 큰 마찰이 발생하게 되는데 레오나르도는 무대의 큰 무게를 견디면서 마차를 최소화하여 부드럽게 회전할 수 있도록 현대의 볼베어링으로 이 문제를 해결하였다.

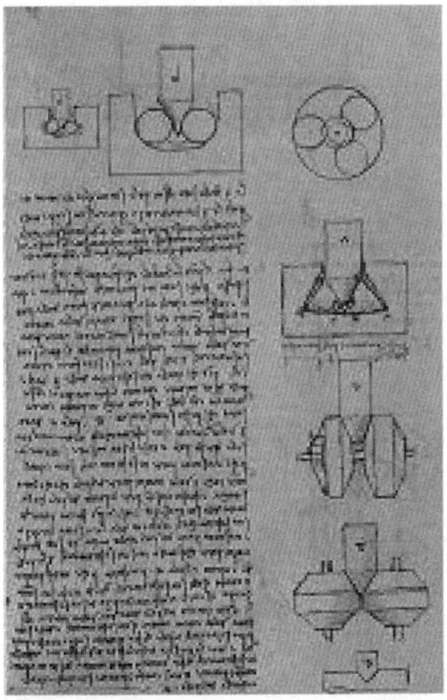

• 볼베어링들, 1495-1497년 경. 출처 : 『레오나르도 다빈치: 위대한 예술과 과학』

레오나르도는 마찰에 대해서도 깊은 연구를 진행하였다. 그는 마찰을 단순마찰과 복합마찰로 구분하였는데 단순마찰은 간섭 없는 윤활평면에서 물체를 끌 때 생기는 것이라고 하였다. 복합마찰은 서로 맞닿은 두 물체 사이에 얇고 매끄러운 물질이 끼어 있는 경우와 바퀴의 축과 같이 다른 마찰이 더해지는 경우라고 하였다. 볼베어링은 맞닿은 두 물체 사이에 매끄러운 물질이 끼어 있는 복합마찰에 해당된다.

현대의 핵심 기계요소 부품인 베어링은 볼(구)베어링과 저널(원통)베어링으로 나뉘는데, 베어링은 상호 마찰하는 무게가 무거운 물체 사이에 설치되어 회전하는 볼과 저널이 마찰을 줄이면서 동시에 무거운 물체를 견디는 것이 핵심 기능이다. 베어링의 마찰을 최소화하고 물체의 무게를 견디려면 베어링의 형상이 구 또는 원통형이 가장 유리하다. 당시에도 이러한 핵심 부품을 사용했다는 것은 레오나르도의 깊은 공학적 안목을 알게 하는 사례가 아닐 수 없다.

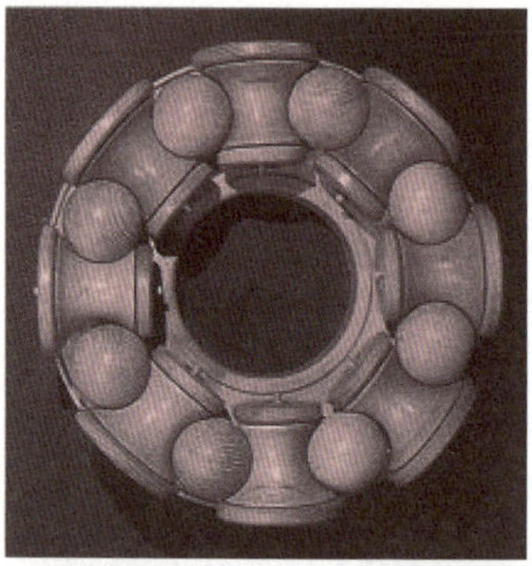

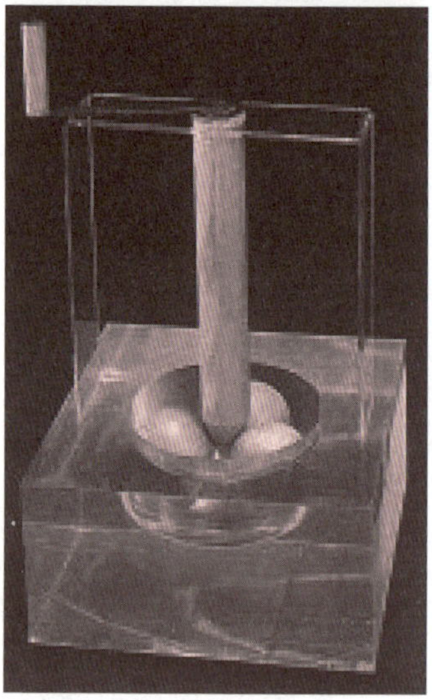

• 볼베어링 모형, 1987년, 피렌체 과학사 박물관

레오나르도는 마찰에 의한 마모현상도 컴퍼스에 의한 원 그리기로 설명하였다. "컴퍼스로 원을 그릴 때 컴퍼스의 반대 끝은 원 중심을 회전하며 운동의 매순간 소멸되어 가고, 또한 이 끝이 닿는 면 또한 소멸시키게 된다. 그러므로 원주의 끝은 그 시작과 정확히 일치하지 않게 되며 원의 중심에, 인지할 수 없는 정도이긴 하지만, 더 가까워지리라는 것을 알 수 있다."

즉, 컴퍼스의 끝이 원이 그려지는 면과 상호 마찰을 하면서 컴퍼스의 끝단과 면이 같이 마모되기 때문에 원을 그릴 때 원의 시작점과 끝점이 대단히 미세하지만 일치하지 않게 된다. 이것은 레오나르도가 스케치를 할 때도 단순히 도형을 그리는데 그치지 않고 현대의 마찰 · 마모학에서 설명하는 상호 마찰에 의한 마이크로 마모까지 관찰하였고 이러한 마모가 기하학에 영향을 준다는 것을 관찰했다는 것이다.

• 볼베어링과 저널베어링

5. 역학과 예술

예술작품으로서의 고대 그리스 신전 및 중세의 교회 건축물의 미적 구조는 역학적 구조를 기반으로 하여 이루어졌다. 역학적, 기능적 적합성이 질서를 통해 구현되며, 그러한 질서는 또한 미적 구조로서 우리를 매혹시킨다. 고대 로마의 건축가 비트루비우스가 「건축 십서」에서 건축의 세 가지 원리로서 견고성, 실용성, 심미성을 언급했듯이, 건축물은 견고성을 위한 역학적 구조와 실용성을 위한 기능에의 적합성, 그리고 심미성을 위한 미적 · 예술적 구조의 고려가 유기적으로 서로 연관되면서 성립된다. 따라서 아름답고 편리한 건축물의 실현에는 안정된 역학적 구조를 설계하는 공학기술이 필수적이다.

이 장에서는 역학적 구조의 이해를 위한 기초적인 역학이론과 설계의 중요성에 대해 살펴보고 실제 역학계산을 해봄으로써 우리 주변의 다양한 구조물의 역학적 특성을 이해하도록 한다. 아울러 역학적 구조에 부합하는 미적 구조의 특성을 살펴보고, 역학적 구조와 미적 구조의 긴밀한 통일에 의한 예술로서의 건축미의 구현을 그리스 신전과 교회 건축물을 통해 파악해 보고자 한다.

5.1 재료역학

역학적 구조를 이해하기 위해서는 구조를 구성하는 재료의 역학에 관한 정의와 개념을 알아야 한다. 역학은 재료에 외부의 힘이 가해질 때 재료에 발생되는 변화를 응력(stress), 변형률(strain), 변위(displacement)의 상태로 재료의 변형과 파손 등을 예측하고, 재료에 알맞은 형상과 같은 설계치를 구하는 것이다. 재료는 우리가 일상 속에서 만지고 보는 축, 판, 벽, 기둥과 같은 모든 구조를 구성하는 것을 의미하며 구조란 기계, 건축, 자동차, 선박, 비행기 등 재료로 구성된 조합물을 의미한다. 외부 힘의 종류에는 하중, 동력, 관성력, 원심력 및 온도변화 등이 있다.

최초로 재료역학적 문제를 제기한 사람은 갈릴레오이다. 그가 출간한 'Two New Sciences, 1638년' 책에서 아래 그림과 같은 기둥의 인장시험과 외팔보의 굽힘시험에 관한 내용이 포함되어 있다. 아래의 조건은 현재 재료역학에서 축의 인장응력과 보의 처짐, 응력 등을 계산하는데 사용되는 전형적인 방법이다.

오늘날과 같은 응력, 변형률, 변위 개념을 사용하여 재료의 변형문제를 연구한 사람은 Navier(프랑스, 1785~1836)와 Cauchy(프랑스, 1789~1857)였다. 그들은 응력의 평형방정식, 응력-변형률 관계식을 제안하였다. 그러나 재료의 변형을 계산하기 위해서 재료의 탄성계수만을 고려했기 때문에 그들의 응력-변형률 관계식은 오늘날 사용하지 않게 되었다. George Green(영국, 1793~1841)과 Saint-Venant(프랑스, 1797~1886)는 재료의 탄성계수와 푸아송비 2개를 사용하여 현재 재료의 변형을 계산하는 관계식과 유사한 응력-변형률의 관계식을 제안하였다. 이것은 재료를 완전한 탄성체(elastic body)로 가정하고 재료의 변형문제를 일반화시킨 방법으로 탄성론(theory of elasticity)이라고 한다.[01]

01 최종근 외, 『해석 재료역학 3판』, 북스힐, pp. 52-53, 2012.

• 그림 5-1 | 갈릴레오의 인장시험(좌)과 굽힘시험(우) 출처 : 『해석 재료역학 3판』

5.1.1. 하중

구조물에 작용하는 여러 종류의 외력을 공학에서는 일반적으로 하중(load)이라 한다. 하중의 종류에는 분류방법에 따라 여러 가지가 있으나, 넓은 범위에서 분류하면 집중하중과 분포하중으로 나눌 수 있다.

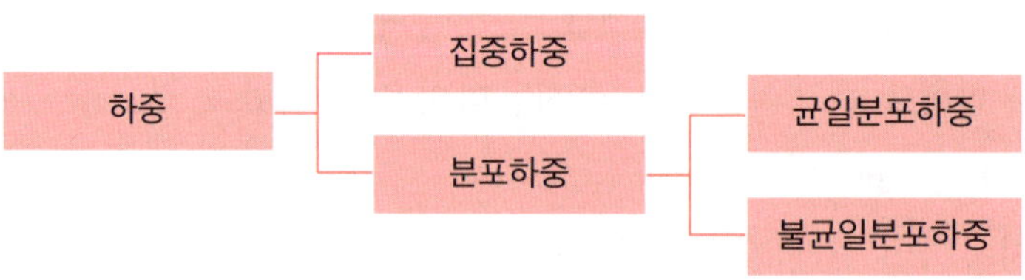

집중하중(concentrated load)은 한 점이라 볼 수 있는 아주 좁은 범위에 집중적으로 작용하는 하중이며, 분포하중(distributed load)은 비교적 넓은 범위에 분포하여 작용하는 하중으로서 분포의 간격이 균일하면 균일분포하중(uniformly distributed load) 또는 등분포하중(uniform load)이라 하며, 분포의 간격

이 균일하지 않으면 불균일분포하중(non-uniformly distributed load) 또는 부등분포하중(non- uniform load)이라 한다.

한편 하중의 작용을 시간적 개념에서 보느냐, 공간적 개념에서 보느냐에 따라 분류된 것이 일반적인데, 재료역학에서는 공간적 개념에 따라 분류된 것이 대체로 많이 사용되고 있다.

1) 시간적 개념에 의한 분류

정하중(static load)은 하중의 크기나 방향이 시간의 흐름에 따라 변화되지 않는, 즉 정지 상태에서 작용하는 하중으로서 사하중과 점가하중으로 나눌 수 있다. 사하중(dead load)은 물체 위에 추를 올려놓았을 때에 가해지는 중력(gravity)의 작용처럼 정지 상태이며, 전혀 움직이지 않아 크기와 방향이 변하지 않는 하중이다(예, 자중).

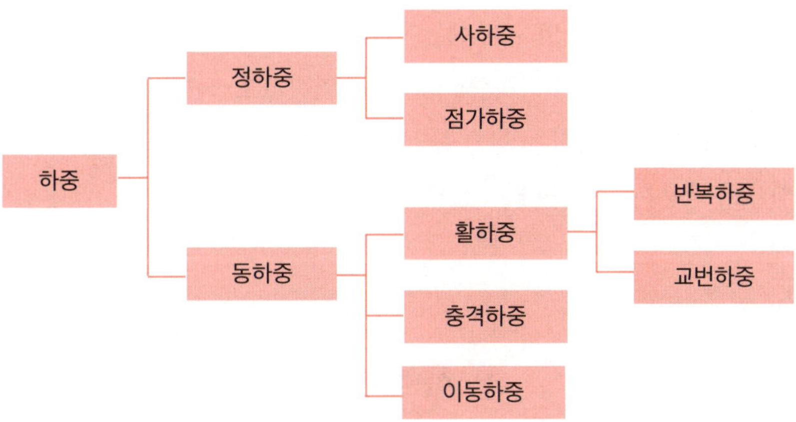

점가하중(gradually increased load)은 얼핏 보아서는 정지 상태로 보이나 상당한 시간이 흐른 후에 관찰해보면 작용하중의 위치가 변해 있는 것처럼, 매우 조용하게 일정한 크기까지 동일방향으로 점차적으로 증가하는 하중이다(예, 재료시험-인장시험, 압축시험, 휨시험, 비틀림시험 등).

동하중(dynamic load)은 시간의 변화에 따라 계속 변화되는 하중으로서 충격 없이 움직이면서 작용하는 하중을 활하중(active load)이라 하며 이것을 다시 분류하면 엘리베이터와 같이 하중의 크기와 방향이 일정하게 되풀이 되는 반복하중(repeated load)과 복동 증기기관의 피스톤처럼 하중의 크기와 방향이 변하면서 인장과 압축작용이 상호 연속적으로 되풀이되는 교번하중(alternated load)이 있다.

충격하중(impulsive load)은 정지해 있는 물체에 다른 물체가 갑자기 낙하되었을 때, 움직이고 있는 두 물체가 충돌하였을, 또는 해머의 작용처럼 극히 짧은 시간 내에 순간적으로 가해지는 하중이다.

이동하중(travelling load)은 체인, 롤러 또는 벨트와 같은 것을 이용하여 계속 이동하면서 작용하는 하중이다.

2) 공간적 개념에 의한 분류

축하중(axial load)은 집중하중의 경우에는 하중의 작용선이 재료의 축선에 일치하고, 분포하중의 경우에는 그 합력의 작용선이 축선에 일치되게 작용하는 하중으로서 수직하중(normal load)이라고도 하며, 이것을 다시 분류하면 재료를 인장시키는 힘으로 작용하면 인장하중(tensile load), 압축시키는 힘으로 작용하면 압축하중(compressive load)으로 분류된다.

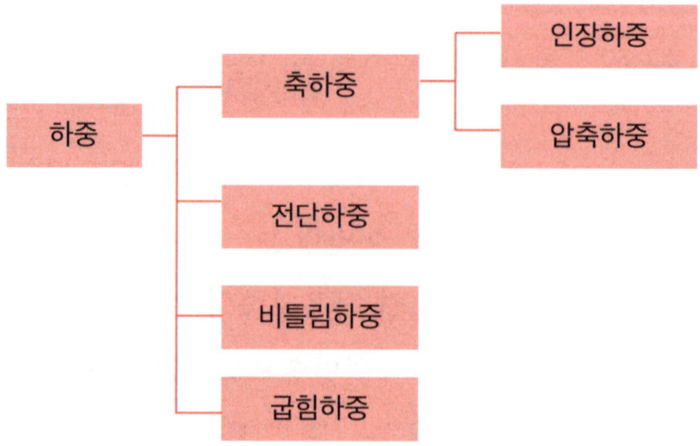

전단하중(shearing load)은 물체에 서로 평행이고 반대방향의 힘이 작용하여 어떤 면을 경계로 한쪽 부분과 다른 쪽 부분이 서로 미끄러지듯 움직이는 하중으로서, 이 하중이 접선방향으로 작용한다하여 접선하중(tangential load)이라고도 한다.

비틀림하중(torsional load)은 축의 중심선을 기준으로 서로 떨어져 작용하며, 재료를 비틀리게 하는 우력(couple of force)으로 작용하면서 축 주위에 비틀림모멘트(torsional moment) 현상을 일으킨다.

굽힘하중(bending load)은 축의 중심선에 수직으로 작용하여 재료가 굽혀지도록 작용하는 하중이다.

예제 1 몸무게 70kgf인 사람의 하중은 몇 N인가?

▶하중 계산

하중(load)은 질량×중력가속도로 계산되어진다.

$70\,kg_f = 70\,kg \times 9.8\,m/s^2 = 686\,kg \cdot m/s^2 = 686N$

5.1.2. 응력

어떤 물체에 외력, 즉 하중이 작용하면 이에 상응해서 저항하는 힘인 내력이 물체 내부에서 발생하여 힘의 평형상태를 이룬다. 이 내력을 단위 면적에 대하여 표시한 힘의 크기를 응력(stress)라고 한다. 응력이 발생한다는 것은 외력에 대해 재료가 내부적으로 저항한다는 것이고 응력이 크다는 것은 재료가 변형되기 쉬워서 후에 파괴될 수도 있다는 것이다. 응력은 단면에 발생하는 단위면적당 힘으로 나타내므로 단위는 압력과 같다.

응력 기본 단위 표시 : N/m^2또는 Pa

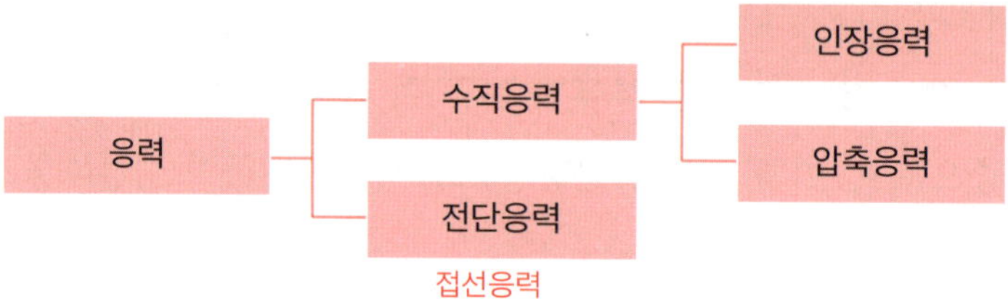

1) 수직응력

그림 5-2와 같이 인장 및 압축하중이 작용하는 물체에서 임의의 가상 단면 mn에 대하여 직각방향으로 작용하는 응력을 수직응력(normal stress) 또는 법선응력이라고 한다. 이에는 작용하는 하중의 종류에 따라 인장응력(σ_c)과 압축응력(σ_t)이 있으며, 축에 대하여 직각방향의 임의 단면적을 라 하면 응력을 나타내는 식은 다음과 같이 표시된다. 단위는 일반적으로 N/m^2, Pa 등으로 나타낸다.

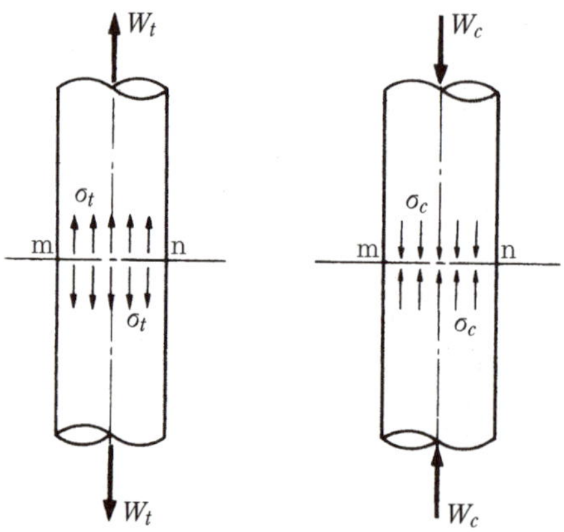

• 그림 5-2

$$\sigma_t = \frac{W_t}{A} \qquad \sigma_c = \frac{W_c}{A} \qquad (5.1)$$

• 그림 5-3 | 고속전철 레일-휠에서 발생하는 수직응력, 출처: 조승현 외, "휠의 경사각에 따른 레일-휠 접촉거동 연구", 한국윤활학회학술대회, 2003.

그림 5-3은 고속전철의 레일과 휠 사이에 발생한 수직응력의 사례이며, 그림과 같이 접촉점 A, B에 집중응력이 발생한 것을 알 수 있다. 이와 같은 응력은 고속전철 하중에 의해 발생한 응력이므로 대표적인 압축응력이라고 할 수 있다.

예제 2 300kgf의 무게가 달려있는 지름 20mm인 단면이 원형인 봉이 있다. 이 때 봉에서 발생하는 응력은 얼마인가?

▶하중 계산

하중(load)은 질량×중력가속도로 계산되어진다.

300 kg$_f$= 300 kg x 9.8 m/s^2 = 2940 kg · m/s^2 = 2940N

▶응력 계산

$$\sigma = \frac{Load}{Area}$$

$$Area = \frac{\pi}{4}d^2 = \frac{\pi}{4}(20mm)^2 \approx 314mm^2$$

$$\therefore \sigma = \frac{2940N}{314mm^2} = \frac{2940N}{314m^2} \times 10^6 \approx 9.4Pa \times 10^6 = 9.4MPa\,(\mathrm{m})$$

예제 3 30(kN)의 인장하중이 작용하는 둥근 봉이 있다. 이 때 발생하는 응력을 100(MPa)까지로 하려면 봉의 지름을 얼마로 하면 되겠는가?

▶식 (5.1)에서

$$A=\frac{W}{\sigma},\ \frac{\pi}{4}d^2=\frac{W}{\sigma}\quad \therefore d=\sqrt{\frac{4W}{\sigma\pi}}=\sqrt{\frac{4\times3\times10^4}{10^8\times\pi}}=0.0195(\mathrm{m})$$

예제 4 단면이 6×9(cm)인 짧은 기둥이 있다. 여기에 발생하는 응력을 90(MPa)까지로 하려면 압축하중을 얼마까지 작용시킬 수 있는가?

▶식 (5.1)에서

$W = A\sigma = 0.06 \times 0.09 \times 9 \times 10^7 = 486{,}000(\mathrm{N}) = 486(\mathrm{kN})$

2) 전단응력

그림 5-4와 같이 물체를 전단하려고 하는 방향으로 평행되게 작용하는 외력, 즉 전단하중으로 인하여 물체 단면에 평행되게 응력이 발생할 때 이를 전단응력(shearing stress ; τ) 또는 접선응력(tangential stress)이라고 한다.

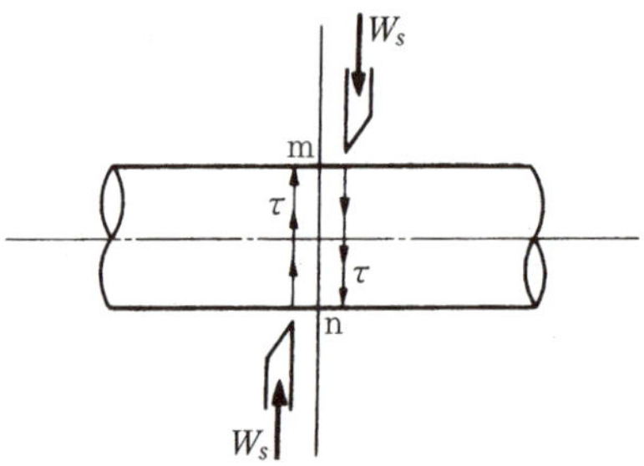

• 그림 5-4

그림에서 전단하중 가 작용하는 경우 임의단면 mn의 단면적을 라고 하면 전단응력을 나타내는 식은 다음과 같이 표시할 수 있다.

$$\tau = \frac{W_s}{A} \quad (5.2)$$

외력의 작용이 복잡한 어떤 물체 내부를 관찰하여 보면 응력의 분포상태 역시 복잡할 것이다. 그러나 아무리 복잡한 경우라 하더라도 이들을 분석해 보면 궁극적으로는 위에 언급한 두 가지의 응력, 즉 인장과 압축의 수직응력과 전단응력으로 나누어지게 되며 이들을 각각 단순응력(simple stress)이라고 한다. 한편 두 개 이상의 단순응력이 동시에 작용할 경우의 응력을 조합응력(combined stress)이라고 한다.

이들을 좀 더 세분해서 다른 각도에서 응력의 종류를 고찰해 보면, 굽힘하중의 작용을 받는 물체의 횡단면에 발생되는 응력은 굽힘응력(bending stress)이며, 이 경우에는 인장 및 압축의 수직응력이 동시에 발생하게 된다. 또 비틀림하중의 작용을 받는 물체의 횡단면에 발생되는 응력은 비틀림응력(torsional stress)으로서, 이 비틀림응력은 일종의 전단응력이지만 단면에 균일하게 분포하지는 않는다.

어떤 경우는 특별한 외력의 작용을 받지 않았음에도 물체 내부에 응력이 존재하는 경우가 있는데, 이것은 물체의 제작이나 조립 또는 사용과정 중에서 재료의 불균일성 등이 원인이 되어 발생한 것이다. 이와 같은 응력을 원응력(initial stress) 또는 초응력(primary stress)이라고 한다. 도 처음에 무응력 상태였던 물체에 하중을 작용시켰다가 이를 다시 제거했을 경우 물체 내에 완전히 제거되지 않은 어떤 응력이 남을 경우가 있는데 이를 잔류응력(residual stress)이라고 한다. 이 잔류응력 때문에 영구변형이 발생하며, 이는 영구변형 후에 물체가 스스로 보유하게 되는 응력이므로 본질적으로 원응력과 같다고 볼 수 있다.

예제 5 같은 리벳이음에서 리벳지름 d=3(cm)이며 두 판을 인장하는 힘으로 W=5(kN)이 작용한다면, 리벳의 단면에 발생되는 전단응력은 얼마가 되겠는가?

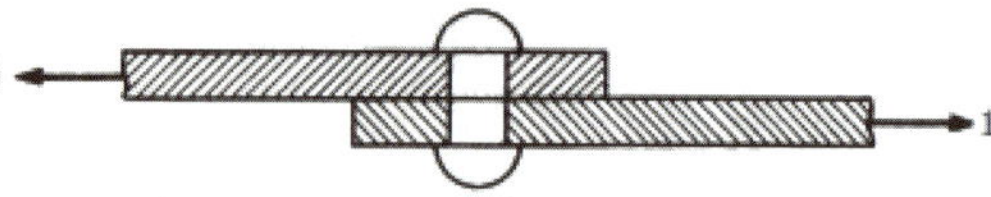

▶식 (5.1)에서

$$\tau = \frac{W}{A} = \frac{15,000}{\frac{\pi}{4} \times 0.03^2} = 21.2(\text{MPa})$$

5.1.3. 변형과 변형률

재료에 외력이 가해지면 재료 내부에서 응력이 발생하고 그 재료를 구성하는 각 분자와 분자 상호간의 운동으로 인하여 물체의 상태가 변하게 되어 형태와 크기가 달라지게 된다. 이러한 재료의 변형을 이해하기 위해서 '변위'와 '변형률'이란 개념이 필요하다. 변위는 특정부위에서 재료가 변형된 전체 변형량으로 정의한다. 재료에 발생하는 변위의 크기는 물체의 크기에 따라 달라지기 때문에 변형의 정도를 절대값으로 표시하는 변위는 재료의 변형을 정확하게 나타낼 수 없다. 따라서 변형의 정도를 비교하기 위해서 외력에 의해 발생된 변형량과 원래 치수의 비, 즉 단위길이 당 변형량으로 정의하는 변형률(Strain)을 사용하여 물체의 크기와 상관없이 물체의 변형정도를 알 수 있다. 변형률은 길이와 길이의 비율이므로 단위는 없다.

변형률 = 외력에 의해 발생된 변형량(변위) / 원래 치수

1) 세로변형률

그림 5-5(a)에서와 같이 어떤 물체에 인장하중 또는 압축하중의 외력이 작용하는 경우에 재질이 균일하다면 외력에 의한 신장이나 수축 역시 균일할 것이다. 외력을 받기 전의 길이 l, 지름 d인 봉이 외력을 받은 후의 길이 l', 지름 d'로 변형된 후에 평형이 되었다고 하면 세로방향의 신장량 또는 수축량 δ는 ($l - l'$)이다. 이 때 세로길이의 변형량인 와 원래의 길이의 비, 즉 단위길이에 대한 변형량을 세로변형률(longitudinal strain ; ε)이라 하고, 인장하중이 작용할 때를 인장변형률(tensile strain ; ε_l), 압축하중이 작용할 때를 압축변형률(compresive strain ; ε_c)이라고 한다. 또는 신장도(unit elongation), 수축도(unit contraction)라고도 한다.

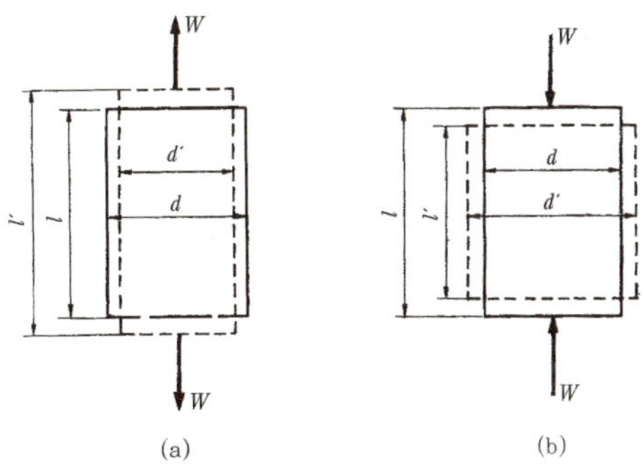

• 그림 5-5

이들을 식으로 표시하면 다음과 같다.

$$\varepsilon = \pm \frac{l' - l}{l} = \pm \frac{\delta}{l} \qquad (5.3)$$

여기서, (+) 기호는 신장 또는 인장, (−) 기호는 수축 또는 압축을 나타낸다.

2) 가로변형률

외력을 받아 세로방향으로 신장이 발생하면 이와 수직방향인 가로방향에는 수축이 발생하며, 반대로 세로방향에 수축이 발생하면 가로방향에는 신장이 발생하게 된다. 그림 5-5(b)의 경우 가로방향의 변형률 λ는 ($d'-d$)이다. 이 때 변형량 λ와 원래 지름 d와의 비를 가로변형률(laternal strain ; ε')이라고 한다.

이것을 식으로 표시하면 다음과 같다.

$$\varepsilon' = \mp \frac{d'-d}{d} = \mp \frac{\lambda}{d} \qquad (5.4)$$

예제 6 300kg$_f$의 무게가 달려있는 지름 20mm이고, 길이가 0.5m인 원형인 봉이 무게에 의해 늘어나 0.5005m가 되었다. 이 때 봉에서 발생하는 길이방향 변형률은 얼마인가? 단, 지름방향 변형률은 없다고 가정한다.

▶변형률 계산

$$\text{변형률}(\varepsilon) = \frac{\Delta l}{l} = \frac{0.5005m - 0.5m}{0.5m} = \frac{0.0005m}{0.5m} = 0.001$$

예제 7 길이가 30.27(cm) 인 둥근 강봉을 압축하였다. 수축률이 0.009이라면 수축된 길이는 얼마인가?

▶식 (5.3)에서

$$\varepsilon = \frac{l-l'}{l},\ l\varepsilon = l - l'$$

$$\therefore l' = l - l\varepsilon = l(1-\varepsilon) = 30.27(1-0.009) = 30(\text{cm})$$

예제 8 단면이 4(cm)×3(cm)이며 길이 8(m)인 각철봉에 90(kN)의 인장하중을 작용시켰다. 이 때 발생되는 변형량이 0.286(cm)라고 하면, 응력 및 변형률은 얼마가 되겠는가?

$$\sigma = \frac{W}{A} = \frac{9 \times 10^4}{12 \times 10^{-4}} = 0.75 \times 10^8 = 75(\mathrm{MPa})(\mathrm{Pa})$$

$$\varepsilon = \frac{\delta}{l} = \frac{0.286}{800} = 3.57 \times 10^{-4}$$

3) 체적변형률

어떤 물체가 압력을 받는 물 속이나 진공탱크 속에 있을 때는 그 물체의 전체 면에 직각으로 균일한 인장 또는 압축하중이 작용하게 되고, 그 물체의 체적은 팽창 또는 수축을 일으켜 변화하게 된다. 이 때 체적의 변화량의 원체적 에 대한 비를 체적변형률(volumetric strain, bulk strain ; ε_v)이라고 한다.

그림 5-6과 같이 각 변이 a, b, c 인 체적 V의 6면체가 각 면에서 각각 수직하중 W_x, W_y, W_z가 작용하여 x, y, z 축의 각 방향에 각각 ε_x, ε_y, ε_z의 변형률을 일으키고 그 결과 체적이 만큼 변화하였다고 하면

$$V = abc$$

$$\Delta V = V' - V = a(1+\varepsilon_x) \cdot b(1+\varepsilon_y) \cdot c(1+\varepsilon_z) - abc$$

$$= abc\{(\varepsilon_x + \varepsilon_y + \varepsilon_z) + \varepsilon_x\varepsilon_y + \varepsilon_y\varepsilon_z + \varepsilon_z\varepsilon_x + \varepsilon_x\varepsilon_y\varepsilon_z\}$$

일반적으로 변형률 은 극히 작은 값이어서 이들을 곱한 것은 더욱 작은 값이 되므로 2차항 이상을 무시해도 결과에 큰 영향이 없다. 따라서 위의 식을 다시 쓰면

$$\Delta V = abc(\varepsilon_x + \varepsilon_y + \varepsilon_z)$$

가 되며, 체적변형률 는 다음과 같다.

$$\varepsilon_v = \frac{\Delta V}{V} = \varepsilon_x + \varepsilon_y + \varepsilon_z \qquad (5.5)$$

즉, 체적변형률은 각 방향의 세로변형률을 합한 것과 같다. 만약 재료가 등방성이라면 $\varepsilon_x = \varepsilon_y = \varepsilon_z$가 되어 $\varepsilon_v = 3\varepsilon$ 이 된다.

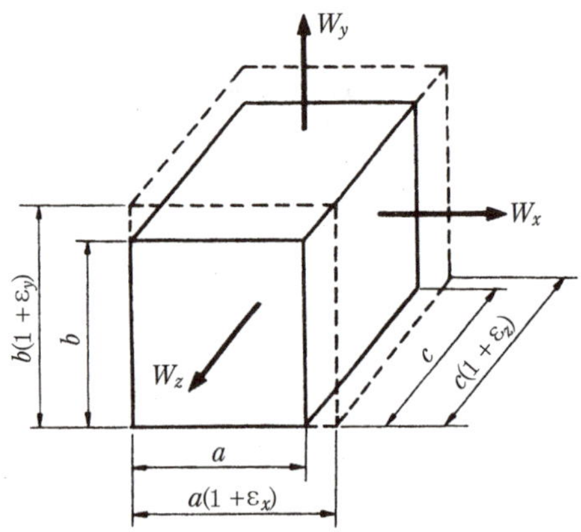

• 그림 5-6

5.1.4. 재료의 역학적 특성

재료의 기계적 성질은 인장시험, 압축시험, 굽힘시험, 전단시험, 비틀림시험, 충격시험, 피로시험, 경도시험, 크리프시험 등 다양한 실험을 통해 파악하는 탄성계수, 포아송비, 항복강도 및 극한강도, 경도, 피로강도, 인성, 연성, 크리프 등이 있다. 이와 같은 재료특성 평가를 위해 세계 각 나라들은 표준화된 규격(재질에 따른 시험편 규격, 시험방법 등)을 가지고 있는데 한국의

KS(Korean Standard), 미국의 ASTM(American Society for Testing Materials), 일본의 JIS(Japan Industrial Standard)가 대표적이며 KS, ASTM, JIS등은 상호 호환된다. 국제 규격으로는 ISO(International Standardization Organization)가 있다.

위에서 언급한 바와 같이 재료는 다양한 성질을 가지고 있지만 응력-변형률 관계를 중심으로 기술한다. 응력-변형률 관계는 재료에 가해진 힘과 재료의 변형의 관계를 의미하며 일반적으로 인장시험을 통해서 파악한다. 인장시험은 특정한 형상으로 가공된 시편을 당기면서 가해진 힘과 늘어난 정도를 측정하는 시험법인데 우리가 몸의 건강상태를 파악하기위해 병원에서 여러 가지 시험을 할 때 가장 기초적이면서 많은 정보를 확인할 수 있는 혈액검사와 비슷하다.

1) 훅의 법칙과 탄성계수

1678년 영국의 물리학자 Robert Hooke은 어떤 스프링에 하중을 작용시켜 인장시험을 한 결과, 탄성한계 내에서는 신장량 가 인장력 와 봉의 길이 에 정비례하고 봉의 단면적 에는 반비례한다는 사실을 알았다. 이를 관계식으로 나타내 보면 다음과 같다.

$$\delta \propto \frac{Wl}{A}, \quad \frac{\delta}{l} \propto \frac{W}{A} \qquad \therefore \varepsilon \propto \sigma$$

이 비례식은 계산식에서 불편하므로 항등식으로 나타내기 위해서 비례상수를 라고 가정한 후 다시 쓰면 다음과 같이 된다.

$$\sigma = E\varepsilon \qquad (5.6)$$

식 5.6을 훅의 법칙(Hooke's law) 또는 정비례법칙이라고 하는데, 재료역학에서는 모든 문제가 이 법칙이 성립될 수 있다는 가정 하에서 전개된다.

또 식 5.7의 비례상수 E를 탄성계수(modulus of elasticity)라 하고, 그 단위는 변형률 ε이 무차원이므로 응력단위와 같게 된다.

한편 위의 식을 비례상수에 대해 전개하여 보면, 탄성계수 E는 $\varepsilon = 1$에 해당하는 인장변형을 일으킬 수 있는 응력, 즉 봉의 원래 길이를 2배로 늘어나게 할 수 있는 인장응력의 크기와 같음을 알 수 있다.

2) 세로탄성계수

탄성한계 내에서 응력과 변형률이 비례관계에 있음을 훅의 법칙에서 나타내고 있으나, 이를 수치적으로 측정하여 비례상수의 성격이 명확히 확립된 것은 영국의 물리학자 Thomas Young에 의해서이다. 이를 계기로 재료역학은 비약적으로 발전하게 되었으며, 이 비례상수를 영계수(Young's modulus) 또는 세로탄성계수(modulus of longitudinal elasticity ; E)라고 한다.

이를 식으로 나타내면 다음과 같다.

$$E = \frac{\sigma}{\varepsilon} \qquad (5.7)$$

일반적으로 동일 재료에 대한 인장 및 압축일 때의 E의 값은 거의 같다.

예제 9 지름 6(cm), 길이 300(cm)인 연강봉에 70(kN)의 인장하중이 작용하면 변형량은 얼마이겠는가? 단, E=200(GPa)이다.

▶식 (5.3)에서 $\sigma = E\varepsilon,\ \frac{W}{A} = E \cdot \frac{\delta}{l}$

$$\therefore \delta = \frac{Wl}{AE} = \frac{7\times10^4\times3}{\frac{\pi}{4}\times0.06^2\times2\times10^{11}} = 3.71\times10^{-4}(\text{m})$$

3) 가로탄성계수

외력으로서 전단력이 작용하게 될 때 역시 탄성한계 내에서는 훅의 법칙이 성립되므로, 이 때 발생되는 전단응력 τ는 전단변형률 γ에 비례하게 된다.

$$\tau = G\gamma \quad \therefore G = \frac{\tau}{\gamma} \qquad (5.8)$$

이 식의 상수 G를 가로탄성계수(modulus of transverse elasticity) 또는 전단탄성계수(modulus of shearing elasticity) 및 강성계수(modulus of rigidity)라고도 한다.

예제 10 지름 6(cm)인 원형단면의 봉에 전단하중이 작용하고 있다. 전단변형률을 0.0003으로 제한하려면 전단하중은 얼마를 작용시킬 수 있겠는가? 단, 82(GPa)이다.

▶식 (5.8)에서 $\tau = G\gamma, \ \frac{W}{A} = G\gamma$

$$\therefore W = G\gamma A = 82 \times 10^9 \times 0.0003 \times \frac{\pi \times 0.06^2}{4} = 69{,}554.86\,(\mathrm{N}) = 69.55\,(\mathrm{kN})$$

4) 체적탄성계수

그림 5-7 및 식 (5.5)에서와 같은 체적의 변화가 발생할 때 수직응력와 체적변화율 ε_v사이에는 다음과 같은 식이 성립된다.

$$\sigma = K\varepsilon_v \qquad \therefore K = \frac{\sigma}{\varepsilon_v} \qquad (5.9)$$

여기서 K를 체적탄성계수(modulus of volumetric elasticity, bulk elasticity)라고 한다.

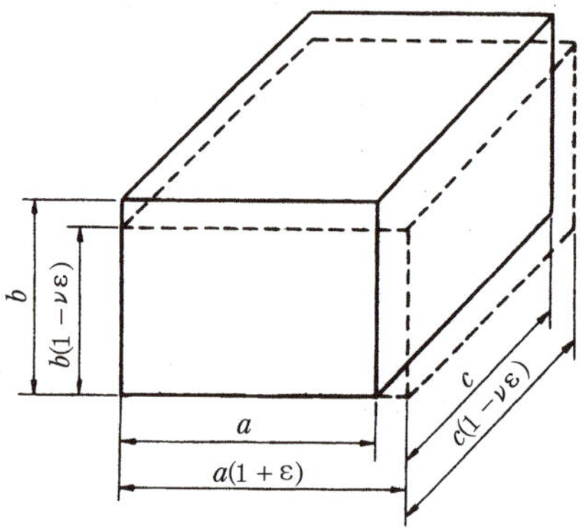

• 그림 5-7

재료	비중	탄성계수(㎏/㎠)	
		E	G
주철	7.5	1×10^6	3.8×10^5
연강	7.85	2.1×10^6	8.1×10^5
경강	7.84	2.2×10^6	8.5×10^5
주강	7.9	2.15×10^6	8.5×10^5
스프링강	7.85	2.2×10^6	8.7×10^5
스프링강(담금질)	7.85	2.2×10^6	8.8×10^5
니켈강	7.8	2.1×10^6	8.5×10^5
구리	8.7	1×10^6	4.2×10^5
포금	8.6	8.5×10^5	4×10^4
황동	8.5	8.5×10^5	4×10^4
알루미늄청동	7.6	1.2×10^6	-
인청동	8.6	1×10^6	3.7×10^4
낙엽송	0.39	7×10^4	-
육송	0.53	8.8×10^4	-
전나무	0.47	9×10^6	-
박달나무	1.0	7×10^4	5,800
화강암	2.6	1.4×10^5	-
콘크리트	2.3	1.4×10^5	-

• 표 5-1 | 재료의 기계적 성질

5) 푸아송의 비

탄성체에 인장 또는 압축의 외력이 작용하게 되면 축방향으로 신장되거나 수축하게 되는 동시에, 이에 수직인 가로방향에서는 이와 반대로 수축하거나 신장하게 된다.

이 때 발생되는 가로변형률 ε'와 세로변형률 ε과의 비를 푸아송의 비(Poisson's ratio ; v)라고 하며, 이 값은 탄성한계 내의 동일 재료에서는 일정하다.

$$\nu = \frac{1}{m} = \frac{\varepsilon'}{\varepsilon} = \frac{\lambda/d}{\delta/l} = \frac{\lambda \cdot l}{\delta \cdot d} \qquad (5.10)$$

위의 식에서 은 푸아송의 수(Poisson's number)라고 한다. 금속들의 실험한 결과를 보면 푸아송의 비의 값은 대개 0.25~0.35의 범위 내에 있음을 알 수 있다.

또 어떤 재료에 대한 푸아송의 비를 알게 되면 인장 또는 압축을 받은 물체의 면적 및 체적의 변화도 해석할 수 있다. 즉, 그림 5-8과 같이 인장하중이 작용하는 직육면체에서 하중방향의 변형률을 ε이라 하면 길이는 $a+\delta = a+\delta\varepsilon = a(1+\varepsilon)$ 로 늘어나게 되고, 폭은 $b - \lambda = b+b\varepsilon' = b(1-\varepsilon') = b(1-v\varepsilon)$ 로 줄어들게 된다. 두께 역시 $c(1-v\varepsilon)$로 줄어든다.

재료	m	v	재료	m	v
유리	4.1	0.244	구리	2.0	0.333
주철	3.7	0.270	셀룰로이드	2.5	0.400
연철	3.6	0.278	납	2.32	0.430
연강	3.3	0.303	고무	2.00	0.500
황동	3.0	0.333			

• 표 5-2 | 푸아송의 비와 수

따라서 체적의 변화는 이들을 모두 곱해 주면 $a(1+\varepsilon)\cdot b(1-v\varepsilon)\cdot c(1-v\varepsilon)$이 되고, 이를 하중이 작용하기 전의 체적과 비교하면 그 비가 $(1+\varepsilon)(1-v\varepsilon)^2$이 되며, 여기서 고차의 미소항들을 무시하면 $(1+\varepsilon-2v\varepsilon)$로 되어 체적이 $(1-2v)\varepsilon$의 비로 증가함을 알 수 있다. 이것은 체적의 변화량을 원체적과 비교한 것이 되므로 단위체적 변화율(unit volume change)로 볼 수 있다. 즉,

$$\frac{\Delta V}{V}=(1-2\nu)\varepsilon \qquad (5.11)$$

여기서 $\Delta V>0$이어야 하므로 $(1-2v)\varepsilon>0$이 되며, 따라서 $v<\frac{1}{2}$이 성립되어야 한다. 또 이것을 식 (2.11)과 함께 생각하면 푸아송의 수 m은 항상 2보다 크다는 것도 알 수 있다.

한편 참고로 면적의 변화비는 $(1-v\varepsilon)^2$에서 고차항을 무시하고 정리하면 $(1-2v\varepsilon)$이 되며, 인장하중이 작용하는 경우의 면적은 $2v\varepsilon$의 비로 감소함을 알 수 있다. 또 압축하중이 작용하는 경우를 생각하면, 인장하중이 작용하는 경우와는 반대 현상이 발생하게 되어 면적은 $2v\varepsilon$의 비로 증가하며, 체적은 의 $(1-2v)\varepsilon$비로 감소하게 된다.

예제 11 지름이 3(cm)이고, 길이가 30(cm)인 연강봉에 인장하중이 작용하여 지름은 0.006 (mm) 줄었고, 길이는 0.18(mm) 늘어났다. 이 재료의 푸아송의 수 m을 구하라.

▶식 (5.10)에서 $\nu=\frac{1}{m}=\frac{\varepsilon'}{\varepsilon}$

$$\therefore m=\frac{\varepsilon}{\varepsilon'}=\frac{\delta/l}{\lambda/d}=\frac{\delta d}{\lambda l}=\frac{0.18\times30}{0.006\times300}=3$$

예제 12 지름이 20(mm)인 원형 연강봉에 인장하중 50(kN)이 작용한다면 단위 길이에 대한 체적의 변화량을 구하라. 단, E =206(GPa), $v=0.3$이다.

▶체적의 변화량은 $\Delta V = V(1-2\nu)\varepsilon = Al(1-2\nu)\varepsilon$ 에서 단위길이에 대한것은

$$\frac{\Delta V}{l} = A(1-2\nu)\varepsilon = A(1-2\nu)\frac{\sigma}{E} = \frac{W}{E}(1-2\nu)$$

$$= \frac{50{,}000}{206\times10^{9}}(1-2\times0.3) = 9.708\times10^{-8}(\text{m}^3/\text{m})\ \text{증가}$$

6) 탄성계수 사이의 관계

E, K, v 의 관계식

그림 5-8과 같은 육면체에서 각 면에 W_x, W_y, W_z인 하중이 작용하게 되면 이에 대응되는 힘인 응력, 즉 ,σ_x, σ_y, σ_z가 각 면에서 발생하게 된다.

한편 X축 방향의 변형률 ε_x는 σ_x의 영향뿐 아니라 푸아송의 효과 때문에 X축에 수직을 이루는 Y축 및 Z축의 영향도 받게 된다. 즉, X축 방향으로 인장응력이 작용하여 신장을 일으키게 될 때 이에 수직을 이루는 Y축 및 Z축 방향에서는 압축응력이 작용하게 되어 수축을 일으키게 된다. 재료가 훅의 법칙에 따른다면 σ_x로 인한 X축 방향의 세로변형률은 $\varepsilon_x = \frac{\sigma_x}{E}$이고, σ_y및 σ_z에 의하여 발생되는 X축 방향의 가로변형률은 푸아송의 비를 이용하여 $\varepsilon' = -\nu\varepsilon = -\frac{\nu\sigma_y}{E}$ 및 $-\frac{\nu\sigma_z}{E}$ 로 표시할 수 있다.

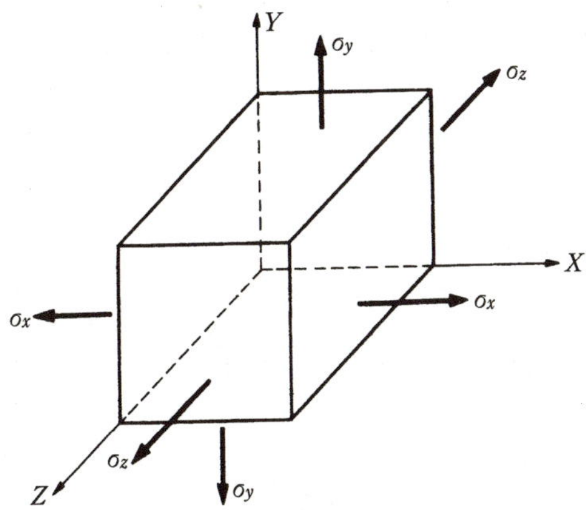

• 그림 5-8

따라서 각 면의 변형률은 다음과 같이 표현된다.

$$
\begin{aligned}
\varepsilon_x &= \frac{\sigma_x}{E} - \frac{\nu}{E}(\sigma_y + \sigma_z) \\
\varepsilon_y &= \frac{\sigma_y}{E} - \frac{\nu}{E}(\sigma_x + \sigma_z) \\
\varepsilon_z &= \frac{\sigma_z}{E} - \frac{\nu}{E}(\sigma_x + \sigma_y)
\end{aligned} \tag{a}
$$

이 관계식들은 단일축 방향에 대해서만 고려하였던 식 5-6과 같은 훅의 법칙을 3축 방향의 응력과 변형률로 표시한 것이므로 훅의 법칙의 일반형(general form of Hooke's law)이라고 한다. 한편 앞에서 언급한 육면체에 대한 변형률을 고려하여 식 5-5에 식 (a)를 대입하면 다음과 같다.

$$
\begin{aligned}
\varepsilon_v &= \varepsilon_x + \varepsilon_y + \varepsilon_z \\
&= \frac{\sigma_x}{E} - \frac{\nu}{E}(\sigma_y + \sigma_z) + \frac{\sigma_y}{E} - \frac{\nu}{E}(\sigma_x + \sigma_z) + \frac{\sigma_z}{E} - \frac{\nu}{E}(\sigma_x + \sigma_y) \\
&= \frac{l}{E}(\sigma_x + \sigma_y + \sigma_z) - \frac{2\nu}{E}(\sigma_x + \sigma_y + \sigma_z) \\
&= \frac{1-2\nu}{E}(\sigma_x + \sigma_y + \sigma_z)
\end{aligned} \tag{b}
$$

균일한 유체압력이 작용하는 경우와 같이 특별한 경우에는 다음과 같이 생각할 수 있다.

$$\sigma_x = \sigma_y = \sigma_z = \sigma, \quad \varepsilon_x = \varepsilon_y = \varepsilon_z = \varepsilon$$

따라서 식 (b)는 다음과 같이 표현된다.

$$\varepsilon_v = 3\varepsilon = \frac{3(1-2\nu)}{E}\sigma \tag{c}$$

식 (c)를 식 5-9에 대입하여 정리하면,

$$K = \frac{E}{3(1-2\nu)} = \frac{mE}{3(m-2)} \tag{5-12}$$

가 되며, 와 만 알면 를 구할 수 있는 E, K, v 의 관계식이 된다.

5.1.5. 응력-변형률 선도

표준규격에 맞추어 제작한 시편을 재료시험기에 장치하고 인장하중을 서서히 가하면 시편의 변형량이 증가하게 된다. 하중과 변형의 관계를 직교좌표축에 나타내면서 하중 대신 응력으로 표시한 것을 응력-변형률 선도라고 한다. 공학자들은 응력-변형률 선도에서 재료의 많은 정보를 얻게 된다.

공업용 재료로 사용되는 강, 주철, 알루미늄합금 등과 같은 금속재료와 목재, 콘크리트 등과 같은 비금속재료의 강도와 변형률 및 경도 등의 기계적 성질을 측정하는 것을 재료시험이라고 한다.

이 재료시험의 종류에는 인장시험 · 압축시험 · 전단시험 · 경도시험 · 굽힘시험 · 비틀림시험 · 충격시험 · 피로시험 · 크리프시험(creep test) 등이 있으나, 재료의 특성을 가장 대표할 수 있는 것은 인장시험(tensile test)이라 할 수 있다. 또 앞에서 언급한 재료의 응력과 변형률의 관계를 좀 더 자세히 알아보기 위해서 표준규격에 맞추어 제작한 시편(test piece)을 재료시험기에 장치하고 인장하중을 서서히 가하면 이에 대응하여 변형 역시 증가하게 된다. 하중과 변형의 관계를 직교좌표축에 선도로 나타낸 것을 인장시험선도(tensile test diagram) 또는 하중변형선도(load-elongation diagram)라 하며, 하중 대신 응력으로 바꾸어서 표시한 선도를 응력변형률선도(stress-strain diagram)라고 한다.

그림 5-9에 나타낸 것은 구조용강(structual steel, c =0.05~0.6%)의 응력-변형률선도의 대표적인 모양이다. 실선은 하중과 원단면적과의 비를 나타낸 공칭응력(nominal stress)이고, 점선은 하중과 시험 후의 축소된 단면적과의 비를 나타낸 실제응력(actual stress)이다.

O점에서 P점까지는 직선이므로 응력과 변형률이 정비례한다. P점을 지나서 E점까지는 직선에서 약간 어긋나서 곡선형으로 되지만 잔류변형을 남기지 않고 변형이 생기더라도 하중을 제거하면 원래의 상태로 되돌아가는, 즉 탄성을 유지한다고 가정한다. 이때 P점을 비례한계점(proportional limit point), E점을 탄성한계점(elastic limit point)이라고 한다. 여기서 비례한계점이나 탄성한계점을 결정한다는 것은 사실상 용이한 일이 아니며, 재료에 따라서는 항복점까지 그 위치가 접근되어 있어 일반적으로 이 세 점 중에서 비교적 측정이 용이한 항복점으로 탄성한계점을 대신하여 사용하고 있다.

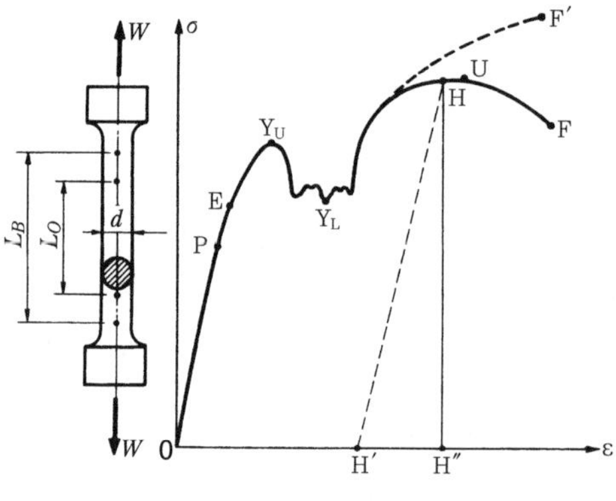

• 그림 5-9

E점에서 더 이상 응력이 증가하면 나중에 하중을 제거하더라도 원래의 형태로 완전히 회복되지 못하고 변형이 남게 된다. 이 남게 되는 변형을 영구변형(permanent set)이라고 한다. 또 이 과정에서는 변형률이 응력보다 훨씬 빠른 속도로 증가되어 Y_U점에 도달하게 되면 결정 상호간에 미끄럼현상이 발생하고, 특별한 응력의 증가 없이도 급격한 신장이 발생하면

서 Y_L까지 이르게 된다. 이 때의 신장은 비례한계점까지에서 생긴 신장보다 10~15배 정도 더 큰 신장이 발생하게 된다. 이와 같은 불안전한 현상을 항복(yield)이라 하며, Y_U및 Y_L을 각각 상항복점(upper yield point) 및 하항복점(lower yield point)이라고 한다.

이후 응력을 더욱 증가시키면 변형경화(strain hardening)현상이란 부가적인 저항을 보이면서 응력의 증가율에 비하여 변형의 증가율이 급격히 증가하면서 U점에서 최대응력(maximum stress) 또는 극한응력(ultimate stress)에 도달하게 되며, 시편의 어떤 부분에서 국부수축으로 인하여 네킹(necking)이란 현상이 발생한다. 이후에는 하중의 감소에도 불구하고 변형은 여전히 계속되다가 F점에 이르러서 시편의 원래 표면에 대하여 약 45°의 각을 이루는 원추형 표면을 따라 결국 파단(fracture)이 일어난다.

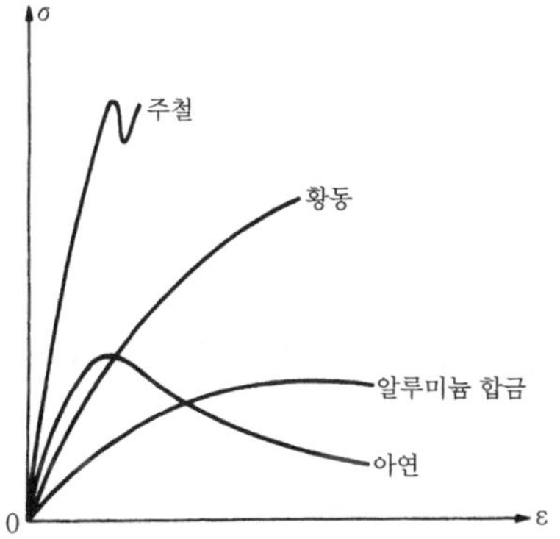

• 그림 5-10

한편 봉이 길이방향에서 신장되는 동안에 이와 수직되는 가로방향에서는 수축이 일어나며, 이 결과로 봉의 단면적은 감소하게 된다. 그러나 국부수축이 일어나게 되는 U점 부근에서는 원단면의 감소로 인하여 공칭응력은 감소하게 되며, 실제응력은 파단이 일어날 때까지 점선으로 나타낸 것과 같이 점차 증가하게 된다.

탄성한계를 지나 점 H에서 하중을 서서히 제거하면 대략 OP에 평행되게 HH′에 따라 응력-변형률이 강하된다. 하중이 완전히 제거되었을 때의 전체변형 OH″의 일부인 H′H″가 소실되고 OH가 남게 된다. 이 H′H″를 탄성변형이라 하고, OH′를 잔류변형 또는 소성변형이라고 한다.

연강과 같은 유연한 재료에는 뚜렷한 항복점이 있으나 경강, 주철, 동 및 알루미늄 등은 그림 5-10과 같이 항복점을 찾기가 힘들고 처음부터 곡선으로 나타나므로 일반적으로 0.2%의 영구변형이 발생되는 응력, 즉 가로좌표축의 인 점에서 선도의 초기 직선 부분에 평행되게 직선을 그어 줌으로써 항복점을 정하고 있다. 이와 같은 방법으로 항복점을 구하는 방법을 오프셋 방법(offset method)이라고 한다.

인장시험은 재료의 강도를 시험하는 동시에 변형의 성질을 파악하는 것이 주목적이므로, 파단 후의 시편을 맞대어서 판단될 때의 표점거리 L_B 및 단면적 A_B를 측정하고 시험 전의 표점거리 L_O및 단면적 A_O로부터 연신율(reduction percentage of area)을 식으로 표시하면 다음과 같다.

$$신장률 = \frac{L_B - L_O}{L_O} \times 100(\%)$$

(5-13)

$$단면수축률 = \frac{A_O - A_B}{A_O} \times 100(\%)$$

위의 신장률 및 단면수축률로 재료의 연성의 기준을 측정하게 되며, 이 기준의 정도에 따라서 단면수축률과 연실율이 큰 재료를 연성재료(ductile material), 작은 재료를 취성재료(brittle material)로 구분하게 된다. 연실율이 큰 재료는 파단까지의 변형에너지의 흡수가 커서 충격하중에 대하여 안전하다. 보통 구조용강의 경우는 연신율이 30%, 단면수축률은 약 60%이다.

그림 5-11(a)~(e)는 유체 밀봉에 이용되는 O-링의 밀봉력 계산을 위해 수행된 연구사례이다. O-링의 소재는 일반적으로 NBR이라는 천연고무가 주로 사용되는데 이 소재는 저압력(약 3Mpa 이하)과 온도 100℃이하의 사용

조건에서 안정적인 밀봉력을 발휘한다. NBR의 응력-변형률 곡선은 그림 5-11(a)와 같다. 수십Mpa이상의 고압력과 100℃이상의 고온에서는 가격은 고가이지만 안정적인 기계적 특성이 확보된 PTFE 소재의 O-링이 사용되는데 이 소재의 응력-변형률 곡선은 그림 5-11(b)와 같다.

O-링은 압축이 되면 탄성력에 의해 초기형상으로 돌아가려는 성질이 있는데(그림 5-11(c)), 이때, 압축력은 다음과 같이 계산된다.

$$C = \frac{(t_o - t_R)}{(t_o - t_S)}$$

여기서 C는 압축률이고 t_O는 초기 O-링의 두께, t_D는 수직방향의 변형량으로 미국재료시험학회(ASTM)에 $t_D = \frac{1}{4} t_O$ 의해 으로 규정된다. t_R는 압축된 후 회복되는 길이를 나타낸다.

O-링에 그림 5-11(d)과 같이 고압의 가스압이 가해지면 압축력과 가스압에 의해 O-링이 변형되면서 응력이 발생하는데 접촉면에서는 그림 5-11(e)와 같은 수직응력이 발생한다. 이와 같은 수직응력이 가스압보다 크면 가스가 O-링의 수직응력에 의해 밀봉된다고 할 수 있다.

그림 5-11(f)와 같이 O-링에서 발생한 수직응력은 가스압보다 높은 응력이 발생하였으므로 밀봉력은 확보되었다. 그러나 PTFE의 항복강도가 26-30MPa임을 고려한다면 압축률 15%조건에서 15MPa의 고압가스가 가해지는 조건에서 발생한 응력이 30MPa을 넘어섰기 때문에 반복적인 가압 · 가온 조건에서 탄성력을 잃을 수 있다. 따라서 가스압과 온도조건을 완화할 수 없다면 O-링에서 발생하는 응력을 완화하기 위해서 압축률을 15% 이하로 낮춰야만 한다.

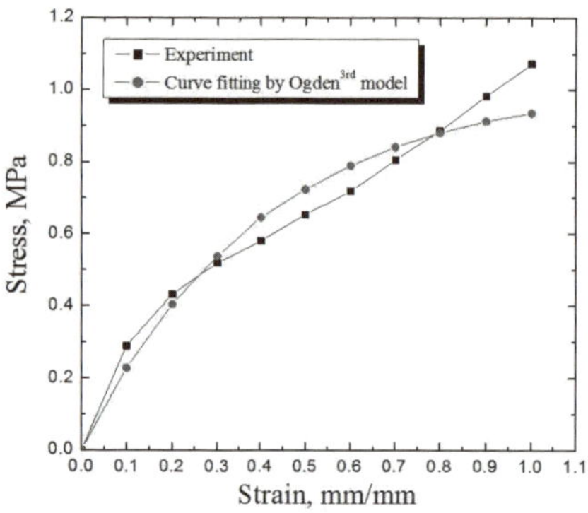

Ⓐ 고무(NBR)의 응력-변형률 특성

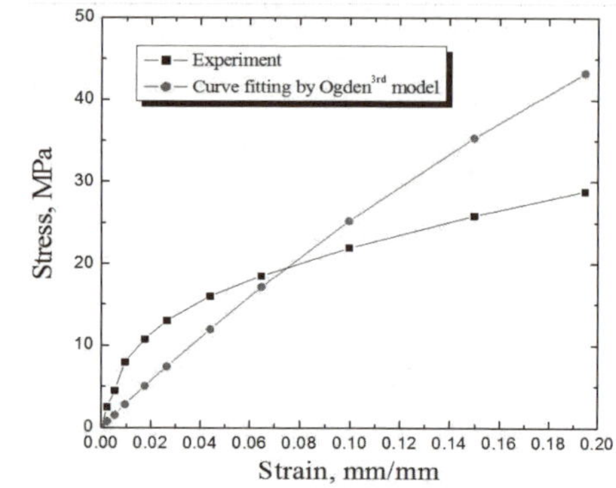

Ⓑ PTFE의 응력-변형률 특성

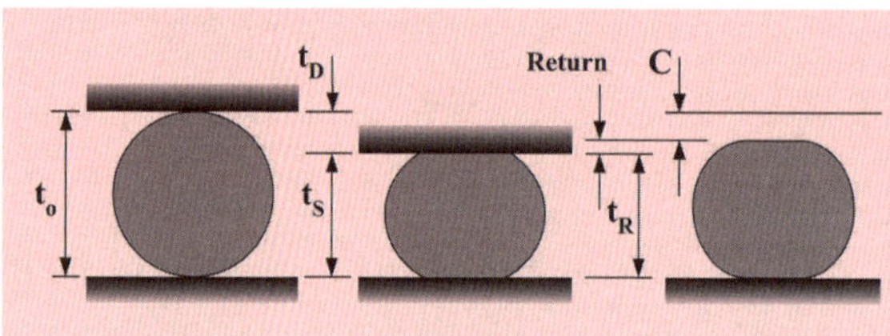

Ⓒ 고무(NBR)의 응력-변형률 특성

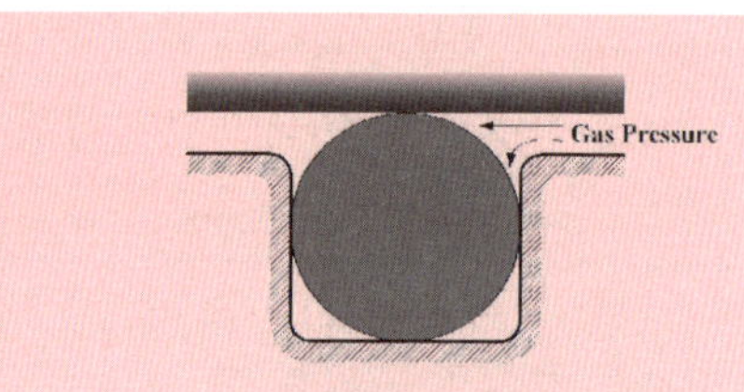

Ⓓ PTFE의 응력-변형률 특성

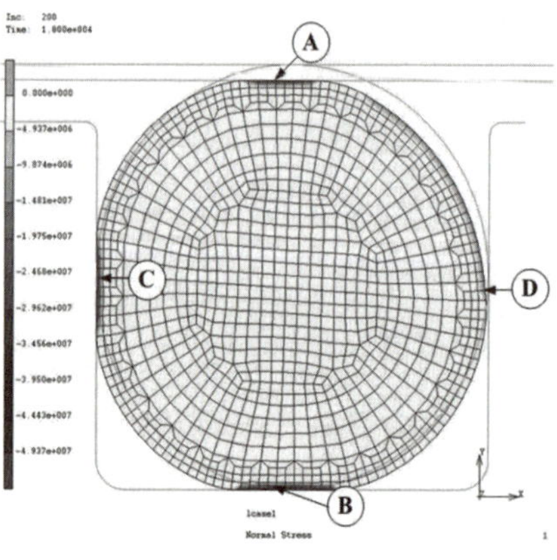

Ⓔ 고무(NBR)의 응력-변형률 특성

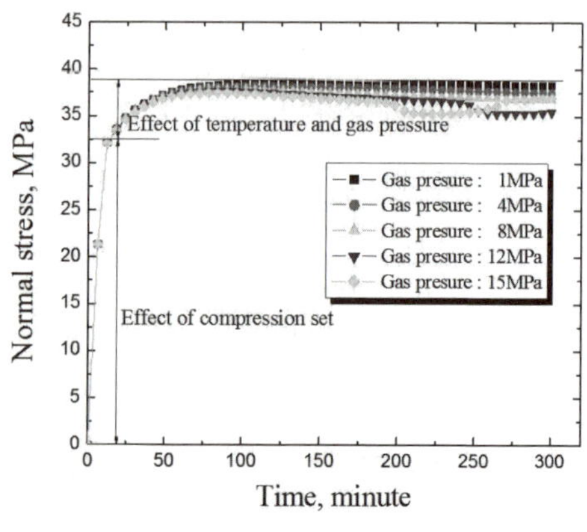

ⓕ 온도 100℃, 압축력 15%, 가스압 15Mpa에서
'A'위치에서 발생한 수직응력

• 그림 5-11 | O-링의 압축응력과 밀봉력,
출처: 조승현, 『고온용 압력용기 시스템의 설계 최적화 및 실험적 연구』, 홍익대 박사논문, 2004.

그림 5-12(a)~(c)는 접시 스프링에 압축력이 가해질 때 발생하는 변형과 힘의 관계를 나타낸 연구사례이다. 접시스프링은 작은 변위로 큰 축방향의 하중을 지지하는데 이상적으로 사용될 수 있는 기계요소로서, 자동차를 비롯하여 선박 해양 탐사시설, 건설장비, 보일러, 소각로, 기계 공구, 교통시설 등 거의 모든 산업 분야에 광범위하게 적용되고 있다. 직렬방식 접시 스프링에 압축력을 가하면(그림 5-12(a)), 압축되면서 반발에 따른 힘과, 압축응력이 발생한다(그림 5-12(b)). 10개의 접시스프링을 압축하고 이완할 경우 발생한 변위와 힘의 관계를 보면 스프링의 개수가 늘어날수록 압축 후 복귀하는 과정에서 힘이 감소하는 이력현상이 증가한다(그림 5-12(c)).

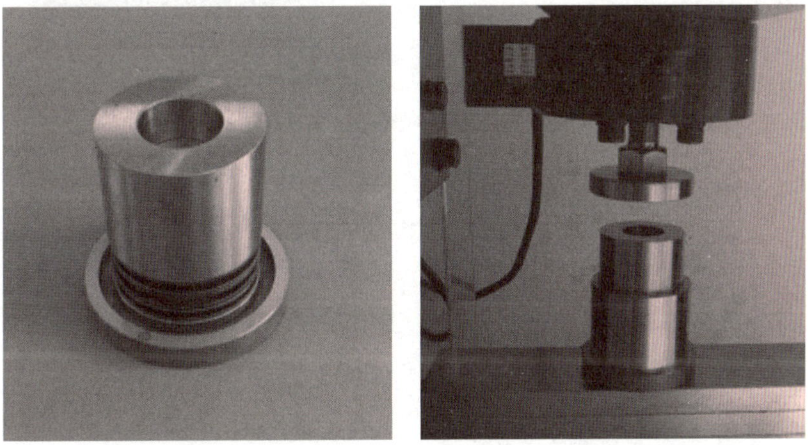

Ⓐ 압축시험

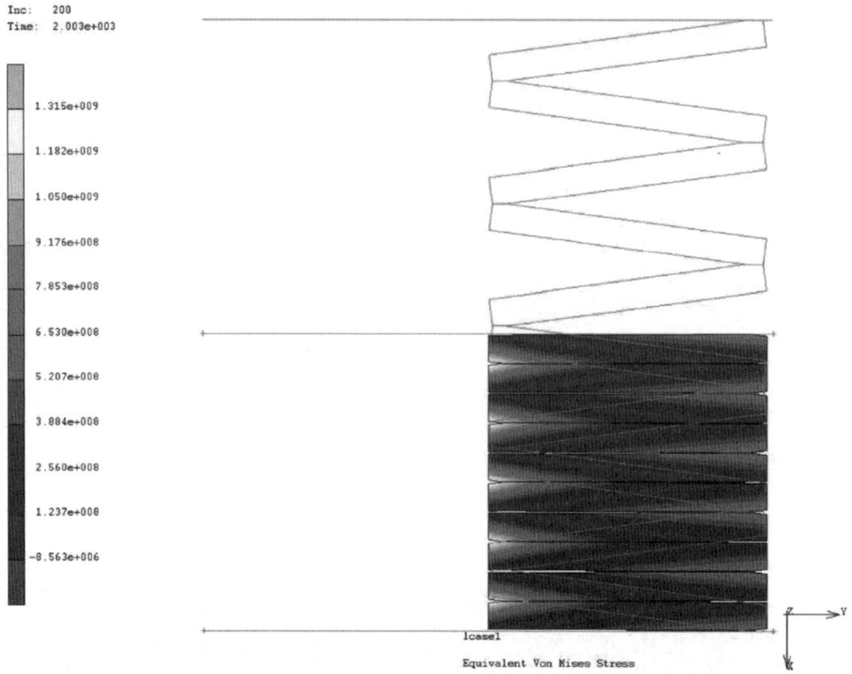

Ⓑ 수치해석 결과(직렬방식 접시스프링 10개)

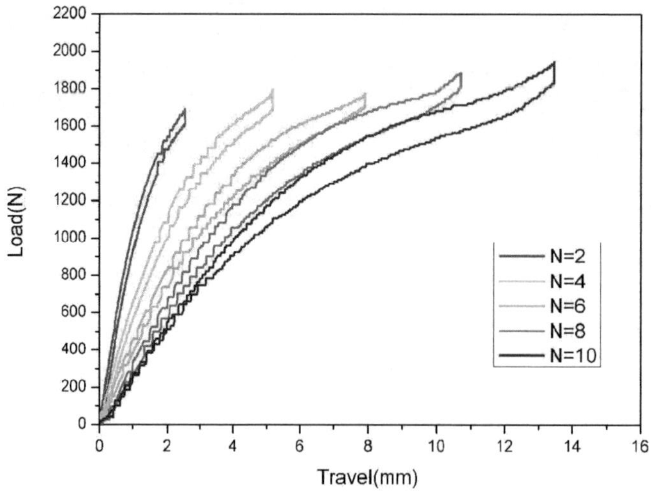

Ⓒ 고무(NBR)의 응력-변형률 특성

• 그림 5-12 | 디스크 스프링의 압축력에 따른 거동 특성,
출처: 김영흡, 조승현 외, "적층 접시스프링의 정적 거동 특성", 한국자동차공학회논문집 21(5) pp.47-53, 2013.

그림 5-13(a)~(e)는 일상생활에서 매우 많이 사용되고 있는 패트(PET) 용기에 압축하중에 따른 변형거동 연구사례이다. 패트용기업계에서는 원재료와 물류비 절감을 위해 용기의 두께를 감소시키기 위한 많은 연구개발을 수행하고 있는데 용기의 두께가 얇아지면 그림 5-13(a)와 같이 용기를 보관할 때 적층무게를 지탱하는 내력이 약해지는 문제가 발생한다. 패트와 같은 폴리머소재는 응력-변형률 특성이 강재와 달리 변형률이 증가하면서 응력이 오히려 상승하는 비선형 거동을 하는 특징이 있다(그림 5-13(b)). 패트용기를 압축시험기에 의해 압축하면(그림 5-13(c)) 패트용기는 압축을 하게 되고 이때 반력에 따른 압축응력이 내부에 발생한다(그림 5-13(d),(e)). 이와 같은 실험과 수치해석의 연구결과를 바탕으로 패트용기의 적정한 두께를 결정하게 된다.

ⓐ 쌓아둔 패트용기의 붕괴

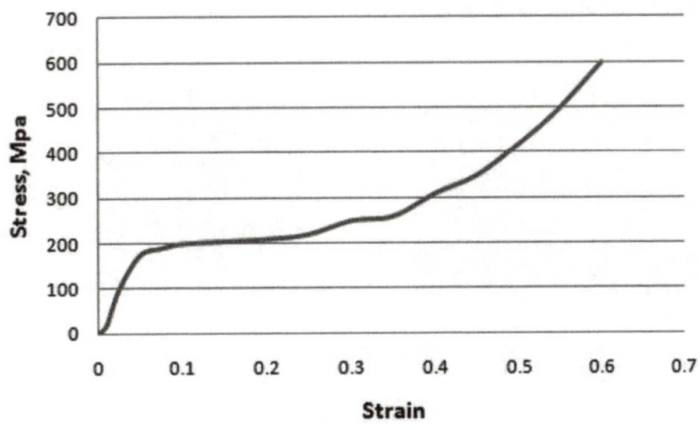

ⓑ 패트의 응력-변형률 특성

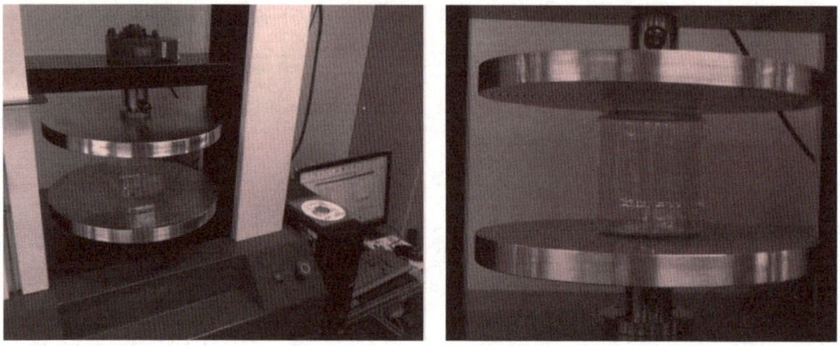

ⓒ 패트용기의 압축시험

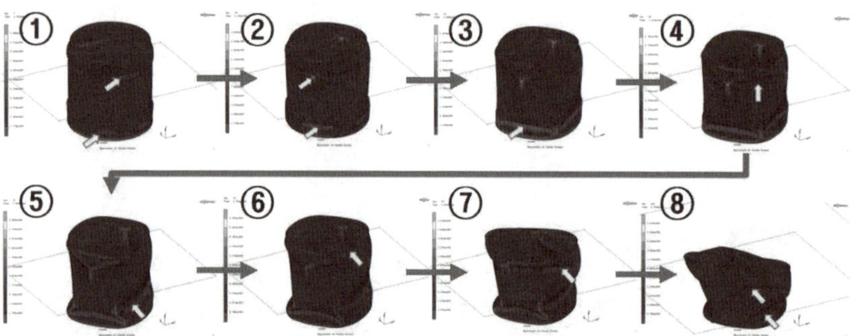

ⓓ 패트용기의 압축거동

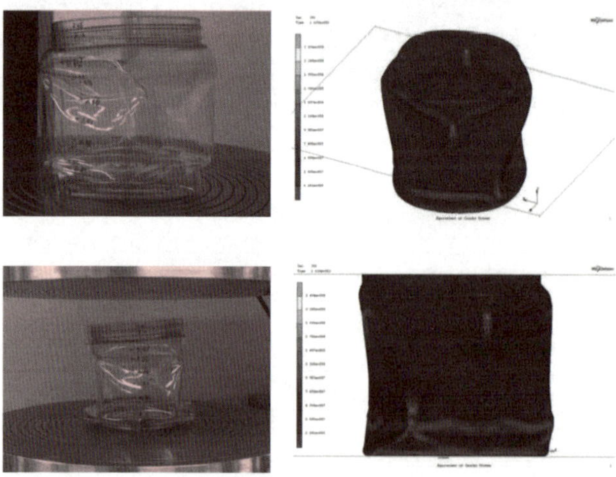

ⓔ 실험과 수치해석 비교

• 그림 5-13 | 패트용기의 압축시험, 출처 : 조승현 외, "압축하중시 PET병의 변형특성에 관한 수치해석 및 실험적 연구", 한국생산제조시스템학회지 23(1), pp83-86, 2014.

5.1.6. 허용응력과 안전계수

구조물을 설계하려면 먼저 안전설계 개념을 이해해야 한다. 안전설계 개념이란 영구적으로 안정적인 구조를 확보하기 위해 '튼튼하게' 설계를 하는 것이다. 이와 같은 안전설계를 위해서는 구조물의 안전성에 미치는 영향요소들을 고려해야 하는데 다음과 같은 것이 대표적으로 고려해야 할 영향인자들이다.

● 균열, 이물질, 기공 등 재료의 불량 - 역학계산을 할 때는 재료가 완벽하고 균질하다고 가정을 하지만 현실적으로 재료는 미세한 균열, 이물질, 기공 등을 함유할 수 있고 이것이 재료의 강도저하의 원인이 될 수 있다.

● 설계를 하는 사람의 오류 - 사람은 항상 실수할 수 있다는 것을 잊지 말자.

● 바람, 강우, 폭설, 지진 등 환경의 영향 - 자연환경의 영향은 부식, 마모 등을 포함한 재료의 성질을 변하게 하는 원인이 되며 구조물에 가해지는 외력이 될 수 있다. 고층빌딩이 강풍에 의해 흔들리는 것은 바람이 외력으로 건물에 작용하기 때문이다.

이와 같은 영향인자들에 의해 우리는 안전설계, 즉 '넉넉하게' 구조의 크기를 키우고, 튼튼한 재료를 선정할 필요가 있다. 사실 우리는 일상의 생활에서 안전설계의 개념을 이미 이해하고 있다. 예를 들어 평소 30분에 도착할 수 있는 장소에서 약속을 했다고 하자. 약속시간을 지키기 위해 약속시간 지키기에 영향을 주는 환경인자인 교통상황 등을 고려해서 1시간 전에 집을 나섰다면 이것은 안전설계를 생활 속에서 실천한 예가 된다. 이러한 안전설계는 주변의 모든 기계, 구조물 등에 적용되고 있다.

구조물을 설계함에 있어서 사용조건 하에서 그 구조물이 주어진 기능을 충분히 수행할 수 있다는 보장이 필요하다. 즉 기계의 부품, 건축구조물, 토목구조물 등 하중을 지지하는 모든 구조물을 설계, 제작 사용할 때에는 파손되지 않고 안전하게 유지될 수 있도록 하여야 한다. 구조물에 작용하고 있는 응력을 사용응력(Working stress)라고 한다면, 재료를 사용하는데 안전상 허용할 수 있는 최대응력으로 탄성한계 이내의 충분히 작은 값을 허용응력(Allowable stress)라고 한다.

구조물이 설계되고 외부하중 또는 내부하중(자체 무게에 의한 하중을 의미한다)이 주어지면 구조물을 변형시키는 응력을 계산할 수 있다. 그러나 계산된 응력으로 구조물의 안전성을 판단하는 것은 매우 위험하기 때문에 실제 설계자들은 계산된 응력을 설계기준값보다 낮게 할 필요가 있다. 이와 같이 설계목적상 주어진 응력의 기준값을 허용응력이라 하며, 구조물의 안전성을 확보하기 위해서는 구조물에서 발생한 응력이 허용응력보다 낮도록 설계를 해야 한다.

허용응력은 재료의 항복강도 또는 극한강도를 안전율로 나눈 값으로 다음 식과 같이 계산된다.

$$\text{허용응력}(\sigma_a) = \frac{\text{항복강도}(\sigma_y)}{\text{안전계수}(S)}$$

$$\text{허용응력}(\sigma_a) = \frac{\text{극한강도}(\sigma_u)}{\text{안전계수}(S)} \qquad (5\text{-}14)$$

여기서 안전계수란 설계의 기준이 되는 재료의 기준강도(항복강도 또는 극한강도)보다 좀 더 여유 있게 허용응력을 잡아 구조물이 보다 더 안전하게 유지되도록 기준강도에 나누어주는 여유치이다. 환경이 위험하거나 안전을 강화하려면 안전계수를 높여서 허용응력을 낮추는 것이 필요하다.

예제 13 300kg$_f$의 무게가 달려있는 지름 20mm인 단면이 원형인 봉이 있다. 봉의 안전을 위해 안전율(S=5)을 고려한다면 허용응력은 얼마가 되어야 하는가? 또한, 이 봉은 1.5MPa 이하로 사용조건이 제한된다면 어떻게 설계변경을 해야하는가?

▶하중 계산

하중(load)은 질량×중력가속도로 계산되어진다.

$300kg_f = 300kg \times 9.8m/s^2 = 2940kg \cdot m/s^2 = 2940N$

▶응력 계산 $\sigma = \frac{Load}{Area}$

$$Area = \frac{\pi}{4}d^2 = \frac{\pi}{4}(20mm)^2 \approx 314mm^2$$

$$\sigma = \frac{2940N}{314mm^2} = \frac{2940N}{314m^2} \times 10^6 \approx 9.4Pa \times 10^6 = 9.4MPa(\mathrm{m})$$

▶허용응력 계산 $\therefore \sigma_a = \frac{\sigma}{S} = \frac{9.4MPa}{5} = 1.88MPa$

이와 같이 허용응력은 1.88MPa로 계산된다. 즉, 그러므로 1.5MPa 이하로 허용응력을 낮추기 위해서는 다음과 같이 설계 변경안이 있을 수 있다.

① 안전계수를 5이상으로 높여서 허용응력을 낮춘다.

② 안전계수 변경이 안된다면 봉의 지름을 높여서 응력을 낮춘다.

③ 안전계수와 봉의 지름 변경이 안 된다면 봉에 매달린 무게를 줄여서 응력을 낮춘다.

재료	정하중	동 하 중		충격하중
		반복하중	교번하중	
주철, 취약한 금속	4	6	10	15
연강, 단강	3	5	8	12
주강	3	5	8	15
동, 연금속	5	6	9	15
목재	7	10	15	20
석재	20	30	-	-

• 표 5-3 | 안전계수

응력	하중	연강	반경강	주강	주철
인 장	a	900~1,500	1,200~1,800	600~1,200	300
	b	600~1,000	800~1,200	400~800	200
	c	300~500	400~600	200~400	100
압 축	a	900~1,500	1,200~1,800	900~1,500	900
	b	600~1,000	800~1,200	600~1,000	600
전 단	a	720~1,200	960~1,440	480~960	300
	b	480~800	640~960	320~640	200
	c	240~400	320~480	160~320	100
굽 힘	a	900~1,500	1,200~1,8000	750~1,200	-
	b	600~1,000	800~1,200	500~800	-
	c	300~500	400~600	250~400	-
비틀림	a	600~1,200	900~1,440	480~960	-
	b	600~800	600~960	320~640	-
	c	300~400	300~480	160~320	-

<비교> a : 정하중, b : 반복하중, c : 교번하중

• 표 5-4 | 철강재료의 허용응력(kgf/cm^2)

5.1.7. 응력집중

단면이 균일한 봉이나 판에 인장하중이 작용하면 응력은 단면에 균일하게 분포한다. 그러나 턱, 구멍, 홈 등과 같이 단면의 모양이 급변하는 노치(notch)가 단면에 있게 되면 이 부분에서는 마치 유체가 넓은 곳에서 좁은 곳으로 흐를 때 생기는 현상과 같이, 외력으로 인하여 발생될 응력분포상태가 대단히 불균일하게 되고 부분적으로 응력이 매우 커진다. 이와 같이 노치가 있는 단면에서 부분적으로 큰 응력이 집중되어 일어나는 현상을 응력집중(stress concentration)이라고 한다(그림 5-14 참조).

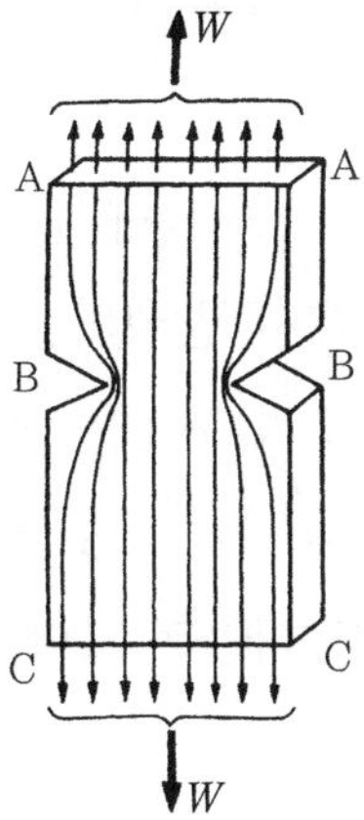

• 그림 5-14

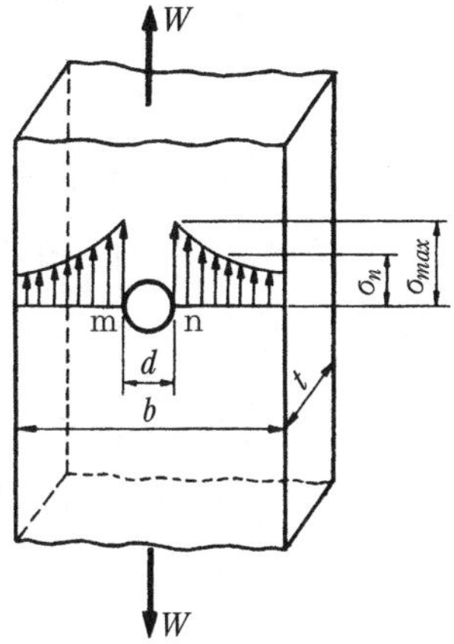

• 그림 5-15

기계 운전시에 부품에 일어나는 파단의 대부분은 노치 부분이 있는 부재가 외력을 받을 경우 다른 단면의 평균응력보다 큰 응력이 발생하여 응력분포가 불균일해지고, 특히 반복하중이나 교번하중 등의 동하중의 작용을 받게 될 부재의 경우는 보다 큰 응력이 발생하게 되어 균열(crack)이 생기며 결국 파괴가 일어나게 된다. 따라서 응력집중 현상이 발생할 가능성이 있는 부재를 설계할 때에는 특별히 주의해야 한다.

예를 들어, 그림 5-15와 같이 폭 b, 두께가 t이며 중앙에 원형구멍을 갖는 구형 판에 인장하중이 작용할 때 발생하게 될 응력집중 현상을 고찰해 보기로 한다.

이런 경우 단면의 변화가 급격한 구멍의 위치에서 멀리 떨어진 단면에서 발생되는 응력분포는 균일단면에서와 같이 일정하고, 이를 식으로 나타내면 다음과 같다.

$$\sigma = \frac{W}{bt}$$

그러나 원형구멍의 가장자리, 즉 m 및 n의 점에서는 단면이 급격히 변하는 곳이므로 응력집중 현상이 일어나 큰 응력이 발생하게 되며, 이 곳에서 거리가 멀어짐에 따라 응력이 점차 감소되다가 구멍에서 가장 먼 가장자리에서 최소가 된다. 이 때 m 및 n점 부분에서 발생되는 국부응력(local stress)을 최대응력(maximum stress)으로 정하고, 구멍 부분을 제외한 나머지 전체 면적에 작용하는 응력을 공칭응력(nominal stress ; σ_c) 또는 평균응력(average stress ; σ_{av})이라 하며, 이를 식으로 표현하면 다음과 같다.

$$\sigma_n = \sigma_{av} = \frac{W}{A_{\min}} = \frac{W}{(b-d)t} \qquad (5\text{-}15)$$

그리고 최대응력과 평균응력과의 비를 응력집중계수(factor of concentration ; α_k) 또는 노치의 형상에 의해서 결정되므로 형상계수(form factor)라고도 하며 식으로 표현하면 다음과 같다.

$$\alpha_k = \frac{\sigma_{\max}}{\sigma_n} \qquad (5\text{-}16)$$

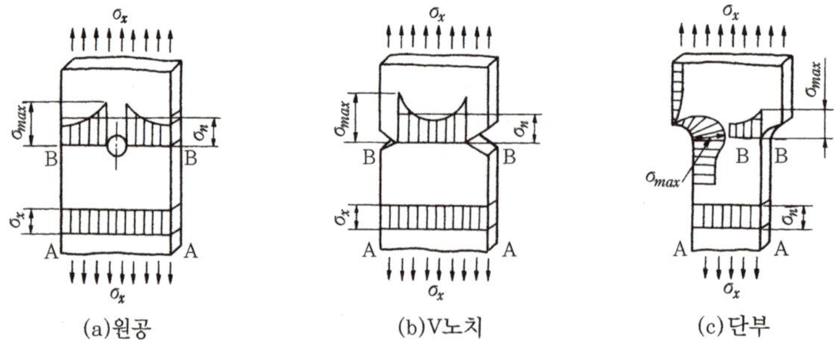

• 그림 5-16

탄성한계 내에서의 α_k의 값은 노치의 형상과 하중의 종류에 따라 결정되며 부재의 크기나 재질에는 무관하고, 같은 모양의 노치에 대한 형상계수는 대체적으로 인장의 경우가 크고 굽힘, 그리고 비틀림의 순서로 작게 된다.

한편 연성재료에 정적 하중이 작용하는 경우에 응력집중이 항복점에 이르면 그 부분이 국부적으로 항복을 일으켜 응력집중은 오히려 완화되어 응력분포는 균일에 가까워진다. 그러나 반복하중과 같은 동적 하중의 경우는 국부적으로 생긴 큰 응력이 반복 작용하게 되므로 재료에 피로가 생겨 피로파괴(fatigue destruction)를 일으키게 된다. 따라서 연성재료에 정적 하중이 작용할 경우에는 그다지 위험하지 않으나, 동적 하중에 대해서는 응력집중 현상에 대해서 충분히 주의해야 된다. 그러나 취성재료의 경우는 정적 하중에 대해서도 국부응력이 어떤 값에 이르면 바로 파괴로 이어지기 때문에 응력집중은 대단히 위험하다.이러한 노치에 의한 응력집중 현상을 피하기 위해서는 제품 제작 시에 단면을 가능한 한 완만하게 하여 단면의 급격한 변화가 생기지 않도록 해야 한다.

일반적으로 노치의 형상이 복잡한 경우에는 스트레인 게이지(strain gauge)나 광탄성시험(photoelasticity test) 등의 실험적 방법에 의하여 응력집중계수를 구하게 된다. 이 실험에 의해서 얻은 수치를 이용하여 그림 5-17과 같은 선도를 완성한 후 이를 이용해서 부재의 치수 변화에 따른 응력집중계수 또는 공칭응력, 노치 부분에서 발생되는 최대응력 등을 구할 수 있다.

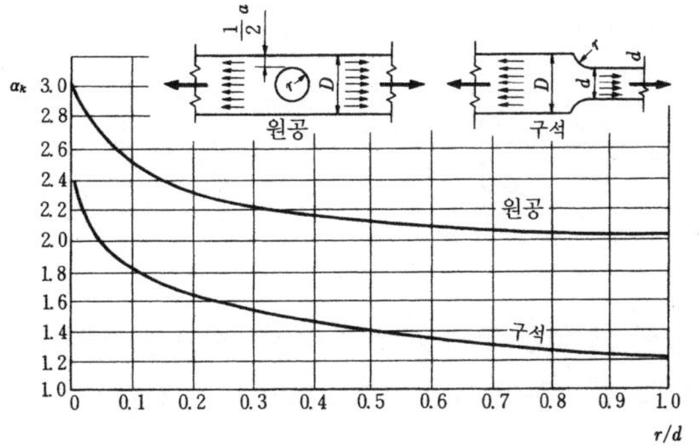

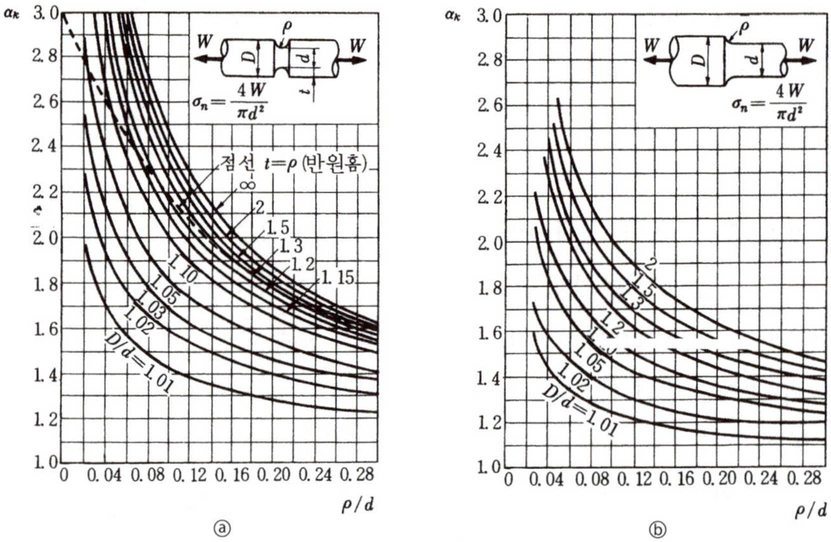

• 그림 5-17

그림 5-16은 구멍, V홈, 턱이 있는 판에 인장하중이 작용할 경우, 이 노치 부분에서 단면의 급격한 변화로 인하여 응력집중 현상이 발생되고 있음을 보여 주고 있다.

그림 5-17는 실험에서 얻은 선도를 이용해서 응력집중계수를 구하기 위한 예이다. 이 때 형상계수 α_k는 D/d가 증가할수록, 또 p/d가 감소할수록 증가되고 있음을 알 수 있다.

예제 14 노치(notch)가 있는 봉이 인장하중을 받을 때 노치 부분의 최대응력이 90(MPa)이었고, 노치 부분의 공칭응력이 30(MPa)이라 하면 응력집중계수는 얼마인가?

▶식 (5-16)에서 $\alpha_k=\dfrac{\sigma_{\max}}{\sigma_n}=\dfrac{90\times10^6}{30\times10^6}=3$

예제 15 강판의 폭 16(cm), 두께 2(cm)인 판의 중앙에 지름 4(cm)인 구멍이 뚫려져 있다. 축방향에 24(kN)의 인장하중이 작용한다면 응력집중계수는 얼마인가? 단, 최대응력은 26(MPa)이라고 한다.

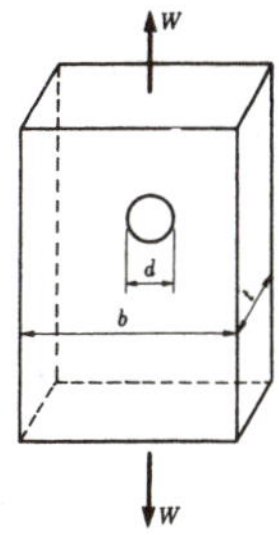

▶식 (5-17)에서 $\sigma_n = \dfrac{W}{(b-d)t} = \dfrac{24{,}000}{(0.16-0.04)\times 0.02} = 10(\mathrm{MPa})$

$$\alpha_k = \frac{\sigma_{max}}{\sigma_n} = \frac{26\times 10^6}{10\times 10^6} = 2.6$$

예제 16 그림 5-13(b)와 같은 상태에서 D = 9(cm), d = 6(cm)의 단붙임 원형 봉이 3.6(mm) 둥금새로 되어 있다. 18(kN)의 인장하중을 받았을 때 응력 집중에 의한 최대응력은 몇 (MPa)인가?

$$\sigma_n = \frac{W}{A} = \frac{4W}{\pi d^2} = \frac{4\times 18{,}000}{\pi \times 0.06^2} = 6.366(\mathrm{MPa})$$

$$D/d = \frac{9}{6} = 1.5,\ \rho/d = \frac{3.6}{60} = 0.06$$

그림 5-13 ⓑ의 선도에서 $\alpha_k = 2.25$

$\therefore \sigma_{max} = \sigma_n \alpha_k = 6.366\times 10^6 \times 2.25 = 14.32(\mathrm{MPa})$

5.1.8. 열응력

모든 물체들은 온도가 상승하여 가열되면 팽창하게 되고, 온도가 내려가 냉각되면 수축하게 된다. 이 때 물체가 어떤 구속도 받지 않는다면 온도의 변화에 따라서 자유롭게 팽창도 하고 수축도 할 것이다. 그러나 물체에 어떤 구속을 해서 자유로운 변화를 저지하게 되면 온도의 변화로 인하여 발생된 힘은 물체 내부에 저항력을 발생시키게 된다. 이 저항력을 단위면적에 대하여 표시한 것을 열응력(thermal stress ; σ)이라고 한다.

그림 5-18(a)와 같이 봉의 양쪽 끝을 고정하고 가열하게 되면 봉은 늘어나려 할 것이고, 양쪽 끝에서는 고정되어 있어 이를 저지하려는 압축력이 작용하게 되므로 재료 내부에서는 압축응력이 발생하게 된다. 이와 반

대로 온도가 내려가게 되면 봉은 줄어들려 할 것이고, 고정단에서는 이를 저지하게 되므로 재료 내부에서는 인장응력이 발생하게 된다.

그림 5-18(b)는 봉의 한쪽 끝은 고정하고 다른 쪽은 자유롭게 한 후 온도를 상승시키게 되면 봉은 자유단쪽으로 늘어나게 된다. 이 때 봉의 가열하기 전의 길이를 , 가열한 후의 늘어난 길이를 , 온도는 ℃에서 ℃로 상승되었다면 이 때 발생된 신장량 는 다음과 같이 표현된다.

$$\lambda = l' - l = \alpha(t_2 - t_1)l = \alpha\Delta tl$$

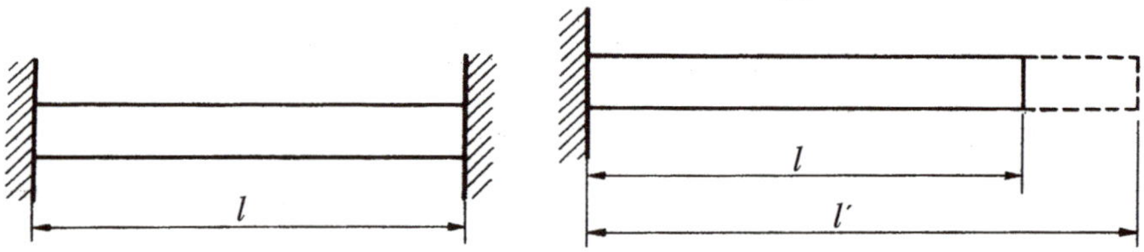

• 그림 5-18

여기서 는 물체의 길이가 온도 1°의 상승에 따라 신장된 길이와 그 본래 길이와의 비를 나타내는 열팽창계수(coefficient of linear expansion)이다.

$$\varepsilon = \frac{\lambda}{l} = \frac{\alpha\Delta tl}{l} = \alpha\Delta t \qquad (5\text{-}17)$$

또 열응력은 훅의 법칙에 의하여

$$\sigma = E\varepsilon = E\alpha\Delta t \qquad (5\text{-}18)$$

로 표시되며, 온도의 변화로 인하여 발생되는 변형률이나 응력이 모두 봉의 길이나 단면적에는 무관함을 알 수 있다. 또 열응력은 위험한 경우가 많으므로 반드시 재료의 사용응력(σ_w) 이내가 되도록 온도의 변화를 제한하여야 한다.

한편 온도의 변화로 인해서 재료 내부에 변화가 오고 또 고정단에서는 이에 대응되는 어떤 힘이 작용해야 평형상태를 유지하게 되는데, 이 때의 고정단에 발생되는 힘은 다음과 같이 구할 수 있다.

$$W = \sigma A = E\alpha \Delta t A \quad (5\text{-}19)$$

또 물체에 온도의 변화로 인한 가열 및 냉각작용을 계속 반복하게 되면 재료에 피로현상이 나타나게 되어 파괴를 일으킬 수 있다.

일반적으로 열응력의 영향을 많이 받는 증기기관, 보일러, 엔진 등의 부품에서는 온도의 변화에 따른 변형을 되도록 구속하지 않도록 설계해야 한다. 예를 들어, 증기배관에서는 루프(loop)의 모양으로 하든가 신축이음(expansion joint)을 사용하는 것이 좋다.

표 5-5는 각종 재료의 열팽창계수를 나타낸다.

재료	열팽창계수	재료	열팽창계수
도자기	0.0000036	동	0.0000160
백금	0.0000086	황동	0.0000189
한란계유리	0.0000090	은	0.0000194
주철	0.0000100	주석	0.0000209
안티몬	0.0000113	알루미늄	0.0000222
연철	0.0000117	아연	0.0000253
연강	0.0000122	납	0.0000283
니켈	0.0000125	에보나이트	0.0000770
순금	0.0000142		

• 표 5-5 | 열팽창계수 (m/m℃)

PC나 휴대폰을 장시간 사용하거나 대용량 데이터를 이용할 때 열이 발생하는 것을 쉽게 경험하곤 한다. 이와 같은 열은 전자제품의 수명단축이나 성능저하에 매우 치명적인 영향을 미치게 된다. 특히, 열은 열팽창계수가 다른 소재로 구성된 반도체 패키지의 열변형과 열응력을 일으키는데 열응력이 어느 기준 값을 넘어서면 파괴에 이르게 되기 때문에 전자제품의 열관리는 매우 오랜 업계의 숙명적인 과제로 남아있다.

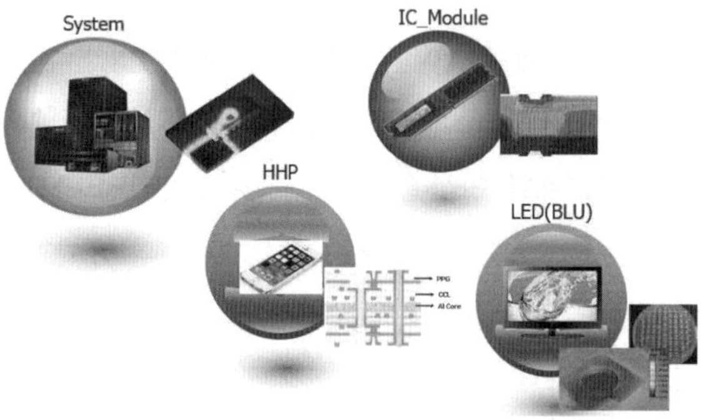

• 그림 5-19 | 다양한 전자제품에서 발생하는 열

그림 5-21(a)~(e)는 반도체 패키지에서 발생한 열팽창계수에 의한 열변형과 열응력에 관한 연구사례이다. 반도체 패키지는 컴퓨터나 휴대폰의 기능을 제어하는 중앙처리장치로써 반도체(IC, Chip)과 인쇄회로기판(PCB)이 결합된 제품이다(그림 5-20). 나노 사이즈로 설계된 반도체와 마이크로 사이즈로 설계된 인쇄회로기판을 연결하는 구조가 솔더 조인트(Solder joint)인데 기계적으로, 전기적으로 반도체와 인쇄회로기판을 연결하고 있으며 일반적으로 100여개가 사용된다(그림5-21(a), (b)). 반도체 패키지에 가해지는 열에 의해 열팽창계수가 다른 반도체(약 4μm/m℃)와 인쇄회로기판(약 30~40μm/m℃), 솔더 조인트(약 40~60μm/m℃)는 각각 다른 열변형이 발생하는데 이러한 열변형에 의해 인쇄회로기판이 반도체 칩을 위로 볼 때 오목하게 휘게 된다(그림 5-21(c)). 이러한 휨으로 인쇄회로기판 바닥의 솔더 조인트들은

열변형을 일으키게 되고(그림 5-21(d), 솔더의 파괴기준 이상의 열응력이 발생하게 되면 모서리에 위치한 솔더 조인트들에서 크랙이 발생하거나 파괴가 발생한다(그림 5-21(e)).

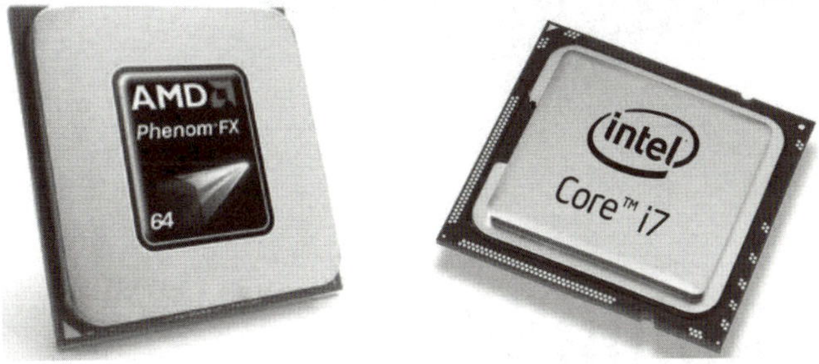

• 그림 5-20 | 반도체 패키지, 출처:http://marines.co.kr/archives/851

(a)

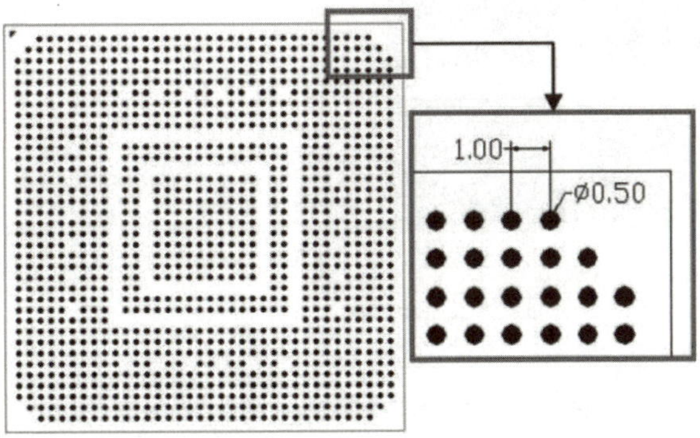

(b)

(c)

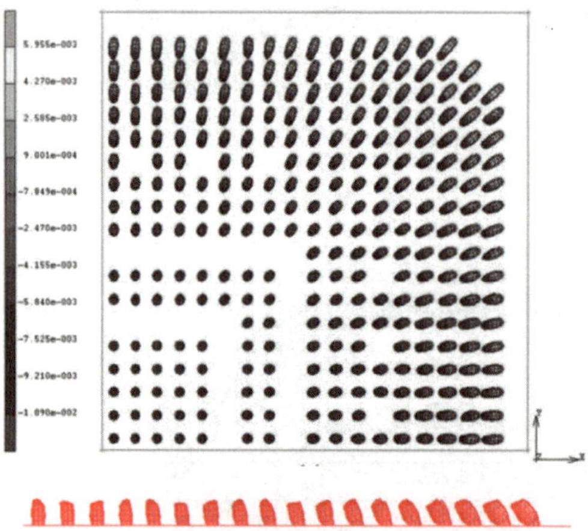

ⓐ

ⓑ

(d)

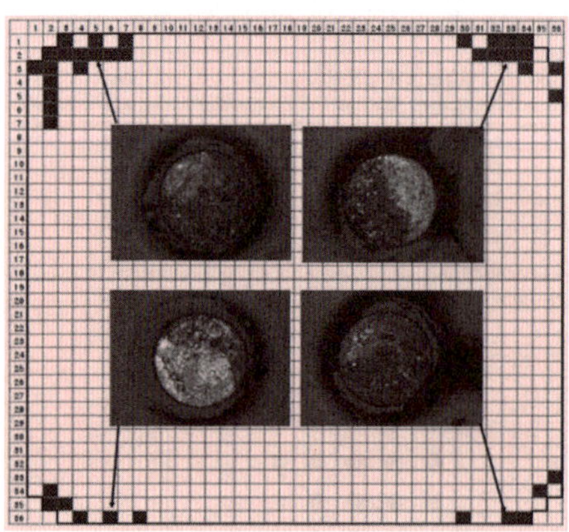

(e)

• 그림 5-21 | 반도체 패키지에서 발생한 열팽창 차에 의한 열변형과 열응력 사례,
출처: Seunghyun cho et.al., "Study on the Behavior Characteristics of Solder Balls for FCBGA Package",
Met. Mater. Int., Vol. 15, No. 2 (2009), pp. 299~305.

겨울철이 되면 관내 결빙에 의한 동파로 생활에 불편을 겪는다는 뉴스를 종종 접하게 된다. 관에서 발생하는 동파의 연구사례로는 PVC플라스틱관에 관한 연구와 금속관으로써 구리 관과 알루미늄 관의 동파연구가 소개되고 있다. 연구결과에 의하면 플라스틱 관은 내부압력이 약 12~17Mpa범위에서 동파가 발생하였고, 구리 관은 약 24Mpa의 내부압력, 알루미늄 관은 약 30Mpa의 내부압력으로 동파되었다. 관내에서 얼음은 그림 5-22와 같이 몇 가지 단계를 거치면서 발생한다. 내부에 물이 완전히 채워진 관이 영하의 온도에 노출되면 물로부터 관 표면을 통해 열전달이 발생하여 물의 온도가 떨어지는데, 물의 온도가 0℃이하로 떨어지면 얼음이 생성되기 전 과냉상태에 도달하게 된다. 이러한 과냉상태가 지속되는 동안 물에서 얼음핵(Ice nucleation)이 생성되고 얼음수지(dendritic ice formation)내 결정(crystals)이 성장하기 시작한다. 얼음수지는 영하의 온도에서 관 표면에서부터 고체 얼음을 생성하고 얼음은 내부로 성장하여 관의 내부를 완전히 채우게 된다. 이와 같이 관 내부에 채워진 얼음은 관에 극한의 압력을 가하게 되어 관은 파괴에 이르며 이것을 동파(freezing and bursting)이라고 한다.

표 5-6의 기계적, 열적 특성을 가지고 있는 알루미늄 6061로 제작된 파이프는 주변온도가 (-)로 낮아지면 (-)온도에 의해 수축이 발생하지만, 파이프 내부의 결빙이 동시에 발생하여 결빙의 팽창으로 인해 파이프는 팽창력을 동시에 받게 된다. 그림 5-23(a)~(f)는 이와 같은 (-)온도에 의한 열응력과 내부 팽창력에 의한 인장응력이 동시에 발생하여 파괴에 이르는 알루미늄 파이프의 사례를 보여주고 있다. 결빙의 팽창율이 0%, 10%, 20%, 30%로 증가할수록 파이프의 두께는 얇아지게 되는데, 그림 5-23(e)에 의하면 약 6~7%의 결빙 팽창율이 발생할 때 파이프의 두께는 1.275mm가 발생하였다. 표 5.6에 의하면 알루미늄 6061의 연신율이 -30℃~25℃온도 범위에서 약 17%이므로 17%의 연신이 발생했을 때 가장 얇은 파이프의 두께는 약 1.275mm이다. 그러므로 얼음의 팽창율이 약 6~7%가 될 때 연신율 17%에 이르게 되어 알루미늄은 완전 동파되었다고 판단된다.

이와 같이 선팽창에 의한 열변형과 열응력의 관찰과 계산은 소재 또는 구조물의 안전을 판단하는데 매우 중요한 기준이 되기 때문에 많은 관심을 가질 필요가 있다.

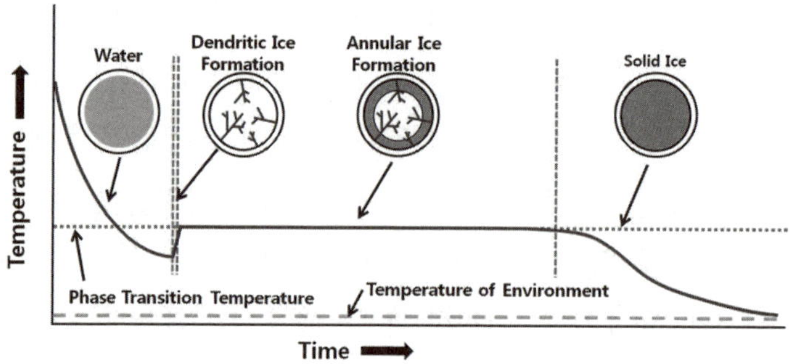

• 그림 5-22 | 파이프 내 결빙 과정, 출처: J avier Cruz, "A study of the freezing Phenomena in PVC and CPVC Pipe Systems", JKAU: Eng. Sci., vol. 16 no. 1, 2005.

Mass density, kg/m3	2,700v
Elastic modulus, GPa	67
Poisson's ratio	0.36
Yield stress, MPaThermal expasnsion expansion,um/m·℃	280
Thermal expasnsion expansion,um/m·℃	24
Thermal conductivity, W/m·K	210
Specific heat capacity, kJ/kg·℃	900
Elongation(-30~25℃), %	17

• 표 5-6 | 알루미늄 6061의 기계적, 열적 특성값

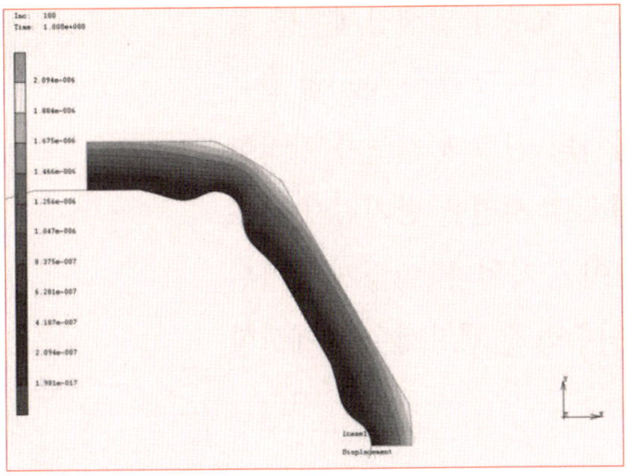

(a)

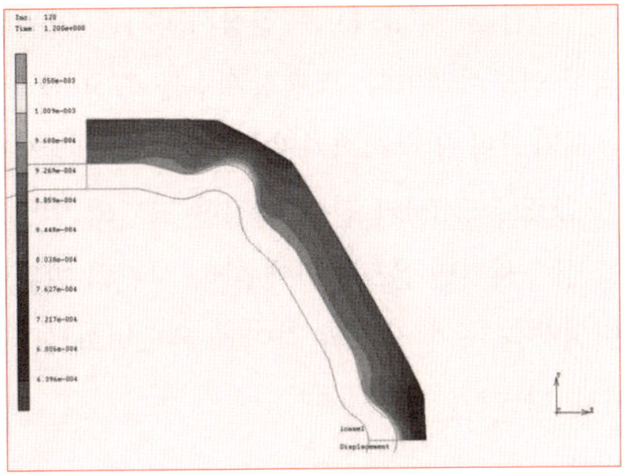

(b)

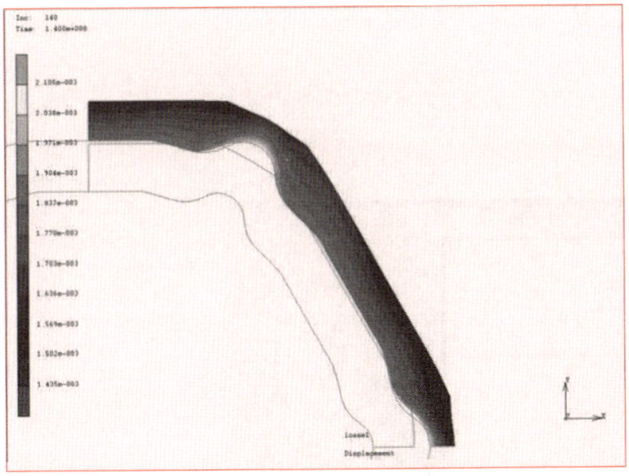

(c)

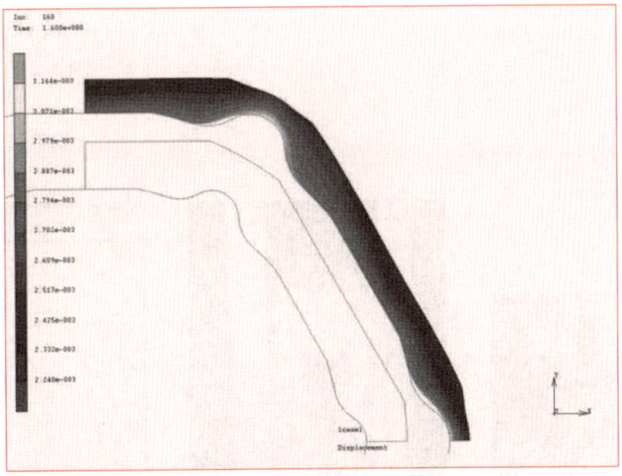

(d)

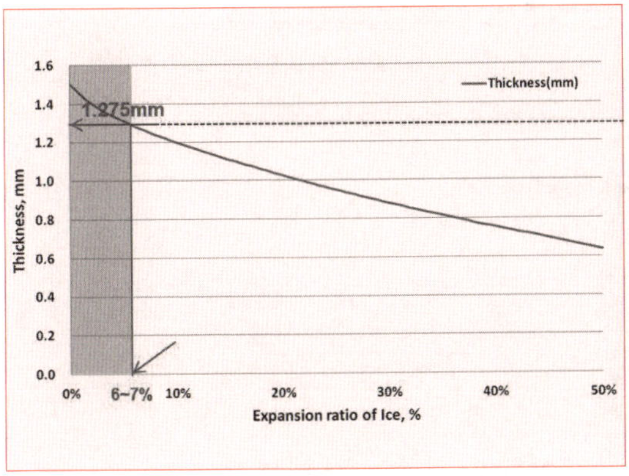

(e)

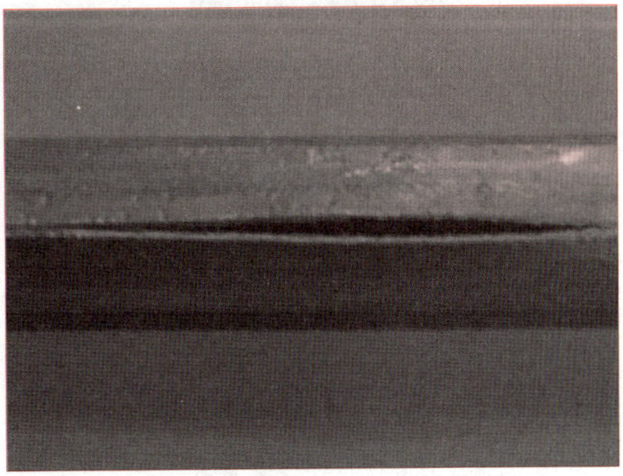

(f)

• 그림 5-23 | 알루미늄 파이프 내 결빙에 의한 열변형, 열응력과 동파,
출처: 조승현 외, "알루미늄 관의 동파 거동특성에 관한 수치적 연구", 한국산학기술학회지, Vo. 15, No. 8, pp 4763-4768, 2014.

그림 5-24(a)~(c)는 인장시험기를 이용하여 재료의 열팽창계수를 측정한 연구사례이다. 열팽창계수를 측정하기 위해서는 그림 5-24(a)와 같은 온도가변형 인장시험기가 필요하다. 인장시험기의 지그에 시편을 장착한 후 그림 5-24(b)와 같이 일정한 크기의 인장력으로 시편을 당기면서 온도를 상승시키면 온도변화에 따라 시편의 변위량이 증가된다. 이렇게 증가된 변위량을 초기 시편의 길이와 온도변화로 나눠주면 열팽창계수를 계산할 수 있다(그림 5-24(c)).

$$\text{열팽창계수} \quad \alpha = \frac{l' - l}{(t_2 - t_1)l}$$

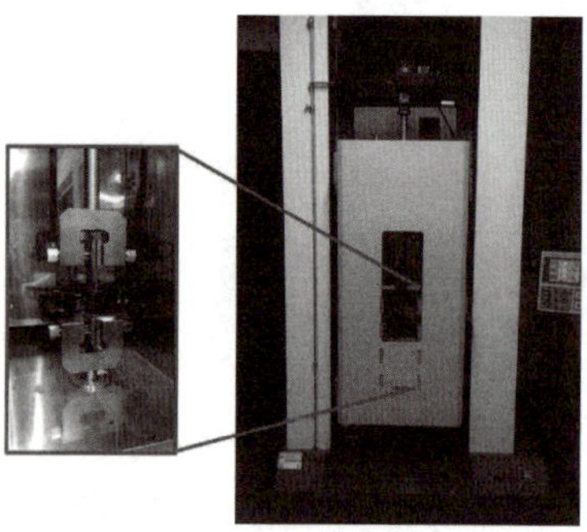

▲ (a) 온도 가변형 인장시험기
(온도조건 : 상온~최대 300℃)

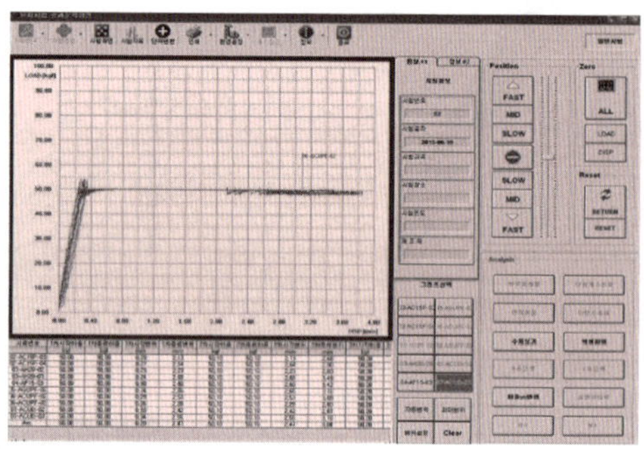

▲ (b) 50kgf 정하중

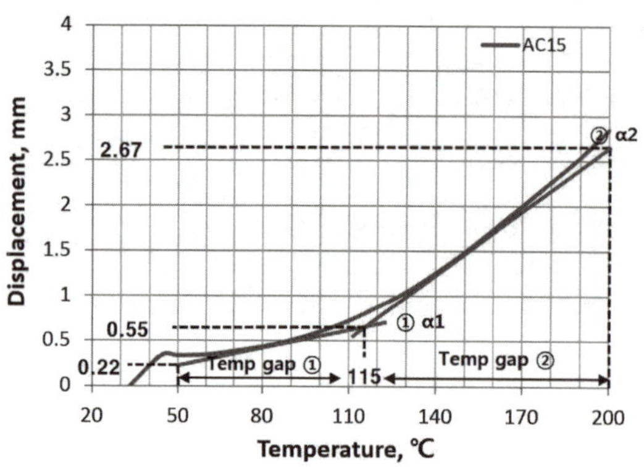

◀ (c) 열팽창계수 측정

• 그림 5-24 | 복합재의 열팽창계수 측정 사례, 출처: 조승현 외, "카본 CCL이 적용된 PCB의 열거동 및 신뢰성 특성 연구", 한국마이크로전자패키징학회지, Vol. 22, No. 4, pp. 47-56, 2015.

예제 17 길이 10(m)의 레일을 기온 12(℃)에서 0.5(cm)의 틈새를 두고 설치하였다. 기온이 36(℃)로 상승되었다면 틈새는 얼마나 되겠는가?
단, α =1.2 x 10^{-5} (m/℃·m)이다.

온도 상승에 의한 신장량(λ')을 구해서 원래의 틈새(λ_0)에서 빼주면 된다.
$\lambda' = \alpha l \Delta t = 1.2 \times 10^{-5} \times 1{,}000 \times 24 = 0.288(cm)$
$\therefore \lambda = \lambda_0 - \lambda' = 0.5 - 0.288 = 0.212(cm)$

예제 18 어느 철교의 시공을 영하 6(℃)의 겨울철에 완성했다고 한다. 34(℃)의 여름철이 되면 이 철교에 발생되는 응력은 얼마나 되겠는가? 단, 215.6(GPa), (m/℃·m)이다.

온도가 상승되었으므로 철교는 인장되려 할 것이나 양단이 고정되어 있으므로 압축응력이 발생하게 된다.
$\sigma = E\alpha\Delta t = 251.6 \times 10^9 \times 1.2 \times 10^{-5} \times 40 = 103.49(MPa)$

예제 19 서로 다른 봉이 용접되어 양단은 고정되어 있다. 왼쪽 봉은 청동이며, 탄성계수 E_b = 88.2(GPa), 열팽창계수 α_b = 20 x 10^{-6}(m/℃·m), 오른쪽 봉은 알루미늄이며, E_a = 68.6(GPa), α_a = 20 x 10^{-6}(m/℃·m)이며, 단면적은 각각 A_b = 600(㎟), A_a = 600(㎟)이다. 느슨하게 고정되어 있는 상태에서 25(℃) 상승할 때 각각 봉에 견디는 응력을 구하라.

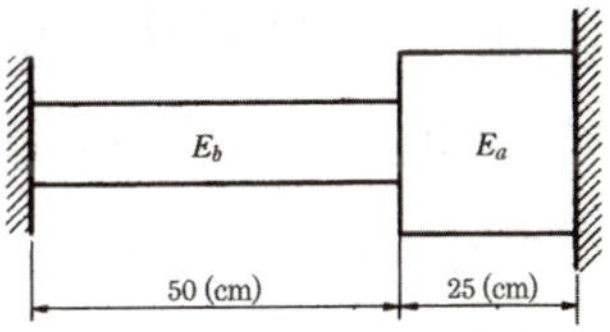

우선 양단의 고정벽이 없다면 온도 상승에 의한 신장량은

$$\lambda = \alpha_a l_a \Delta t + \alpha_b l_b \Delta t$$
$$= 25 \times 10^{-6} \times 25 \times 0.25 + 20 \times 10^{-6} \times 0.5 \times 25 = 4.06 \times 10^{-4}(m)$$

그러나 양단은 고정되어 있어 위의 신장량은 저지당하므로 λ 만큼 압축한다.

$$\lambda = W\left(\frac{l_a}{A_a E_a} + \frac{l_b}{A_b E_b}\right)$$

$$4.06 \times 10^{-4} = W\left(\frac{0.25}{8 \times 10^{-4} \times 68.6 \times 10^9} + \frac{0.5}{6 \times 10^{-4} \times 88.2 \times 10^9}\right)$$

$$\therefore W = 28{,}992.3(N) = 28.99(kN)$$

$$\therefore \sigma_a = \frac{W}{A_a} = \frac{28{,}992.3}{8 \times 10^{-4}} = 36.27(MPa)$$

$$\sigma_b = \frac{W}{A_b} = \frac{28{,}992.3}{6 \times 10^{-4}} = 48.36(MPa)$$

5.1.9. 잔류응력

물체에 외력이 작용하지 않고 온도의 변화가 없어도 물체 내부에 응력이 발생해서 남아 있는 경우가 있는데, 이를 잔류응력(residual stress)이라고 한다. 또 이 잔류응력을 경우에 따라서는 초기응력(initial stress)이라고도 한다.그림 5-25(a)와 같이 길이가 다른 A, B의 부재가 결합되어 그림 (b)와 같이 되었다고 하면, 이것은 앞에서 설명한 열응력의 경우와 같이 되어 부재 A에는 압축, B에는 인장의 잔류응력이 발생하게 된다. 이러한 구조물에 인장응력이 더 가해지면 부재 B에는 잔류해 있던 인장응력과 더불어 큰 인장응력이 발생하게 되어 위험한 경우가 발생할 수 있으므로 주의해야 한다.문제는 이러한 잔류응력들이 외형상으로는 전혀 알 수 없으므로 그 위험성이 더 크다는 것이다.

한편 사용하는 하중이 미리 확인되어 있을 때는 그 하중으로 인해서 발생하는 응력과 반대방향의 응력을 초기응력으로 미리 주게 되면, 외력에 의한 응력과 초기응력이 서로 상쇄되어 실제로 작용하는 응력은 작아진다. 따라서 재료의 강도보다도 훨씬 큰 하중의 작용을 받더라도 안전할 수 있는 장점이 있다.이것을 이용한 예로서 PS 콘크리트(pre-stressed concrete)가 있다. 이것은 여러 강선을 충분히 인장시킨 상태에서 콘크리트를 한 후 인장력을 제거한다. 그러면 콘크리트에는 압축의 초기응력이 잔류하게 되어 외력으로서 인장응력이 작용하더라도 초기응력인 압축응력과 서로 상쇄되어 작용한 외력의 인장응력은 많이 감소하게 된다. 이 PS 콘크리트는 큰 인장력을 받는 구조물에는 사용할 수 있어 차량의 통행, 즉 반복하중의 영향으로 항상 인장되려는 성질을 지닌 철도 침목이나 교량 등에 널리 이용되고 있다.

그림 5-26~5-27은 반도체 패키지에서 발생한 잔류응력이 발생한 사례이다. 반도체 패키지는 수년간 안정적인 성능을 발휘해야하기 때문에 소비자에게 판매하기 전 가혹한 품질신뢰성 평가를 진행해서 안정적인 신뢰

성을 확보한 제품만을 시장에 출시한다. 신뢰성 평가 중 대표적인 것이 열충격(Thermal shock) 시험이다. 열충격 시험은 제품 종류에 따라 다르지만 예를 들어 20℃(상온) → -55℃(15분간 유지) → 120℃(15분간 유지)→ 20℃(상온)를 1 사이클로 하여 최소 150회에서 최대 500회까지 연속적인 열충격을 가하는 시험이다. 이와 같은 시험을 거치게 되면 반도체 패키지의 솔더 조인트에는 열응력이 발생하고 열충격 시험 횟수가 증가할수록 탄성영역을 벗어나 잔류응력이 누적되게 되고(그림 5-26) 솔더 조인트는 결국 파괴에 이르게 된다(그림 5-27). 따라서 안정적인 반도체 패키지의 성능을 유지하기 위해서는 잔류응력의 제어 또는 감소가 전자산업에서는 매우 중요한 과제가 되고 있다.

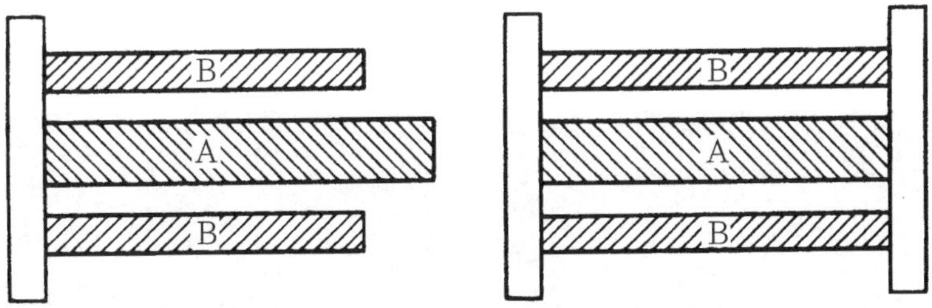

(a) (b)

• 그림 5-25

•Chip size : 15x15x0.5mm
•PCB size : 37.5x37.5x0.7mm(Core thick. 0.4mm)
•Pitch : 140㎛

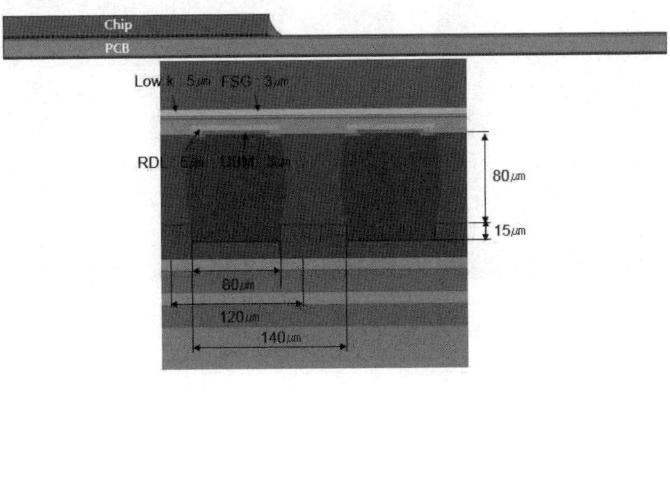

◀ (a) 반도체 패키지 구조

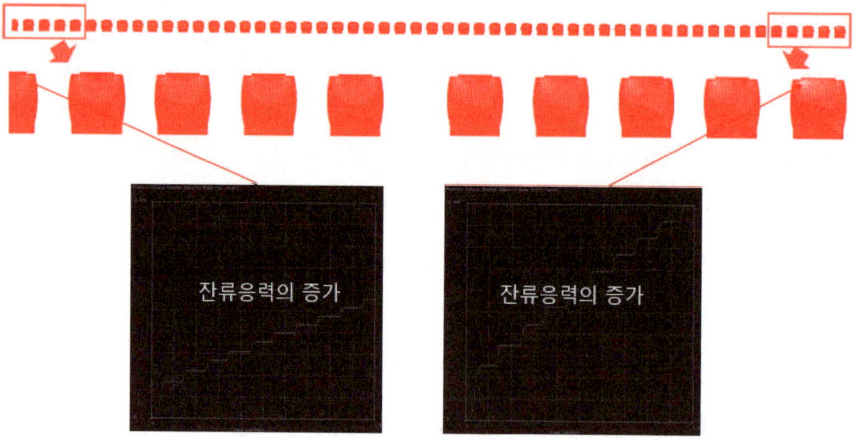

(b) 잔류응력의 누적

• 그림 5-26 | 반도체 패키지의 솔더조인트에서 발생한 잔류응력과 파괴,
출처: Seunghyun Cho, Thermo-Mechanical Analysis of the Flip chip Interconnection, Int. Conf. SMT Nepcon 2010.

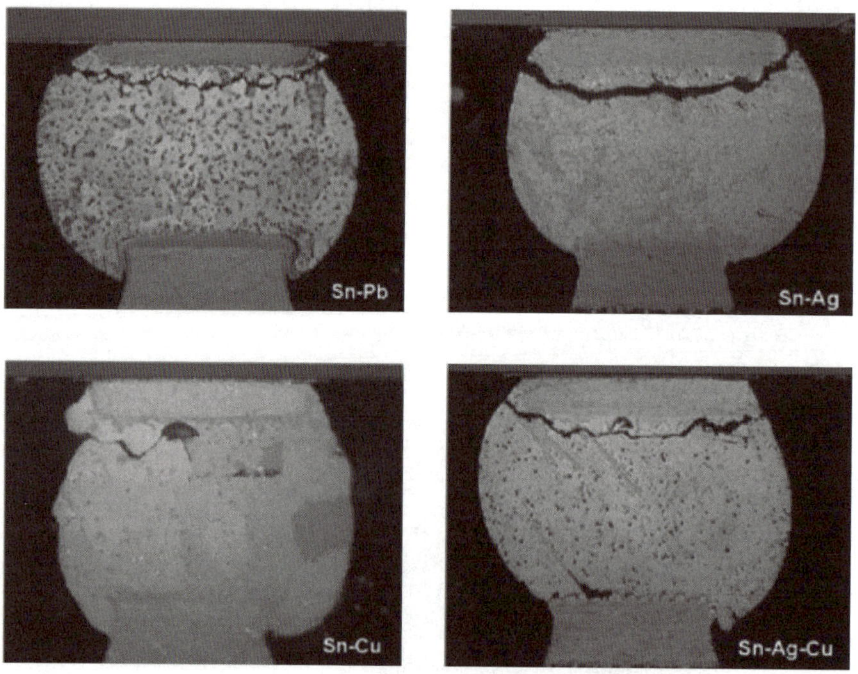

• 그림 5-27 | 반도체 패키지의 솔더조인트에서 누적된 잔류응력에 의한 파괴,
출처: D.R. Frear et.al., "Pb-Free Solders for Flip-Chip Interconnects", JOM, 53(6), 2001.

5.1.10. 탄성변형에너지

어떤 재료에 인장이나 압축의 외력이 작용하게 되면 이 재료는 신장 또는 수축의 변형을 일으키게 된다. 이 때 외력은 재료에 대해서 일을 한 것이 되고, 이 일은 외력으로 인하여 재료 내부에서 발생되는 응력인 정적 에너지로서 그 일부 또는 전부가 변형의 위치에너지(potential energy)로 바뀌어 재료의 내부에 저장된다. 이러한 에너지를 변형에너지(strain energy) 또는 탄성변형에너지(elastic strain energy)라고 한다.

재료에 가했던 외력을 서서히 제거하게 되면 재료는 저장하였던 위치에너지를 방출하면서 원형으로 돌아가게 될 것이다. 이 때 변형에너지는 방출과 동시에 외부에 대해 다시 일을 하게 되는데, 이것은 마치 외력의 증감에 따라 에너지를 저장 또는 방출할 수 있는 스프링과도 같은 것이다. 변형이 탄성한계 내에서 일어나게 되면 외력의 크기에 비례하게 되나, 탄성한계를 초과해서 변형을 일으키게 되면 이때의 변형에너지는 대부분이 소성변형을 일으키는 데 소비하게 되고 열의 상태로 사라져 버리며, 나머지 일부분만이 위치에너지로 재료 내에 남게 된다.

탄성변형에너지의 종류를 다음과 같은 두 가지로 나누어 고찰해 보기로 한다.

1) 수직력에 의한 탄성에너지

그림 5-28 (a)와 같은 균일단면봉에 탄성한계 내에서 하중 를 작용시키면 봉은 δ 만큼 늘어나서 재료에 대한 인장시험선도가 그림 (b)와 같은 직선이 된다. 그림 (b)에서 하중의 최대값을 , 이에 대응되는 변위를 δ, 하중 W_1에 대응되는 변위를 δ_1이라 하자. 또 하중이 dW_1만큼 증가하면 변위도 $d\delta_1$만큼 증가할 것이고 이 동안에 한 일은

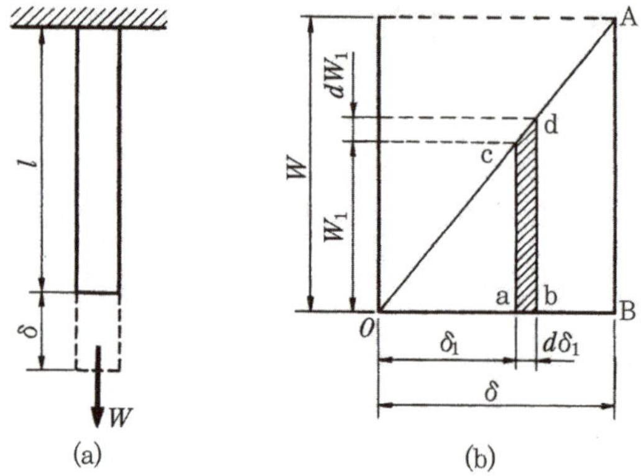

• 그림 5-28

$$(W_1 + dW_1)d\delta_1 = W_1 d\delta_1 + dW_1 d\delta_1 \fallingdotseq W_1 d\delta_1 \qquad (5\text{-}20)$$

이 될 것이고, 그 크기는 빗금 부분인 abcd의 면적으로 표시된다. 따라서 하중이 O로부터 까지 증가하는 동안에 봉에 대해 하중이 한 일의 양은 삼각형 OAB의 면적과 같게 된다.

이 일의 양, 즉 탄성에너지(u)를 식으로 표시하면 다음과 같다.

$$U = \frac{W\delta}{2} \qquad (5\text{-}21)$$

훅의 법칙 을 이용하여 이 식을 다시 쓰면 다음과 같다.

$$U = \frac{W^2 l}{2AE} = \frac{1}{2}\left(\frac{W}{A}\right)^2 \frac{Al}{E} = \frac{\sigma^2}{2E} \cdot Al = \frac{\sigma^2}{2E} V \qquad (5\text{-}22)$$

실제에 있어서는 단위체적에 대한 탄성에너지(u)값이 유용하게 쓰일 경우가 많다. 즉, $u = \frac{U}{V}$ 는 동하중이 작용할 때의 재질에 대한 저항의 대소를 판별하는 데 대단히 중요하다.

탄성한계 내에서 단위체적에 저장할 수 있는 탄성에너지의 최대량은 식 (5-22)에서 σ대신 그 재료의 탄성점에서의 응력값(σ_e)을 대입함으로써 얻을 수 있으며, 이 탄성에너지의 최대값$\left(u=\frac{\sigma_e^2}{2E}\right)$을 탄성에너지계수 또는 탄력계수(modulus of resilience)라고 한다. 탄력계수는 탄성한계가 클수록, 탄성계수가 작은 재료일수록 크게 된다. 고무나 스프링은 탄성변화를 크게 일으키므로 외부로부터 에너지를 많이 흡수하게 되어 충격하중을 받을 경우에 큰 완충의 역할을 하게 된다.

2) 전단력에 의한 탄성에너지

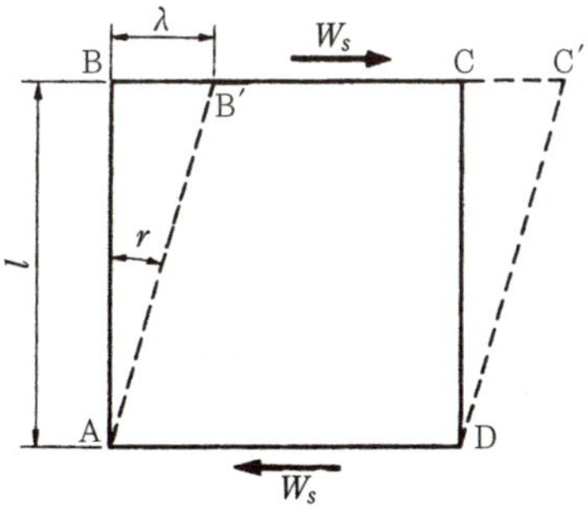

• 그림 5-29

전단력에 의한 탄성에너지도 같은 방법으로 구할 수 있으며, 그림 5-29과 같이 전단하중을 , 전단변형률 또는 전단각을 , 전단하중의 작용 범위를 이라 하고 탄성한계 내에서 변형이 일어났다고 하면, 전단하중에 의한 탄성에너지는 다음과 같이 표현할 수 있다.

$$U=\frac{W_s\lambda}{2}=\frac{1}{2}\cdot\tau A\cdot\frac{\tau l}{G}=\frac{\tau^2}{2G}Al=\frac{\tau^2}{2G}V \qquad (5\text{-}23)$$

따라서 전단하중이 작용할 때의 탄성에너지의 탄력계수는 $U=\frac{\tau^2}{2G}$ 이다.

예제 20 세로탄성계수가 E = 200(GPa)인 강봉이 인장하중을 받았을 때 변형률이 0.0006이 발생하였다. 이 봉의 단위체적 속에 저장된 탄성에너지는 얼마인가?

$$u=\frac{\sigma^2}{2E}=\frac{(E\varepsilon)^2}{2E}=\frac{E\varepsilon^2}{2}$$

$$=\frac{2\times10^{11}\times(6\times10^{-4})^2}{2}=36(\mathrm{kN/m^3})$$

예제 21 단면적이 6($\mathrm{cm^2}$), 길이가 60(cm)인 연강봉이 인장하중을 받고 0.6(mm)만큼 신장되었다. 이 봉에 저장된 탄성에너지는 얼마인가? 단, E = 200(GPa) 이다.

$$U=\frac{\sigma^2}{2E}Al=\frac{(E\varepsilon)^2}{2E}Al=\frac{E\varepsilon^2}{2}Al$$

$$=\frac{2\times10^{11}\left(\frac{6\times10^{-4}}{0.6}\right)^2}{2}\times6\times10^{-4}\times0.6=36(\mathrm{Nm})$$

5.1.11. 재료의 선정

제품설계는 형상 설계, 재료 선정, 제조 프로세스의 결정 등이 복잡한 상호관계를 가지고 고려되어야 한다. 따라서 제품을 어떻게 제조할 것인가를 결정하기 위해서는 설계에서부터 사용될 재료와 만들어질 제품의 형상과 기능을 동시에 고려해야만 한다. 일반적으로 제조에 사용되는 재료는 공업분야에서 수만 종 이상의 재료가 사용 가능하며 필요에 의해 새로운 신소재가 지금도 꾸준히 개발되고 있다. 이러한 재료는 다양한 성질을 가지고 있는데 제조에 미치는 재료의 특성으로 고려해야하는 것은 다음과 같다.[02]

02 Brian S. Tompson, 『창의적 공학설계』, 피어스에듀케이션코리아, pp. 331-333.

①원가(가격)

②기계적 특성 : 거동(탄성, 소성, 탄소성, 점탄성 등), 강도, 경도, 인성, 피로, 파괴, 마모, 크리프, 진동 등

③열적 특성 : 녹는점, 열전도도, 열팽창, 비열, 밀도 등

④전기 특성 : 전기전도도, 전기저항 등

⑤화학적 특성 : 부식, 산성, 알칼리성 등

⑥친환경성

⑦인간감성 : 색상, 촉감, 냄새 등

다음 그림 5-30은 제조에서 사용되는 주요 상용 재료를 요약한 그림이다.

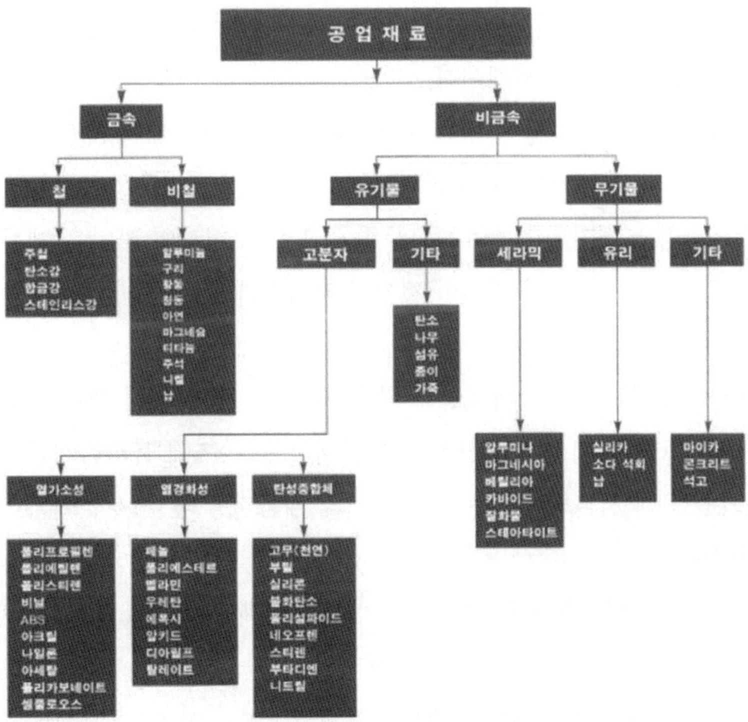

• 그림 5-30 | 제품의 제조에 사용되는 산업용 재료,
출처 : Brian S. Tompson, 『창의적 공학설계』.

5.1.12. 설계의 중요성

처음부터 잘못된 설계는 엄청난 기회비용을 지불하게 된다. 2010년 도요타자동차의 대량 리콜은 도요타자동차에 천문학적 손실을 주었다. 당시 월스트리트저널(WSJ)의 보도에 의하면 도요타의 주가는 18% 하락하였고, 리콜 및 수리비용으로 10억 달러, 북미지역 8개 차종의 임시 생산 중단조치로 11억 달러의 손실, 결함 자동차에 대한 렌터 사업 중단으로 인한 손실도 4억~5억 달러 정도로 추산되었다. 손상된 이미지 회복을 위해 마케팅 비용도 늘려야 하는 만큼 간접 피해액은 더욱 증가할 것으로 WSJ은 예상했다.

자동차불량으로 인한 '리콜'은 제품이 고객에게 판매된 후 잘못을 수정하는 절차이기 때문에 제품의 교환, 피해보상, 이미지 손상 등 금전적 피해 뿐만 아니라 기업의 신뢰성 하락 등 2차 피해를 주게 되는데 이것은 잘못된 설계의 대표적인 사례이다.

이와 같은 설계불량에 의한 피해사례는 우리 주변에서 어렵지 않게 경험할 수 있다. 판매가격, 제조의 용이성, 기능특성, 내구성, 납기(출고시기), 판매 · 서비스, 폐기(리사이클링) 등 품질에 관한 소비자의 불만은 제품의 초기 설계단계의 부실에서 기인한 것으로 제품설계는 제품비용에 가장 큰 영향을 미치는 과정이다.

아래 그림5-31은 설계과정의 비용과 제품의 총비용에 대한 영향을 나타낸 그림으로서 제품을 생산하는데 설계비용은 5%에 불과하지만 설계가 잘못되었을 때 지불해야하는 비용은 전체 제품비용 중 70%에 이른다는 것을 의미한다.

Peter Marks는 제품제조의 각 단계에서 설계가 변경될 때 변경처리 비용이 10배씩 증가한다는 내용을 발표하였다. 즉, 제품의 제조필요성을 정의하는 첫 단계에서 설계의 변경에는 1달러의 비용이 들지만 제품 부품(요소) 설계단계에서 변경할 경우 비용은 100달러로 상승하고 고장/사고에 대한 배상이 발생한 후 설계변경을 하면 비용은 1,000,000달러로 상승한다. 만약 회사의 이미지를 실추한 후 설계변경을 할 경우 10,000,000달러의 비용이 필요하게 된다. 따라서 제품설계 단계에서 품질을 고려한 최대한 신중하고 정확한 설계를 하는 것이 필요하다.

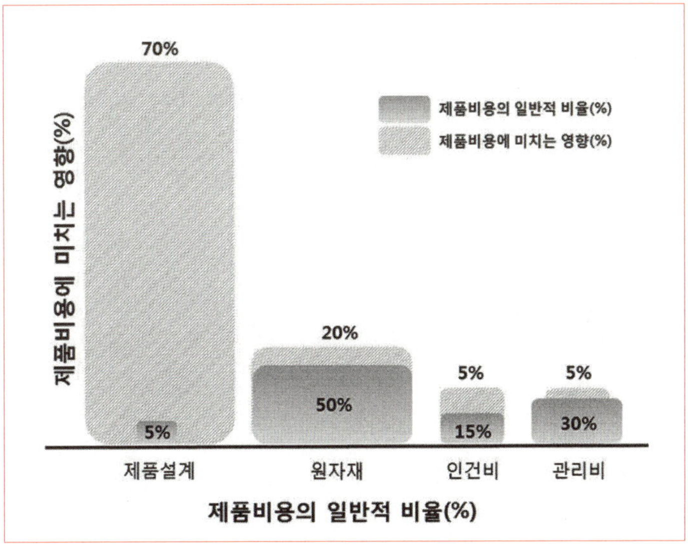

• 그림 5-31 | 제품비용의 일반적 비율과 제품비용의 영향 비율, 출처 : Munro & Associates, 1989

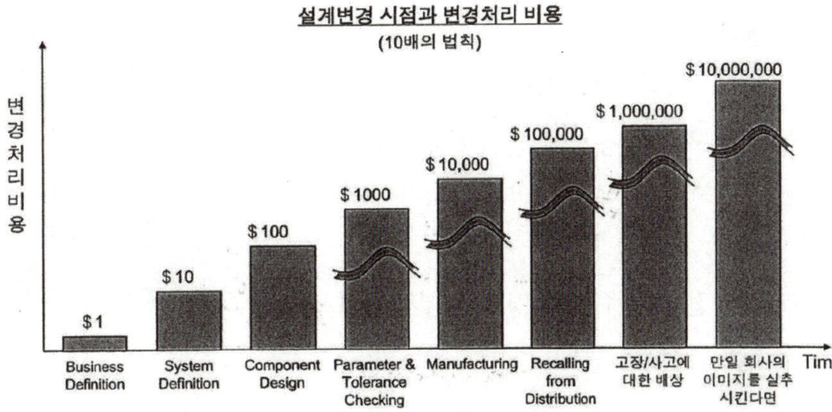

• 그림 5-32 | 계변경 시점과 변경처리 비용, 출처 : Peter Marks, *Design Insight*, 1993.

5.2 파르테논 신전 : 그리스 건축의 미적 구조와 역학적 구조

B.C. 5, 6세기 경 그리스 신전 건축은 역학적 구조 중 가장 보편적 방식인 두 개의 기둥 혹은 두 개의 벽을 세운 뒤에 하나의 수평적인 요소, 즉 상인방을 얹는 구조로 이루어져 있다. 이러한 역학적 구조를 바탕으로 그리스 신전 건축은 수평적인 요소에 '엔터블러처'(entablature)라는 그리스 건축 특유의 디자인 요소를 마련하였고, 경사지붕을 얹음으로써 삼각형의 '페디먼트'(pediment)라는 조각장식의 공간을 마련하였다.[03]

5.2.1. 미적 구조

1) 건축미의 원리 - symmetria

그리스 건축은 인간이 완성한 최초의 건축미로서, 건축에 있어서 근본적인 역학적 구조를 미적 구조와 긴밀하게 통일시키고 있다. 수평재와 수직재의 결합이라는 기본적인 역학적 구조에 '균제'(symmetria-건물 각 부분과 전체에 일정한 치수를 할당)와 '시각적 보정'(eurythmia-건물의 각 부분들의 길이와 폭이 서로 어울릴 것)이라는 미적 원리를 결합하여 구조적 안정성을 추구함과 동시에 착시현상을 교정함으로써 그리스 인들의 예민한 미적 감각을 만족시켰다.[04]

• 그림 5-33 | 그리스 건축의 항구적인 비례,
출처 : W.타타르키비츠, 『미학사 I- 고대미학』

그리스 건축은 주변 환경의 일부분으로서의 건물기능을 중시하였는데 건축물 내부의 공간기

03 네이던 노블러, 『미술의 이해』, 정점식,최기득 역, 예경, 1996, p.291 참조.

04 이노우에 미쯔오, 앞의 책, p.43 참조.

• 그림 5-34 | 파르테논 신전, 그리스 아테네 아크로폴리스, BC 447-437

능과 공간미보다는 건축물의 외형미 또는 형태미를 추구하는 특징이 있다. 이와 같은 형태미는 주범을 기본으로 하는 비례의 조화와 균형을 이루고 있다.

기둥의 주두장식(order)은 인간의 신체비례를 응용하고 수학적, 기하학적 원리를 적용한 구조로서, 구조적 안정성과 시각적 미감이 집중되는 곳이며 그 종류에는 도리아식, 이오니아식, 코린트식이 있다.

① 도리아식 : 가장 오래된 주두장식으로 고대 이집트 베니핫산의 아멘-엠-헤트 암굴분묘의 16각 석주에서 유래하였다. 단순하고 간단한 형상의 주두와, 기둥 굵기와 높이가 1:6의 관계인 남성 신체의 비례를 지녀 직선적이고 장중하며 강건한 느낌을 준다. 기둥에는 착시현상의 교정을 위해 배흘림(entasis-기둥 중간 부분을 부풀리는 방식) 기법이 강하게 나타나며 대개 20개의 홈(flute)을 세로로 새겨 입체감과 수직성을 강조하였다.

② 이오니아식 : 소용돌이 형상의 주두와 1:8의 여성적 비례를 지녀 곡선미와 우아한 여성적인 느낌을 준다. 기둥에는 배흘림이 약하며 여성의상의 주름과 같은 둥근 홈이 24개 새겨져 있다.

③ 코린트식 : 주두가 아칸서스 잎사귀와 소용돌이 형상으로 만들어져, 가장 장식적이고 화려한 것이 특징이다. 기둥 굵기와 높이는 1:9.5의 관계로 기둥이 더욱 높고 가늘어 보여, 나이어린 소녀의 섬세함과 가냘픔을 모방하고 있다.[05]

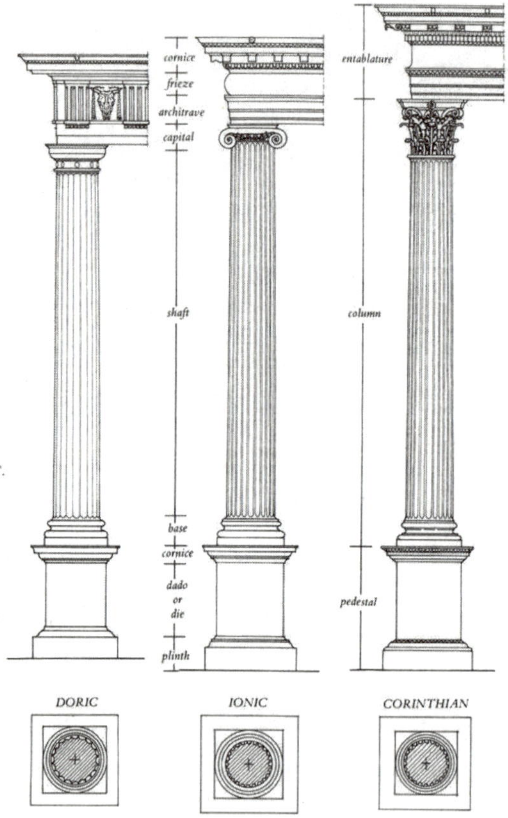

• 그림 5-35 | 주두장식,
출처: http://www.shueda.com/2011/02/designing-in-the-western-building-tradition/

05 세 가지 기둥의 기원과 비례에 대해 비트루비우스의 『건축십서』 제4서에서 전하고 있다.

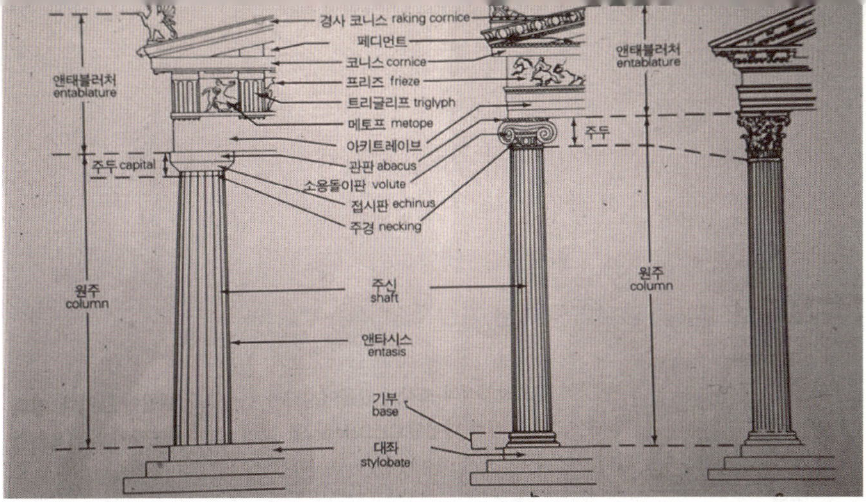

• 그림 5-36 |
그리스 건축의
기둥의 주두장식

• 그림 5-37 |
파르테논 신전 동편의
페디먼트 조각장식,
아테네의 탄생

5.2.2. 완벽한 형태미를 위한 착시교정

그리스 신전 건축에는 이상적인 비례를 구현하는 완벽한 외관을 위해 시각적 착시현상을 교정하는 다양한 기법들이 적용되었다. 비례가 단순한 수치로만 적용되면서 실제 지어진 건물에서 다르게 나타나는 간극을 정밀하게 조절해내서 실제 눈에도 가장 완벽한 모습으로 보이게 한 것이다.[06]

06 임석재, 『서양건축사1-땅과 인간』, 북하우스, pp.157 참조.

① 배흘림(Entasis) : 직사각형의 기둥인 경우 멀리서 보면 중앙부가 가늘게 보이는 착시현상이 발생한다. 이것을 보정하기 위해 기둥 중앙부의 직경을 크게 하고 기둥 상부의 직경을 가장 작게 하는 기법을 배흘림이라고 한다. 우리나라의 부석사 무량수전은 배흘림 기둥으로 유명하다.

② 안쏠림 : 건축의 외곽 기둥은 상단이 약간씩 바깥쪽으로 벌어져 보여 건물이 불안정해 보이는 착시현상(수직 쏠림)이 발생하여 건물에 안정감을 주기 위해 양측 모서리 기둥을 약간씩 중심을 향해 기울이는 기법이다.

③ 기둥직경 : 건축의 기둥은 모서리(외곽)의 기둥들이 중앙부의 기둥들에 비해 가늘어 보이는 착시현상이 발생한다. 중앙부의 기둥은 어두운 건축구조가 배경이 되지만 외곽의 기둥은 탁 트인 허공이 배경이 되기 때문이라고 한다. 이러한 착시현상을 교정하기 위해 신전의 외곽 기둥을 직경의 1/50가량 굵게 만들었다.

④ 기둥간격 : 건축의 기둥은 동일한 간격으로 설치하더라도 기둥사이의 간격이 양측 외곽으로 갈수록 넓어 보이는 착시현상이 발생한다. 착시현상을 교정하기 위해 모서리로 갈수록 기둥간격을 좁게 하였다. 정면 기둥이 여섯인 아테네의 테세우스 신전의 경우, 기둥의 반폭이 1모듈이라면, 중앙부분의 기둥 간격은 3.2모듈, 외곽부분은 2.7모듈이었다.

⑤ 라이즈(Rise) : 가로길이가 긴 수평보의 경우 중

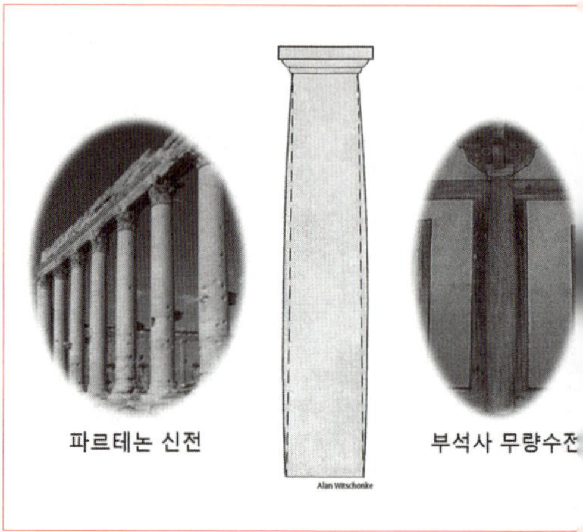

• 그림 5-38 | 배흘림 기둥

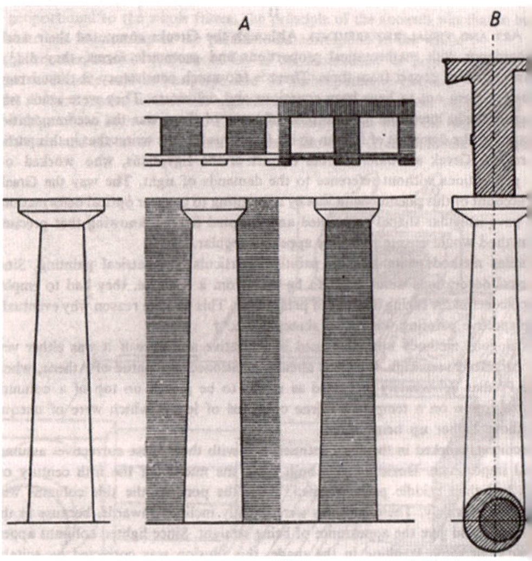

• 그림 5-39 | A: 모서리 기둥 굵기의 조정.
B: 수직 쏠림에 대한 교정(안쏠림). 출처: 『미학사 1-고대미학』

앙부가 처져 보이는 착시현상(수평처짐)이 발생하기 때문에 기단과 엔터블러처의 중앙부를 약간씩 솟아오르게 하는 기법이 적용되었다. 파르테논 신전은 기단의 가운데가 외곽보다 4인치(101.6mm)가 높게 설계되었다.[07]

• 그림 5-40 | 파르테논 신전의 북쪽 열주에 가해진 수평처짐의 교정.

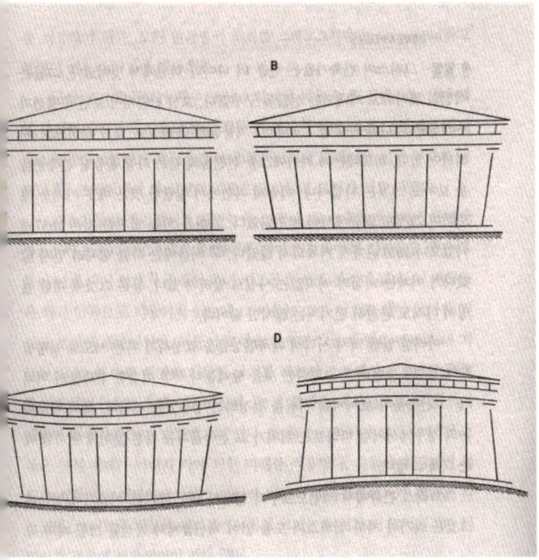

• 그림 5-41 | 그리스 건축의 착시교정, 출처 : 『미학사 1-고대미학』.그림 A: 신전이 보여져야 하는 완벽한 외관으로, 신전은 직사각형의 인상을 주어야 한다. 그림 5-41 B C: 신전을 실제로 직사각형으로 건축할 경우, 신전을 바라보는 위치에 따르는 시각적 환영으로 인해 직사각형의 수직선들이 바깥쪽으로 기울어져 보이고 수평선들은 중앙부분이 처져 보이게 된다. 그림 5-41 D: B와 C의 왜곡현상을 피하고 A와 같은 완벽한 외관으로 보이도록, 실제로는 수직선을 중앙 쪽으로 기울게 하고 수평선을 중앙부에서 위로 솟아오르게 만들었다. 실제로 그리스인들이 도입했던 이러한 시각적 교정은 비교적 최소한의 것이었다.

07 그리스 신전 건축의 착시교정과 미량변형에 대해서는 『건축십서』 제3서 참조

5.2.3. 재료역학을 이용한 파르테논 신전의 기둥 설계

- 신전 면적 : 가로 31m, 세로 69.5m
- 기둥 개수 : 가로 8개, 세로 17개, 높이 10m, 지름 2m
- 재료 : 조적재(돌, 벽돌)

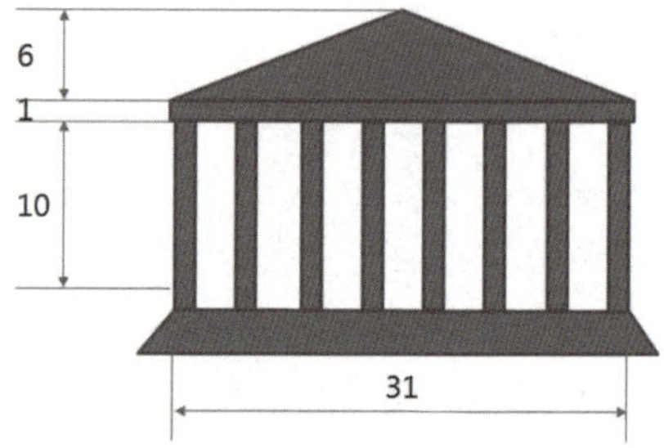

• 그림 5-42 | 파르테논 신전 구조

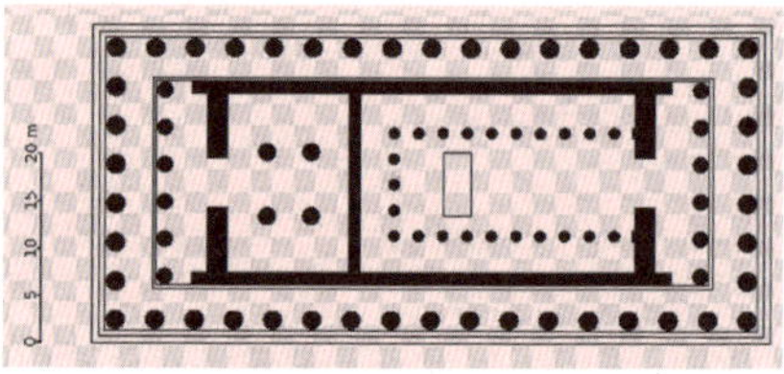

• 그림 5-43 | 파르테논 신전의 기둥 배치도

예제 22 파르테논 신전의 기둥 역학 계산하기

① 기둥지지 무게 계산

② 기둥 1개당 담당 하중 및 응력 계산

③ 기둥 사이즈 및 개수 결정

④ 재료 선정

<가정>

• 파르테논신전은 석조로 건축되었는데 여기서는 모든 구조가 대리석으로 제작되었다.

• 대리석은 균질한 등방성(isotropy) 재료이고 탄성체(Elastic body)로 비중은 2.7이다.

• 기둥은 동일한 사이즈이며 등간격으로 배치되어 있다.

• 기둥에서 발생한 응력을 계산할 때 기둥의 자체 무게는 무시한다.

① 기둥지지 무게 계산

먼저 기둥 위의 지붕과 보의 무게를 계산한다.
위의 계산과 같이 기둥이 지지하고 있는 지붕과 보의 무게는 각각 약 17,451,450kgf과 약 5,817,150kgf으로 기둥이 지지하는 총 무게는 23,268,600kgf이다.

$$\text{지붕무게} = \text{부피} \times \text{비중} \times \text{중력가속도}$$
$$= \frac{1}{2} \times 6m \times 31m \times 69.5m \times 2,700kg/m^3 \times gravity$$
$$= 17,451,450kg_f$$

$$\text{보무게} = \text{부피} \times \text{비중} \times \text{중력가속도}$$
$$= 1m \times 31m \times 69.5m \times 2,700kg/m^3 \times gravity$$
$$= 5,817,150kg_f$$

② 기둥 1개당 지지 무게 및 수직응력 계산

기둥의 개수가 8×17=136개이면 기둥 1개당 지지하는 무게는 23,268,600kgf/136=171,093kgf 이다.

수직응력(Normal stress)

$$수직응력 = \frac{무게}{단면적} = \frac{질량 \times 중력가속도}{단면적}$$
$$= \frac{171,093kg \times 9.81m/s^2}{\frac{\pi \times (2m)^2}{4}}$$
$$= 534,257N/m^2 = 0.53MPa$$

③ 기둥 사이즈 및 개수 결정

■ 기둥 사이즈, 개수

화강암의 압축강도는 약 150Mpa이다. 이것은 화강암은 150MPa의 압축압력까지 견딜 수 있다는 것을 의미한다. 허용응력을 계산하기 위해서는 항복강도(Yield strength)를 기준으로 삼아야 하지만 석재와 같은 재료는 항복강도 파악이 쉽지 않아 압축강도, 인장강도, 휨강도 등 강도를 기준으로 판단할 수 있다. 따라서 여기에서는 압축력을 받고 있는 기둥의 사이즈를 결정하기 위해 압축강도를 기준으로 허용응력을 계산하기로 한다. 안전계수를 10과 20으로 가정한다면 화강암의 허용응력은 각각 15MPa, 7.5MPa이 된다.

$$허용응력 = \frac{압축강도}{안전계수}$$

$$안전계수\ 10인\ 경우\ :\ \sigma_a = \frac{150MPa}{10} = 15MPa$$

$$안전계수\ 20인\ 경우\ :\ \sigma_a = \frac{150MPa}{20} = 7.5MPa$$

파르테논 신전의 기둥지름이 각각 0.5m, 1.0m, 2.0m일 때 기둥의 개수를 60, 80, 100, 120, 136개로 변경시켰을 때 기둥 1개에서 발생한 수직응력은 아래의 그림 5-44와 같다.

■ 안전계수 10인 경우

안전계수가 10이면 화강암의 허용응력이 15MPa이기 때문에 기둥의 지름이 0.5m이고 기둥개수가 60개일 때 발생한 응력이 19.5MPa이므로 안전설계가 아니다. 그러나 기둥개수가 80개이상이 되면 허용응력보다 낮은 응력이 발생하여 안전설계가 된다. 지름이 1.0m, 2.0m인 경우는 기둥에서 모두 허용응력보다 낮은 응력이 발생하여 안전설계라고 할 수 있다. 즉, 기둥지름을 0.5m로 할 경우는 기둥개수를 80개 이상으로 설치해야하지만 기둥지름을 1.0m이나 2.0m로 할 경우는 기둥개수를 60개로 결정해도 기둥은 안전하다고 할 수 있다.

■ 안전계수 20인 경우

안전계수를 20으로 올리면 화강암의 허용응력은 7.5MPa으로 낮아져서 기둥의 지름이 0.5m인 경우는 모두 허용응력보다 높은 응력이 발생하여 안전설계라고 할 수 없다. 그러나 기둥지름이 1.0m와 2.0m인 경우는 기둥개수가 60개 이상일 때 모두 허용응력보다 낮은 응력이 발생하여 안전설계가 된다. 따라서 파르테논 신전의 기둥개수가 136개이고 기둥지름이 2m라면 대단히 안전한 설계를 했다고 할 수 있다.

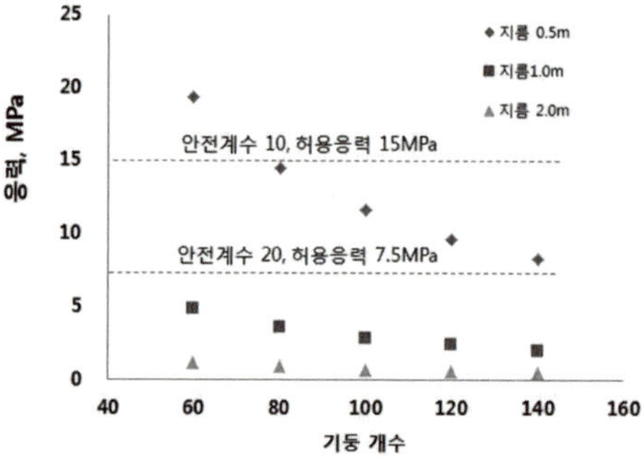

• 그림 5-44 | 파르테논 신전의 기둥지름, 기둥개수에 따라 기둥에서 발생한 수직응력

④ 재료 선정

좋은 건축물이란 지진·태풍과 같은 자연재해와 화재 등 인적재해에 대해 안전해야 하고, 건물이 쾌적하고 사용하기가 편해야하며, 내구성이 있으면서 경제적이어야 한다. 이러한 건축물을 만드는데 기초가 되는 것이 건축재료이다. 건축재료란 건축물을 구성하고 있는 것을 의미하지만 위생기구, 배관 등 건축설비와 장치에 사용되는 기자재를 포함하는 경우도 있다. 훌륭한 건축물을 위해 어떠한 건축재료를 선정하는가는 건축물의 수명, 건축비용, 사용할 때 편리성 등에 많은 영향을 미치는데 이것은 건축뿐만 아니라 기계, 전기, 전자 등 일반적인 공학설계에도 해당된다.

고대의 건축재료는 해당 지역의 기후에 영향을 많이 받았다. 한국과 같은 습윤 온난기후의 동북아시아와 열대우림기후의 동남아시아는 목재의 사용이 많았고, 서안해양성기후인 지중해 연안은 석재의 사용이 많았다. 그러나 현대의 건축재료는 용도에 따라 다양한 건축재료를 사용하고 있다. 대표적인 것은 철근콘크리트 구조물이다.

우리는 앞서 파르테논 신전의 재료를 대리석으로 가정하여 기둥지름, 기둥개수 등을 계산하였다. 만약 신전의 재료를 나무 또는 철로 변경한다면 구조는 어떻게 변화할까? 우리는 경험적으로 나무는 대리석에 비해 기계적 특성이 약하니 나무를 사용할 경우 신전의 규모를 줄이거나 기둥지름과 기둥개수를 늘려야하고, 철은 대리석에 비해 기계적 특성이 강하니 나무와 반대로 신전을 설계해야한다는 것을 알고 있다.

여기서는 파르테논 신전의 재료를 목재, 내화벽돌로 변경했을 때 기둥 1개당 발생하는 압축응력을 계산해보기로 한다. 압축응력을 계산하기위한 재료는 대리석, 소나무, 샤모트연와를 선정하였다. 압축응력을 계산하기 위해서는 기둥이 지지하는 구조물인 지붕과 보의 무게를 계산하고 기둥개수로 나누어 기둥1개당 지지하는 하중을 계산한다. 이렇게 계산된 하중을 기둥의 단면적으로 나누면 기둥에서 발생하는 압축응력을 계산할 수 있다. 이렇게 계산된 압축응력은 앞서 설명한 구조물의 안전설계를 판단하는 기준이 된다.

아래의 표는 파르테논 신전의 기둥지름과 기둥개수가 각각 2m와 136개일 때 재료종류별로 기둥에서 발생한 압축응력을 계산한 결과이다.

재료 종류	지붕무게 (kgf)	보 무게 (kgf)	총 무게 (kgf)	기둥 1개당 지지 무게 (kgf)	기둥에 발생하는 압축응력(Mpa)
대리석	17,451,450	5,817,150	23,268,600	171,093	0.53
목재	3,425,655	1,141,885	4,567,540	33,585	0.10
내화벽돌	17,451,450	5,817,150	23,268,600	171,093	0.53

• 표 5-6 | 재료종류별 파르테논 신전 기둥에서 발생한 압축응력 계산 사례

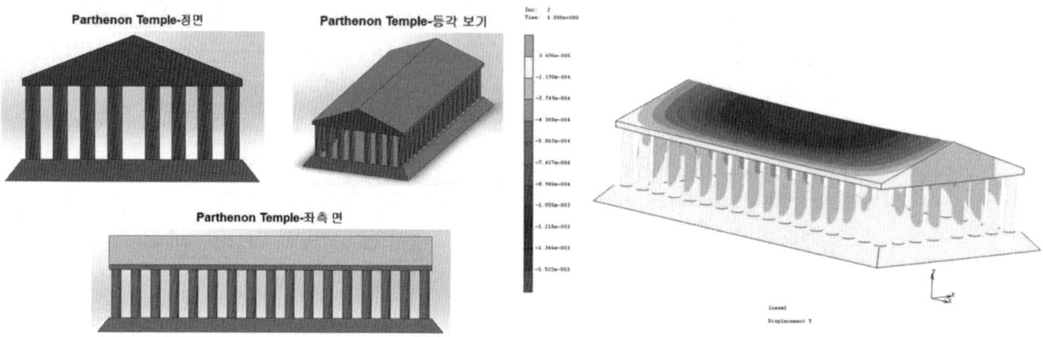

• 그림 5-45 | 대리석을 사용한 경우 지붕의 처짐량 1.5cm

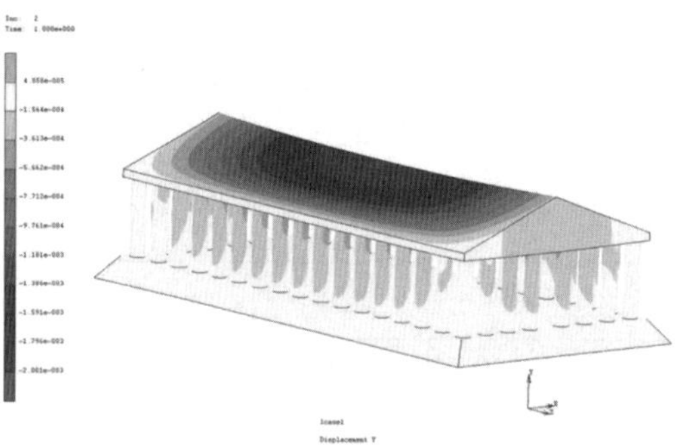

• 그림 5-46 | 목재를 사용한 경우 지붕의 처짐량 2.0cm

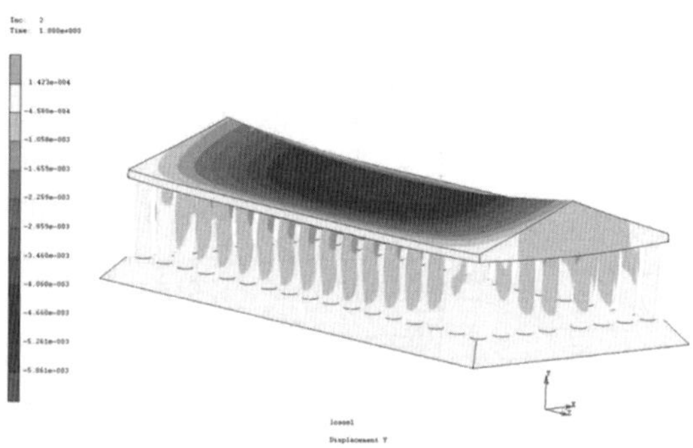

• 그림 5-47 | 벽돌을 사용한 경우 지붕의 처짐량 5.8cm

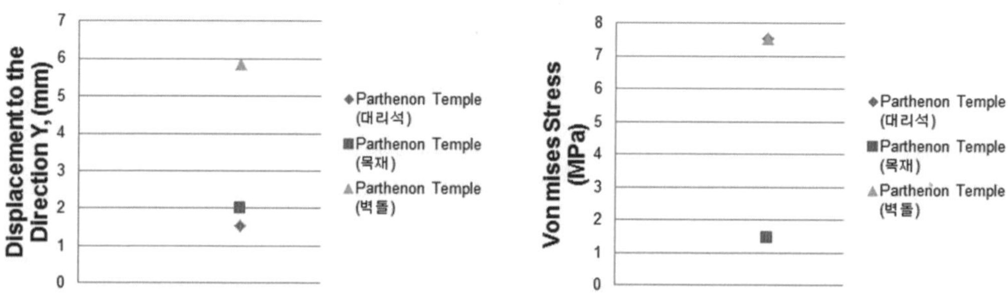

• 그림 5-48 | 파르테논 신전의 재료별 지붕의 처짐량과 기둥의 응력 비교

5.3 고딕 건축의 역학적 구조와 예술적 표현

5.3.1. 고딕 건축의 성립

중세 예술의 절정인 고딕 건축은 1120년을 전후해서 파리를 중심으로 한 일 드 프랑스(Ile-de-France)에서 시작되었다. 정치적으로는 중앙집권을 강화한 프랑스의 왕실이 정치력과 경제력을 갖춘 건축주가 되었다. 프랑스는 당시 최강국으로서 유럽의 학문 · 기술 · 예술 · 문화의 중심이었다. 종교적으로는 프랑스 왕실과 연대하여 신성로마제국을 무력화한 로마 교황청이 교황군주정체를 완성하면서 그리스도교가 매우 융성해졌다. 이와 때를 같이 하여 상공업을 기반으로 한 시민계급과 길드조합이 발생하고, 건축 활동은 공장(工匠)조합의 발달과 기술향상에 따라 수도원 대신에 일반 건축기술자에 의해 크게 발전하였다.

고딕 건축은 이와 같이 강력한 경제력과 도시를 중심으로 하여 장대한 건축물을 건립하고자 했던 경쟁적 분위기와, 천상의 세계를 지상에 구현하려는 교권의 종교적 신념이 결합하여 대형공간과 수직성을 추구하는 방향으로 전개되었으며, 이와 관련하여 내부공간에서는 '빛 상징주의'를 풍성하게 표현하였다.[08] 특히 고도로 발달된 조적 기술이 고딕 건축의 성립을 가능케 했는데, 그 구조법 및 세공기술은 최고도로 완성된 건축양식만이 갖는 명료한 필연성을 지니고 있으며 전체의 형식과 부분이 유기적으로 연결되어 있다. 따라서 고딕 건축의 역학적 구조는 건축의 예술적 표현에 직접적인 요소가 되었다.

고딕 건축은 로마네스크 건축에서 발전하여 점차적으로 완성에 이르게 되었는데, 그 시초는 첨두아치의 사용이다. 이것은 높이 솟아 오른 지붕 및 첨탑과 함께 신에 대한 신앙심의 상징으로 여겨졌다. 이러한 수직적

08 임석재, 『서양건축사』, 북하우스, 2011, p.192. 고딕 건축의 기초를 놓았던 생 드니 수도원장 쉬제가 의도했던 빛 상징주의에 대해서는 E. Panofsky, *Abbot Suger: On the Abbey Church of St.Denis and its Art treasure*, Princeton Univ. Press, 1979, p. 19-25 참조.

경향은 조적 기술의 발전에 힘입고 있는데, 로마네스크 건축에서는 큰 석재 조적 단위로 양쪽에서 벽을 쌓고 그 사이를 쇄석으로 채우는 방식을 사용했기 때문에 구조적으로 효율이 많이 떨어지고 벽체가 두꺼웠다. 1120년경을 기점으로 작은 절석을 층층이 쌓는 새로운 기술이 고안되면서 구조적 효율이 급격히 증가하면서 벽체는 얇아지고 높이 올라갈 수 있게 되었다.[09] 이러한 구조적 발전을 통하여 건축 자체의 종교적 내용과 예술적 내용이 합치된 건축 표현을 할 수 있게 되었다.

• 그림 5-49 | 초기 고딕 건축, 생 드니 성당, 프랑스

"고딕(gothic)"이라는 단어가 1530년대에 조르조 바사리(Giorgio Vasari)에 의해 사용되기 시작할 때에는 조야하고 야만적이라고 생각되는 문화를 묘사하기 위한 경멸적인 단어였다. 17세기 영어에서는 "고트(Goth)"는 게르만계 혈통의 잔인한 약탈자인 "반달족"과 같은 의미로 사용되었다. 그래서 이 단어는 건축 고전 양식의 복고 이전의 북유럽의 건축 양식에 사용되었다.

(출처 : 위키백과사전)

생 드니(St. Denis) 수도원장 쉬제(Abbot Suger, 1081-1151)는 고딕의 문을 연 성직자로서, 1140년 유서 깊은 분묘의 개축을 통해 왕의 권위를 높여주려는 상징적인 조치로 생 드니 수도원의 성가대석(choir)을 재건했는데, 이를 통해 건물은 종교적이면서 정치적인 의미를 지니게 되었다.[10] 건물 안에는 로마네스크 건축에서 부분적으로 나타났던 리브볼트, 첨두아치, 스테인드글라스가 교묘하게 조화되어 공간적인 질서를 형성하고 미묘한 변화를 제공하고 있다.

12세기 중엽부터 프랑스에는 생 드니 수도원과 같은 초기 고딕 건축이 형성되고 건축 기술의 교류가 활발해지면서 고딕 건축양식은 유럽전역으로 확산되어, 13~14세기에는 지방색이 강하고 공간 구획이 질서정연하면서도 소박했던 로마네스크 교회 대신, 기둥이 가늘고 길게 배열되고 벽면의 구분이 약화된 대규모의 고딕 교회가 여러 도시에 세워졌다.

09 임석재, 『서양건축사』, p. 189.

10 빌 리제베로, 『서양건축이야기』, 오덕성 역, 한길아트, 2000, pp. 149-152.

5.3.2. 고딕 건축의 특징

고딕 건축양식의 핵심은 리브볼트(ribbed vault)이며, 이것을 첨두아치(pointed arch)와 플라잉 버트레스(flying buttress), 부벽(扶壁) 등으로 지탱한 것으로, 형태상으로는 상승세와 수직감이 강조됨과 동시에, 구조상으로는 사압력이 현저하게 경감하였다. 고딕 건축의 3대 요소는 다음과 같다.[11]

1) 리브볼트

고딕 건축에서 가장 중요시한 과제는 벽체의 괴량성의 제거였기 때문에 벽체는 얇아지고 창의 면적은 확대되었지만, 이 취약화한 벽체를 역학적으로 보호하기 위하여 리브볼트가 적용되었다. 리브볼트란 지붕의 표면적을 구획 짓는 아치형태인 대각선의 리브(rib)들에 의해 지지되는 둥근 지붕을 말하며 얇아진 벽체를 보호하기 위해 리브에 의한 투명한 수직선의 구조이다. 이 구조는 볼트의 무게가 리브에 의하여 기둥에 집중되므로, 벽체는 중량을 받치는 역할을 거의 하지 않게 되는 것이다. 또 외벽에 따라 부벽이 이어져 기둥에 걸리는 사압력을 외부에서 버티어준다.

• 그림 5-50 | 대표적 리브볼트, 생 샤펠 성당, 프랑스
출처 : 위키백과사전

11 로버트 마크 외, 『서양건축기술사-역사적 건축물의 예술성과 구조 기술』, 김태중 외 역, 경남대 출판부, 1999, pp. 144-148 : R. *Mark, Experiments in Gothic Structure,* Cambridge, MA, 1982 참조.

• (좌) 그림 5-51 | 원통형 볼트, 성 베드로 대성당, 이탈리아, 출처 : wikipedia / (가운데) 그림 5-52 | 교차형 볼트, 생 피어모작 수녀원, 프랑스, 출처 : wikipedia / (우) 그림 5-53 | 부채형 볼트, 왕립 칼리지 예배당, 영국, 출처 : www.kings.cam.ac.uk/chapel

건축에 사용되는 볼트는 크게 세 가지로 나눌 수 있다.

첫째, 원통형 볼트(barrel vault or cradle vault or tunnel vault, or wagon vault)는 단면의 형상이 반구형태이다. 둘째, 교차형 볼트(groin vault or cross vault)는 원통형 볼트가 직각으로 교차하면서 만들어지는 형태이다. 셋째, 부채형 볼트(fan vault)는 부채처럼 확장되는 리브를 가진 오목한 형태이다.

2) 첨두아치

상승세, 수직감을 강조하는 구조와 조형성을 지니며, 높이 조절을 가능케 하였다.

3) 플라잉 버트레스

건물의 내 · 외벽이 무너지지 않도록 받치기 위해 제작된 지지대로서 건축의 조형미를 위한 것이 아니라 지나친 네이브(nave, 신랑)의 높이로 인한 벽체의 하중분담을 위한 순수한 구조체이다. 종교적 표현에는 기여했으나, 건축적 입장에서는 보기가 흉하다. 네이브는 고딕 건축 내부의 예배나 모임을 위해 길이방향으로 긴 공간을 말한다.

• (좌) 그림 5-54 | 첨두아치, 명동성당 내부 / (우) 그림 5-55 | 밀라노 대성당 측면의 플라잉 버트레스

5.3.3. 플라잉 버트레스의 역학

위에서 언급한 바와 같이 플라잉 버트레스는 건물의 내 · 외벽이 무너지지 않도록 벽체의 하중분담을 위한 순수한 구조체인 지지대이다. 컴퓨터 시뮬레이션 기술을 이용하여 이러한 플라잉 버트레스의 역학적 기능을 건축물에서 발생한 응력과 변형량을 분석하여 살펴보기로 한다.

1) 플라잉 버트레스 설계

플라잉 버트레스 설계에 따른 역학적 기능을 분석하기 위해 가로×세로가 90×160m, 벽체와 지붕높이가 50m, 40m인 건축물을 가정하였다. 플라잉 버트레스는 건축물의 좌 · 우 옆면에 각각 16개가 10m간격으로 0.5m의 두께로 설치되었다. 플라잉 버트레스의 역학적 기능을 분석하기 위해 플라잉 버트레스의 폭(w1)은 1m, 5m, 10m의 3가지 경우를 설계하였고, 고딕건축의 플라잉 버트레스 폭(w2)은 밑부분의 폭(w1)이 증가함에 따라 각각 0.3m, 1.5m, 3m 증가시켜 설계하였다.

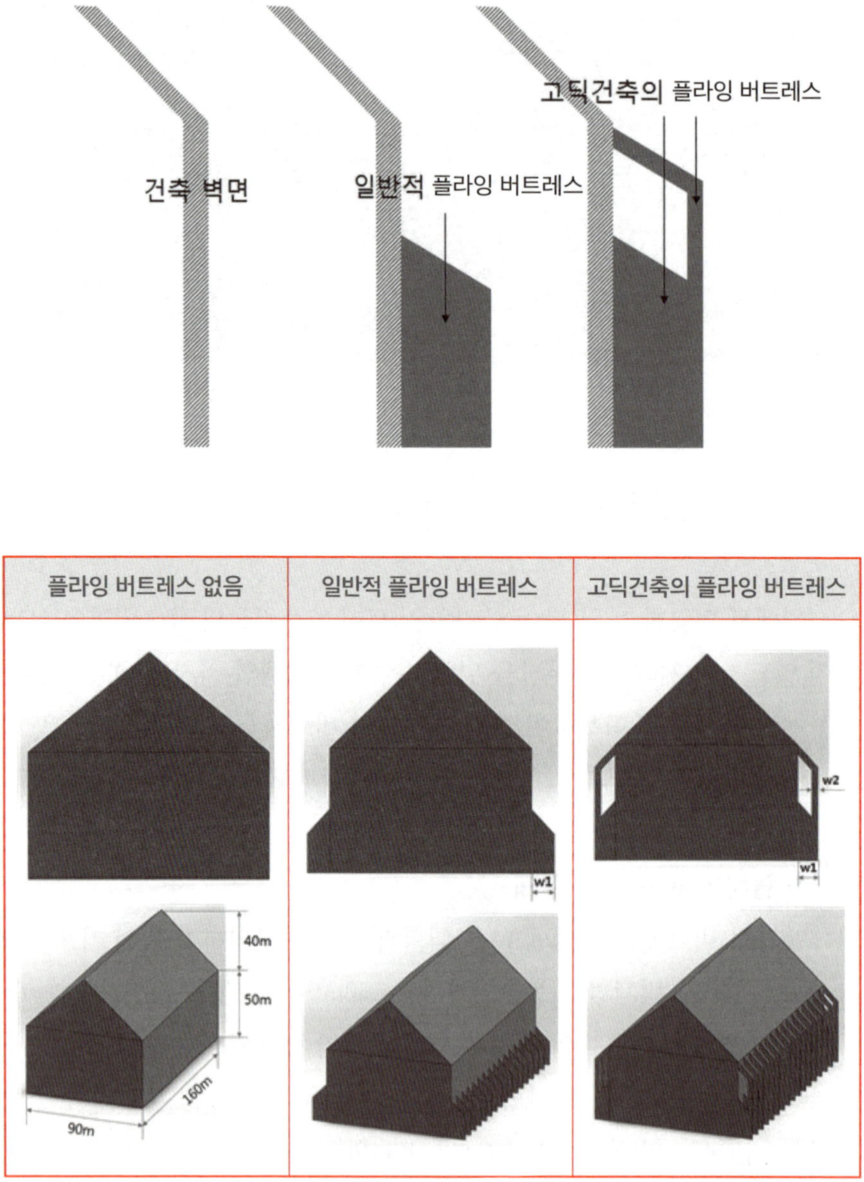

• 그림 5-56 | 고딕건축의 플라잉 버트레스 모델링

2) 재료 선정

건축물과 플라잉 버트레스의 재료는 건축당시 고급스런 성당의 재료가 대부분 대리석임을 감안하여 대리석으로 하였고 응력과 변형량 계산에 사용된 대리석의 탄성계수, 포아송비, 밀도는 각각 77Gpa, 0.3, 2700kg/m3이다.

3) 계산데이터 종류 및 관찰 위치

벽체의 하중분담을 위한 지지대로써의 플라잉 버트레스의 역할을 분석하기 위해 벽체에서 발생하는 응력과 변형량을 관찰하였다. 벽체에서 발생한 응력은 벽체의 가운데 플라잉 버트레스와 벽체의 바닥면 쪽 접합위치에서 관찰하였고, 벽체의 변형량은 벽체의 위쪽 접합위치에서 관찰하였다.

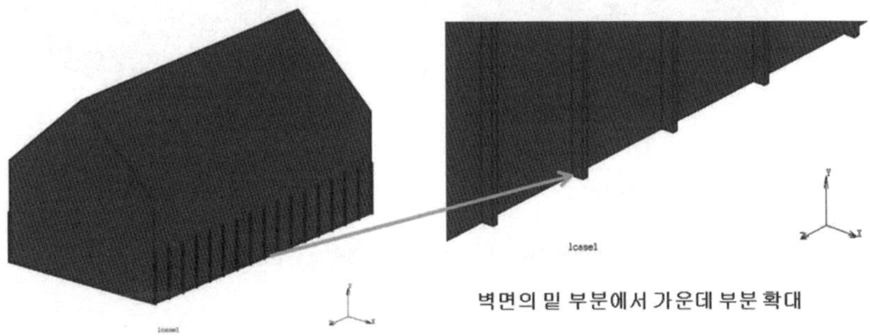

(a) 응력 관찰 위치

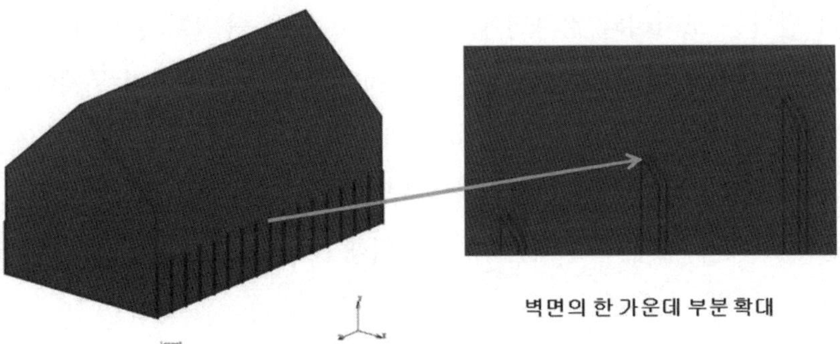

(b) 변위량 관찰 위치

• 그림 5-57 | 플라잉 버트레스의 역학적 기능 분석을 위한 데이터 관찰 위치

4) 건축물의 변형량 및 응력 계산조건

플라잉 버트레스의 역학적 기능을 분석하기 위한 건축물의 변형량과 응력 계산을 위해 대리석으로 제작된 건축물과 플라잉 버트레스의 무게만을 고려하였다. 즉, 중력에 의한 처짐량만이 변형량과 응력의 계산에 사용되었다.

5) 플라잉 버트레스의 역학

① 플라잉 버트레스가 없는 경우

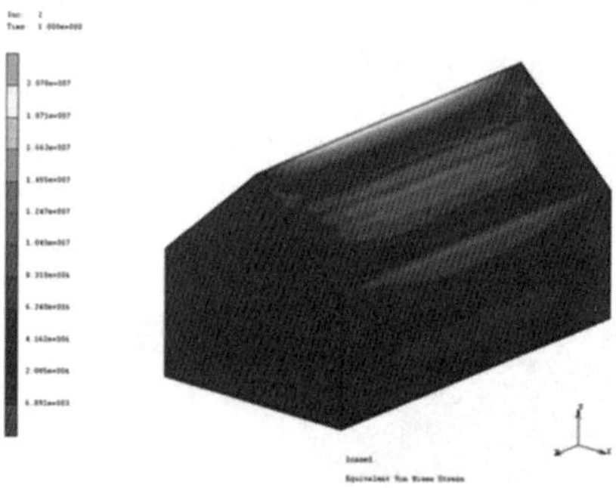

(a) 응력 분포 (2.93Mpa)

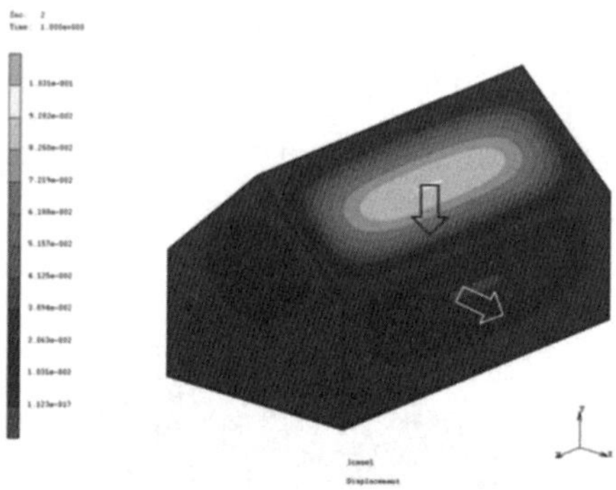

(b) 변형량 분포 (31mm)

• 그림 5-58 | 부유리브이 없는 구조의 응력과 변형량 분포

건축물의 지붕모서리에서 가장 높은 2.93Mpa의 응력이 발생하였고 벽면과 만나는 모서리와 경사면에서 다음으로 높은 응력이 발생하였다. 지붕모서리에서 가장 높은 응력이 발생한 것은 지붕의 양쪽면이 무게에 의해 변형(처짐)이 발생하면서 당김(tension, 인장)현상이 발생하였기 때문이고, 벽면과 만나는 모서리와 경사면에서 다음으로 높은 응력이 발생한 것은 각각 지붕의 무게가 가해지고, 자체 무게에 의해 처짐량이 크게 발생했기 때문이다.

건축물에서 발생한 변형량은 지붕의 경사면에서 가장 큰 31mm가 발생하였고, 벽면에서 다음으로 높은 변형량이 발생하였다. 지붕경사면에서 발생한 최대변형량은 지붕경사면의 무게에 의한 처짐량으로 그림과 같이 아랫방향(-Y방향)으로 발생한 것이고 벽면에서 발생한 변형량은 지붕과 벽면의 자체 무게에 의해 앞쪽(+X방향)으로 발생한 것이다.

② 일반적 플라잉 버트레스가 있는 경우

일반적인 플라잉 버트레스를 설치할 경우 플라잉 버트레스가 없는 경우에 비해 건축물에서 발생하는 응력과 변형량이 줄어드는 것을 확인할 수 있었다. 특히 플라잉 버트레스의 폭(w1)이 5m, 10m로 증가하면 응력과 변위량이 크게 감소하였다. 이러한 결과는 플라잉 버트레스가 벽면에서 발생

플라잉 버트레스 폭		응량	변위량
W1	1m	 1,83Mpa	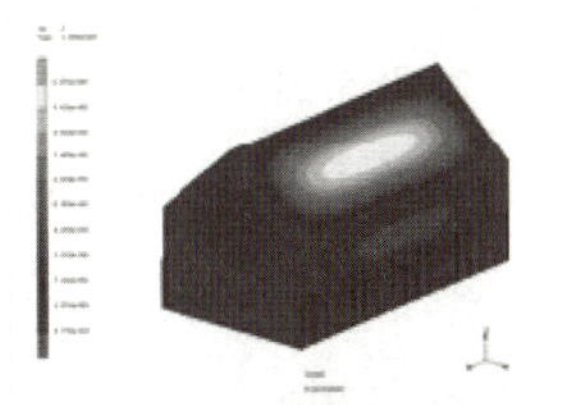 28.25Mpa
	5m	 0.49Mpa	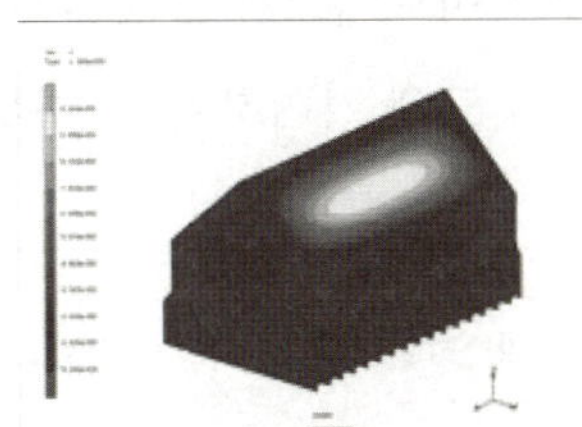 6.13Mpa
	20m	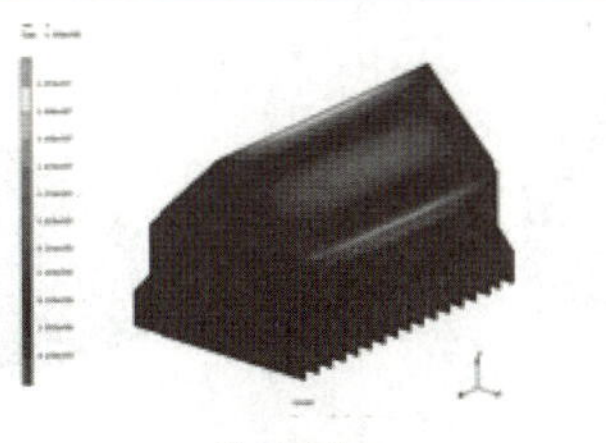 0.28Mpa	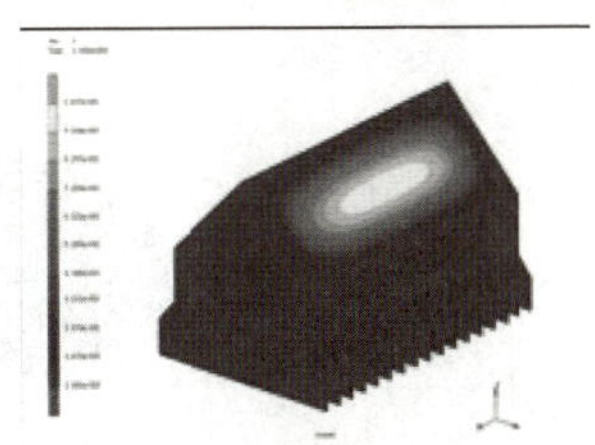 1.95Mpa

응력	변위량
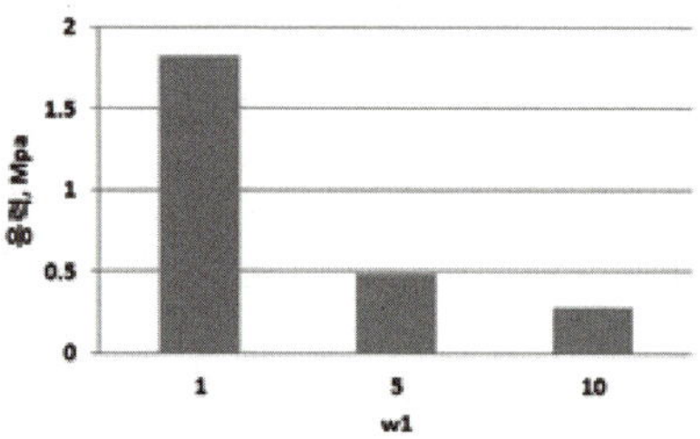	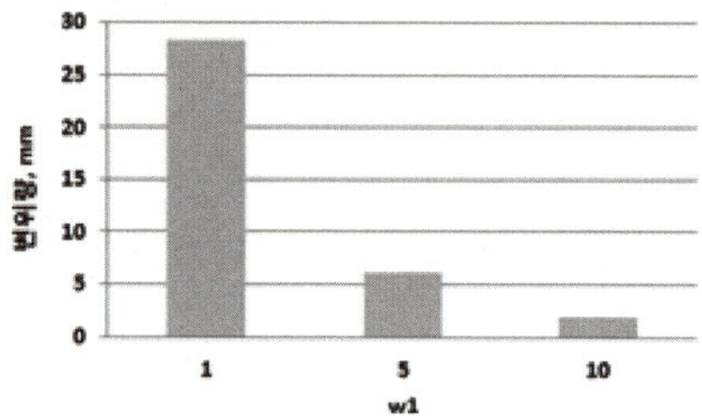

• 그림 5-59 | 일반적 플라잉 버트레스가 있는 구조에서 플라잉 버트레스 폭에 따라 발생한 응력과 변형량 분포

하는 변위량을 억제하는 기능을 보여주고 있다.

③ 고딕 건축 플라잉 버트레스가 있는 경우

일반적인 플라잉 버트레스를 보강하는 형태의 고딕건축 플라잉 버트레스는 일반적인 플라잉 버트레스보다 건축물에서 발생하는 응력과 변형량을 감소시키는 효과가 더 크다. 특히 플라잉 버트레스의 폭(w1)이 5m, 10m로 증가하고 폭(w2)이 0.3m, 1.5m, 3m로 증가할수록 응력과 변위량이 크게 감소하였다. 따라서 건축의 규모가 큰 고딕건축물의 경우 고딕건축 플라잉 버트레스가 건축물의 응력과 변위량을 크게 감소시켜 건축물의 안전성에 크게 기여하는 것을 확인할 수 있다.

<table>
<tr><th colspan="2">플라잉
버트레스 폭</th><th rowspan="2">응량</th><th rowspan="2">변위량</th></tr>
<tr><th>W1</th><th>W2</th></tr>
<tr><td>1m</td><td>0.3m</td><td>
2,92Mpa</td><td>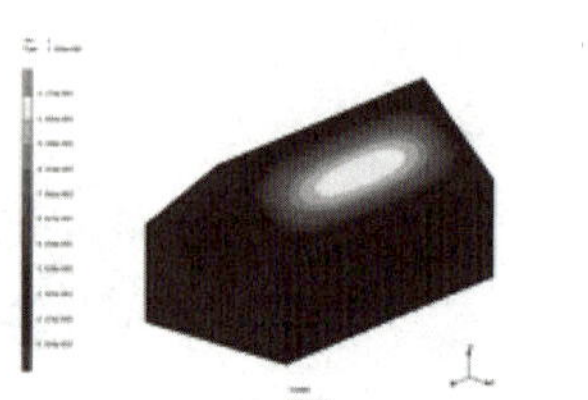
25.41Mpa</td></tr>
</table>

5m	1.5m	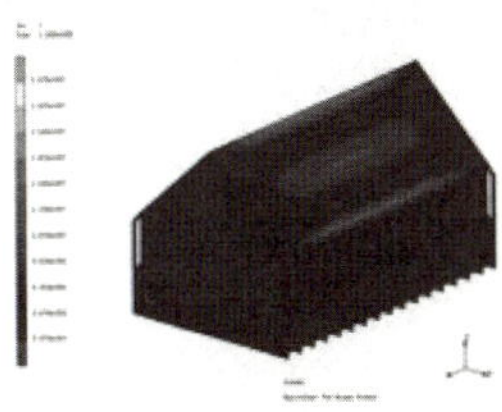 0.44Mpa	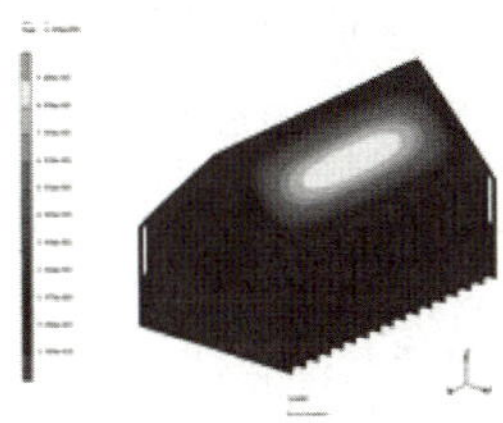 2.50Mpa
10m	3m	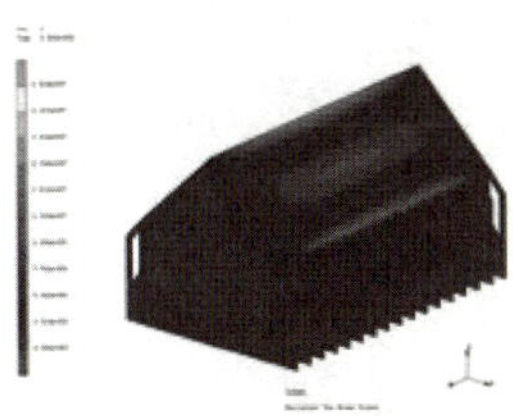 0.42Mpa	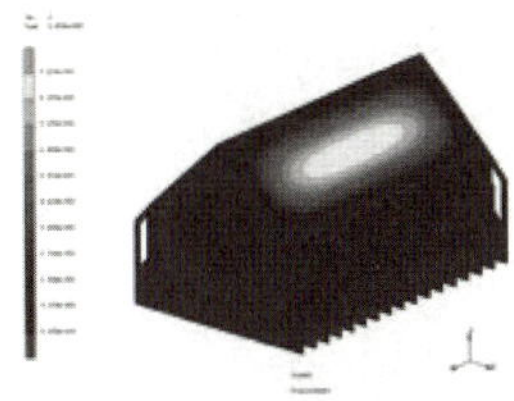 1.06Mpa

응력	변위량
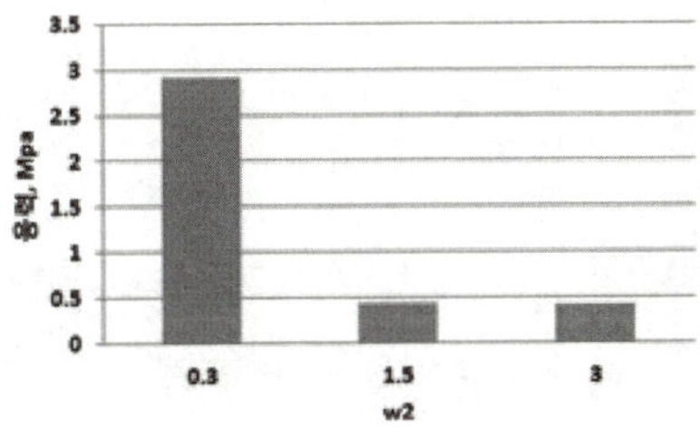	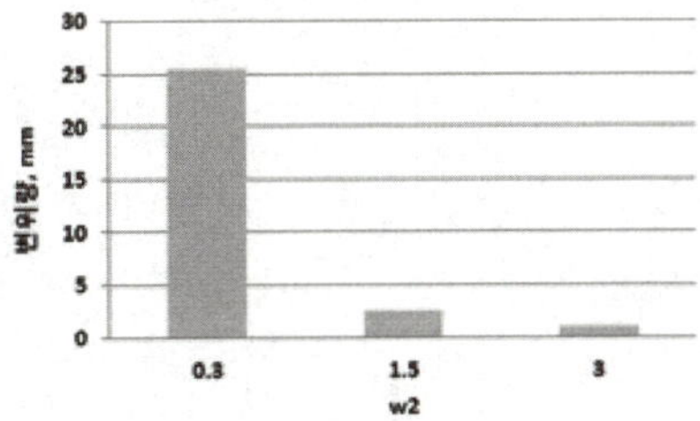

• 그림 5-60 | 고딕 플라잉 버트레스가 있는 구조에서 플라잉 버트레스 폭에 따라 발생한 응력과 변형량 분포

5.3.4. 고딕 건축의 미적, 표현적 구조

1) 수직 상승적 공간구성

중세 중기에 발달한 로마네스크 건축은 원통형 천장, 반원형 아치 모양의 창문과 문, 지붕과 천장의 무게를 견디기 위한 굵은 기둥과 두꺼운 벽

이 특징이지만, 중세 후기에 발달한 고딕 건축은 원통형 천장이 높고 끝이 뾰족한 첨두형 천장이 되어 첨두의 각도를 넓히거나 좁힘으로써 넓이와 높이를 자유로이 조절하고 건물 내외의 수직 상승적 공간구성을 시각적으로 강조하였다.

• 그림 5-61 | 로마네스크 건축, 이탈리아 피사 대성당

• 그림 5-62 | 고딕 건축, 프랑스 파리 노트르담 성당

• 그림 5-63 | 스테인드글라스, 파리 노트르담 대성당

2) 빛의 미, 스테인드글라스 (stained glass)

고딕 건축에서 전형적인 거대한 석재 리브볼트 지붕에서 발생한 외부 하중을 플라잉 버트레스로 흡수하고 리브볼트의 하중이 기둥구조에 집중되어 고딕 건축이 로마네스크 건축과 같은 두꺼운 벽체구조에서 탈피하면서 창의 면적이 확대되자, 창을 색유리 등으로 장식하여 교회 공간에 성스러운 빛을 연출하는 스테인드글라스가 많이 사용되었다. 이것은 빛의 진동으로 인해 성스럽고 환상적인 종교적 정신성을 조성했는데, 교회 건축에서 색유리, 에나멜, 귀금속, 보석 등에 의한 화려한 장식은 기독교 신자들을 천상적 계몽의 상태로 이끄는 중요한 수단이었으며 신비한 영적 움직임 즉 교화를 의도한 것이었다.

고대의 미의 원리인 균제와는 달리, 중세의 가장 중요한 미의 원리는 바로 신적 은총을 상징하는 빛이었다. 빛은 비가시적인 천상적 세계를 가시화하는 은유이자 신성을 드러내는 상징으로서 지상의 모든 아름다움의 원천이었다. 이러한 미의 원리를 토마스 아퀴나스는 광휘성(또는 선명성, claritas)라고 표현하였다. 이와 관련하여 초기 기독교 교회나 비잔틴 교회건축을 장식했던 모자이크와 같은 중세 회화에서는 신적 은총을 황금빛의 후광이나 선명한 색채로서 표현하였고, 고딕 교회건축에서는 직접 창을 통해 들어오는 빛을 교회 공간에 연출하였다.[12] 또한 스테인드글라스에는 화려하면서 다양한 예언자와 순교자의 이야기가 표현되어 무지하고 빈곤한 사람들에게 이야기를 전하는 기능도 담당하였다.

스테인드글라스는 그림 장식 창을 만드는 데 사용된 유리를 가리키지만, 색깔 있는 유리나 녹아 있는 유리 원액에 여러 가지 금속산화물을 첨가해 착색한 모든 유리라고 할 수 있다. 이러한 스테인드글라스는 고대 이집트 고분에서 처음으로 나타난 이후 그리스도교에 의해 종교미술의 형태로 발전하게 되었는데 건축양식의 변화와 매우 밀접한 관계를 가진다.

스테인드글라스는 색유리가 당시의 소박한 벽면 장식법이었던 테세라(Tessera)와 결합하게 된 것이 중요한 전환점이 되었다. 테세라란 석회석 반죽을 하여 착색시켜 사용하거나 대리석 조각으로 모자이크를 하여 벽면을 장식하는 것이었다. 이후 색유리로 만들어진 테세라를 시작하므로 기존의 테세라보다 다양하면서도 강렬한 색채를 제공할 수 있었다. 로마네스크 양식을 지나면서 벽면에 부착된 유리 테세라는 창문에 적용되어 창으로 투과되는 빛에 의해 신비함을 더하게 되었고 오늘날의 스테인드글라스로 발전하게 되었다.

스테인드글라스의 역사에 있어 초기는 주로 로마네스크 시대이다. 초기에 그려진 스테인드글라스는 대부분이 채색유리나 무채색 유리(white

12 이때 성당의 내부공간에 충만한 빛은 신도들을 육체적인 영역에서 무아의 천상으로 고양시키는 것으로 간주되었다.

glass)로 구성되어 있다. 채색유리 창문은 대개 사실화에 치우쳐 있고 무채색 창문은 일정한 도안식 형태이다. 초기 시대의 스테인드글라스는 모자이크 장식에 치우친 로마네스크의 건축 장식방법에 눌리어 그리 많지 않지만, 주로 어두컴컴한 실내를 오색찬란한 빛으로 아름답고 신비스럽게 할 수 있었고, 그림의 주제가 '보이는 성서'의 역할을 하기 시작한 시기였다.

스테인드글라스는 고딕건축에서 빼놓을 수 없는 것으로 자리를 굳히게 되었다. 이 시대 후반부터는 질산은(Silver stain)이 사용되기 시작하여 스테인드글라스의 효과에 융통성이 있는 짙은 레몬색을 제공하고 있다. 질산은이 기술적으로 급격히 퍼지면서 오늘날과 같이 유리의 뒷면에 적용, 거울로 응용케 되었다. 질산은 용제로는 식초보다는 물이 더 좋은 용액이었으며 아주 두껍게 사용되어 1/16인치에 상당하는 농도로 착색하고 있다.

스테인드글라스는 프랑스의 고딕시대로부터 르네상스에 이르기까지 가장 화려한 전성기를 가졌다. 특히 친퀘첸토(Cinquecento, 1500년대)에 더욱 스테인드글라스의 진가를 보여줌으로서 친퀘첸토 양식이라는 새로운 형태를 창출하게 되었다. 이러한 추구로 해서 유리를 투명한 채로 남겨두어 빛과 그림자의 급속한 변화, 그리고 색채의 환상적인 전시를 만끽하게 되었고 그 후 스테인드글라스 작가들은 음양을 준 색채의 배열에 있어서 색소를 덧칠할 필요가 없는 유리를 개발하게 되었다. 안티크글라스(antique glass)에서 점차 케세드랄글라스(cathedral glass)를 만들어 줄무늬나 물결모양이나 오돌오돌한 유리를 만들어 유리에 색채의 섬광이 더욱 대담하고 민감하며 다양한 색채의 파생을 보여주게 되었다.

연습문제

[응력과 변형률]

1. 연강의 인장강도가 500(MPa)이라고 할 때, 지름이 12(mm)인 연강봉은 몇 N의 인장하중에 견딜 수 있는가?

(a) 56.66(kN) (b) 47.23(kN)
(c) 35.14(kN) (d) 27.64(kN)

2. 길이 의 환봉을 압축하였더니 25(cm)가 되었다. 이 때 변형률을 0.006이라 한다면 원래의 길이 l은 얼마인가?

(a) 25.06(cm) (b) 25.15(cm)
(c) 25.21(cm) (d) 25.25(cm)

3. 30(kN)의 인장하중을 받는 둥근 봉이 있다. 이 때 단면에 발생하는 응력을 100(MPa)까지로 하려면 봉의 지름은 얼마로 하면 되겠는가?

(a) 1.88(cm) (b) 1.95(cm)
(c) 2.46(cm) (d) 3.02(cm)

4. 그림과 같이 중앙에 지름 d=100(mm)의 구멍이 뚫린 폭 220(mm)의 판에 인장하중 W=36(kN)이 작용할 때, 안전율을 13이상으로 하려면 판의 두께는 얼마 이상으로 해야 하는가? 단, 재료의 인장강도는 390(MPa)이다.

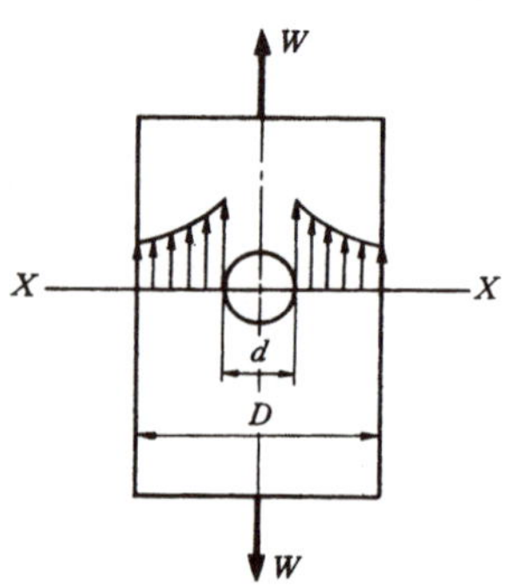

(a) 5(mm) (b) 10(mm)
(c) 15(mm) (d) 20(mm)

5. 정4각형 단면의 봉에 30(kN)의 인장하중이 작용하면 50(MPa)의 응력이 생기게 하려면 봉의 한 변의 길이를 얼마로 하면 되겠는가?

(a) 1.78(cm　　　　)(b) 2.45(cm)
(c) 3.15(cm)　　　　(d) 4.25(cm)

6. 그림과 같은 볼트에 축하중 W가 작용할 때, 볼트 머리부에 발생하는 전단응력 τ를 볼트에 발생하는 인장응력의 0.8배까지 허용한다면 머리의 높이 h는 볼트 지름의 몇 배이면 되겠는가?

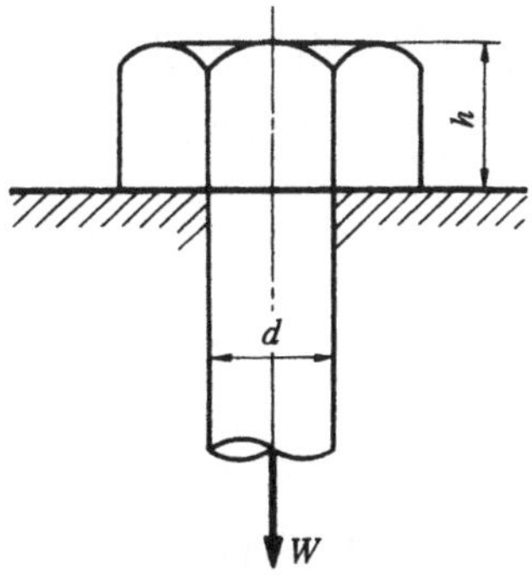

(a) $\frac{d}{4}$　　　　(b) $\frac{3d}{8}$

(c) $\frac{5d}{12}$　　　　(d) $\frac{5d}{16}$

7. 그림 2.21과 같은 두께 8(mm)인 연강판에 지름이 24(mm) 되게 구멍을 뚫고자 한다. 판의 전단강도를 260(MPa)이라고 할 때, 하중을 얼마나 가하면 되겠는가?

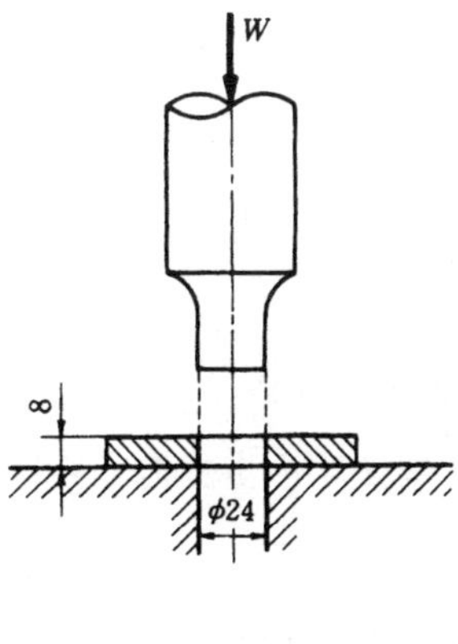

(a) 74.3(kN)　　　　(b) 123.6(kN)
(c) 156.8(kN)　　　　(d) 205.4(kN)

8. 지름 d 인 둥근봉에 축방향으로 인장하중이 작용하여 인장응력 σ 가 발생하였다. 이 때 지름의 감소량을 나타내는 식은 어느 것인가? 단, E는 세로탄성계수, m은 푸아송의 수이다.

(a) $\frac{m\sigma}{dE}$　　(b) $\frac{md}{\sigma E}$　　(c) $\frac{E\sigma}{md}$　　(d) $\frac{d\sigma}{mE}$

9. 단면적이 10(cm^2)인 둥근봉이 36(kN)의 압축하중을 받을 때, 단면적의 변화량은 얼마인가? 단, 푸아송의 비는 0.3이며, 세로탄성계수는 200(GPa)이다.

(a) 1.08 x 10-6(m2) 증가　　(b) 2.32 x 10-6(m2) 증가
(c) 1.08 x 10-6(m2) 감소　　(d) 2.32 x 10-6(m2) 감소

10. 연강의 시험결과에서 E =200(GPa)이며, 푸아송비가 0.303이라면 가로탄성계수는 몇 (GPa)인가?

(a) 88.5(GPa)　　(b) 85.6(GPa)
(c) 83.4(GPa)　　(d) 76.7(GPa)

11. 그림과 같은 두께 10(mm)이고 폭이 7(cm)인 단면이 균일한 강판에 지름 21(mm)의 구멍이 뚫려 있다. 하중 25(kN)의 인장하중이 작용할 때 응력집중으로 인한 최대응력은 얼마인가?

(a) 98(MPa)　　(b) 127(MPa)
(c) 166(MPa)　　(d) 172(MPa)

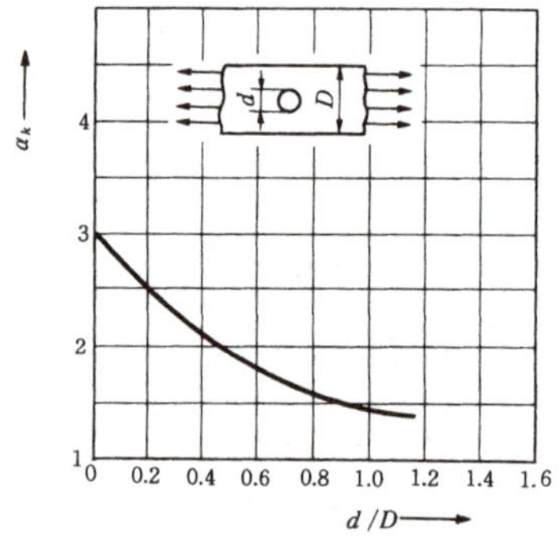

12. 지름 20(mm)의 재료가 22(kN)의 전단하중을 받아 0.0008(rad)의 전단변형률이 생겼다. 이 재료의 가로탄성계수 G의 값은 몇(GPa)인가?

(a) 58.8(GPa)　　(b) 67.7(GPa)
(c) 76.7(GPa)　　(d) 87.5(GPa)

[인장과 압축]

1. 자중을 고려하는 길이 12(m)의 연강봉 하단에 30(kN)의 하중을 작용시키려면 이 봉의 지름은 얼마로 하면 되겠는가? 단, E=200(GPa), σ_a=90MP, γ=7.8이라 한다.

(a) 15.8(mm)　　(b) 20.7(mm)　　(c) 27.2(mm)　　(d) 34.5(mm)

2. 두께 10(mm)인 가죽벨트가 N=2,000(rpm)으로 회전하는 d=600(mm)의 풀리에 잠겨 있다. 이 때 가죽의 비중량을 $\gamma=1.0(g_f/cm^3)$이라 하면 원심력으로 인하여 그 벨트 속에 발생하는 인장응력은 얼마인가?

(a) 1.64(MPa) (b) 2.78(MPa)
(c) 3.85(MPa) (d) 3.94(MPa)

3. 길이 3(m), 단면적 4(cm^2)인 균일단면의 강봉의 상단을 고정하고 W=600(N)의 추를 낙하시켜 강봉 속에 σ_{max}=320(MPa)의 최대응력을 발생시키려면 추의 높이 h는 얼마로 하면 되겠는가? 단, E=200(GPa)이다.

(a) 20.6(cm) (b) 25.7(cm)
(c) 32.5(cm) (d) 51.2(cm)

4. 길이 l = 4(m), 단면적 A=(cm^2)의 연강봉에 70(kN)의 인장하중을 갑자기 가할 때 봉에 생기는 최대응력 및 신장을 구하라. 단, E=200(GPa)이다.

(a) σ=140(MPa), λ=0.28(cm) (b) σ=160(MPa), λ=0.34(cm)
(c) σ=180(MPa), λ=0.36(cm) (d) σ=200(MPa), λ=0.42(cm)

5. 강선(wire rope)을 천장에 고정하였을 때 고정단의 응력을 σ=90(MPa)이 되도록 하려면 이 때 강선의 신장은 얼마나 되겠는가? 단, 강선의 비중량은 7.8(gf/cm^3), E=200(GPa)이다.

(a) 37(cm) (b) 49(cm)
(c) 53(cm) (d) 67(cm)

6. 탄성한계가 160(MPa), 탄성계수가 200(GPa)인 연강재에 압축하중을 작용시켜 25(Nm)의 탄성에너지를 저장시키려 한다. 필요한 체적을 구하라.

(a) 276.4(cm^3) (b) 295.7(cm^3)
(c) 373.5(cm^3) (d) 390.6(cm^3)

7. 세로탄성계수 E=200(GPa)인 강봉이 인장하중을 받을 때 변형률이 0.0006 이었다. 이 봉의 단위체적 속에 저장되는 탄성에너지는 몇 (Nm/m3)인가?

(a) 25　　(b) 36
(c) 45　　(d) 67

8. 단면적이 10(cm^2), 길이가 100(cm)인 강봉이 인장하중을 받고 1(mm) 신장되었다. 이 봉에 저장된 탄성에너지는 얼마인가? 단, 재료의 탄성계수는 200(GPa)이다.

(a) 75(Nm)　　(b) 100(Nm)
(c) 125(Nm)　　(d) 165(Nm)

9. 고무의 탄성한계가 8.4(MPa), 세로탄성계수는 0.12(MPa)일 때,이 고무의 최대 탄성에너지는 얼마이겠는가?

(a) 294(MNm/m^3)　　(b) 29.4(MNm/m^3)
(c) 320(MNm/m^3)　　(d) 32.0(MNm/m^3)

[설계개념]

1. 그림과 같은 핀이음(pin joint)에서 핀의 지름 d=3(cm), 핀의 허용응력을 τ_a=60(MPa)이라고 하면, 이 이음에 가할 수 있는 인장하중 는 얼마인가?

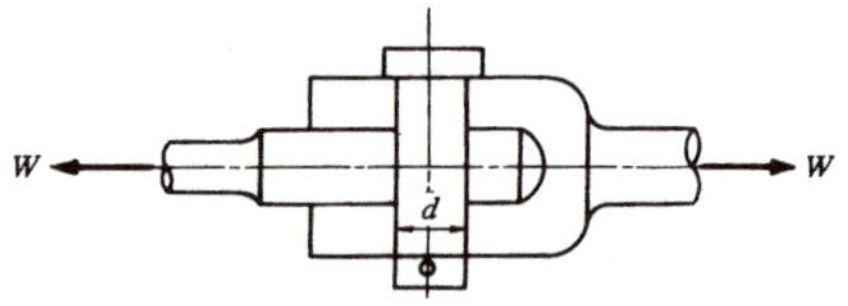

(a) 84.84(kN)　　(b) 62.71(kN)
(c) 42.56(kN)　　(d) 31.42(kN)

2. 최대하중 100(kN)을 감아올리는 크레인이 파괴하중 200(kN)인 로프 9개를 사용하였다면 안전계수를 얼마로 할 것인가?

(a) 12 (b) 16 (c) 18 (d) 20

3. 극한강도가 360(MPa)인 연강봉에 2(kN)의 인장하중을 안전하게 작용시키기 위한 봉의 지름은 얼마이면 되겠는가? 단, 안전율은 4이다.

(a) 0.53(cm) (b) 0.62(cm)
(c) 0.75(cm) (d) 0.84(cm)

4. 벨트전동에서 두께 9(mm)의 가죽벨트에 걸리는 인장하중이 최대 2(kN)일 때, 벨트의 폭은 얼마이면 되겠는가? 단, 가죽벨트의 인장강도는 26(MPa), 안전율은 10이다.

(a) 7.04(cm) (b) 8.55(cm)
(c) 9.43(cm) (d) 10.25(cm)

5. 안지름이 1.2(m)이고 두께가 15(mm)인 보일러를 연강판을 이용해서 제작하려고 한다. 이 때 허용응력을 72(MPa), 이음효율을 80(%)라고 하면 사용할 수 있는 내압은 얼마까지로 할 수 있겠는가?

(a) 9.8(MPa) (b) 1.44(MPa)
(c) 16.5(MPa) (d) 1.87(MPa)

6. 지름이 2(m)인 보일러의 두께는 20(mm)이고, 증기압력은 1.6(MPa)이다. 강판의 극한강도 450(MPa), 이음효율 85(%)일 때 이 강판의 안전계수는 얼마인가?

(a) 5 (b) 6 (c) 7 (d) 8

7. 600(rpm)으로 회전하는 주철제 풀리(pulley)의 허용응력을 8(MPa)이라 하면 이 풀리의 지름은 얼마가 되겠는가? 단, 비중량은 7.2(gf/cm^3)이라한다.

(a) 95(cm) (b) 106(cm) (c) 118(cm) (d) 138(cm)

8. 인장강도가 170(MPa)인 주철제 플라이휠(flywheel)이 원심력으로 인하여 파괴된다면 그 때의 속도는 얼마이겠는가? 단, 비중량은 7.2(gf/cm^3)이다.

(a) 126(m/s)　　(b) 135(m/s)　　(c) 153(m/s)　　(d) 164(m/s)

9. 물의 충격에 의한 압력상승은 정수압의 30(%),용접효율 80(%), 허용응력이 70(MPa)인 지름 1.5(m)의 용접관에 낙차를 350(m)까지 허용한다면 용접관의 두께를 얼마로 하면 되겠는가?

(a) 3(cm)　　(b) 4(cm)　　(c) 5(cm)　　(d) 6(cm)

10. 바깥지름 100(mm), 안지름 60(mm)의 중공축과 동일 재료로서 비틀림강도를 같게 하기 위한 원형중심축의 지름을 구하라.

(a) 9.5(cm)　　(b) 8.9(cm)　　(c) 8.4(cm)　　(d) 8.1(cm)?

11. 지름 d,길이가 l 인 봉을 양단을 고정하고 그림과 같이 토크를 작용시킬 때 봉의 좌측단의 토크 T_A는 얼마이겠는가?

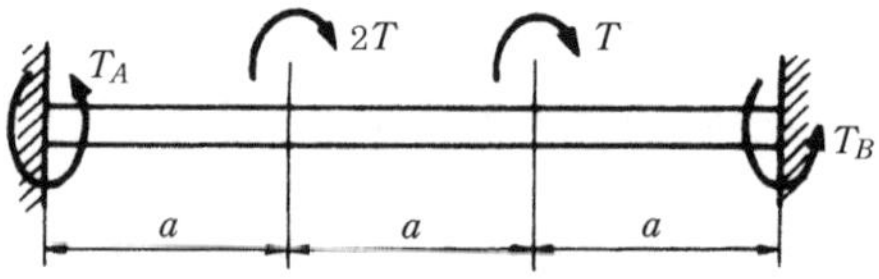

(a) $\frac{5}{3}T$　　(b) $\frac{4}{3}T$　　(c) $\frac{2}{3}T$　　(d) $\frac{1}{3}T$

12. 원형단면의 축에서 허용전단응력이 τ_a=20.4(MPa), 축재료의 전단탄성계수가 G=83.6(GPa)일 때 회전수 N=300(rpm), 전달동력이 H=30(kW)가 되려면 축의 지름은 얼마이면 되겠는가?

(a) 3.26(cm)　　(b) 4.27(cm)
(c) 5.34(cm)　　(d) 6.19(cm)

13. 지름 D=40(cm)의 그라인더휠(grinder wheel)이 원주속도 v=30(m/s)로 회

전하고 있다. 이 그라인더의 동력이 5(kW)일 때 휠의 축지름을 구하라. 단, 재료의 허용전단응력은 43(MPa)이다.

(a) 1.28(cm) (b) 1.43(cm)
(c) 1.58(cm) (d) 2.58(cm)

14. 600(rpm)으로 50(kW)를 전달시키는 축이 200(Nm)의 굽힘모멘트를 받을 때 축의 지름을 구하라. 단, σ_a=50(MPa), τ_a=30(MPa)이다.

(a) d=47(mm) (b) d=52(mm)
(c) d=65(mm) (d) d=76(mm)

15. 그림과 같은 양단 A와 B지점 사이에 풀리(pulley)가 달린 전동축에서 풀리의 지름 D=60(cm), 벨트의 인장력이 3(kN)과 1(kN)이 작용하여 동력을 전달할 때 축의 지름은 얼마인가? 단, 풀리의 자중은 무시하고, σ_w=80(MPa), τ_w=40(MPa)이다.

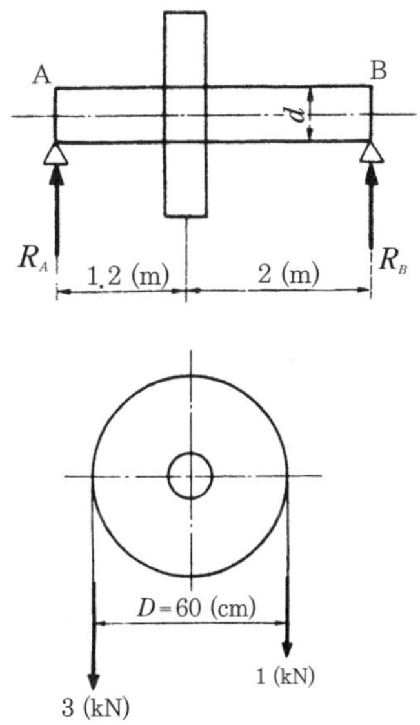

(a) d=74(mm)
(b) d=78(mm)
(c) d=85(mm)
(d) d=92(mm)

16. 지름 d=20(cm)의 연강축이 120(rpm)으로 회전함과 동시에 굽힘모멘트 M=3(kNm)가 작용할 때 몇 마력(PS)을 전달할 수 있는가? 단, 축 재료의 τ_a=75(MPa)라 하고 최대전단응력에 의하여 파손되는 것으로 본다.

(a) 1,230(PS) (b) 1970(PS)
(c) 2,052(PS) (d) 2,530(PS)

17. 지름 d=15(cm)인 원형단면의 차축에 굽힘모멘트 M_b=1(kNm), 비틀림모멘트 T=2(kNm)이 동시에 작용할 때 이 차축 속에 발생하는 최대주응력과 최대전단응력은 각각 얼마인가?

(a) $\sigma_{\max}$=4.88(MPa), $\tau_{\max}$=3.37(MPa)

(b) $\sigma_{\max}$=5.35(MPa), $\tau_{\max}$4.26(MPa)

(c) $\sigma_{\max}$=6.23(MPa), $\tau_{\max}$5.25(MPa)

(d) $\sigma_{\max}$=6.74(MPa), $\tau_{\max}$5.67(MPa)

5.4 고딕 건축의 역학적 구조와 보(beam)

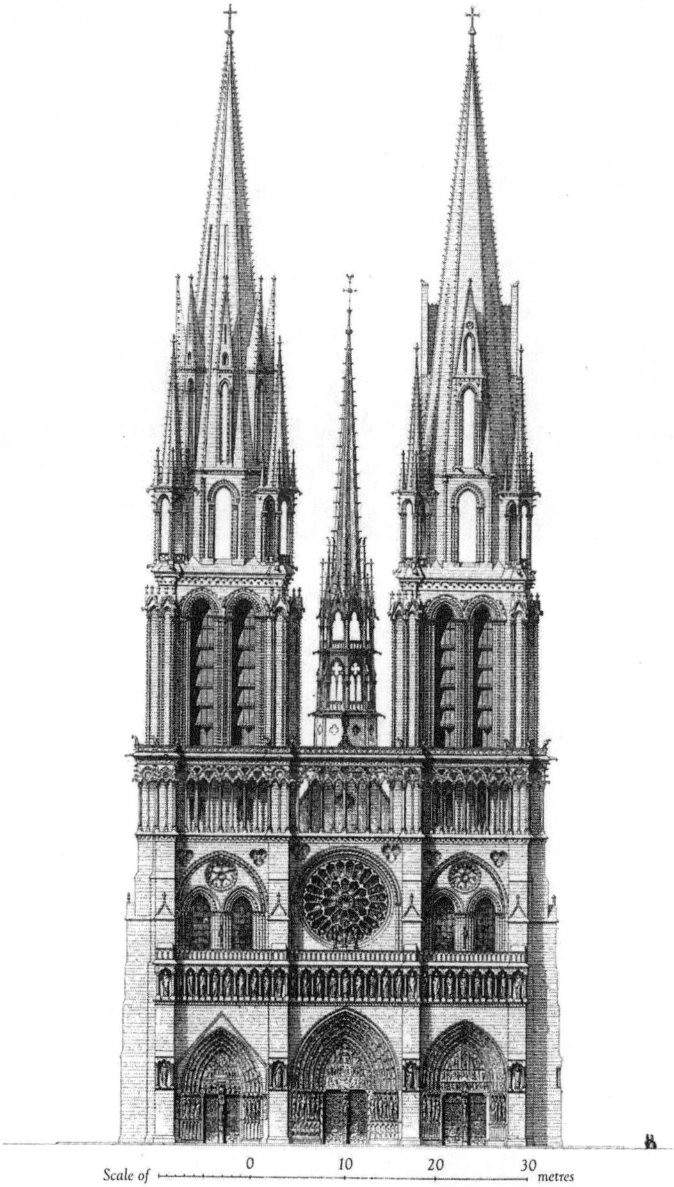

파리, 노트르담 대성당 정면 복원도, 출처 : 외젠 비올레르뒤크,『건축강의』 정유경 역, 아카넷, 2015.

• 그림 5-64 | 고딕건축, 밀라노 두오모 대성당

5.4.1. 타이 빔

고딕 건축은 지붕을 서까래와 보로 구성된 트러스 구조를 기본적으로 제작하였고 보가 처마높이 정도로 낮게 가로축으로 연결한 타이 빔(tie beam)을 설치하여 구조적인 안정감을 취했다. 타이 빔은 상부 트러스에서 전달되는 힘에 의해 바깥쪽으로 벌어지려는 기둥을 억제하는 역할을 하고, 트러스를 받치는 지지대 역할을 한다.

다음은 기둥과 지붕만 있는 구조에서 타이 빔의 효과를 입증하기 위해 컴퓨터 시뮬레이션을 사용하여 변위량과 응력을 해석하였다. 구조물은 목재로 제작되었다고 가정하였다.

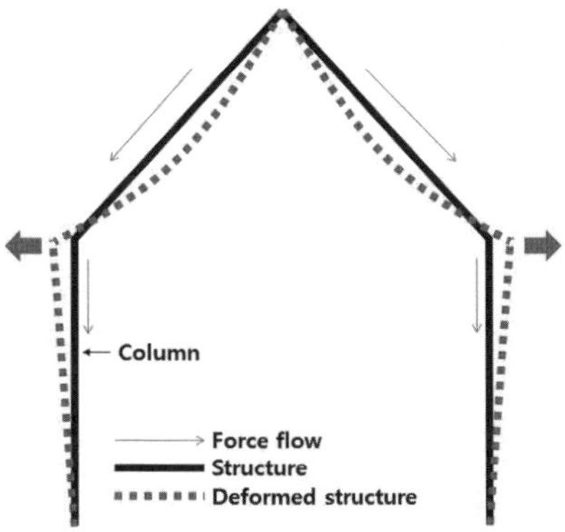

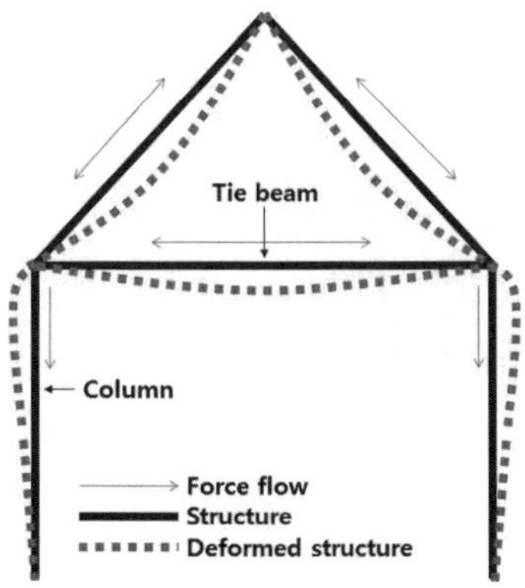

• 그림 5-65.| 타이 빔의 효과

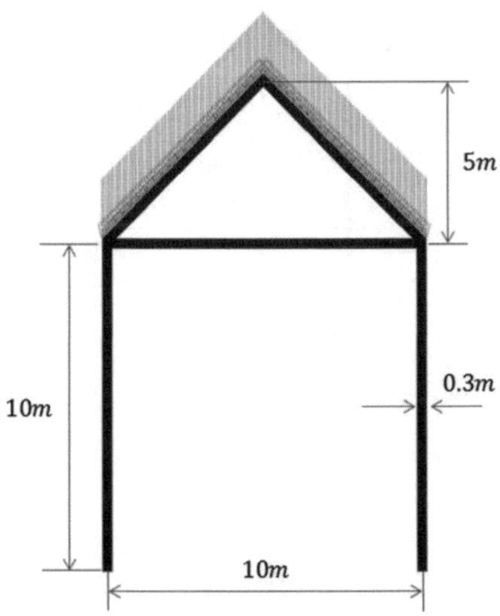

• 그림 5-66 | 구조물의 치수

1) 해석조건

①목재의 기계적 특성값은 밀도가 800kg/m^3, 탄성계수가 5Gpa, 포아송비가 0.32라고 가정하였다.

②기둥과 지붕의 폭은 0.3m로 동일하고, 기둥의 높이는 10m, 기둥과 기둥 사이 간격도 10m이며 지붕의 높이는 5m이다. 타이 빔이 있는 경우 타이 빔의 폭도 0.3m이다.

③기둥은 바닥면이 완전 고정되어 있고, 지붕에 약 140ton_f의 하중이 가해지고 있다고 가정하였다. 지붕과 기둥은 중력에 의한 무게도 고려하였다.

2) 해석결과

타이 빔이 없는 경우 구조물의 변형된 형상을 보면 기둥이 바깥방향으로 변위량이 크게 발생하면서 지붕의 높이도 아랫방향으로 처진 것을 확인할 수 있다. 해석결과에 의하면 약 50cm의 수평방향 변위량과 약 45cm의 수직방향 변위량(높이의 처짐량)이 발생하였고 좌 · 우로 변형이 크게 발생한 기둥의 상단부에서 45.7Mpa의 응력이 발생하였다. 즉, 기둥의 상단부에서 좌 · 우로 변형시키려는 힘이 크게 작용한다는 것을 알 수 있다.

그러나 타이 빔이 있는 경우 구조물의 변형은 크게 작아지고 안정된 형태를 보여주고 있다. 타이 빔이 좌 · 우의 기둥을 잡아주면서 기둥의 수평방향 변위량이 크게 감소하였고 높이의 처짐량도 동시에 감소하였다. 해석결과에 의하면 기둥의 수평방향 변위량과 높이의 처짐량은 각각 약 4cm와 6cm이다. 또한 기둥 상단부에서 발생하는 응력은 24.6Mpa로 타이 빔이 없는 경우에 비해 응력이 절반 가까이 감소하였다. 즉, 기둥의 상단부에서 좌 · 우로 변형시키려는 힘을 타이 빔이 감쇄시킨 것이다. 이와 같은 컴퓨터 시뮬레이션 결과를 통해 타이 빔이 구조물의 안정에 크게 기여함을 확인할 수 있었다.

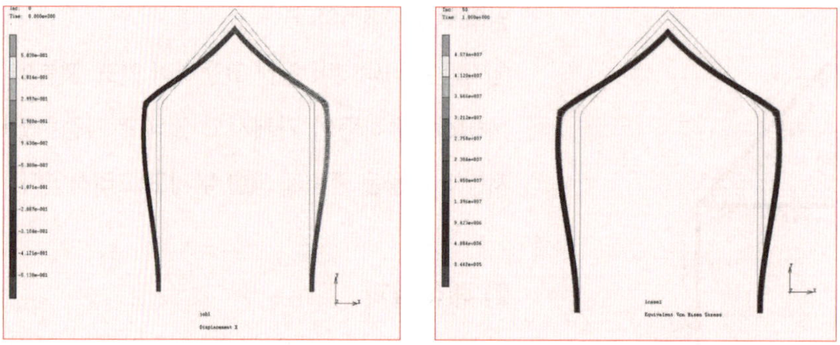

수평방향 변위량 응력

• 그림 5-67 | 타이 빔이 없는 경우

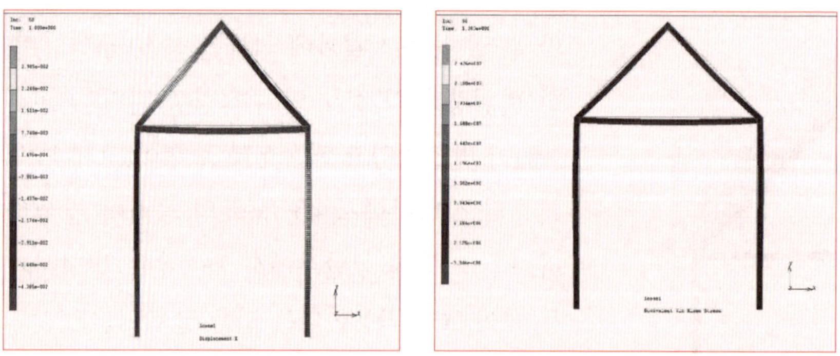

수평방향 변위량 응력

• 그림 5-68 | 타이 빔이 있는 경우

5.4.2. 해머 빔

기둥과 지붕이 있는 위 구조물에서 타이 빔이 구조물의 안정성에 크게 기여한다는 것을 알았다. 그러나 타이 빔은 구조물의 내부 공간, 특히 천장 높이를 제약하는 단점이 있었다. 고딕 건축에는 넓은 실내공간을 창출하기 위해 높은 천정이 필요했다. 이것을 위해 아치형 해머 빔(hammer beam)을 설치했는데 아름다운 조형미까지 갖추도록 조각하여 해머 빔은 고딕 천장 디자인의 정수로 통한다. 이와 같이 아름다운 고딕 건축의 실내공간을 창출한 해머 빔이 구조안정성에는 어떠한 영향을 미쳤는지 살펴보기 위해 컴퓨터 시뮬레이션을 사용하여 변위량과 응력을 해석하였다. 구조물은 목재로 제작되었다고 가정하였다.

1) 해석조건

①목재의 기계적 특성값은 밀도가 800kg/m^3, 탄성계수가 5Gpa, 포아송비가 0.32라고 가정하였다.

• 그림 5-69 | 햄프턴 궁전의 해머 빔 출처:www.google.com

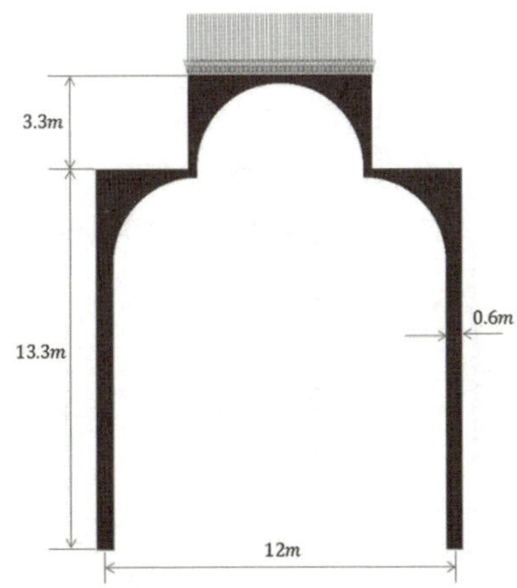

• 그림 5-70 | 구조물의 치수

②기둥의 지름은 0.6m이고, 기둥의 높이는 10m, 기둥과 기둥 사이 간격도 12m이며 해머 빔의 높이는 3.3m이다.

③기둥은 바닥면이 완전 고정되어 있고, 지붕에 약 140ton$_f$의 하중이 가해지고 있다고 가정하였다. 지붕과 기둥은 중력에 의한 무게도 고려하였다.

2) 해석결과

해머 빔이 설치되어 천정이 높아진 구조물의 경우 수평방향 변위량이 약 8cm가 발생하였고, 12.7Mpa의 응력이 발생하였다. 타이 빔이 없는 구조물의 변위량보다는 약 1/6수준으로 감소하고, 타이 빔이 있는 경우에 비해 약 2배가 증가하였다. 또한 응력은 타이 빔이 없는 구조물의 약 1/4수준이고, 타이 빔이 있는 경우와 비교해도 약 1/2수준으로 감소하였다. 이와 같은 컴퓨터 시뮬레이션 결과로부터 해머 빔은 구조적으로 넓은 실내공간을 창출할 뿐만 아니라 타이 빔과 같은 역할을 하여 기둥에서 발생하는 좌 · 우 방향의 변형량을 감소시키고 응력도 감소시켜 구조물의 안정성에 크게 기여함을 알 수 있다. 기둥의 지름이 앞선 해석보다 0.3m가 늘어났다고 하더라도 기둥이 변형되는 형상이 타이 빔이 있는 형태이고 응력이 상대적으로 고르게 분포하였기 때문에 위의 분석이 타당하다고 할 수 있다.

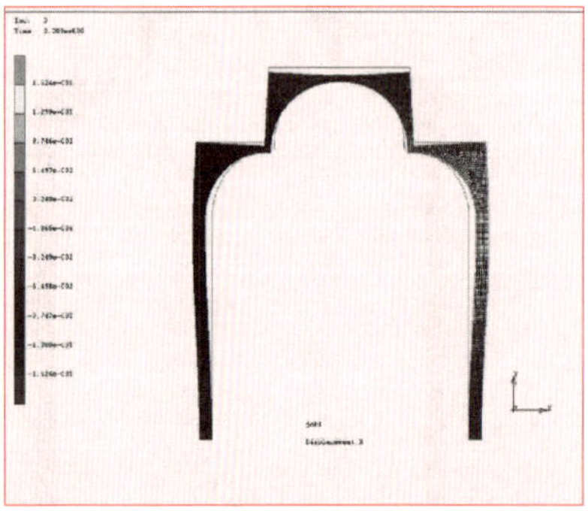

수평방향 변위량

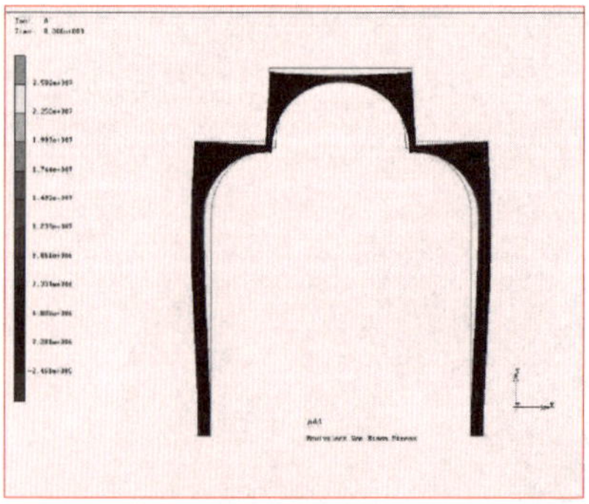

응력

• 그림 5-71 | 해머 빔의 구조적 효과

5.4.3. 보의 종류와 하중

단면치수에 비하여 길이가 긴 구조용 부재가 적당한 방법으로 지지되어 있고, 축선에 수직방향으로 하중이 작용하면 굽힘현상이 발생할 때 이것을 보(beam)라고 한다. 따라서 보는 인장이나 비틀림을 받는 봉재와 비교할 때 그 부재에 작용하는 하중의 방향이 근본적으로 다르다. 즉, 보에 작용하는 하중이 축선에 수직인데 비하여 인장을 받는 봉재에서는 하중이 축방향에 따라 작용하며, 비틀림을 받는 봉재에서는 축방향에 비틀려 회전하는 힘, 즉 토크(torque)를 받게 된다. 보의 모든 단면의 도심을 연결하는 선을 중심선 또는 축이라 하며, 이 중심선이 직선인 보를 직선보, 중심선이 곡선인 보를 곡선보라고 한다.

이 장에서는 보에 작용하는 하중과 반력이 그 보의 중심선을 포함하는 한 평면 안에 있는 가장 단순한 형태의 직선보만을 다루기로 하며, 일반적으로 보라고 하면 이 직선보를 말한다. 이러한 보에서는 정역학의 평형조건만을 이용하여 미지수인 반력(reaction force) 등을 구할 수 있는 정정보(statically determinate beam)와 평형조건만으로는 미지수를 해결할 수 없는 부정정보(statically indeterminate beam)가 있다. 여기서는 정정보에 대해서만 다루기로 한다.

1) 보의 지점의 종류

보를 지지하는 점으로서 이 점에서 반력이 발생되는 지점(support)에는 다음과 같은 세 가지가 있다.

① 가동 힌지 지점(hinged movable support)

그림 5-72(a)와 같이 롤러(roller)로 지지되어 있어 보의 회전과 평행이동은 자유로우나 수직이동이 불가능한 지점으로서 수직방향에 한 개의 미지수가 발생한다.

② **부동 힌지 지점**(hinged immovable support)

그림 5-72(b)와 같이 핀(pin)으로 지지되어 있어 회전은 자유로우나 수평 및 수직이동이 불가능하여 수직 및 수평방향에 2개의 미지수가 발생된다.

③ **고정지점**(fixed support)

그림 5-72(c)에서와 같이 완전 고정되어 있어 보의 회전, 수평 및 수직이동이 모두 불가능하여 모멘트반력과 수평 및 수직반력 등 3개의 미지수가 발생된다.

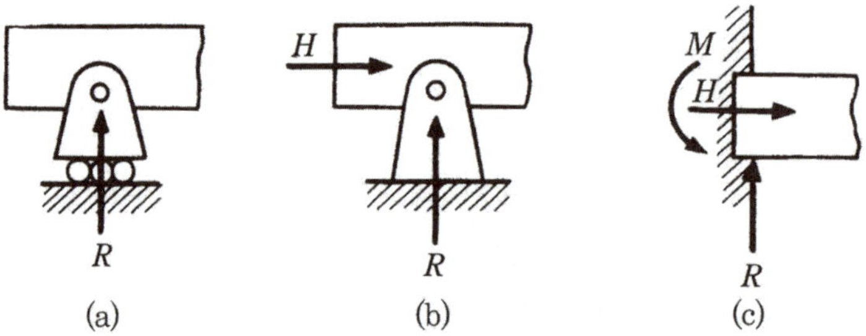

• 그림 5-72

2) 평형조건

정지하고 있는 물체가 외력을 받았을 경우 평형상태를 유지하려면 외력으로 인하여 발생된 미지의 반력과 작용외력이 같아야 된다. 이 경우 미지의 반력을 결정하려면 다음과 같은 6개의 평형조건식(또는 평형방정식 ; equilibrium equation)이 성립되어야 한다. 즉 x, y, z축 방향의 힘의 성분을 X, Y, Z라 하고 x, y, z축 주위를 회전하는 모멘트 성분을 M_x, M_y, M_z라 하면

$$\sum X = 0, \sum Y = 0, \sum Z = 0$$
$$\sum M_x = 0, \sum M_y = 0, \sum M_z = 0 \qquad (5\text{-}24)$$

인 입체방정식이 성립된다.

만일, 외력이 전부 한 개의 평면 내에 있다면 $\sum Z = 0$와, $\sum M_x = 0$, $\sum M_y = 0$는 생각할 필요가 없으므로

$$\sum X = 0, \sum Y = 0, \sum M_z = 0 \qquad (5\text{-}25)$$

인 평면의 평형방정식으로 표시된다. 재료역학에서는 2차원평면만을 다루므로 재료역학에서 평형방정식이라고 하면 일반적으로 이 평면의 평형방정식을 말한다.

한편, 보에 작용하는 외력은 거의 수직하중이며, 수평하중은 특수한 경우를 제외하면 거의 없으므로 평면의 평형방정식 중에서도 $\sum X = 0$은 생략되는 경우가 대부분이다.

또 $\sum M_z = 0$역시 보에서는 z축에 대한 평면만을 다루므로 혼동할 염려

차원 / 힘의 종류	일차원	이차원	삼차원
	 	 	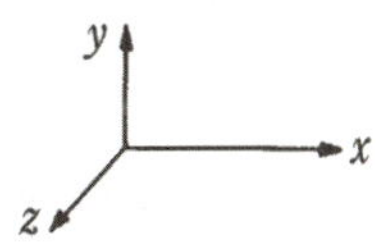
$\sum F = 0$	$\sum F_z = 0$	$\sum F_x = 0$ $\sum F_y = 0$	$\sum F_x = 0$ $\sum F_y = 0$ $\sum F_z = 0$
$\sum M = 0$	-	$\sum M_z = 0$	$\sum M_x = 0$ $\sum M_y = 0$ $\sum M_z = 0$

• 표 5-7 | 차원별 힘과 모멘트 평형조건

가 없어 첨자 z를 생략한 채 $\sum M = 0$으로 사용된다. 이 관계를 정리하면 표 5.7과 같다.

3) 보의 종류

보는 지지 방법에 따라 분류하면 그림 5-73과 같은 6가지 기본형으로 나눌 수 있다.

① 양단 단순지지보(beam with simply supported ends)

지점 A는 핀으로 지지된 부동 힌지 지점이며, 지점 B는 롤러로 지지된 가동 힌지지점으로서 미지반력은 R_A, R_B의 2개이며 정정보이다. 간단히 단순보(simple beam)라고도 한다(그림 5-73(a)).

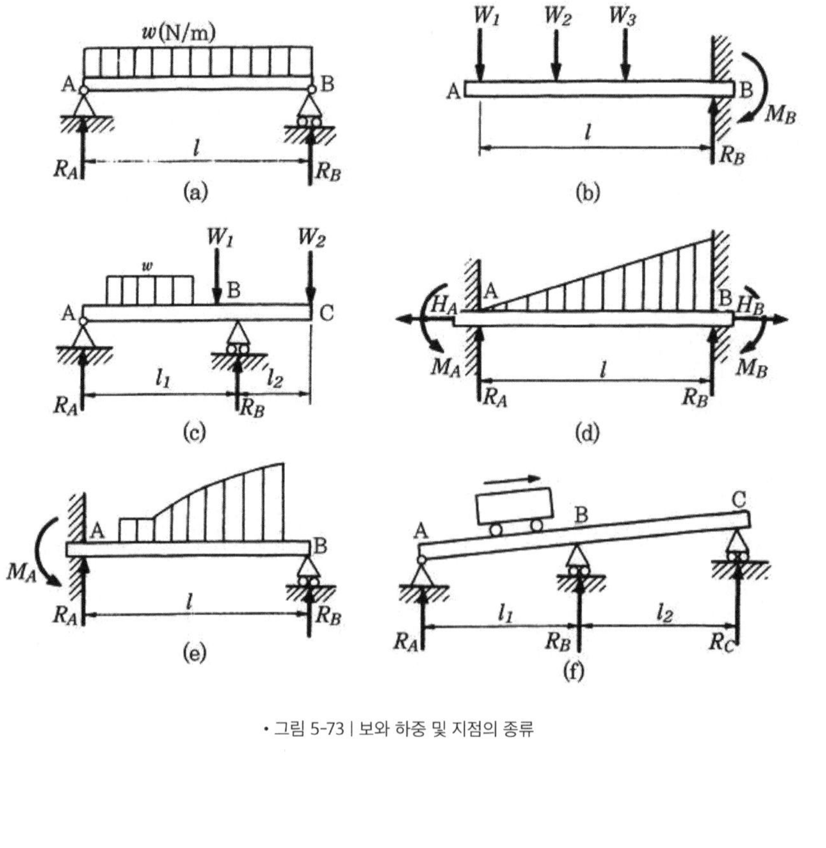

• 그림 5-73 | 보와 하중 및 지점의 종류

② **외팔보**(cantilever beam)

지점 B는 고정지점이며 지점 A는 자유로이 되어 있고 미지의 반력은 R_B와 M_B의 2개이며 정정보이다(그림 5-73(b)).

③ **내다지보**(overhanging beam)

지점 A는 부동 힌지 지점이고, 지점 B는 가동 힌지 지점으로 되어 있으며, 보의 한 부분이 지점 밖으로 돌출되어 있어 돌출보라고도 한다. 미지의 반력은 R_A와 R_B의 2개이며 정정보이다(그림 5-73(c)).

④ **양단고정보**(fixed beam)

양단이 고정지점이며, 미지의 반력은 R_A, R_B, M_A, M_B, H_A, H_B의 6개인 부정정보이다. 간단히 고정보라고도 한다(그림 5-73(d)).

⑤ **일단고정 타단지지보(one end fixed other end supported beam)**

지점 A는 고정지점이고, 지점 B는 가동 힌지 지점이며, 미지의 반력은 수평반력이 무시되었으므로 R_A, R_B, M_A의 3개인 부정정보이다. 간단히 고정지지보라고도 한다(그림 5-73(e)).

⑥ **연속보**(continuous beam)

한 개의 부동 힌지 지점과 2개 이상의 가동 힌지 지점이 연속으로 지지되어 있을 때의 보이며, 미지의 반력은 수평반력을 무시하면 지점의 수와 같다. 따라서 평형방정식의 수보다는 항상 한 개가 더 많기 때문에 부정정보이다(그림 5-73(f)).

4) 하중의 종류

보에 작용하는 하중의 종류를 분류하면 다음과 같은 6가지의 기본형으로 나누어진다.

① 균일분포하중(uniformly distributed load)

보의 단위길이에 작용하는 하중의 분포상태가 균일한 하중이며, 등분포하중이라고도 한다(그림 5-74(a)).

② 집중하중(concentrated load)

보의 어느 일정한 지점에 집중하여 작용하는 하중이다(그림 5-74(b)).

③ 점변분포하중(uniformly varying load)

보의 축에 다른 거리와 함께 하중의 세기가 직선적 변화율을 갖는 하중이며, 모양이 삼각형이 되므로 3각분포하중이라고도 한다(그림 5-74(d)).

④ 불균일분포하중(varying load)

보의 작용하는 하중의 변화율이 균일하지 않을 때의 하중으로서 부등분포하중이라고도 한다(그림 5-74(e)).

⑤ 이동하중(moving load)

차량이 교량 위를 통과할 때와 같이 하중이 이동하면서 작용하는 하중이다(그림 5-74(f)). 집중하중이나 이동하중은 단위가 (N)이고 분포하중은 (N/m)이다. 또 보의 자중은 균일분포하중이다.

⑥ 반력의 하중(supporting load)

각 지점에 발생되는 수직반력, 수평반력 및 모멘트가 있다.

5.4.4. 보의 전단력과 굽힘모멘트

그림 5-74(a)에 표시된 바와 같이 단순보에 3개의 집중하중이 작용할

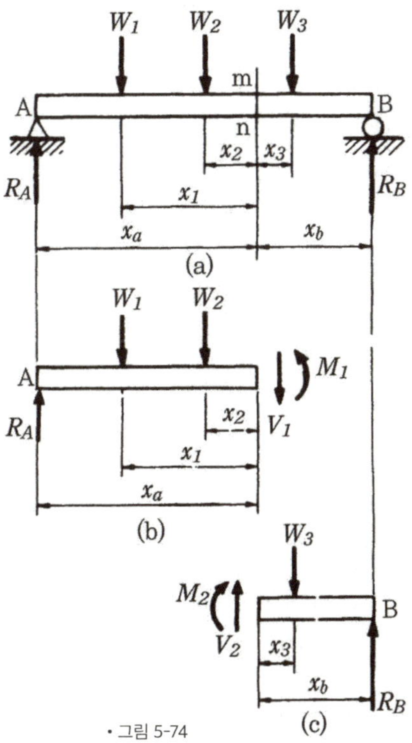

• 그림 5-74

때 지점 A 및 B에서는 반력 R_A 및 R_B 가 발생되며, 이들의 힘들은 서로 평형을 가진다. 즉, 보가 평형이 되기 위해서는 1) 이에 작용하는 모든 힘의 합은 0이 되어야 하고, 2) 임의단면에 대한 힘의 모멘트의 합 역시 0이 되어야 한다. 한편 그림 5-74(a)의 임의단면인 mn단면을 절단하여 자유물체도(free body diagram)로 표시하면 그림 5-74 (b) 및 (c)와 같다.

이 자유물체도의 왼쪽 부분과 오른쪽 부분이 서로 평형을 유지하기 위해서는 mn의 단면을 따라 어떤 힘(전단력)의 작용이 필요하고, 동시에 모멘트의 작용이 일어나지 않으면 안 된다.

하중(W)과 반력(R)에 대응되는 임의단면에 발생하는 전단력(V)과 모멘트(M)는 평형조건으로부터 다음과 같이 된다.

$$\sum Y = 0,\ \ R_A - W_1 - W_2 - W_3 + R_B = 0 \qquad \text{(a)}$$

$$\sum M = 0,\ \ R_A x_a - W_1 x_1 - W_2 x_2 - W_3 x_3 + R_B x_b = 0 \qquad \text{(b)}$$

그림 5-74(b)에서 V_1, M_1 은

$$R_A - W_1 - W_2 - V_1 = 0\ , \qquad \therefore\ V_1 = R_A - W_1 - W_2 \qquad \text{(c)}$$

$$R_A x_a - W_1 x_1 - W_2 x_2 - M_1 = 0\ , \quad \therefore\ M_1 = R_A x_a - W_1 x_1 - W_2 x_2 \qquad \text{(d)}$$

그림 5-74(c)에서 V_2와 M_2는

$$V_2 - W_3 + R_B = 0 \quad \therefore V_2 = W_3 - R_B \qquad \text{(e)}$$

$$M_2 + W_3 x_3 - R_B x_b = 0 \qquad \therefore M_2 = -W_3 x_3 + R_B x_b \qquad \text{(f)}$$

식 (c)와 (e)에서 $V_1 = V_2$(g)

식 (d)와 (f)에서 $M_1 = V_2$(h)

여기서 V_1과 V_2 또는 M_1과 M_2는 각각 그 크기가 같고 방향이 반대임을 알 수 있다. V_1 및 V_2를 보의 단면에 작용하는 전단력(shearing force), M_1 및 M_2를 굽힘모멘트(bending moment)라고 한다.

그러므로 전단력과 굽힘모멘트를 구할 때는 임의단면의 왼쪽 또는 오른쪽에 대하여 편리한 쪽을 택하여 계산하면 된다. 이를 정리하면 보에 하중이 작용할 때 임의단면의 좌우에 작용하는 전단력(V)과 굽힘모멘트(W)의 대수합은 크기는 같고 방향이 반대이다. 그러나 작용방향에 따라 부호를 착각하기 쉬우므로 부호규약을 정하는 것이 편리하다. 부호규약은 일정한 것이 아니고 저서에 따라 서로 다를 경우도 있다.

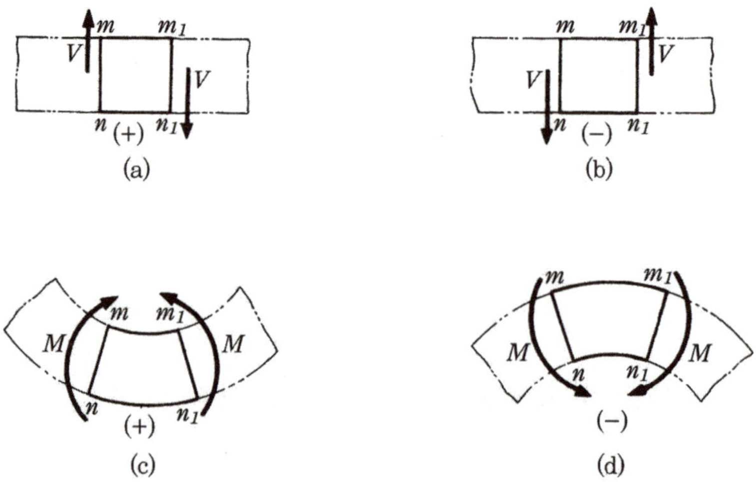

• 그림 5-75 | 전단력 및 굽힘모멘트의 부호

그림 5-75는 전단력과 굽힘모멘트의 부호규약이다.

여기서 전단력은 시계회전 방향으로 요소를 회전시키려는 방향을 (+)로 하고, 그 반대방향을 (-)로 한다. 굽힘모멘트의 경우는 단면의 왼쪽에 있는 외력의 합성모멘트가 시계방향으로 회전하려는 모멘트를 (+)로 하고 그 반대인 경우를 (-)로 한다. 즉, (+)굽힘모멘트는 그림에서와 같이 아래쪽으로 볼록하게 되는 경우이며, (-)굽힘모멘트는 위쪽으로 볼록하게 되고자 작용하는 것이 된다.

그러나 학자에 따라서는 반시계방향을 (+)로 규정하는 경우도 있어 혼동이 예상되나, 부호약속을 어떻게 하든 분명한 것은 "동일 평면 내에서 동일 방향은 동일 부호를 취한다."라고 하는 사실만 정확히 지킨다면 계산의 결과인 절대값은 변화가 없다. 재료역학에서의 (+), (-)부호란 방향을 의미하고 있으며 실제적으로 설계에 기여할 수치는 바로 이 절대값이 된다.

5.4.5. 보의 전단력과 굽힘모멘트의 관계

보의 임의단면에서의 하중, 전단력, 굽힘모멘트는 서로 독립되어 있는 것이 아니고, 이들 간에는 긴밀한 관계를 갖고 있는 것이다. 따라서 이들의 관계를 아는 것은 보의 문제를 해결하는 데, 특히 전단력선도와 굽힘모멘

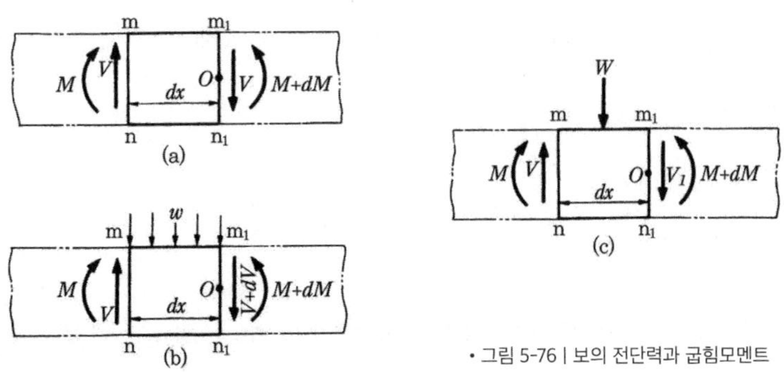

• 그림 5-76 | 보의 전단력과 굽힘모멘트

트선도를 그리는 데 매우 중요하다.

이 관계를 얻기 위한 수단으로 보에서 잘라낸 임의의 한 요소로서 그림 5-76(a)와 같이 미소거리 만큼 떨어진 두 인접단면 mn과 을 생각하자. 그 요소의 왼쪽 표면에는 (+)의 전단력 와 굽힘모멘트 이 작용하고 있다고 가정한다.

일반적으로 와 은 보의 축에 따라 측정되는 거리 의 함수이므로, 이 요소의 오른쪽 표면에서는 전단력과 굽힘모멘트가 왼쪽에서의 값들과 약간 다른 값이 될 것이다. 와 의 증가량을 각각 와 으로 표시하면, 오른쪽 표면에서의 대응되는 전단력과 굽힘모멘트는 와 이다.

우선 두 단면 사이에 외력이 작용하지 않는 그림5-76(a)의 경우를 생각하자. 외력의 작용이 없으므로 좌우 표면의 전단력의 변화는 없을 것이다.

한편 이 요소는 평형상태에 있어야 하므로 그 힘들이 단면의 임의적인 O점에 대한 모멘트를 생각하면 그 대수합은 0이 되어야 한다. 즉,

$$M-(M+dM)+Vdx=0 \qquad \therefore \frac{dM}{dx}=V \tag{5-26}$$

가 되고, 보의 집중하중의 작용점들 사이에 있는 부분의 임의단면에서는 굽힘모멘트의 에 대한 변화율이 그 단면에서의 전단력과 같음을 알 수 있다.

다음은 그림 5-76(b)와 같이 단면 mn과 사이에 균일분포하중()이 작용할 경우 요소의 임의점 O점에 대한 모든 힘의 모멘트의 대수합은 0이 되어야 하므로,

$$M-(M+dM)+Vdx-w\,dx\left(\frac{dx}{2}\right)=0$$

을 얻게 되고, 이 식에서 미소량의 제곱은 더욱 미소하므로 무시할 수

있다. 따라서

$$-dM + V\,dx = 0 \quad \therefore \frac{dM}{dx} = V$$

가 되어 식 5-26에 일치되며, 전단력과 굽힘모멘트의 관계는 외력의 유무에 관계없이 항상 성립함을 알 수 있다.

수직력들의 대수합을 0으로 놓으면,

$$V - (V + dV) - w\,dx = 0 \qquad \therefore \frac{dV}{dx} = -w \qquad (5\text{-}27)$$

가 되므로, 두 단면 사이에 균일분포하중 가 작용할 때는 전단력도 보의 위치에 따라 변화함으로써 에 대한 변화율은 단위길이에 대한 하중에 (−)부호를 붙인 값과 같다는 것을 알 수 있다.

이번에는 두 단면 사이에 집중하중 가 작용하는 그림 5-76(c)의 경우를 생각하자. 요소의 mn단면의 전단력을 로 나타내고 단면의 전단력을 이라 가정한 후 요소에 작용하는 수직력의 대수합을 0으로 놓으면,

$$V - W - V_1 = 0 \qquad \therefore V_1 = V - W \qquad (5\text{-}28)$$

식 5-28에서 보의 미소길이 dx사이에서 전단력의 갑작스런 변화가 일어나는데, 하중작용점의 왼쪽으로부터 오른쪽으로 지나갈 때에는 아래쪽으로 작용하는 하중의 크기와 같은 양만큼 전단력이 감소하게 된다.

일반적으로 굽힘모멘트의 최대값은 전단력 $V = 0$인 점, 즉 (+)에서 (−)로 바뀌는 점에서 일어나고, 임의단면의 굽힘모멘트는 그 단면까지의 전단력선도의 면적으로 표시될 수 있다는 것을 알 수 있다. 이 전단력의 부호가 바뀌는 점은 작용하중점 아래이며, 이곳에서 전단력선도는 불연속이 되며, 이와 더불어 굽힘모멘트선도의 기울기도 이 점을 불연속적으로 변화

된다.

한편 보의 임의단면의 전단력이 (+)라고 한다면 그 위치에서의 굽힘모멘트선도의 기울기 또한 (+)로 되어야 하며, 식 5-27의 관계에서 분포하중 가 작용하는 경우 전단력은 의 (+)방향에 따라 와 같은 기울기로 감소함도 알 수 있다.

5.4.6. 전단력선도와 굽힘모멘트선도

수직하중을 받는 보의 단면에 작용하는 전단력 V와 굽힘모멘트 M은 단면의 위치를 나타내는 거리 x에 따라 변화된다. 어떤 단면에서의 응력의 크기를 안다는 것은 보를 설계할 때에 대단히 중요하고도 편리하다.

이러한 자료를 제공하는 편리한 방법으로 응력들의 크기가 그 단면에서의 와 의 값에 따라 결정되므로, 이들의 값이 거리 x에 따라 어떻게 변화되는가를 나타내 주는 선도를 그리는 것이다. 이렇게 함으로써 이들의 크기를 일일이 계산하지 않고 그 크기와 변화 상태를 바로 알 수 있게 된다.

이 선도를 그리기 위하여 단면의 위치를 나타내는 거리 X를 가로좌표에 잡고, 이에 대응되는 전단력 V_x와 굽힘모멘트 M_x의 값을 세로좌표에 잡아 그린 것을 각각 전단력선도(shearing force diagram ; SFD) 및 굽힘모멘트선도(bending moment diagram ; BMD)라고 한다.

이 선도를 그리는 요령은 우선 ① 보의 미지수인 반력을 구하고, ② 하중의 종류에 따라 적당한 구간으로 나누어 구간 내에서 임의단면을 잡아 임의단면에 대한 자유물체도를 그려 임의단면에서의 전단력과 굽힘모멘트를 구한다. ③ 다음으로 보에 주어진 경계조건(boundary condition ; B.C.)을 이용하여 선도를 그리는 데 필요한 지점의 값, 즉 최대, 최소라든지 전단력이나 굽힘모멘트가 0이 되는 지점의 값을 계산하여 선도상에 점으로 표시한다. ④ 끝으로 1차 함수는 직선, 2차 함수는 포물선과 같은 방법으로 표시된 점들을 연결하면 선도가 완성된다.

1) 단순보에 대한 선도

① 1개의 집중하중이 작용하는 경우

그림 5-77에서와 같이 임의 위치에 1개의 집중하중이 작용하는 단순보에서 우선 평형방정식을 이용하여 각 지점의 반력 R_A, R_B를 구하면 다음과 같다.

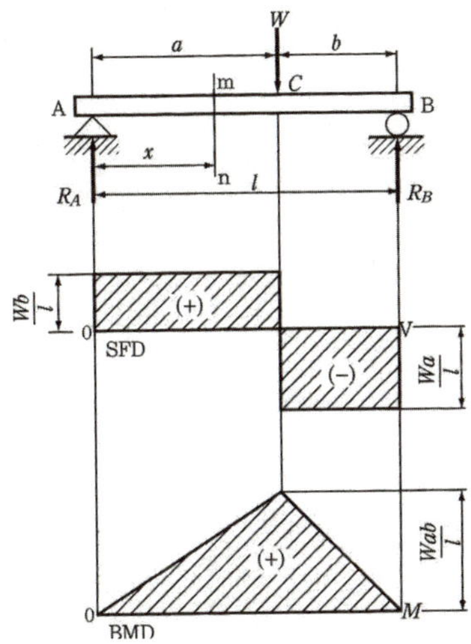

• 그림 5-77

$$\Sigma Y=0,\ \ R_A+R_B-W=0 \qquad \text{(a)}$$

$$\Sigma M_B=0,\ \ R_A l-Wb=0 \qquad \text{(b)}$$

식 (a)와 (b)에서

$$\therefore R_A=\frac{Wb}{l} \qquad R_B=W-R_A=\frac{Wa}{l} \qquad \text{(5-29)}$$

다음은 임의단면에 대한 전단력과 굽힘모멘트를 구하기 위하여 구간을 나누는데, AC 구간에서 임의단면을 잡을 경우와 CB 구간에서 임의단면을 잡을 경우가 각각 상황이 다르므로 두 구간으로 나누어 생각한다.

① $0 \leqq x \leqq a$

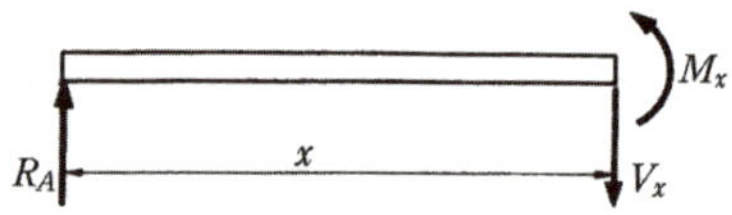

$$V_x = R_A = \frac{Wb}{l} \tag{5-30}$$

$$M_X = R_A x = \frac{Wb}{l} x \tag{5-31}$$

$$\text{B.C.} \begin{cases} x=0 \ : M=0 \\ x=a \ : M=\dfrac{Wab}{l} \end{cases}$$

② $0 \leqq x \leqq l$

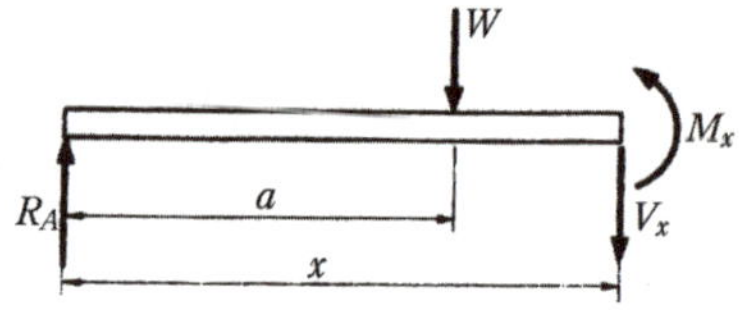

$$V_x = R_A - W = \frac{Wb}{l} - W = -\frac{Wa}{l} \tag{5-32}$$

$$M_x = R_A x - W(x-a) = \frac{Wb}{l} x - W(x-a) \tag{5-33}$$

$$\text{B.C.} \begin{cases} x=a \ : M=\dfrac{Wab}{l} \\ x=l \ : M=0 \end{cases}$$

③ 또는 임의단면을 B지점으로부터 정해도 된다.

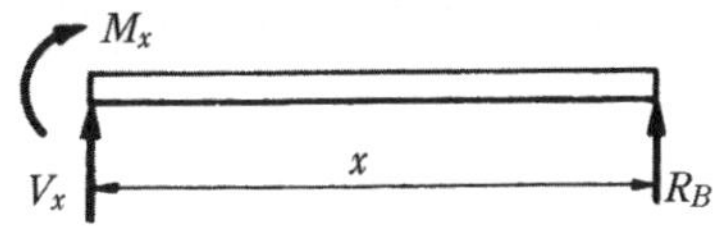

$$V_x = -R_B$$

$$M_x = R_B x$$

$$\text{B.C.} \quad \begin{cases} x=0 \ : M=0 \\ x=b \ : M=\dfrac{Wab}{l} \end{cases}$$

이번에는 앞의 자유물체도에서 관찰한 것과 그림 5-77의 선도에 대하여 검토 및 그 성질에 대해서 다시 한 번 살펴보기로 한다.

전단력선도의 좌측단의 크기는 바로 보의 반력의 크기임을 알 수 있다. 이는 보의 좌측단에 반력이나 집중하중이 작용하면 전단력선도는 그 반력이나 집중하중의 크기에서부터 시작됨을 알 수 있다.

한편 $0 \leqq x \leqq a$의 구간에서는 임의단면에 대한 전단력에 관한 식이 $V_x = R_A = \frac{wb}{l}$ 인 상수임을 알 수 있고, 식 5-27로부터 $\frac{dV_x}{dx}=0$ 임을 알 수 있다. 즉, 기울기가 0이므로 전단력선도는 수평선을 유지함을 알 수 있다. 또 $0 \leqq x \leqq l$의 구간에서 임의단면을 취하여 얻은 전단력에 관한 식은 $V_x = R_A - W = -\frac{wa}{l} = -R_B$ 임을 알 수 있고, 이는 반력 R_A와 집중하중과의 차이이며 Y축 방향으로 작용하는 힘의 평형으로부터 이 값이 바로 반력 R_B값 또 집중하중과 반력의 차이에 따라 선도는 집중하중의 작용점 아래에서 급격하게 변화된다는 것도 알 수 있다. 이 구간에서도 $\frac{dV_x}{dx}=0$ 이므로 선도는 수평선으로 유지되며, 우측단에서의 크기는 바로 반력 R_B임을 알 수 있다.

한편 굽힘모멘트선도에서는 좌측단에서의 그 크기가 0으로 시작된다. 이는 모멘트의 크기의 결정은 하중에 거리를 곱하여 표시하게 되는데, 보의 좌측단에는 반력 R_A라는 하중은 작용하지만 모멘트의 작용거리가 0이 되므로 당연히 그 크기는 0이 된다.

다음 0 ≦ x ≦a의 구간에서 임의단면을 취하여 그 임의단면에 대한 모멘트식을 구하면 $M_x = R_A x = \frac{wb}{l} x$가 되고, 식 5-28에서 $\frac{dM_x}{dx} = \frac{wb}{l} = R_A$인 상수로 나타나게 되어 모멘트선도의 기울기는 직선이 됨을 알 수 있다. 그런데 그 상수값이 (+)값이므로 선도의 기울기 역시 (+)의 값을 갖는 직선이 된다. 또 이것은 위의 전단력선도와 비교할 때 전단력선도의 면적이 (+)값이라는 것을 알 수 있다. 즉, 모멘트선도의 기울기의 방향은 전단력선도의 면적값이 부호에 따라 결정할 수 있음을 알 수 있다.

또 0 ≦ x ≦ l의 구간에서의 모멘트식은 $M_x - R_{Bx} = 0$에서 $M_x = R_{Bx}$가 된다. 한편 식 5-28으로부터 $\frac{dM_x}{ax} = R_B$가 되며, 이 구간에서의 전단력선도의 면적이 (-)값을 취하므로 모멘트선도는 (-)의 기울기를 취하는 직선이 된다.

또 집중하중의 작용점 아래에서는 기울기가 (+)에서 (-)로 바뀌는 점, 즉 수학적으로 변곡점(inflection point)에 해당되며 $\frac{dM}{dx} = 0$인 지점이 되어 이 점에서 모멘트의 극값, 즉 최대값 혹은 최소값이 발생하게 된다.

위의 선도에서는 하중의 작용점인 C점에서 최대 굽힘모멘트값, 즉 $M_{\max} = \frac{wab}{l}$가 발생된다. 이와 같이 최대모멘트값이 발생되는 단면은 위험을 가장 많이 받는 단면이므로 위험단면(dangerous section)이라고 한다. 만일, 하중이 $x = \frac{l}{2}$인 보의 중앙에 작용하였다고 하면 보의 중앙단면의 굽힘모멘트 $M_{\max} = \frac{Wl}{4}$이 되며 위험단면은 보의 중앙이 된다.

한편 0 ≦ x ≦ a의 구간에서 전단력선도의 면적은 $\frac{Wb}{l} \cdot a$, 즉 $\frac{Wab}{l}$인데 이 값은 이 구간에서의 굽힘모멘트의 증가량을 나타내게 되며, 같은 방법으로 0 ≦ x ≦ l의 구간에서는 전단력선도의 면적이 $-\frac{Wab}{l}$가 되고, 이것은 이 구간에서의 굽힘모멘트가 이 값만큼 감소한다는 것을 의미한다.

(2) 2개 이상의 집중하중이 작용하는 경우

그림 5-78와 같이 여러 개의 집중하중이 작용할 때는 하중의 작용점들

사이의 보의 각 구간에 대하여 V와 M의 방정식을 구해야 한다.

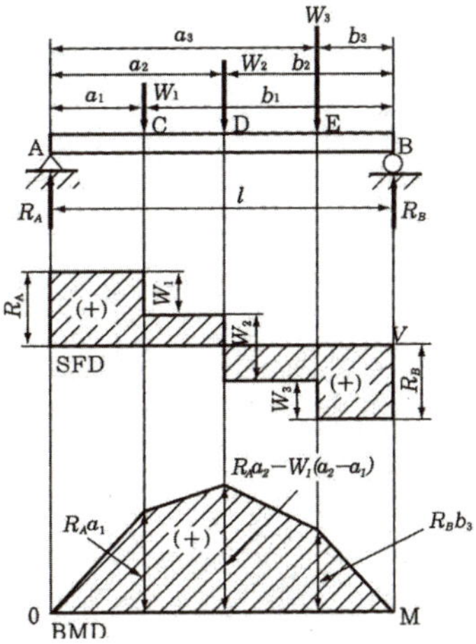

• 그림 5-78

우선 반력을 구하면 다음과 같다.

$$\Sigma Y=0,\ R_A - W_1 - W_2 - W_3 + R_B = 0 \tag{a}$$

$$\Sigma M_B = 0,\ R_A l - W_1 b_1 - W_2 b_2 - W_3 b_3 = 0 \tag{b}$$

$$\Sigma M_A = 0,\ -R_B l + W_1 a_1 + W_2 a_2 + W_3 a_3 = 0 \tag{c}$$

식 (a), (b), (c)를 연립하여 풀면 다음과 같다.

$$\therefore R_A = \frac{W_1 b_1 + W_2 b_2 + W_3 b_3}{l}$$

$$R_B = \frac{W_1 a_1 + W_2 a_2 + W_3 a_3}{l} \tag{5-34}$$

각 구간의 임의단면에 대한 와 을 구하면 다음과 같다.

① $0 \leqq x \leqq a_1$

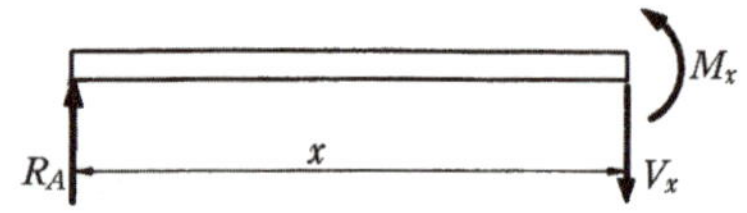

$V_x = R_A$ (d)

$M_x = R_A x$ (e)

B.C. $\begin{cases} x=0 & : M=0 \\ x=a & : M=R_A a_1 \end{cases}$

② $a_1 \leqq x \leqq a_2$

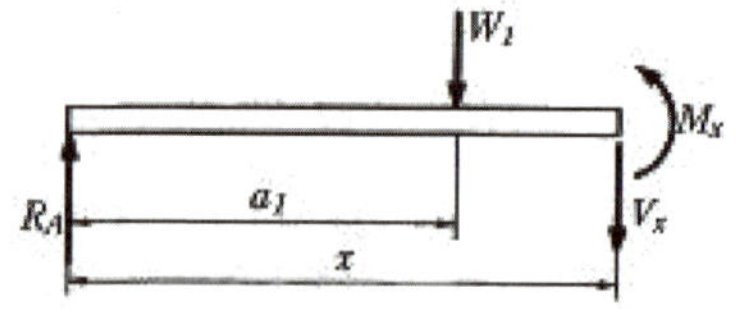

$V_x = R_A - W_1$ (f)

$M_x = R_A x - W_1(x - a_1)$ (g)

B.C. $\begin{cases} x=a_1 & : M=R_A a_1 \\ x=a_2 & : M=R_A a_2 - W_1(a_2 - a_1) \end{cases}$

③ $a_2 \leqq x \leqq a_3$

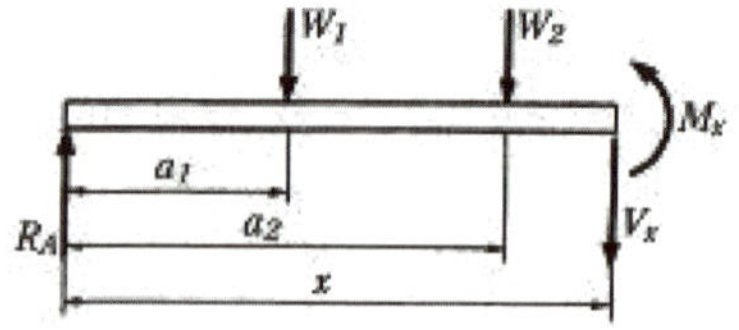

$V_x = R_A - W_1 - W_2$ (h)

$M_x = R_A x - W_1(x - a_1) - W_2(x - a_2)$ (g)

B.C. $\begin{cases} x=A_2 & : M=R_A a_1 - W_1(a_2 - a_1) \\ x=a_3 & : M=R_A a_3 - W_1(a_3 - a_1) - W_3(a_3 - a_2) \end{cases}$

④ $a_3 \leqq x \leqq l$

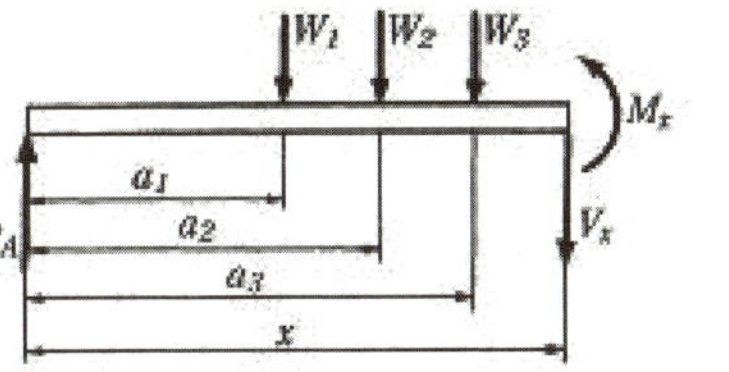

$$V_x = R_A - W_1 - W_2 - W_3 = -R_B \tag{j}$$

$$M_x = R_A x - W_1(x-a_1) - W_2(x-a_2) - W_3(x-a_3) \tag{k}$$

$$\text{B.C.} \begin{cases} x = A_3 : M = R_A a_3 - W_1(a_3 - a_1) - W_2(a_3 - a_2) \\ x = l \ : M = R_A l - W_1(l-a_1) - W_3(l-a_2) \\ \qquad\qquad - W_3(l-a_3) \end{cases}$$

④와 같은 경우는 임의단면을 B지점으로부터 잡으면 편리하다. 즉,

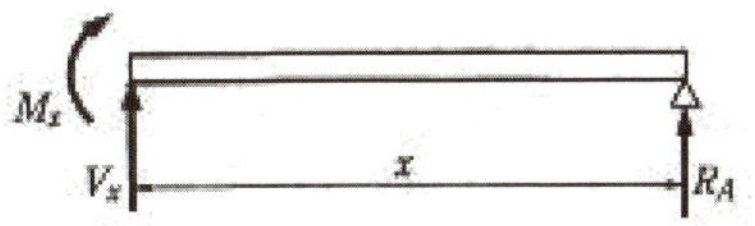

$0 \leqq x \leqq b_3$

$$V_X = -R_B \tag{l}$$

$$M_x = R_B x \tag{m}$$

$$\text{B.C.} \begin{cases} x = 0 \ : M = 0 \\ x = b_3 \ : M = R_B b_3 \end{cases}$$

W_2의 작용점에서 전단력이 (+)에서 (−)로 부호가 바뀌어지는 단면이므로 최대 굽힘모멘트가 발생하는 단면이다. 만일, 전단력이 (−)에서 (+)로 부호가 바뀌어 진다면 그 단면은 최소 굽힘모멘트가 발생한다. 경우에 따라서는 한 보에서 최대, 최소값이 동시에 나타날 경우도 있다.

보에 몇 개의 하중이 동시에 작용할 때, 전단력선도와 굽힘모멘트선도는 각 하중이 각각 단독으로 작용한 상태에서 얻어지는 선도들을 중첩(superposition or summation)함으로써 얻을 수 있다. 예를 들면, 그림 5-78의 전단력선도는 실제로 각기 단일 집중하중을 받는 경우의 세 개의 선도를 중첩한 것이다. 그림 5-78(c)의 굽힘모멘트선도에도 같은 개념이 사용될 수 있다. 경우에 따라서는 이 중첩법을 이용함이 훨씬 간편할 경우도 있다.

예제 23 그림과 같은 길이 l인 단순보에 집중하중 W가 작용할 때 이 보의전단력선도와 굽힘모멘트선도를 구하라. 단, l = 1(m), a=60(cm), b =40(cm), W = 2(kN)이다.

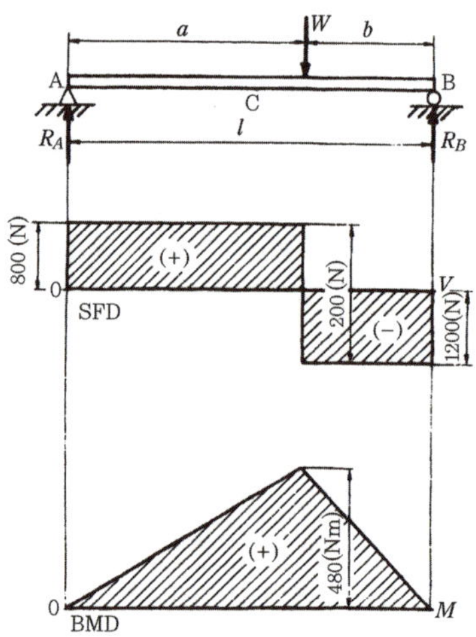

$\Sigma Y=0$: $-W+R_A+R_B=0$

$\Sigma M_B=0$: $R_A l-Wb=0$

$\therefore R_A=\dfrac{Wb}{l}=\dfrac{2{,}000\times 0.4}{1}=800(\text{N})$

$R_B=W-R_A=2{,}000-800=1{,}200(\text{N})$

임의단면에 대한 전단력과 굽힘모멘트는

1) $0\leqq x\leqq 0.6$

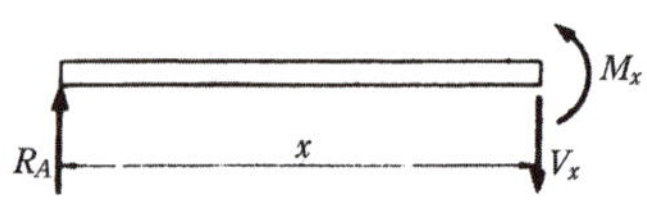

$V_x=R_A=800(\text{N})$

$M_x=R_A x=800x$

B.C. $\begin{cases} x=0 : M=0 \\ x=0.6 : M=480(\text{Nm}) \end{cases}$

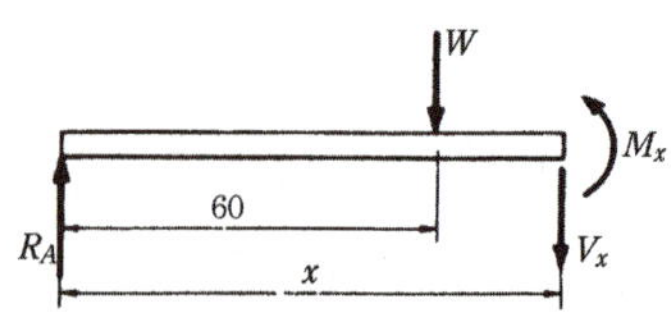

2) $0.6\leqq x\leqq 1$

$V_x=R_A-W=-R_B=-1{,}200(\text{N})$

$M_x=R_A x-W(x-0.6)=800x-2{,}000(x-0.6)$

B.C. $\begin{cases} x=0.6 : M=480(\text{Nm}) \\ x=1 : M=0 \end{cases}$

예제 24 그림과 같은 단순보에 2개의 집중하중이 작용할 때 전단력선도와 굽힘모멘트선도를 구하라. 단, l = 1(m), a=60(cm), b =40(cm), W = 2(kN)이다.

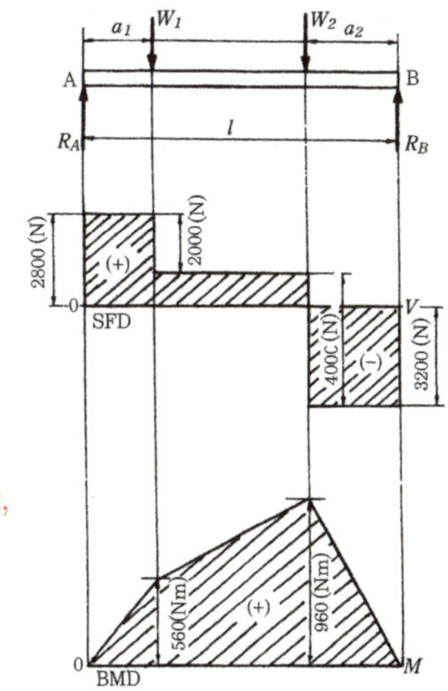

$\Sigma Y=0,\ R_A+R_B=W_1+W_2$

$\Sigma M_B=0,\ R_A l-W_1(l-a_1)-W_2 a_2=0$

$\therefore R_A=\dfrac{W_1(l-a_1)+W_2 a_2}{l}=\dfrac{2{,}000\times0.8+4{,}000\times0.3}{1}=2,$

$R_B=W_1+W_2-R_A=2{,}000+4{,}000-2{,}800=3{,}200(\text{N})$

임의단면에 대한 전단력과 굽힘모멘트는

1) $0 \leqq x \leqq 20$

$V_x=R_A=2{,}800(\text{N})$

$M_x=R_A x=2{,}800x$

B.C. $\begin{cases} x=0,\ M=0 \\ x=0.2,\ M=560(\text{Nm}) \end{cases}$

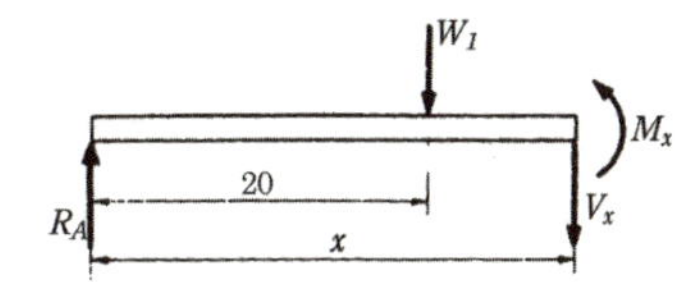

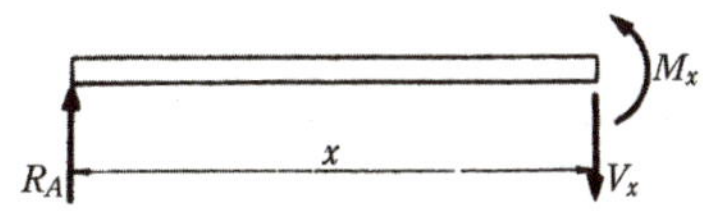

2) $20 \leqq x \leqq 70$

$V_x=R_A-W_1=2{,}800-2{,}000=800(\text{N})$

$M_x=R_A x-W_1(x-0.2)=2{,}800x-2{,}000(x-0.2)$

B.C. $\begin{cases} x=0.2\ :\ M=560(\text{Nm}) \\ x=0.7\ :\ M=960(\text{Nm}) \end{cases}$

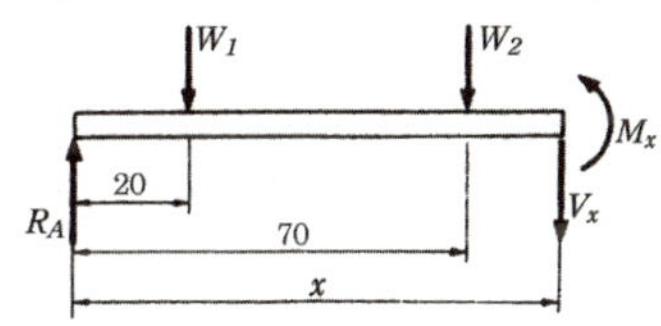

3) $70 \leqq x \leqq 100$

$V_x=R_A-W_1-W_2=-R_B=-3{,}200(\text{N})$

$M_x=R_A x W_1(x-0.2)-400(x-0.7)$

$=2{,}800x-2{,}000(x-0.2)-4{,}000(x-0.7)$

B.C. $\begin{cases} x=0.7\ :\ M=960(\text{Nm}) \\ x=1\ :\ M=0 \end{cases}$

(3) 균일분포하중이 작용하는 경우

그림 5-79과 같은 단순보에 단위길이에 대하여 인 균일분포하중이 작용한다. 양 지점의 반력은 평형방정식을 이용하면 다음과 같다.

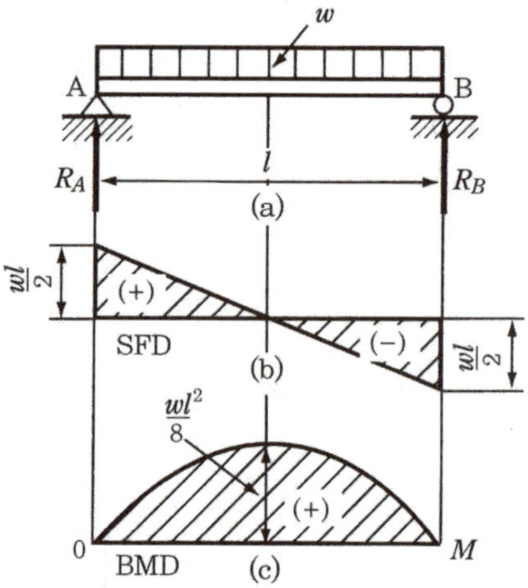

• 그림 5-79

$$\Sigma Y = 0,\ R_A + R_B - wl = 0 \qquad \text{(a)}$$

$$\Sigma M_B = 0,\ R_A l - wl \cdot \frac{l}{2} = 0 \qquad \text{(b)}$$

식 (a)와 (b)에서

$$R_A = R_B = \frac{wl}{2} \qquad \text{(5-35)}$$

지점 A로부터 거리에 있는 임의단면의 전단력과 굽힘모멘트는

$$V_x = R_A - wx = \frac{wl}{2} - wx \qquad \text{(5-36)}$$

$$V_x = R_A - wx = \frac{wl}{2} - wx$$

$$\text{B.C.} \begin{cases} x=0 \ : \ V=\dfrac{wl}{2} \\ x=\dfrac{l}{2} \ : \ V=0 \\ x=l \ : \ V=-\dfrac{wl}{2} \end{cases}$$

$$M_x = R_A x - \frac{w}{2}x^2 = \frac{wl}{2}x - \frac{w}{2}x^2 \tag{5-37}$$

$$\text{B.C.} \begin{cases} x=0 \ : \ M=0 \\ x=\dfrac{l}{2} \ : \ M=\dfrac{wl^2}{8} \\ x=l \ : \ M=0 \end{cases}$$

앞에서와 마찬가지로 전단력선도는 반력 의 크기로부터 시작되며, 식5-36에서의 기울기는 임을 알 수 있어 전단력선도는 (-)기울기의 직선임을 알 수 있다. 또 그림 5-79의 선도에서 전단력선도가 (+)에서 (-)로 바뀌는 지점, 즉 $V_x = 0$인 지점은 $\frac{wl}{2} - wx = 0$ 에서 $x = \frac{l}{2}$ 임을 알 수 있다. 또 식(7.3)에서 $\frac{dM}{dx} = V$ 이므로 $V_x = 0$인 $x = \frac{l}{2}$ 에서 바로 최대 굽힘모멘트가 발생된다는 것도 알 수 있다.

한편 굽힘모멘트선도는 좌 · 우측단에서 고정단이 아닌 자유단이므로 $W = 0$이 되며, 식5-37로부터 위로 볼록한 2차포물선이 되리라는 것을 알 수 있다.

또 $0 \leqq x \leqq \frac{l}{2}$ 구간에서는 전단력선도의 면적이 (+)값을 취하므로 모멘트선도는 증가하는 포물선이 되며 $x \leqq \frac{l}{2}$에서 정점, 즉 최대값을 나타낸 후, $\frac{l}{2} \leqq x \leqq l$ 에서는 전단력선도의 면적이 (-)값을 취하므로 모멘트선도는 감소하는 포물선이 된다. 즉,

$$M_{max} = \frac{wl^2}{8} \tag{5-38}$$

예제 25 그림과 같은 단순보에서 길이 l=120 (cm), 균일분포하중 w =3(kN/m)을 받고 있을 때의 전단력선도와 굽힘모멘트선도를 구하라.

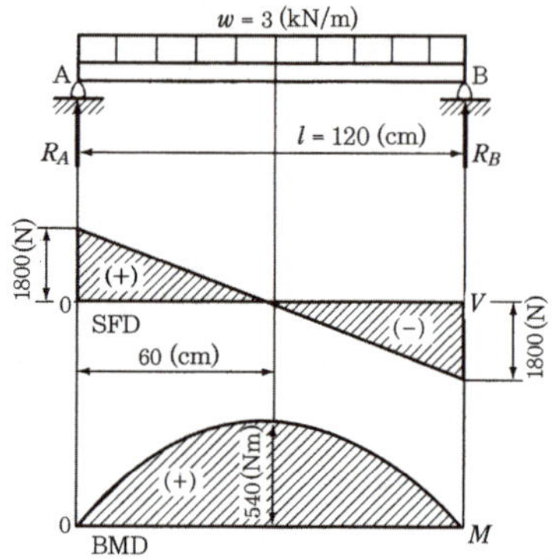

$$\Sigma Y=0,\ \ R_A+R_B-wl=0$$

$$\Sigma M_B=0, R_A l-\frac{wl^2}{2}=0$$

$$\therefore\ R_A=R_B=\frac{wl}{2}=\frac{3{,}000\times 1.2}{2}=1{,}800(\mathrm{N})$$

임의단면에 대한 전단력과 굽힘모멘트는

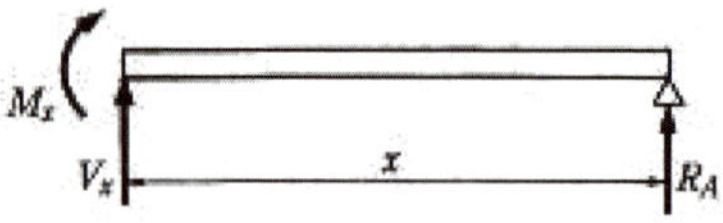

$$V_x=R_A-wx=1{,}800-3{,}000x$$

B.C. $\begin{cases} x=0\ :\ V=1{,}800(\mathrm{N}) \\ x=0.6\ :\ V=0 \\ x=1.2\ :\ V=-1{,}800(\mathrm{N}) \end{cases}$

$$\begin{pmatrix} V_x=0 \\ 1{,}800-3{,}000x=0 \\ \therefore x=0.6(\mathrm{m}) \end{pmatrix}$$

$$M_x=R_A x-\frac{w}{2}x^2=1{,}800x-\frac{3{,}000}{2}x^2$$

B.C. $\begin{cases} x=0\ :\ M=0 \\ x=0.6\ :\ M=540(\mathrm{Nm}) \\ x=1.2\ :\ M=0 \end{cases}$

예제 26 그림과 같은 단순보에 집중하중과 균일분포하중이 동시에 작용할 때 전단력선도와 굽힘모멘트선도를 구하라. 단, a=60(cm), b=40(cm), W=1(kN), w =5(kN/m)이다.

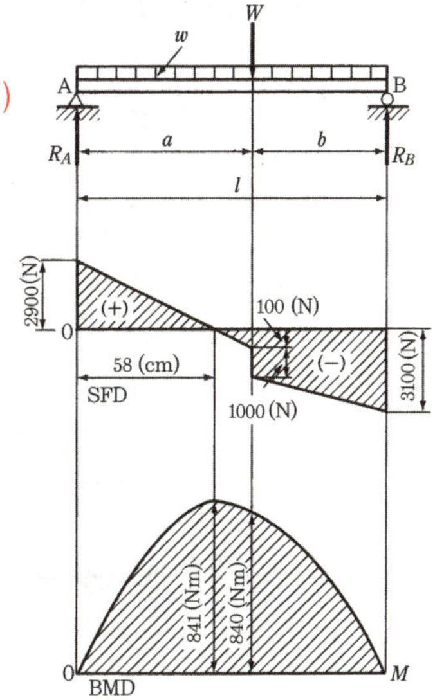

$\Sigma Y=0,\ \ R_A+R_B=wl+W=5{,}000\times1+1{,}000=6(\text{kN})$

$\Sigma M_B=0,\ \ R_A l-\dfrac{wl^2}{2}-0.4W=0$

$\therefore R_A=\dfrac{5{,}000\times1\times0.5+0.4\times1{,}000}{1}=2{,}900(\text{N})$

$R_B=6{,}000-2{,}900=3{,}100(\text{N})$

임의단면에 대한 전단력과 굽힘모멘트는

1) $0\leqq x\leqq 0.6$

$V_x=R_A-wx=2{,}900-5{,}000x$

B.C. $\begin{cases} x=0\ :\ V=2{,}900(\text{N}) \\ x=0.58\ :\ V=0 \\ x=0.6\ :\ V=-100(\text{N}) \end{cases}$

$\left(\begin{array}{l} V_x=0 \\ 2{,}900-5{,}000x=0 \\ \therefore x=0.58(\text{m}) \end{array}\right)$

$M_x=R_A x-\dfrac{w}{2}x^2-2{,}900x-\dfrac{5{,}000}{2}x^2$

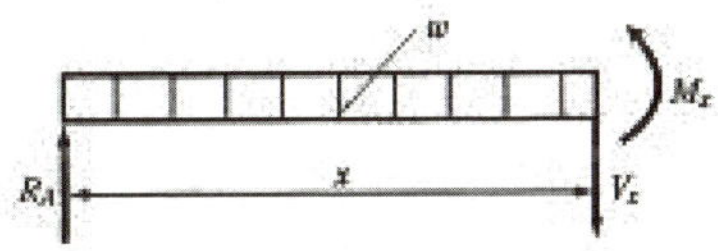

B.C. $\begin{cases} x=0\ :\ M=0 \\ x=0.58\ :\ M=841(\text{Nm}) \\ x=0.6\ :\ M=840(\text{Nm}) \end{cases}$

2) $0.6\leqq x\leqq 1$

$V_x=R_A-W-wx=2{,}900-1{,}000-5{,}000x=1{,}900-5{,}000x$

B.C. $\begin{cases} x=0.6\ :\ V=-1{,}100(\text{N}) \\ x=1\ :\ V=-3{,}100(\text{N}) \end{cases}$

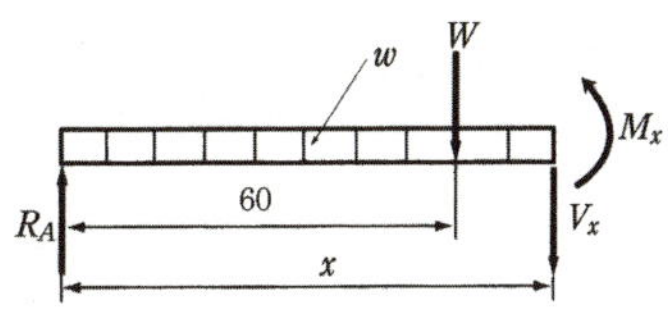

$M_x=R_A x-W(x-0.6)-\dfrac{w}{2}x^2$

$=2{,}900x-1{,}000(x-0.6)-\dfrac{5{,}000}{2}x^2$

B.C. $x=0.6\ :\ M=840(\text{Nm})$

$x=1\ :\ M=0$

5.4.7. 외팔보에 대한 선도

1) 1개의 집중하중이 작용하는 경우

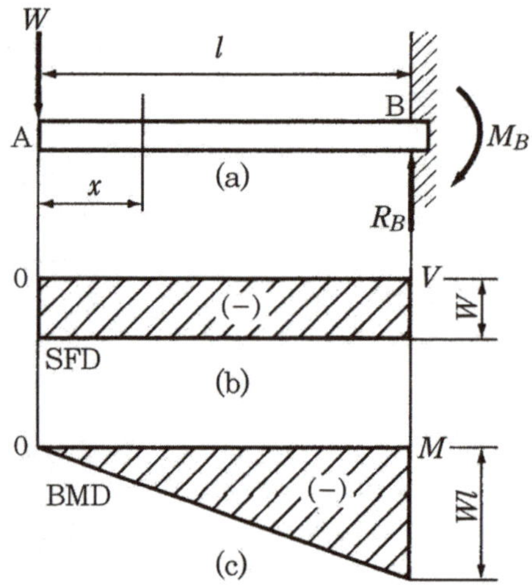

• 그림 5-80

그림 5-80(a)에서 보는 바와 같이 일단 B에서 고정되고 자유단 A에 집중하중 가 작용하고 있다. 이 경우 고정단 B에 생기는 반력 R_B와 모멘트 M_B는 평행조건에서

$$R_B = W \qquad M_B = Wl$$

자유단으로부터 거리가 인 임의단면에 대한 전단력과 굽힘모멘트는 다음과 같다.

$$V_x = -W \quad (5\text{-}39)$$

$$M_x = -W_x \quad (5\text{-}40)$$

B.C. $\begin{cases} x = 0 : M = 0 \\ x = 0 : M = -Wl \end{cases}$

전단력선도는 자유단에 집중하중 가 작용하므로 이 크기로 시작되며, 기울기가 0이므로 의 크기가 수평선으로 유지되어 그림 5-80(b)와 같이 직4각형단면으로 그려진다.

한편 굽힘모멘트선도는 식 5-40로부터 (-)기울기를 갖는 직선임을 알 수 있으며, 그림 5-80(c)와 같이 3각형단면으로 그려지게 된다. 최대값은 고정단에서 발생됨을 알 수 있다. 즉,

$$M_{max} = -Wl \tag{5-41}$$

2) 2개 이상의 집중하중

2개 이상의 집중하중을 받고 있을 때의 SFD, BMD는 앞에서 언급한 바와 같은 방법으로 각각의 하중에 대한 것을 구하여 이들을 중첩시켜도 되고, 또는 처음부터 하중 전체에 대해 고찰하여도 된다.

그림 5-81에서와 같이 A 및 C에 하중 W_1, W_2 가 작용할 때의 반력 R_B 및 굽힘모멘트 M_B는

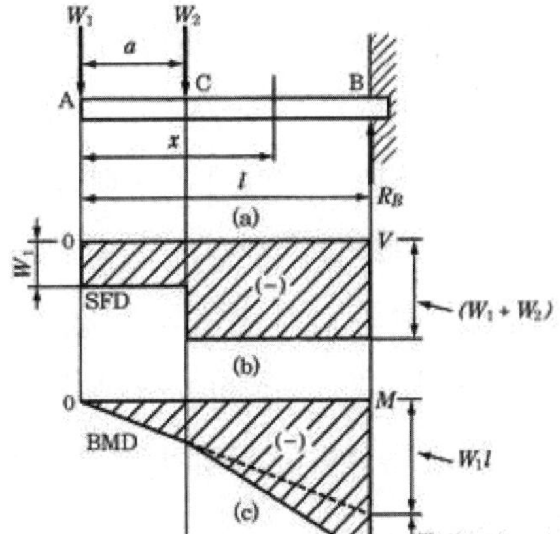

• 그림 5-81 ▶

$\sum Y = 0,\ R_B = W_1 + W_2$

$\sum M_B = 0,\ M_B = -W_1 l + W_2(l-a)$

임의단면에 대한 전단력과 굽힘모멘트는

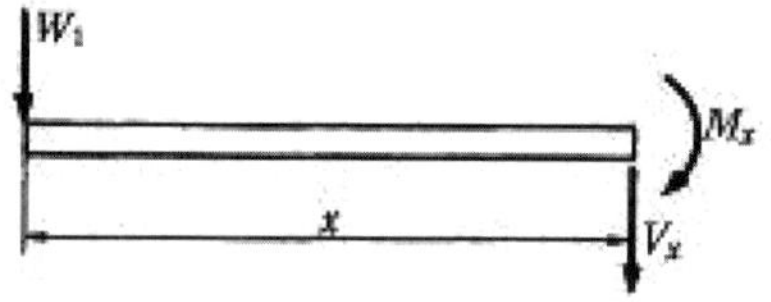

1) $0 \leqq x \leqq a$

$V_x = -W_1$

$M_x = -M_{1x}$

B.C. $\begin{cases} x = 0 : M = 0 \\ x = a : M = W_1 a \end{cases}$

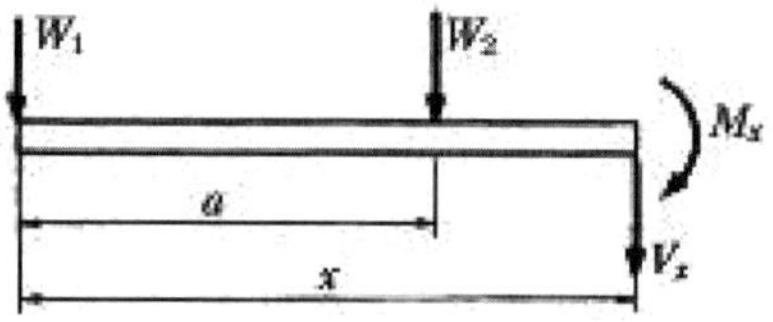

2) $a \leqq x \leqq l$

$V_x = -W_1 - W_2$

$M_x = -M_{1x} - M_2(x-a)$

B.C. $\begin{cases} x = a : M = -W_1 a \\ x = l : M = -W_1 l - W_1 a(x-a) \end{cases}$

전단력선도는 W_1의 크기로 시작되어 C지점에서 다시 집중하중 W_2가 작용하므로 C지점에서 급격한 변화를 일으킨 후, W_1+W_2의 크기로 기울기 0인 수평선을 유지하며 진행되어 그림 5-81(b)와 같은 직사각형단면을 이루게 된다.

굽힘모멘트선도는 AC구간에서는 x에 정비례하여 3각형을 이룬다. 그러나 CB구간에서는 에 정비례하여 직선적으로 증가하는 증가율이 AC구간에 비하여 다르다. 즉, 전단력의 급격한 변화가 생긴 C점에서 굽힘모멘트선도인 3각형의 경사도 변화된다. 이는 식 5-26에 의하여 굽힘모멘트의 기울기는 그 선들에 대응되는 전단력의 크기와 같기 때문이다. 최대 굽힘모멘트는 고정단에서 발생된다.

예제 27 그림과 같은 외팔보에서 지점반력, 각 점의 전단력 및 굽힘모멘트를 구하고 전단력선도와 굽힘모멘트선도를 구하라.

$\Sigma Y = 0,\ -20-30+R_B=0 \qquad \therefore R_B = 50(\text{kN})$

$\Sigma M_B = 0,\ -20\times6-30\times2-M_B=0 \qquad \therefore M_B = -180(\text{kNm})$

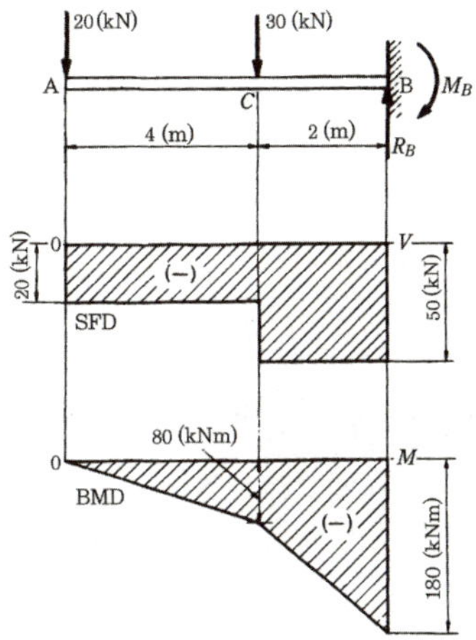

임의단면에 대한 전단력과 굽힘모멘트

1) $0 \leqq x \leqq 4$

$V_x = -20(\text{kN})$

$M_x = -20x$

B.C. $\begin{cases} x=0 : M=0 \\ x=4 : M=-80(\text{kNm}) \end{cases}$

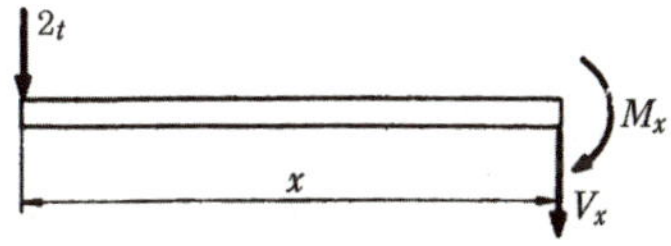

2) $4 \leqq x \leqq 6$

$V_x = -20-30 = -50(\text{kN})$

$M_x = -20x-30(x-4)$

B.C. $\begin{cases} x=4 : M=-80(\text{kNm}) \\ x=6 : M=-180(\text{kNm}) \end{cases}$

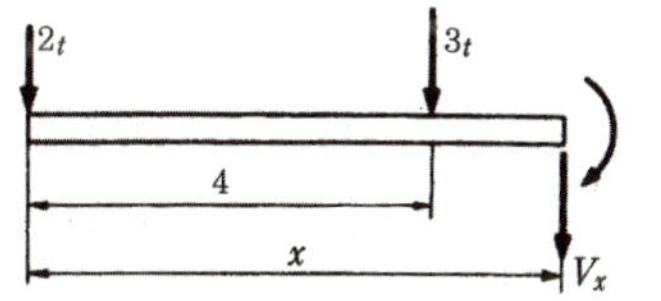

예제 28 그림과 같은 외팔보에서 길이 l =4(m), 자유단에 W_1=1(kN), 좌단으로부터 a=2(m)인 곳에 W_2=1(kN)의 집중하중이 작용할 때, 이 보의 전단력선도(SFD)와 굽힘모멘트선도(BMD)를 구하라.

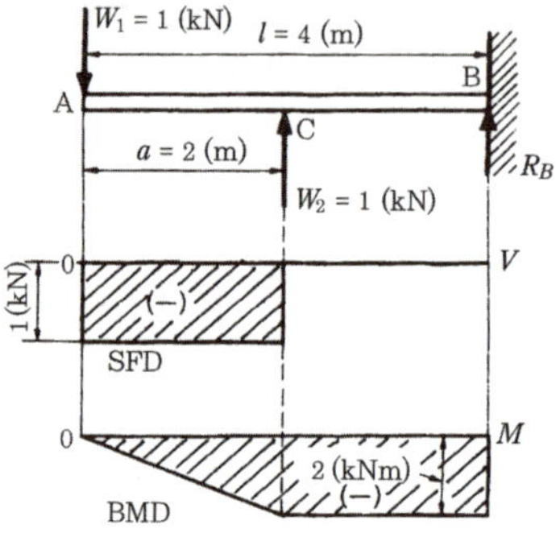

$\Sigma Y = 0 \qquad \Sigma M_B = 0$

$R_B + W_2 - W_1 = 0 \qquad M_B = -1{,}000 \times 4 + 1{,}000 \times 2 = -2{,}000(\text{Nm})$

$R_B = W_1 - W_2 = 1{,}000 - 1{,}000 = 0$

임의단면에 대한 전단력과 굽힘모멘트

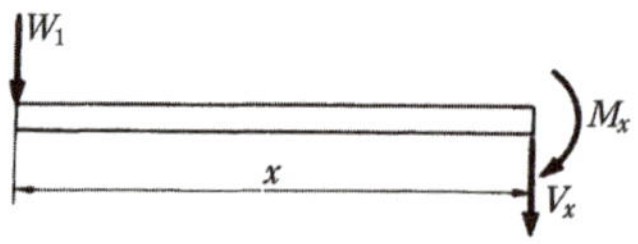

1) $0 \leqq x \leqq 2$

$V_x = -W_1 = -1{,}000(\text{N})$

$M_x = -W_1 x = -1{,}000x$

B.C. $\begin{cases} x=0 \ : \ M=0 \\ x=2 \ : \ M=-2{,}000(\text{Nm}) \end{cases}$

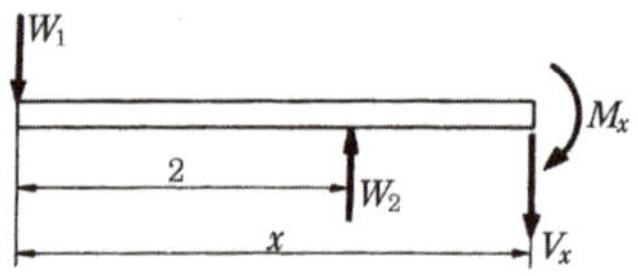

2) $2 \leqq x \leqq 4$

$V_x = -W_1 + W_2 = -1{,}000 + 1{,}000 = 0$

$M_x = -W_1 x + W_2(x-2) = -1{,}000x + 1{,}000(x-2)$

B.C. $\begin{cases} x=2 \ : \ M=-2{,}000(\text{Nm}) \\ x=4 \ : \ M=-2{,}000(\text{Nm}) \end{cases}$

3) 균일분포하중이 작용하는 경우

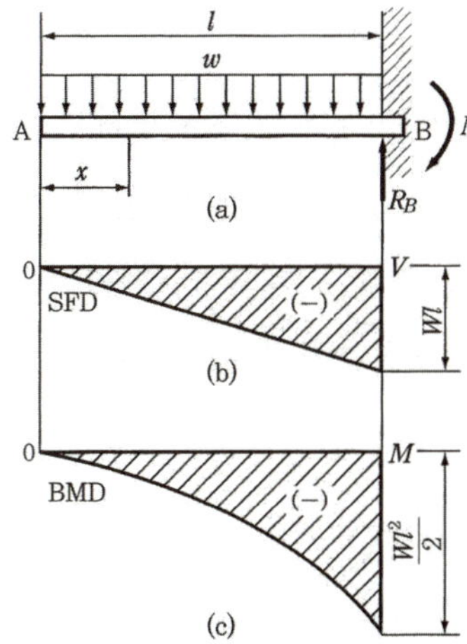

• 그림 5-82

그림 5-82(a)와 같은 길이 인 외팔보 AB가 전길이에 걸쳐 등분포하중를 받을 경우에 고정단 B에 생기는 반력 *RB*와 굽힘모멘트 *MB*는 평행조건에서

$$R_B = wl \qquad M_B = -\frac{wl^2}{2}$$

임의단면에 대한 전단력과 굽힘모멘트는

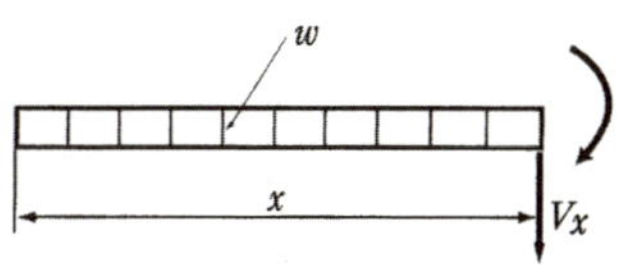

$$V_x = -wx \tag{5-42}$$

B.C. $\begin{cases} x=0 \ : \ V=0 \\ x=l \ : \ V=-wl \end{cases}$

$$M_x = -\frac{w}{2}x^2 \tag{5-43}$$

$$\text{B.C.} \begin{cases} x=0 \ : \ M=0 \\ x=l \ : \ M=-\dfrac{wl^2}{2} \end{cases}$$

단력선도는 식 5-42의 1차함수로 표현되므로 (-)의 기울기를 갖는 직선으로 표시되어 그림 5-82(b)와 같은 3각형으로 그려진다. 한편 굽힘모멘트선도는 식 5-43의 2차함수로 표현되며 위쪽으로 볼록한 2차포물선으로 그려진다. 최대값은 역시 고정단에서 발생된다. 즉,

$$M_{\max}=-\frac{wl^2}{2} \qquad (5\text{-}44)$$

예제 29 그림과 같은 외팔보에서 분포하중 200(Nm), 보의 길이가 4(m)일 때 전단력선도(SFD)와 굽힘모멘트(BMD)를 구하라.

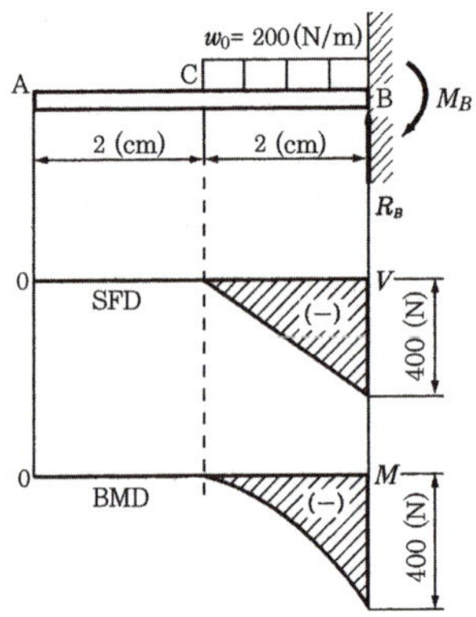

$\Sigma Y=0,\ \ -200\times 2+R_B=0 \qquad \Sigma M_B=0$

$\therefore\ R_B=400(\text{N}) \qquad M_B=-200\times 2\times 1=-400(\text{Nm})$

임의단면에 대한 전단력과 굽힘모멘트

1) $0 \leq x \leq 2$

$V_x=0$

$M_x=0$

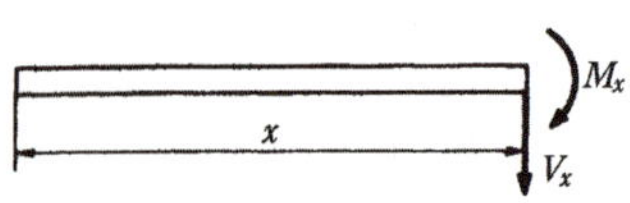

이 구간에서는 외력이 없으므로, $V=0$, $M=0$이다.

2) $2 \leq x \leq 4$

$V_x=-w_0(x-2)=-200(x-2)$

$$\text{B.C.} \begin{cases} x=2 \ : \ V=0 \\ x=4 \ : \ V=-400(\text{N}) \end{cases}$$

$M_x=-w_0(x-2)\dfrac{(x-2)}{2}=-100(x-2)^2$

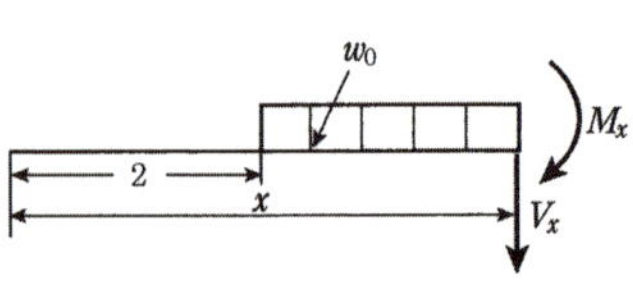

$$\text{B.C.} \begin{cases} x=2 : M=0 \\ x=4 : M=-400(\text{Nm}) \end{cases}$$

4) 점변분포하중이 작용하는 경우

그림 5-83과 같은 외팔보에서 자유단의 하중은 0이고, 고정단의 하중은 인 점변분포하중을 받고 있을 때 고정단의 반력은 평형조건에서

$$\Sigma Y=0, \quad R_B-\frac{w_0 l}{2}=0$$

$$\therefore R_B=\frac{w_0 l}{2} \qquad (5\text{-}45)$$

$$\Sigma M_B=0, \quad -\frac{w_0 l}{2}\cdot\frac{l}{3}+M_B=0$$

$$\therefore M_B=\frac{w_0 l^2}{6} \qquad (5\text{-}46)$$

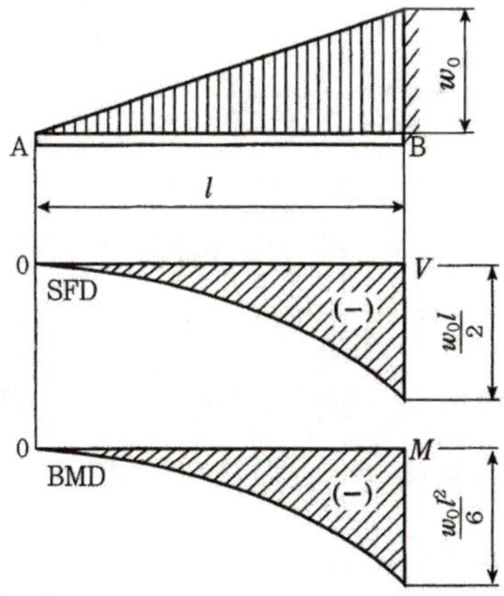

• 그림 5-83

임의단면에서의 전단력과 굽힘모멘트는

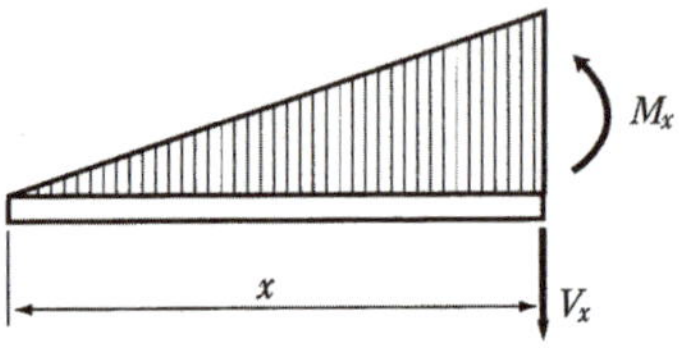

$$V_x = -x \cdot \frac{w_0 x}{l} \cdot \frac{1}{2} = -\frac{w_0}{2l} x^2 \tag{5-47}$$

$$\text{B.C.} \quad \begin{cases} x=0 : V=0 \\ x=l : V=-\dfrac{w_0 l}{2} \end{cases}$$

$$M_x = \frac{w_0}{2l} x^2 \cdot \frac{x}{3} = -\frac{w_0}{6l} x^3 \tag{5-48}$$

$$\text{B.C.} \begin{cases} x=0 : M=0 \\ x=l : M=-\dfrac{w_0 l^2}{6} \end{cases}$$

전단력선도는 2차포물선, 굽힘모멘트선도는 3차포물선으로 그려진다.

5.4.8. 탄성곡선의 미분방정식

보의 설계에서 강도(strength)뿐만 아니라 강성도(stiffness)도 고려해야 할 경우가 있다. 즉, 공작기계의 주축 및 특수한 구조물의 보 등에서는 외력에 의한 어느 정도 이상의 변형을 일으켜서는 안 되는 경우가 있다. 그러므로 보의 강성도에 대하여 충분히 고려해야 한다.

보에 수직하중이 작용하면 보의 축선은 구부러져 곡선으로 변형된다. 이 구부러진 중심선을 탄성곡선(elastic curve) 또는 처짐곡선(deflection curve)이라 하고, 구부러지기 전의 곧은 중심선으로부터 이 탄성곡선까지의 수직변위를 처짐(deflection)이라고 한다. 또한 이 탄성곡선은 미분방정식의 값을 갖는다.

그림 5-84는 단순보 A, B가 하중을 받아 구부러지는 한 예이다. 탄성곡선의 미분방정식을 유도하기 위하여 그림의 미소요소의 탄성곡선에 대한 곡률의 직각좌표의 관계식을 세워 보면 X축과 m점의 접선과 이루는 각을 ϕ, m과 m_1점에서 그 곡선의 법선 사이의 $d\phi$각을 로 하면 미소거리인 원호 ds와 곡률반지름 ρ의 관계식은 $ds=\rho d\phi$이므로 곡률의 식은 다음과 같다.

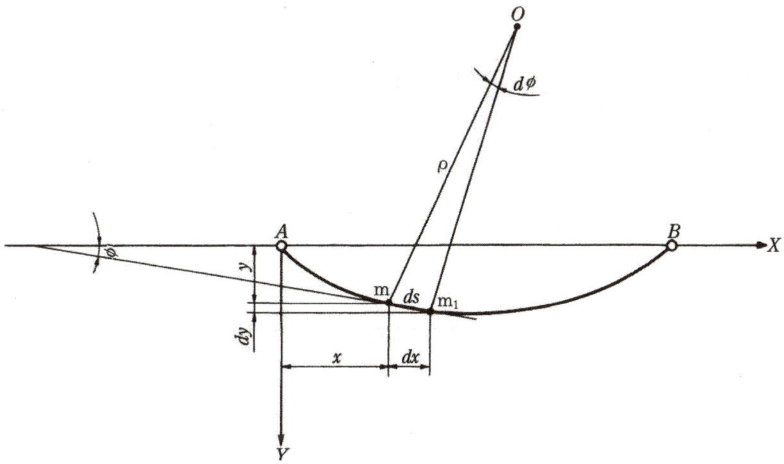

• 그림 5-84

$$\frac{1}{\rho}=\frac{d\phi}{ds} \qquad \text{(a)}$$

일반적으로 보에서는 지점간의 거리에 비하여 곡률이 작으므로 근사적으로 $ds=dx$, 또 각이 아주 미소할 경우에는 $\phi \approx \tan\phi = \frac{dy}{dx}$ 라고 생각할 수 있다. 따라서 식 (a)는 다음과 같이 쓸 수 있다.

$$\frac{1}{\rho}=\left|\frac{d^2y}{dx^2}\right| \qquad \text{(b)}$$

이 절대값의 부호는 그림 5-85과 같이 위쪽이 오목한 곡선은 기울기 $\frac{dy}{dx}$가 의 증가에 따라 감소하므로 $\frac{d^2y}{dx^2}$는 -(음호)가 된다. 이와 반대로 아래쪽이 오목한 곡선에서는 $\frac{d^2y}{dx^2}$의 부호는 +(양호)가 된다.

즉, $\frac{d^2y}{dx^2}$과 의 부호는 항상 반대임을 알 수 있고 그림 5-85와 같다.

따라서 식 (b)는 다음과 같이 된다.

$$\frac{1}{\rho}=-\frac{d^2y}{dx^2} \qquad (c)$$

한편, $\frac{1}{\rho}=\frac{M}{EI}$ 이므로 식 (c)와 결합하여 정리하면 다음과 같다.

$$EI\frac{d^2y}{dx^2}=-M \qquad (5\text{-}49)$$

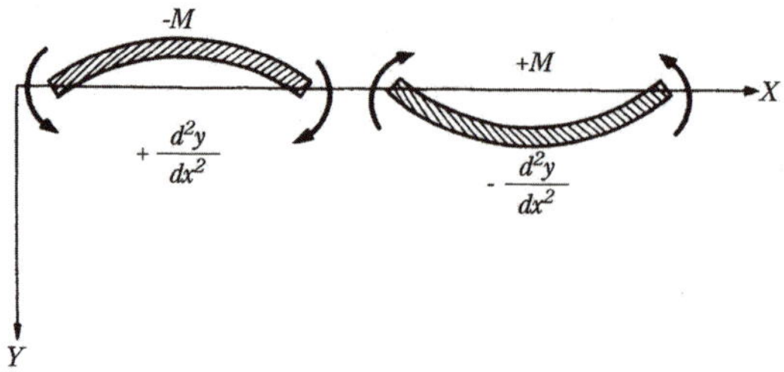

• 그림 5-85

식 5-49는 대칭면 내에서 굽힘작용을 받는 보의 탄성곡선의 미분방정식(differential equation of the elastic curve)이라고 한다.

일반적으로 보의 처짐은 굽힘모멘트 M과 전단력 V에 의한 것이 겹친 것이다. 그러나 전단력에 의한 처짐은 굽힘모멘트에 의한 처짐에 비해 미소하므로 무시하고 순수굽힘이란 가정 하에서 식 5-49를 적분하여 여러 종류의 보의 처짐각 및 처짐을 구한다.

즉, 식 5-49를 x에 대하여 미분한 후 전단력과 모멘트의 관계식을 이용하면 다음과 같은 식들을 얻을 수 있다.

$$EI\frac{d^3y}{dx^3}=-\frac{dM}{dx}=-V \quad (5\text{-}50)$$

$$EI\frac{d^4y}{dx^4}=-\frac{dV}{dx}=w \quad (5\text{-}51)$$

따라서 M, V, w중 어느 것을 안다면 식 5-49, 식 5-50, 식 5-51 중의 한 식을 적분해 줌으로써 수학적으로 처짐(y)를 구할 수 있다. 예를 들어, 식 5-49를 한 번 적분하면 기울기,즉 처짐각인 $\frac{dy}{dx}$를 얻을 수 있고, 두 번 적분해 줌으로써 처짐인 y를 구할 수 있게 된다.

5.4.9. 외팔보의 처짐각 및 처짐

1) 집중하중이 작용하는 경우

그림 5-86과 같이 자유단에 집중하중인 작용하는 외팔보에서 고정단으로부터 만큼 떨어진 임의단면에서의 굽힘모멘트는 $Mx=-W(l-x)$이므로, 식 5-49에 대입하여 미분방정식을 세우면 다음과 같다.

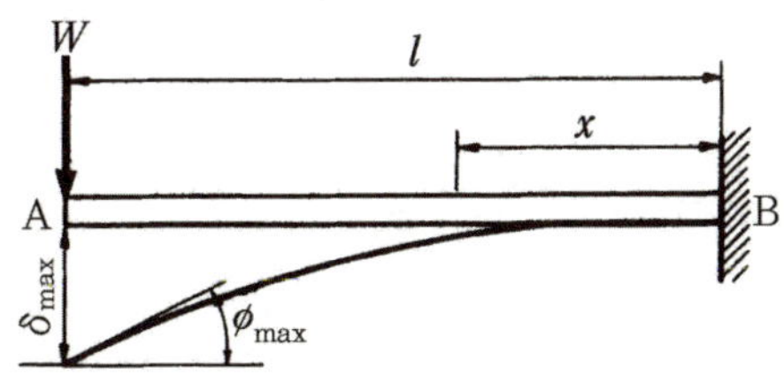

• 그림 5-86

$$EI\frac{d^2y}{dx^2}=W(l-x) \quad (a)$$

식 (a)를 에 관하여 두 번 적분하면,

$$EI\frac{dy}{dx} = Wlx - \frac{W}{2}x^2 + C_1 \qquad \text{(b)}$$

$$EIy = \frac{Wl}{2}x^2 - \frac{W}{6}x^3 + C_1x + C_2 \qquad \text{(c)}$$

여기서 보의 고정단에서는 기울기 및 처짐이 발생하지 않는다는 경계 조건을 이용하면 적분상수를 구할 수 있다.

즉, $x = 0$에서

$\frac{dy}{dx}$이므로, $C_1 = 0$

$y = 0$ 이므로, $C_2 = 0$

따라서 이 적분상수를 식 (b) 및 식 (c)에 대입하여 정리하면 다음과 같다.

$$\frac{dy}{dx} = \frac{Wx}{2EI}(2l - x) \qquad \text{(5-52)}$$

$$y = \frac{Wx^2}{6EI}(3l - x) \qquad \text{(5-53)}$$

한편, 처짐각 및 처짐의 최대값은 자유단에서 발생하므로 $x = l$을 식 5-52및 식 5-53에 각각 대입하면 다음과 같다.

$$\phi_{\max} = \left(\frac{dy}{dx}\right)_{x=l} = \frac{Wl^2}{2EI} \qquad \text{(5-54)}$$

$$\delta_{\max} = y_{x=l} = \frac{Wl^3}{3EI} \qquad \text{(5-55)}$$

2) 균일분포하중이 작용하는 경우

그림 5-87와 같은 균일분포하중을 받는 외팔보에서 자유단으로부터 거리가 x인 임의단면에서의 굽힘모멘트 $M_x = -\frac{w}{2}x^2$을 식 5-49에 대입하면 다음과 같다.

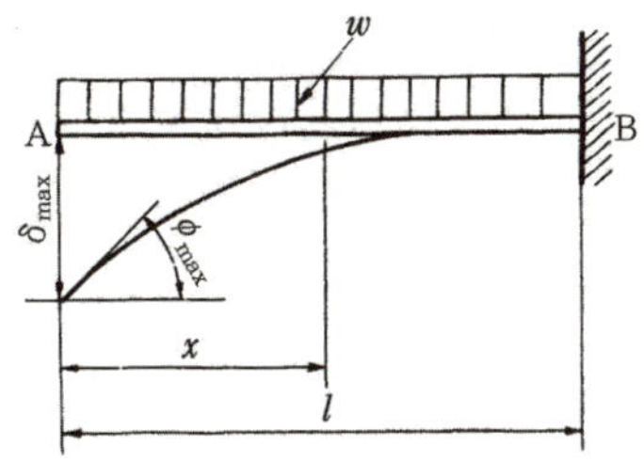

• 그림 5-87

$$EI\frac{d^2y}{dx^2} = \frac{w}{2}x^2 \quad \text{(a)}$$

식 (a)를 에 관하여 두 번 적분하면

$$EI\frac{dy}{dx} = \frac{w}{6}x^3 + C_1 \quad \text{(b)}$$

$$EIy = \frac{w}{24}x^4 + C_1x + C_2 \quad \text{(c)}$$

보의 경계조건을 이용하여 적분상수를 결정하면, 즉 에서

$\frac{dy}{dx} = 0$ 이므로, $C_1 = -\frac{wl^3}{6}$

$y = 0$이므로, $C_2 = \frac{wl^4}{8}$

따라서 이 적분상수를 식 (b) 및 식 (c)에 대입하여 정리하면 다음과 같다.

$$\frac{dy}{dx}=\frac{w}{6EI}(x^3-l^3) \tag{5-56}$$

$$y=\frac{w}{24EI}(x^4-4l^3x+3l^4) \tag{5-57}$$

처짐각 및 처짐의 최대값은 자유단에서 발생하므로 경계조건 을 식 5-56 및 식 5-57에 각각 대입하면 다음과 같다.

$$\phi_{\max}=\left(\frac{dy}{dx}\right)_{x=0}=-\frac{wl^3}{6EI} \tag{5-58}$$

$$\delta_{\max}=y_{x=0}=\frac{wl^4}{8EI} \tag{5-59}$$

5.4.10. 단순보의 처짐각 및 처짐

1) 집중하중이 작용하는 경우

그림 5-88와 같이 단순보 AB에서 C점에 집중하중 W가 작용하는 경우에는 하중점을 경계로 하는 두 부분의 임의단면에 대한 굽힘모멘트 방정식이 서로 다르다.

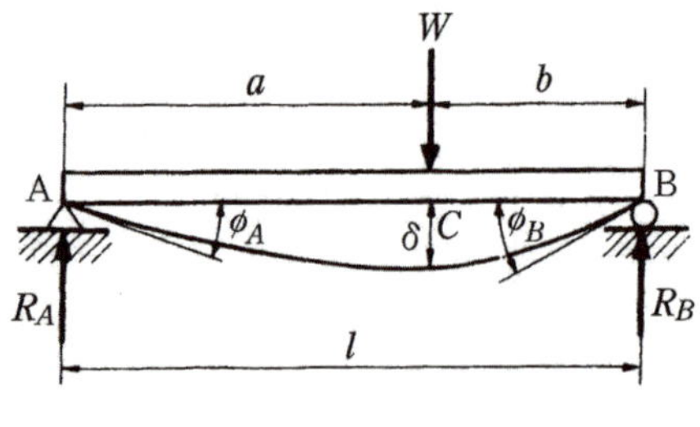

• 그림 5-88

따라서 구간 $0 \leqq x \leqq a$에서는 임의단면의 굽힘모멘트 $M_x = \frac{Wb}{l}x$ 를 식 5-49에 대입하면 이 보의 탄성곡선의 미분방정식이 다음과 같이 구해진다.

$$EI\frac{d^2y}{dx^2} = -\frac{Wb}{l}x \qquad \text{(a)}$$

식 (a)를 에 관해서 두 번 적분하면 다음과 같다.

$$EI\frac{dy}{dx} = -\frac{Wb}{2l}x^2 + C_1 \qquad \text{(b)}$$

$$EIy = -\frac{Wb}{6l}x^3 + C_1x + C_2 \qquad \text{(c)}$$

한편, 구간 $a \leqq x \leqq l$에서는 임의단면의 굽힘모멘트 $M_x = \frac{Wb}{l}x - W(x-a)$ 를 식 (9.1)에 대입하면

$$EI\frac{d^2y}{dx^2} = -\frac{Wb}{l}x + W(x-a) \qquad \text{(d)}$$

식 (d)를 에 관해서 두 번 적분하면 다음과 같다.

$$EI\frac{dy}{dx} = -\frac{Wb}{2l}x^2 + \frac{W}{2}(x-a)^2 + D_1 \qquad \text{(e)}$$

$$EIy = -\frac{Wb}{6l}x^3 + \frac{W}{6}(x-a)^3 + D_1x + D_2 \qquad \text{(f)}$$

이들 식에서 적분상수를 결정하기 위하여 보의 경계조건을 이용한다. 즉, x = 0에서 두 식은 공통접선을 이루므로 기울기 및 처짐은 같아야 한다.

이 조건에서 $C_1 = D_1, C_2 = D_2$가 된다. 또 식 (c)는 x = 0에서 y =0 이 되

므로 적분상수 C_2= 0이 된다. 따라서 D_2= 0이 된다. 또 식 (f)는 $x = l$에서 $y = 0$이 되므로 적분상수 D_1및 C_2은 다음과 같다.

$$D_1 = C_1 = \frac{Wb}{6l}(l^2 - b^2)$$

이 값을 식 (b) 및 식 (c)에 대입하면,

$$\frac{dy}{dx} = \frac{Wb}{6EIl}(l^2 - b^2 - 3x^2) \qquad (5\text{-}60)$$

$$y = \frac{Wbx}{6EIl}(l^2 - b^2 - x^2) \qquad (5\text{-}61)$$

지점 A에서의 기울기 ϕ_A는 식 (9.16)에서 x=0으로 놓으면,

$$\phi_A = \frac{Wb}{6EIl}(l^2 - b^2) = \frac{Wab}{6EIl}(l + b) \qquad (5\text{-}62)$$

또 위에서 구한 상수 C_1및 D_1을 식 (e) 및 식 (f)에 대입하면,

$$\frac{dy}{dx} = \frac{Wb}{6EIl}\left[(l^2 - b^2) - 3x^2 + \frac{3l}{b}(x-a)^2\right] \qquad (5\text{-}63)$$

$$y = \frac{Wb}{6EIl}\left[\frac{l}{b}(x-a)^3 + (l^2 - b^2)x - x^3\right] \qquad (5\text{-}64)$$

지점 B에서의 기울기 θ_B는 식 5-63에 $x = l$을 대입하면,

$$\phi_B = \frac{Wb}{6EIl}\left[(l^2 - b^2) - 3l^2 + \frac{3l}{b}(l-a)^2\right]$$

$$= \frac{Wb}{6EIl}\left[(l+b)(l-b) - 3l^2 + 3bl\right]$$

$$= \frac{Wb}{6EIl}[(l+b)a - 3l(l-b)]$$

$$= -\frac{Wab}{6EIl}(2l-b) = -\frac{Wab}{6EIl}(l+a) \qquad (5\text{-}65)$$

하중의 작용점인 C점에서의 처짐은 식 5-61 또는 5-64에 x = 0를 대입하면 다음과 같이 된다.

$$y_c = \frac{Wab}{6EIl}(l^2 - b^2 - a^2) = \frac{Wab}{6EIl}[(l+b)(l-b) - a^2]$$

$$= \frac{Wab}{6EIl}[a(a+2b) - a^2] = \frac{Wa^2b^2}{3EIl} \qquad (5\text{-}66)$$

최대처짐의 위치는 $a > b$이면 보의 왼쪽 부분에서 일어날 것이 분명하므로 식 5-63을 0으로 놓으면 구할 수 있다.

$$l^2 - b^2 - 3x^2 = 0$$

$$\therefore x = \sqrt{\frac{l^2 - b^2}{3}} \qquad (5\text{-}67)$$

최대처짐의 값은 식 5-67을 식 5-64에 대입함으로써 구해진다.

$$y_{\max} = \frac{Wb\sqrt{(l^2+b^2)^3}}{9\sqrt{3}EIl} \qquad (5\text{-}68)$$

만일 하중 가 보의 중앙점에 작용한다면 최대처짐도 중앙점에서 발생된다. 그 때의 값은 식 5-68에 $b = \frac{l}{2}$을 대입하든지 또는 식 5-64에 $x = \frac{l}{2}$, $b = \frac{l}{2}$을 대입하면 다음과 같이 된다.

$$\delta_{max} = y_{x=\frac{l}{2}} = \frac{Wl^3}{48EI} \tag{5-69}$$

식 5-69에 의하면 1개의 집중하중이 작용하는 경우 최대처짐의 위치는 항상 보의 중앙점에 가깝다는 것을 알 수 있다. 즉, $x = \frac{l}{2}$일 때는 물론 중앙에 발생되지만 b가 극히 작아져서 W가 B지점에 가까워져도 x의 값은 $\frac{l}{\sqrt{3}}$ 이므로 최대처짐의 위치는 중앙점으로부터 거리가 $\frac{l}{\sqrt{3}} - \frac{l}{2} = 0.077l$ 밖에 벗어나지 않는다. 따라서 중앙점의 처짐은 최대처짐에 가까운 근사값임을 알 수 있다.

그러므로 $a > b$인 보의 중앙점의 처짐은 식 5-64에 $x = \frac{l}{2}$을 대입하여 다음 식을 얻는다.

$$y_{x=\frac{l}{2}} = \frac{Wb}{48EI}(3l^2 - 4b^2) \tag{5-70}$$

식 5-68와 식 5-70의 처짐의 차이는 최악의 경우인 b값이 0에 무한히 가까워질 ($b \to 0$)때도 최대처짐의 약 2.5(%)에 불과하다.

2) 균일분포하중이 작용하는 경우

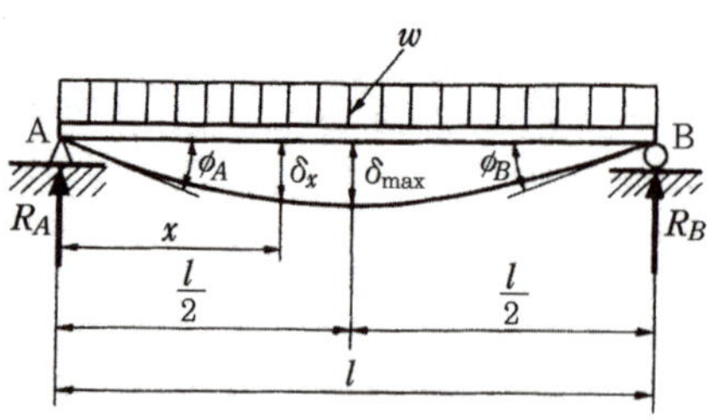

• 그림 5-88

그림 5-89과 같이 균일분포하중을 받는 단순보에서 A지점으로부터 x

만큼 떨어진 임의단면의 굽힘모멘트 $M_x = \frac{wl}{2}x - \frac{w}{2}x^2$을 식 5-49에 대입하면,

$$EI\frac{d^2y}{dx^2} = -\frac{wl}{2}x + \frac{w}{2}x^2 \qquad \text{(a)}$$

식 (a)를 두 번 적분하면,

$$EI\frac{dy}{dx} = -\frac{wl}{4}x^2 + \frac{w}{6}x^3 + C_1 \qquad \text{(b)}$$

$$EIy = -\frac{wl}{12}x^3 + \frac{w}{24}x^4 + C_1x + C_2 \qquad \text{(c)}$$

보의 경계조건을 이용하여 적분상수를 결정한다. 즉,

$x = \frac{l}{2}$에서 $\frac{dy}{dx} = 0$이므로, $C_1 = \frac{wl^3}{24}$

$x = 0$에서 $y = 0$이므로, $C_2 = 0$

적분상수 C_1및 C_2를 식 (b) 및 (c)에 대입하여 정리하면,

$$\frac{dy}{dx} = \frac{w}{24EI}(4x^3 - 6lx^2 + l^3) \qquad \text{(5-71)}$$

$$y = \frac{wx}{24EI}(x^3 - 2lx^2 + l^3) \qquad \text{(5-72)}$$

최대처짐각은 $x = 0$및 $x = l$ 에서 발생되며, 그 값은 다음과 같다.

$$\phi_A = \left(\frac{dy}{dx}\right)_{x=0} = \frac{wl^3}{24EI}$$

$$\phi_B = \left(\frac{dy}{dx}\right)_{x=l} = -\frac{wl^3}{24EI} \qquad \text{(5-73)}$$

최대처짐은 보의 중앙 즉 에서 발생되며, 그 값은 다음과 같다.

$$\delta_{\max} = y_{x=\frac{1}{2}} = \frac{5wl^4}{384EI} \qquad \text{(5-74)}$$

예제 30 그림과 같은 외팔보에 균일분포하중이 작용할 때 자유단에서의 처짐이 δ = 0(cm), A점에서의 탄성곡선의 기울기가 ϕ_A = 0.57˚일 때 이 보의 길이를 구하라. 단, 탄성계수 E =200(GPa)이다.

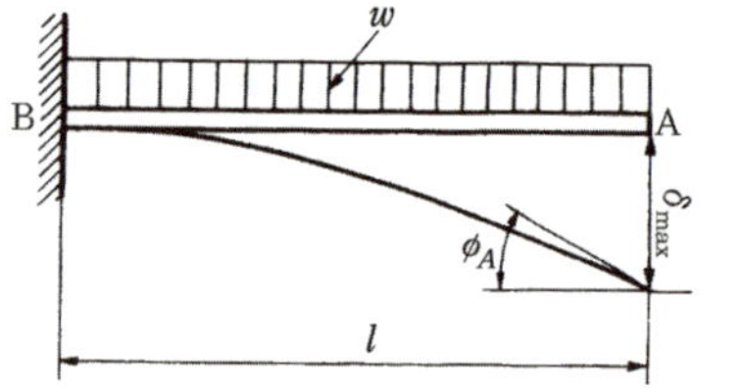

기울기의 각을 라디안(radian)으로 고친 후 처짐과 처짐각의 비를 이용해서 보의 길이를 구한다.

$$\frac{\delta}{\phi}=\frac{\frac{wl^4}{8EI}}{\frac{wl^3}{6EI}}=\frac{3l}{4}=\frac{0.03}{0.01}$$

$$\therefore l=\frac{0.03}{0.01}\times\frac{4}{3}=4(\mathrm{m})$$

예제 31 그림과 같은 원형단면으로 길이 1(m)인 단순보에 5(kN/m)의 균일분포하중을 받고 있다. 최대처짐이 보의 길이 l / 1,000로 하려면 지름(d)은 얼마로 해야겠는가? 단, 재료의 탄성계수 E=200(GPa)이다.

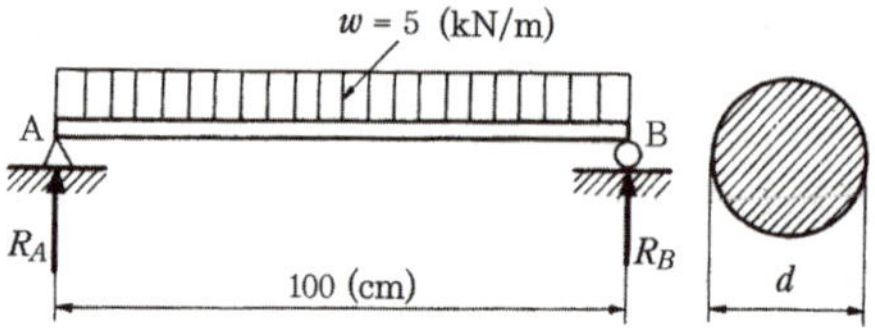

$$\delta=\frac{l}{1,000}=\frac{1}{1,000}=0.001(\mathrm{m})$$

$$\delta=\frac{5wl^4}{384EI}=\frac{64\times 5wl^4}{384E\pi d^4}$$

$$\therefore d=\sqrt[4]{\frac{64\times 5wl^4}{384E\pi\delta}}=\sqrt[4]{\frac{64\times 5\times 5{,}000\times 1^4}{384\times 2\times 10^{11}\times\pi\times 0.001}}=0.0507(\mathrm{m})$$

예제 32 그림과 같은 지름 2(cm)의 원형단면으로 길이 1(m)의 외팔보인 자유단에 집중하중이 작용할 때 최대처짐량이 2(cm)가 되었다. 이 때 최대굽힘응력을 구하라. 단, 탄성계수 E =200(GPa)이다.

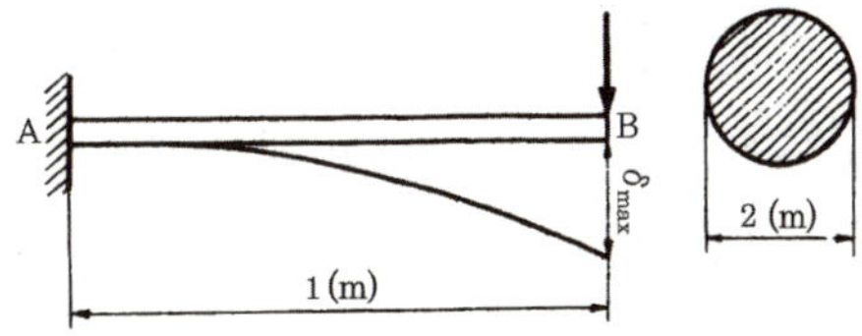

외팔보의 고정단에 발생되는 최대굽힘모멘트는 $M = Wl$ 이고, 저항 굽힘모멘트 $M = \sigma Z$ 이다. 이들과 처짐식을 이용하면 된다.

$$\delta = \frac{Wl^3}{3EI} = \frac{Ml^2}{3EI} = \frac{\sigma Zl^2}{3EI}$$

$$\therefore \sigma = \frac{3EI\delta}{Zl^2} = \frac{3Ed\delta}{2l^2} = \frac{3\times 2\times 10^{11}\times 0.02\times 0.02}{2\times 1^2} = 120(\text{MPa})$$

5.5 구조재의 단면 특성

• 그림 5-90 | 무게의 균형, 출처 : http://mission.bz/

• 그림 5-91 | 젠가 게임 출처: www.google.com

우리는 일상 속에서 또는 TV, 인터넷과 같은 매체에서 아래 그림과 같은 신기한 광경을 보곤 한다. '어떻게 저런 형태로 쓰러지지 않고 균형을 잡고 있을까?'라고 신기해하지만 신기한 형태의 이유가 두 물체의 접점을 중심으로 위의 물체가 힘(무게)의 균형을 이루고 있기 때문이라는 것을 알게 된다. 그리고 나무로 된 블록을 빼면서 먼저 쓰러지면 지는 게임인 '젠가'는 힘의 균형을 헤지지 않는 위치의 나무 블록을 파악하는 것이 게임을 이기는 방법이다. 여기서 힘의 균형이란 아랫방향으로 작용하는 중력에 의해 생기는 무게가 접점을 중심으로 균형을 이루고 있다는 것이다. 힘의 균형은 어린이들이 시소를 탈 때, 외나무다리로 오래 서기, 수평저울로 무게를 달 때 등 우리가 어렵지 않게 경험할 수 있는 역학의 법칙이다.

우리의 민속놀이 중에는 막대기로 판(버나)를 돌리는 '버나놀이'가 있다. 회전하는 판을 끝이 뾰쪽한 막대기로 돌리는 놀이인데 회전하는 판을 공중에 던졌다가 다시 받아 돌리는 묘기는 관중들의 탄성을 자아내기에 충분하다. 버나놀이를 신명나게 하는 놀이꾼은 어떻게 판을 자유자재로 돌릴 수 있을까? 놀이꾼은 판의 한쪽으로 쓰러지지 않도록 판의 균형점에 막대를 대고 돌리기 때문이다. 판의 균형점은 누구나 여러 번의 시행착오를 통해 찾아낼 수 있다. 우리가 놀이꾼의 묘기에 탄성하는 것은 놀이꾼은 아주 빠른 속도로 실수 없이, 심지어 움직이는 판조차도 균형점을 찾기 때문일 것이다.

• 그림 5-92 | 버나놀이 출처: 부천 제27회 복사골 예술제

그렇다면 판의 균형점은 어떻게 찾는 것일까, 민속놀이의 놀이꾼은 오랜 훈련을 통한 경험으로 찾았지만 우리는 계산에 의해 찾을 수 있다. 이때 필요한 개념이 도심(centroid)과 무게중심(center of gravity)이다. 도심은 면적의 기하학적 중심을 나타내는 점을 의미한다. 물체가 균질(homogeneous)해서 일정한 밀도를 가졌다면 도심은 무게중심과 일치한다.

우리가 도심에 관심을 갖는 이유는 구조재의 단면형상이 구조재의 강성에 직접적인 영향을 미치는 면적의 관성모멘트와 관련이 있고, 면적의 관성모멘트를 계산하기 위해서는 면적의 도심을 알아야하기 때문이다.

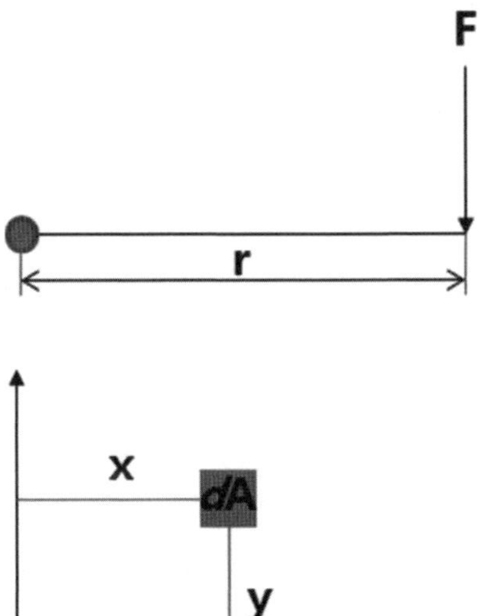

• 그림 5-93 | 모멘트와 면적 1차 모멘트

5.5.1. 도심과 면적의 1차 모멘트

모멘트는 힘에 의해 발생되는 회전을 일으키는 작용요소로 회전의 중심에서부터 힘이 작용하는 작용선까지의 수직거리와 힘의 크기의 곱으로 모멘트의 크기를 나타낸다. 여기에 힘을 면적으로, 수직거리를 좌표축에서 면적까지의 거리로 대체하면 면적의 1차 모멘트를 구할 수 있다.

모멘트 : $M = r \times F$

면적 1차 모멘트 : $M_x = y \times dA$, $M_y = x \times dA$

도형의 면적이 어느 한 점에 집중되어 분포되어 있는 면적 1차 모멘트와 동일한 값을 갖게 되는 어느 한 점이 도심이 된다.

면적 1차 모멘트(x축 기준) : $M_x = \int y \times dA = \sum_{i=1}^{n} y_i \times \Delta A_i = y' \times A$

면적 1차 모멘트(y축 기준) : $M_y = \int x \times dA = \sum_{i=1}^{n} x_i \times \Delta A_i = x' \times A$

위 식에서 도심의 위치(x', y')는 다음과 같이 구할 수 있다.

$$x' = \frac{\int_A x \times dA}{A} = \frac{\sum_i^n x_i \times \Delta A_i}{\sum_i^n \Delta A_i}$$

$$y' = \frac{\int_A y \times dA}{A} = \frac{\sum_i^n y_i \times \Delta A_i}{\sum_i^n \Delta A_i} \quad (5\text{-}49)$$

이와 같이 계산되는 도심은 중심으로 선대칭, 점대칭이 되는 도형은 면적 1차 모멘트가 0이 되는 위치가 된다. 이것은 도심을 중심으로 선대칭과 점대칭이 서로 상쇄되어, 좌표상 거리가 (+)와 (-)로 서로 상쇄되어, 모멘트의 합이 0이 되기 때문이다.

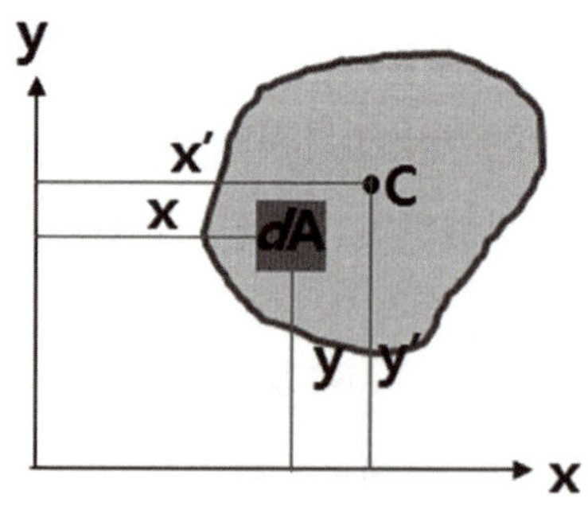

• 그림 5-94 | 도심

예제 33 아래와 같은 도형의 면적 1차 모멘트와 도심 C를 구하시오.

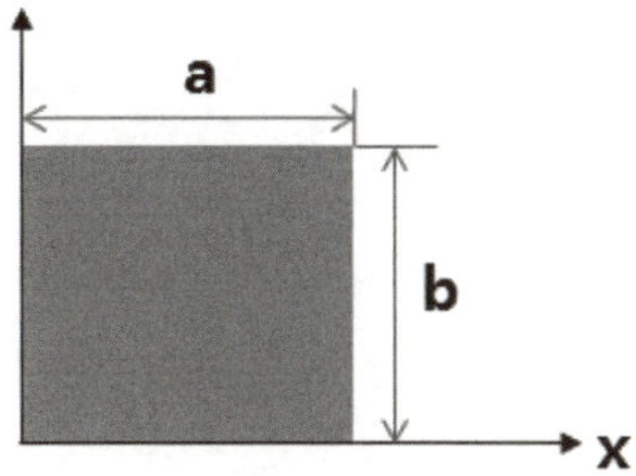

■ 면적 1차 모멘트(x축 기준) :

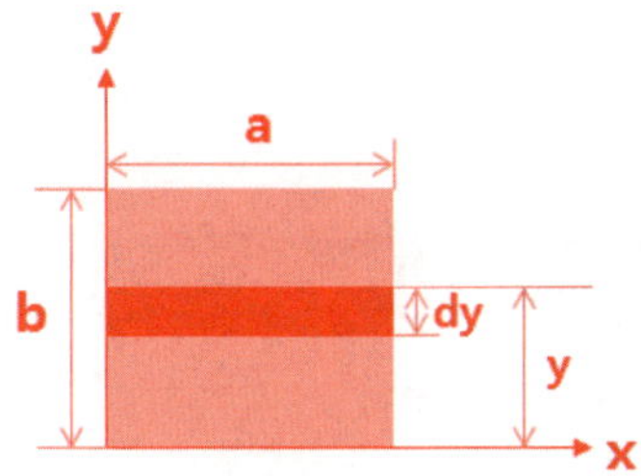

$$M_x = \int y \times dA = \int_0^b y \times a \cdot dy = a\left[\frac{1}{2}y^2\right]_0^b = \frac{1}{2}ab^2$$

■ 면적 1차 모멘트(y축 기준) :

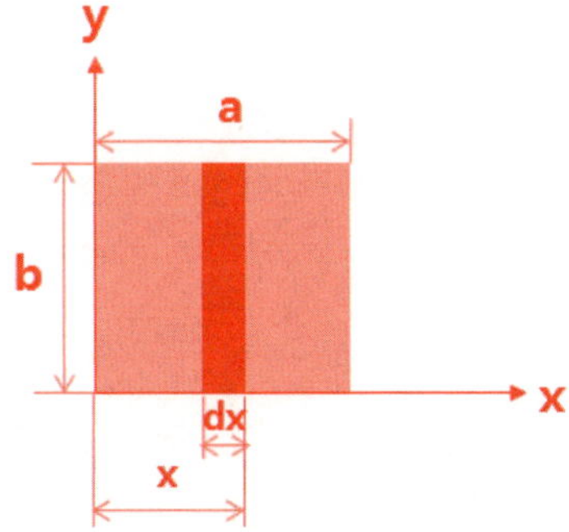

$$M_y = \int x \times dA = \int_0^b y \times b \cdot dx = b\left[\frac{1}{2}y^2\right]_0^a = \frac{1}{2}a^2b$$

■도심 C의 위치(x', y')

$$x' = \frac{\int_A x \times dA}{A} = \frac{\frac{1}{2}a^2 b}{ab} = \frac{a}{2}$$

$$y' = \frac{\int_A y \times dA}{A} = \frac{\frac{1}{2}ab^2}{ab} = \frac{b}{2}$$

예제 34 아래와 같은 T 형 도형의 면적 1차 모멘트와 도심 C를 구하시오.

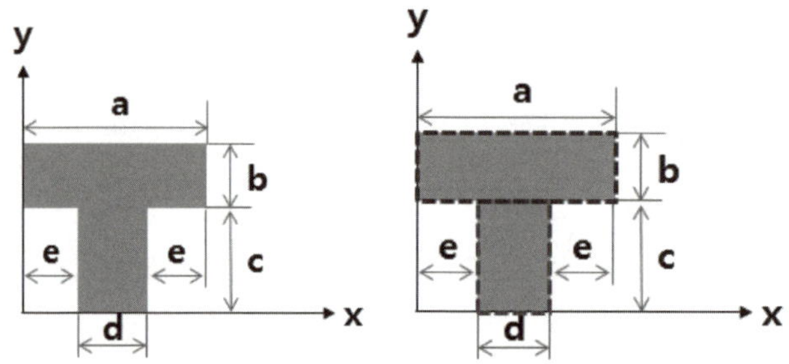

■ 면적 1차 모멘트(x축 기준) :

$$M_x = \int y \times dA = \sum_{i=1}^{n} y_i \times \Delta A_i = [(\frac{c}{2} \times cd) + (c + \frac{b}{2})ab]$$

■ 면적 1차 모멘트(y축 기준) :

$$M_y = \int x \times dA = \int_0^b y \times b \cdot dx = b\left[\frac{1}{2}y^2\right]_0^a = \frac{1}{2}a^2 b$$

■도심 C의 위치(x', y')

$$x' = \frac{\int_A x \times dA}{A} = \frac{\sum_i^n x_i \times \Delta A_i}{\sum_i^n \Delta A_i} = \frac{[(ab \times \frac{a}{2}) + (cd \times (e + \frac{d}{2}))]}{(a \times b + c \times d)}$$

$$y' = \frac{\int_A y \times dA}{A} = \frac{\sum_i^n y_i \times \Delta A_i}{\sum_i^n \Delta A_i} = \frac{[(ab \times (c + \frac{b}{2})) + (cd \times \frac{c}{2})]}{(a \times b + c \times d)}$$

예제 35 아래와 같은 앵글(angle)의 도심을 구하시오.

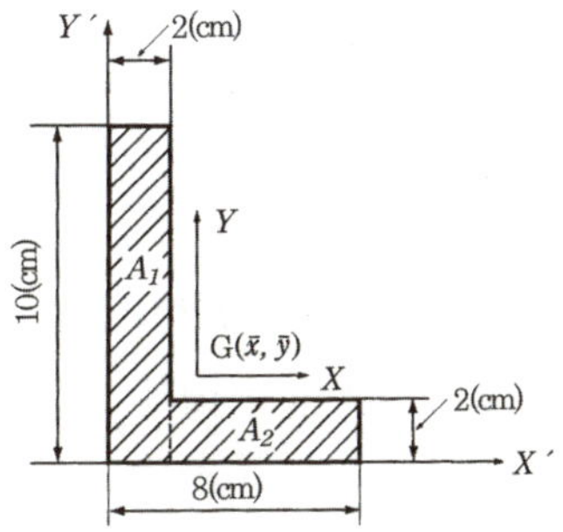

앵글 형태를 두 개의 4각형으로 나눈 후 각각의 면적을 A_1, A_2라 한다.

$$\bar{x}=\frac{G_Y'}{A}=\frac{A_1\bar{x}_1+A_2\bar{x}_2}{A_1+A_2}=\frac{20\times1+12\times5}{10\times2+2\times6}=\frac{80}{32}=2.5(\text{cm})$$

$$\bar{y}=\frac{G_X'}{A}=\frac{A_1\bar{y}_1+A_2\bar{y}_2}{A_1+A_2}=\frac{20\times5+12\times1}{2\times10+6\times2}=\frac{112}{32}=3.5(\text{cm})$$

5.5.2. 면적 2차 모멘트(면적 관성 모멘트)

면적 1차 모멘트 M_x, M_y 는 면적과 좌표축에서 면적까지 좌표값의 1차항의 곱으로 정의되었다. 면적 2차 모멘트는 면적과 좌표축에서 면적까지 좌표값의 2차항(제곱항)의 곱으로 다음과 같이 정의한다.

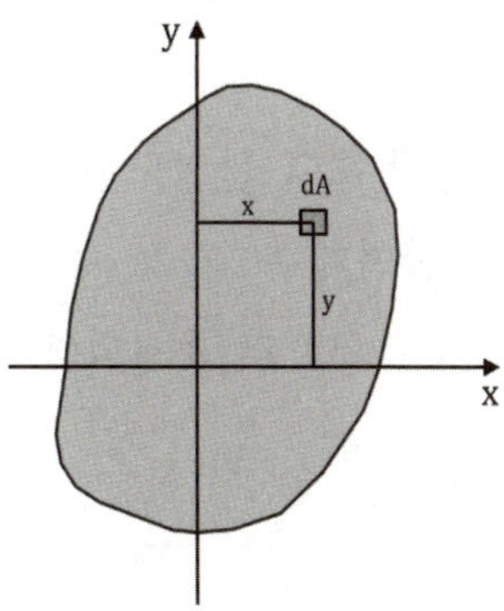

$$I_x = \int y^2 dA$$

$$I_y = \int x^2 dA \qquad (5\text{-}50)$$

면적 2차 모멘트는 면적의 관성 모멘트(moment of inertia of the area)라고도 부르며, 좌표값의 제곱항을 면적에 곱하게 되므로 좌표계상의 어디에 위치하여도 언제나 양의 값을 갖게 된다.

5.5.3. 단면계수

다음 그림에서 도심을 지나는 *X*축으로부터 도형의 상단 또는 하단에 이르는 거리를 각각 e_1, e_2 라고 하자.

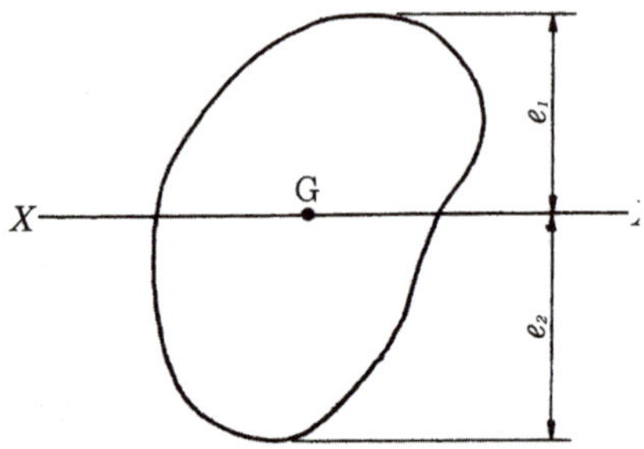

이 때 도심을 지나는 축에 대한 관성모멘트 *IX*를 거리 e_1또는 e_2로 나누어 준 것을 이 축에 대한 단면계수(modulus of section ; *Z*)라고 하며, 단위는 차원이 L^3이므로 m^3, cm^3, mm^3 등으로 표시된다.

$$Z_1 = \frac{I_X}{e_1} \qquad Z_2 = \frac{I_X}{e_2} \qquad (5\text{-}51)$$

만일 도형이 대칭축으로 되었다면 그 축에 대한 단면계수는 하나만이 존재하나, 대칭이 아닐 경우에는 2개의 단면계수가 존재하게 된다.

예제 36 사각형에 대한 면적의 관성 모멘트를 도심을 지나는 AA축에 대하여 구하고, 또 BB축에 대하여 구하라.

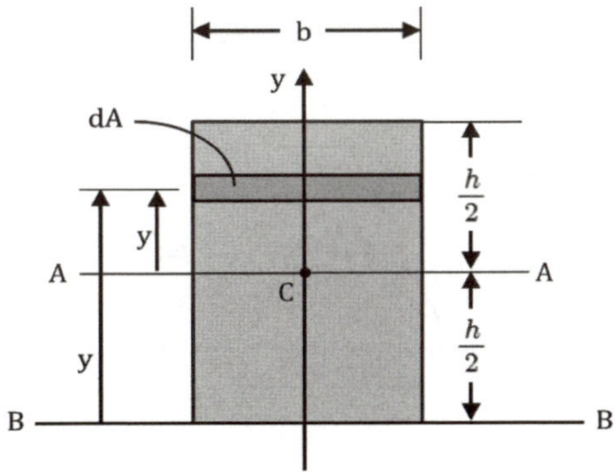

■AA축

$$I_{AA}=\int y^2 dA$$

이고, AA축에 대한 적분구간은 $-\frac{h}{2}$에서 $\frac{h}{2}$이므로

$$I_{AA}=\int_{-\frac{h}{2}}^{\frac{h}{2}} y^2 \cdot bdy=b\cdot\left[\frac{1}{3}y^3\right]_{-\frac{h}{2}}^{\frac{h}{2}}=\frac{bh^3}{12}$$

■BB축

$$I_{BB}=\int y^2 dA$$

좌표축의 이동으로 적분구간이 0에서 h로 바뀌어

$$I_{BB}=\int_0^h y^2 bdy=b\cdot\left[\frac{1}{3}y^3\right]_0^h=\frac{bh^3}{3}$$

예제 37 3각형 단면에서 도심을 지나는 축, 밑변을 지나는 축 및 꼭짓점을 지나는 축에 대한 관성모멘트를 각각 구하고, 또 3각형 단면의 단면계수를 구하시오. 또한, 3각형 단면의 단면계수를 구하시오.

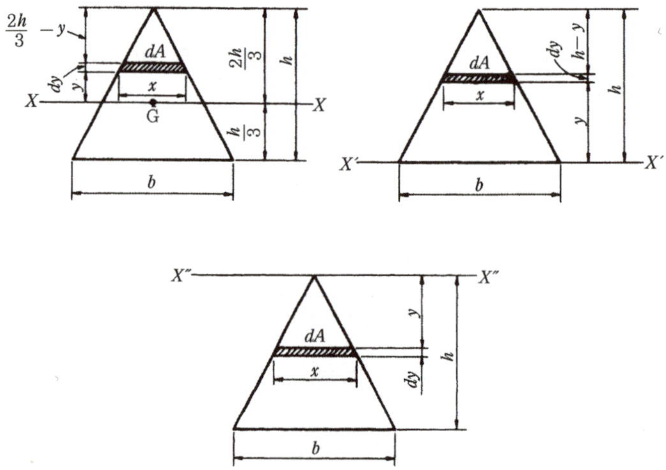

① $x \ : \ b = \left(\dfrac{2h}{3} - y\right) \ : \ h$

$\therefore x = \dfrac{b}{h}\left(\dfrac{2h}{3} - y\right)$

$\therefore dA = xdy = \dfrac{b}{h}\left(\dfrac{2h}{3} - y\right)dy$

$I_X = \displaystyle\int_A y^2 dA = \int_{-\frac{h}{3}}^{\frac{2h}{3}} y^2 \cdot \dfrac{b}{h}\left(\dfrac{2h}{3} - y\right)dy$

$= \dfrac{b}{h}\displaystyle\int_{-\frac{h}{3}}^{\frac{2h}{3}} \left(\dfrac{2h}{3}y^2 - y^3\right)dy = \dfrac{bh^3}{36}$

② $x : \ b = (h - y) : h$

$x = \dfrac{b}{h}(h - y) \quad \therefore dA = xdy = \dfrac{b}{h}(h - y)dy$

$I_{X'} = \displaystyle\int_A y^2 dA = \int_0^h y^2 \cdot \dfrac{b}{h}(h - y)dy$

$= \dfrac{b}{h}\displaystyle\int_0^h (hy^2 - y^3)dy = \dfrac{bh^3}{12}$

③ $x \ : b = y : h$

$$x = \frac{b}{h}y \quad \therefore dA = xdy = \frac{b}{h}ydy$$

$$I_{X''} = \int_A y^2 dA = \int_0^h y^2 \cdot \frac{b}{h}ydy$$

$$= \frac{b}{h}\int_0^h y^3 dy = \frac{bh^3}{4}$$

④ 단면계수는 도심을 지나는 축에 대한 관성모멘트를 도심으로부터 상단 또는 하단까지의 거리로 나눈 것이므로,

$$Z_1 = \frac{I_X}{e_1} = \frac{\frac{bh^3}{36}}{\frac{2h}{3}} = \frac{bh^2}{24} \qquad Z_2 = \frac{I_X}{e_1} = \frac{\frac{bh^3}{36}}{\frac{h}{3}} = \frac{bh^2}{12}$$

5.5.4. 평행축 정리

면적의 관성 모멘트는 동일한 도형이라도 기준축에 따라 달라진다. 예제 5-32와 같이 AA축은 도형의 도심을 지나는 도심축이고, BB축은 도심축과 평행한 축이다. 이와 같이 도심을 지나는 축에 대한 면적 관성 모멘트와 도심축과 평행한 임의축에 대한 면적 관성 모멘트는 아래와 같은 '평행축 정리'를 사용하여 계산할 수 있다.

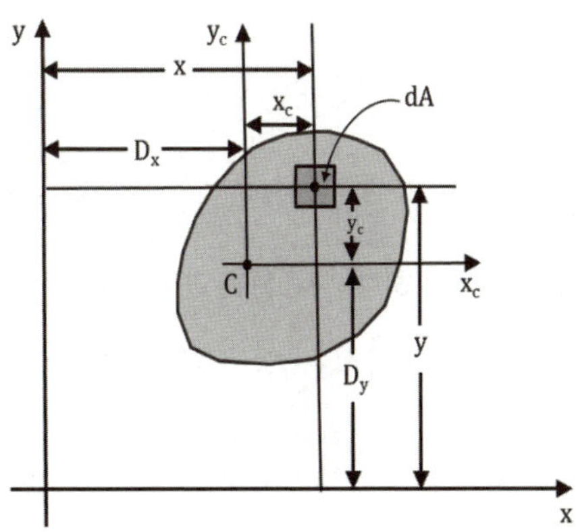

그림과 같이 도심을 지나는 축 x_c, y_c 와 이 축으로부터 임의의 거리만큼 평행 이동된 축 x, y축에 대한 면적 관성 모멘트의 상호 관계식을 생각해보자.

먼저 x축에 대한 면적 관성 모멘트를 I_x는 다음과 같이 쓸 수 있다.

$$\begin{aligned} I_x &= \int y^2 dA \\ &= \int (y_c + D_y)^2 dA \\ &= \int y_c^2 dA + 2D_y \int y_c dA + D_y^2 \int dA \end{aligned} \qquad (5\text{-}52)$$

식 5-52의 첫 번째 항 $\int y^2{}_c d$는 도심축 에 대한 면적 관성 모멘트를 나타내므로 라 표기할 수 있다. 두 번째 항 $2D_y \int y_c dA$는$\int y_c dA$가 도심축 에 대한 면적 1차 모멘트이므로 $\int y_c dA = 0$이 된다. 따라서 두 번째 항 $2D_y \int y_c dA = 0$이 되어 없어진다. 세 번째항 $D^2 y \int dA$는 전체 면적($\int dA = A$)과 두 평행축 사이의 거리제곱 을 곱한 값이 된다.

따라서 식 5-52는 식 5-53과 같이 간단하게 정리되며, y축에 대한 면적 관성 모멘트도 동일한 방식으로 식 5-54와 같이 정리된다.

$$I_x = I_{xc} + D^2{}_y A \qquad (5\text{-}53)$$

$$I_y = I_{yc} + D^2{}_x A \qquad (5\text{-}54)$$

평행축 정리는 도심축에 대한 면적 1차 모멘트가 0이 된다는 조건($\int x_c dA = \int y_c dA = 0$)을 이용하여, 도심축과 도심축에 평행한 임의축에 대한 면적 관성 모멘트의 상호관계식을 얻을 수 있다.

예제 38 평행축 원리를 사용하여 BB축에 대한 면적 관성 모멘트를 구하라.

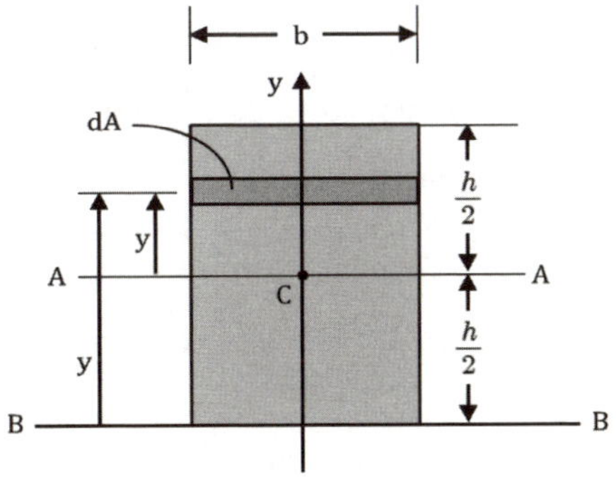

도심을 지나는 AA축에 대한 면적 관성 모멘트

$$I_{xc} = I_{AA} = \frac{bh^3}{12}$$

$$D_y = \frac{h}{2},\ A = bh$$

$$I_x = I_{xc} + D_y^2 \cdot A$$ 이므로

$$\therefore I_{BB} = I_{AA} + \left(\frac{h^2}{2}\right) \cdot bh = \frac{bh^3}{12} + \frac{bh^3}{4} = \frac{bh^3}{3}$$

예제 39 아래와 같은 도형의 관성(면적 2차) 모멘트를 구하시오.

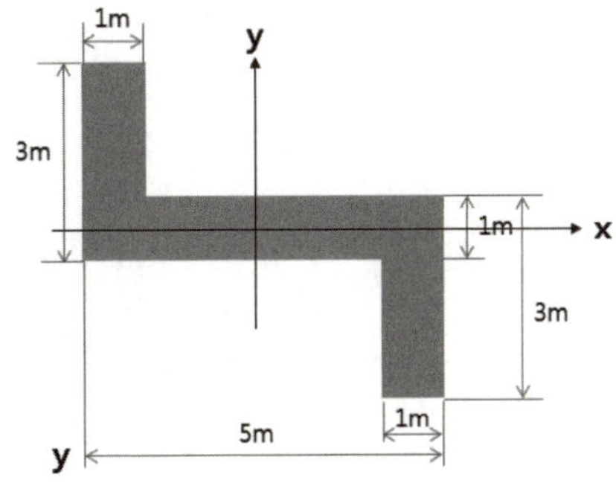

이 도형은 아래 그림과 같이 사각형 A, B, C 가 합성된 것으로 생각할 수 있다. 사각형의 도심축에 대한 관성모멘트 $I = \frac{1}{12}bh^3$와 평행축 정리를 적용하면 되는데 사각형 A는 도심축에 위치하고 있어서 관성모멘트만 적용하고 사각형 A, C는 평행축 정리를 추가로 적용하여 계산한다.

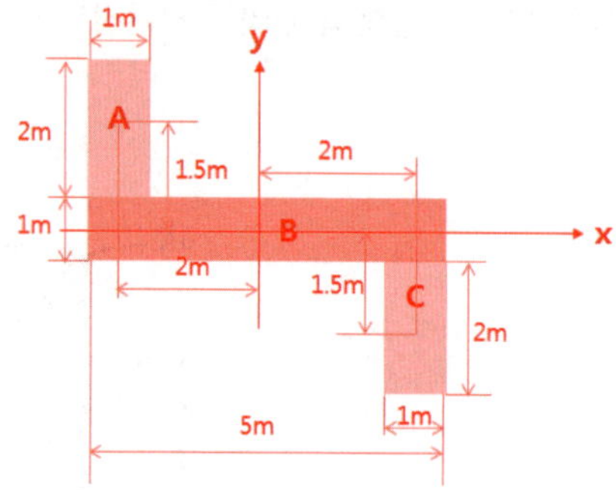

■사각형 A의 관성모멘트(x축 기준) :

① $M_x' = I_x + Ad_y^2 = \frac{1}{12} \times 1m \times (2m)^3 + (1m \times 2m) \times (1.5m)^2$

■사각형 A의 관성모멘트(y축 기준) :

② $M_y' = I_y + Ad_x^2 = \frac{1}{12} \times 2m \times (1m)^3 + (2m \times 1m) \times (2m)^2$

■사각형 B의 관성모멘트(x축 기준)

③ $M_x' = I_x = \frac{1}{12} \times 5m \times (1m)^3$

사각형 B의 관성모멘트(y축 기준)

④ $M_y' - I_y - \frac{1}{12} \times 1m \times (5m)^3$

사각형 C의 관성모멘트(x축 기준)

⑤ $M_x' = I_x + Ad_y^2 = \frac{1}{12} \times 1m \times (2m)^3 + (1m \times 2m) \times (1.5m)^2$

사각형 C의 관성모멘트(y축 기준)

⑥ $M_y' = I_y + Ad_x^2 = \frac{1}{12} \times 2m \times (1m)^3 + (2m \times 1m) \times (2m)^2$

전체 도형의 관성모멘트는 각 도형의 x,y방향 관성모멘트의 합으로 계산된다.

$M_x' =$ ①+③+⑤

$M_y' =$ ②+④+⑥

5.5.5. 극관성모멘트

아래 그림과 같은 평면도형에서 *X*, *Y*축의 교점, 즉 직교좌표계의 원점 O를 극으로 할 때 이 극 O점에 대한 관성모멘트를 극관성모멘트(polar moment of inertia of area ; I_p)라고 한다.

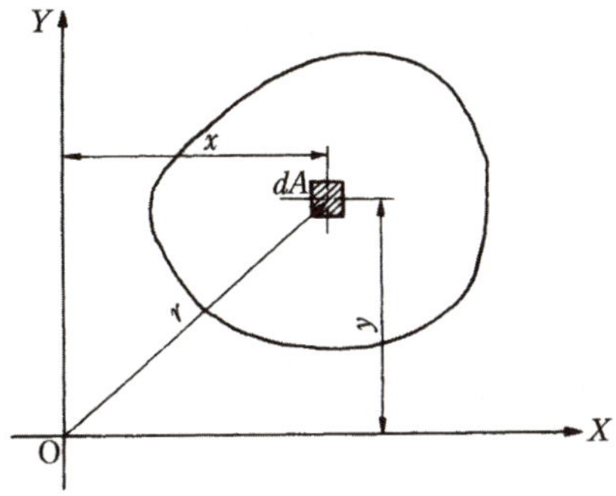

임의의 미소면적을 *dA*, *dA* 에서 극 O점까지의 거리를 *r*이라 하면, 극관성모멘트는 다음과 같이 표현된다.

$$I_p = \int_A r^2 dA = \int_A x^2 dA + \int_A y^2 dA = I_Y + I_X$$

$$\therefore I_p = I_X + I_Y \qquad (5\text{-}55)$$

따라서 극관성모멘트는 극점을 지나는 두 직교축, *X*및 *Y*축에 대한 두 관성모멘트를 합한 것과 같다. 한편 원, 정방형 등은 도심을 통과하는 직교축에 대하여 대칭이고 $I_X = I_Y$가 되므로 극관성모멘트는 $I_p = 2I_X = 2I_Y$가 되어 관성모멘트의 2배가 된다.

예제 40 원형단면에서 중심 O점에 대한 극관성모멘트 및 극단면계수와 O점을 지나는 X, Y축에 대한 관성모멘트 및 단면계수를 각각 구하라

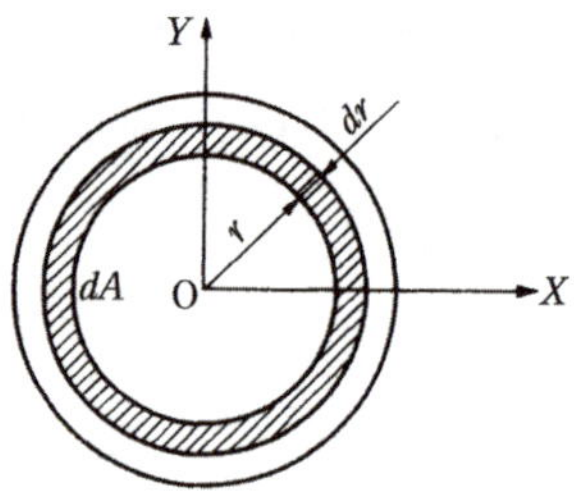

$dA = 2\pi r \cdot dr$

극관성모멘트 $I_p = \int_A r^2 dA = \int_0^r r^2 \cdot 2\pi r dr = 2\pi \int_0^r r^3 dr = \frac{\pi r^4}{2} = \frac{\pi d^4}{32}$

극단면계수 $Z_p = \frac{I_p}{e} = \frac{\pi r^4/2}{r} = \frac{\pi r^3}{2} = \frac{\pi d^3}{16}$

관성모멘트 $I_X = I_Y = \frac{I_p}{2} = \frac{\pi r^4/2}{2} = \frac{\pi r^4}{4} = \frac{\pi d^4}{64}$

단면계수 $Z_X = \frac{I_X}{e} = \frac{\pi r^4/4}{r} = \frac{\pi r^3}{4} = \frac{\pi d^3}{32}$

5.5.6. 굽힘강성

위에서 계산된 관성모멘트는 하중을 지지하는 보의 굽힘강성에 직접적인 관계가 있다. 아래 그림과 같이 보에 힘이 가해지면 보는 휘게 되어 원호가 된다. 즉, 보가 휘면 가상의 원호 중심 를 중심으로 곡률($\frac{1}{\rho}$)이 발생하게 된다. ρ는 탄성곡선상의 원호 중심에서의 곡률반지름을 나타낸다. 하중에 의해 이때 보가 하중에 의해 많이 휘게 되면 곡률반지름이 작아지고 곡률은 커진다. 이러한 곡률은 보의 탄성계수와 보의 중립축에서 계산되는 관성모멘트의 곱에 반비례한다.

$$\frac{1}{\rho} = \frac{M}{EI} \qquad (5\text{-}55)$$

$\frac{1}{\rho}$ = 곡률

M = 곡률반지름 ρ가 결정되는 점에서 보의 내부모멘트

E = 재료의 탄성계수

I = 중립축에 대해 계산된 보의 관성모멘트

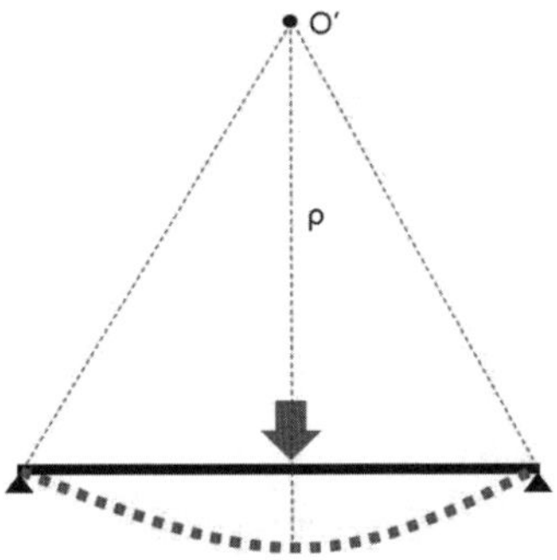

• 그림 5-95 | 보의 휨과 곡률 $\frac{1}{\rho}$의 발생

위 식에서 EI는 굽힘강성(flexural rigidity)으로 정의하며 보의 휨에 대한 지지력을 평가하는데 사용한다. 굽힘강성이 크면 보는 힘에 의해 휘는 것이 작아진다. 즉, 보의 관성모멘트가 증가하면 곡률이 작아지고, 보의 휨이 감소한다는 것이다. 이와 같은 이유로 구조물의 안정적인 설계를 위해서는 보의 소재의 특성인 탄성계수와 함께 단면형상의 결정이 매우 중요하다.

그림 5-96(a)~(e)는 H형강이 매립된 콘크리트 슬래브가 파괴될 때 까지 발생한 변형량을 측정하는 방법으로 휨강도를 평가한 연구사례이다. 일반 단면형상(그림 5-96(b))과 웨브두께를 2배 증가시킨 단면형상(그림 5-96(c)), 하부플렌지의 두께를 2배 증가시킨 단면형상(그림 5-96(d))의 휨강도를 평가하면 웨브의 두께와 하부플렌지의 두께를 2배로 늘릴 경우 훨씬 큰 변형까지 견디는데 하부플렌지의 두께를 늘리는 것이 더 효과적이다(그림 5-96(e)).

(a) H형강 명칭

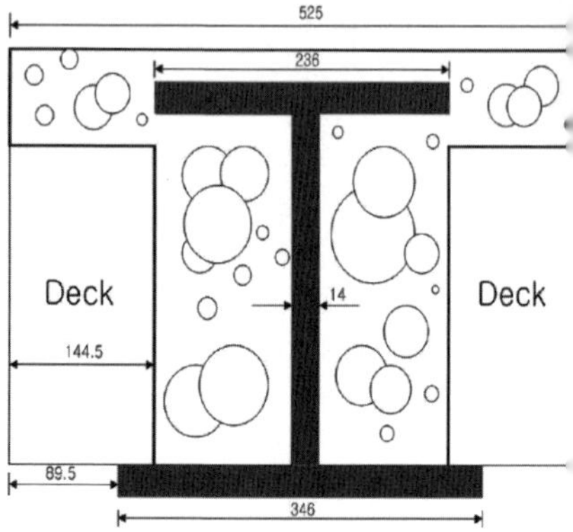

(b) 일반 단면형상

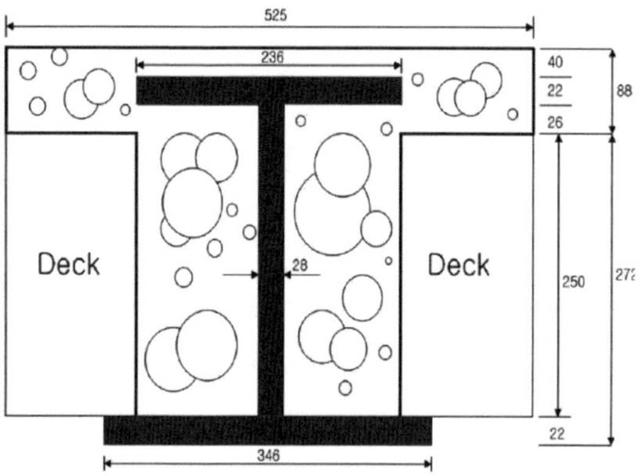

(c) 웨브 2배 보강

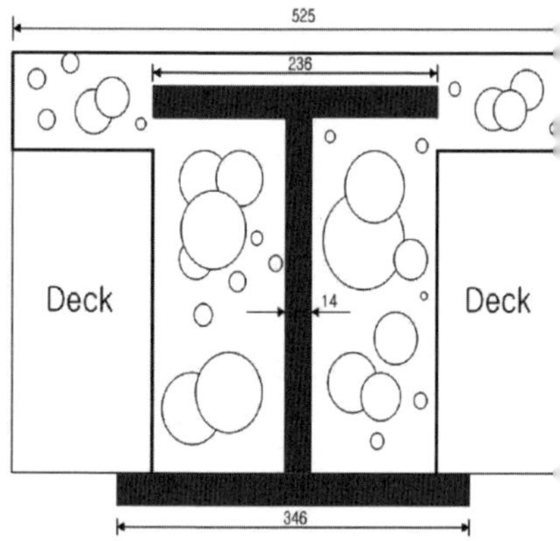

(d) 하부 플렌지 2배 보강

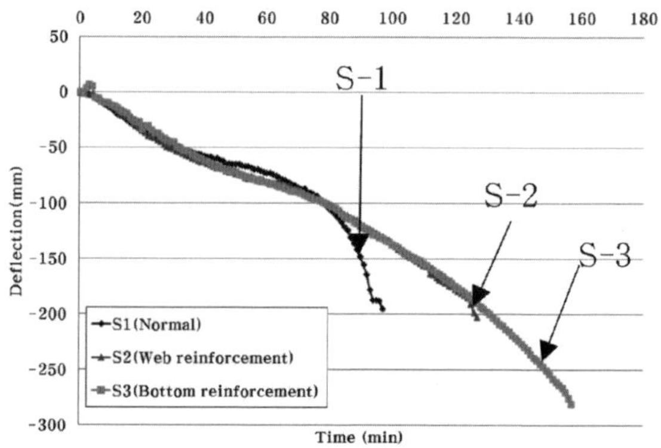

(e) H형강의 휨변형

• 그림 5-96 | 단면형상에 따른 휨강도 연구, 출처: 김형준 외, 비대칭 H형강 합성보의 단면형상변화에 따른 온도특성 및 화재거동에 관한 실험적 연구, 한국화재소방학회 논문지 26(1), 2012

예제 41 다음의 경우 굽힘강성을 계산하시오. 단 재료의 탄성계수는 E로 동일하다.

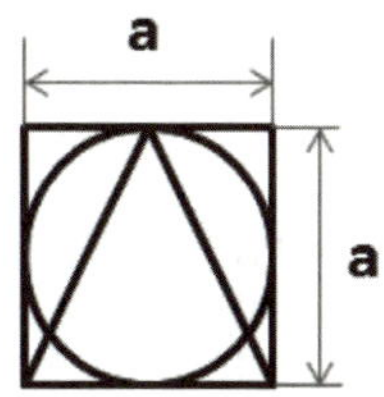

■정사각형 : $EI = E\frac{1}{12}a \times a^3 = \frac{Ea^4}{12}$

■원 : $EI = \frac{E}{4}\pi r^4 = E\frac{\pi}{4} \times (\frac{a}{2})^4 = \frac{E\pi a^4}{64}$

■직각삼각형 : $EI = \frac{E}{36}(\text{밑변}) \times (\text{높이})^3 = \frac{E}{36} \times a \times a^3 = \frac{Ea^4}{36}$

따라서 굽힘강성의 크기는 정사각형>원>직각삼각형 순서이다.
그러나 정사각형은 단면적이 가장 크기 때문에 동일한 길이와 동일한 비중이라면 무게가 가장 크고, 직각삼각형이 무게가 가장 작다.
따라서 자중에 의한 처짐을 함께 고려해서 보의 강성을 결정해야한다.

5.5.7. 기둥의 휨, 좌굴

건축물에서 기둥(colume)은 상부 구조물의 무게를 지탱하는 중요한 요소이다. 기둥은 구조물 무게(압축하중)를 충분히 견딜 수 있는 강도를 가져야 하며 하중의 수평방향으로 변형이 크게 발생하지 않아야한다. 기둥의 강도가 충분히 크더라도 수평방향으로 변형이 크게 발생한다면 구조물의 안정성을 확보할 수 없게 된다. 만약 기둥이 가늘고 긴 형상을 가지고 가해지는 하중이 충분히 커서 기둥이 수평방향 휨이 발생하는 것을 '좌굴(buckling)'이라고 한다. 이러한 기둥의 좌굴은 구조물의 급격한 파단과 붕괴를 일으킬 수 있기 때문에 기둥설계는 기둥의 좌굴 특성을 고려한 설계가 되어야 한다.

기둥에 좌굴이 발생할 때 까지 견딜 수 있는 기둥의 축방향 하중을 임계하중(critical load, W_{cr})이라고 한다.

임계하중을 계산할 때 기둥을 이상 기둥(ideal colume)이라고 가정한다.

이상 기둥의 조건은 기둥이 완한 직선이고, 균질재료로 구성되어 있고 하중이 기둥의 도심에 작용하며 기둥의 재료는 선형탄성변형을 하는 것이다. 그러나 우리가 주변에서 이러한 이상 기둥을 볼 수 있는 가능성은 거의 없다. 왜냐하면 기둥은 완전한 직선도 아니며, 기둥의 재료에는 이물질, 미세 흠이 존재하며, 하중이 항상 도심에만 작용하지 않기 때문이다. 그럼에도 불구하고 이상 기둥을 대상으로 임계하중을 계산하고 안전율을 반영해서 보완하는 것이 현실적이다. 이상기둥에서 축하중 W는 파단이나 재료의 항복에 의한 파단이 발생할 때까지 증가한다. 그러나 축하중 W가 임계하중 W_{cr}에 이르면 기둥은 불안정해지고 축하중이 제거되더라도 휨이 남아있게 된다. 축하중 W가 임계하중 W_{cr}보다 작아지면 기둥은 자체의 복원능력으로 휨에 대해 저항하며 휨이 없어지면서 다시 바르게 된다.

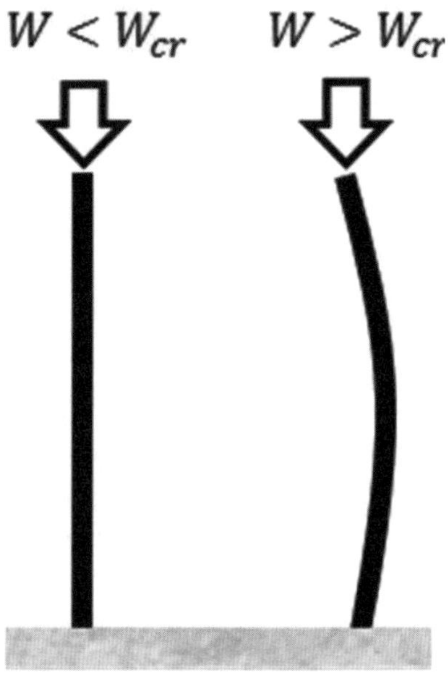

• 그림 5-97 | 기둥의 좌굴

이러한 임계하중은 기둥의 재료와는 무관하며 기둥 단면의 형상에 의한 관성모멘트 I, 기둥의 길이 L, 재료의 강성인 탄성계수 E에 영향을 받는다. 고강도 스틸(steel)과 저강도 스틸의 탄성좌굴이 비슷한 것은 두 재료의 강성을 나타내는 탄성계수가 비슷하기 때문이다. 그리고 기둥은 관성모멘트가 클수록 임계하중이 증가하는데 관성모멘트는 단면적이 기둥 단면의 도심에서 멀리 떨어질수록 커지기 때문에 동일한 체적이라면 중공단면에 중실단면보다 관성모멘트가 커져서 임계하중이 증가한다.

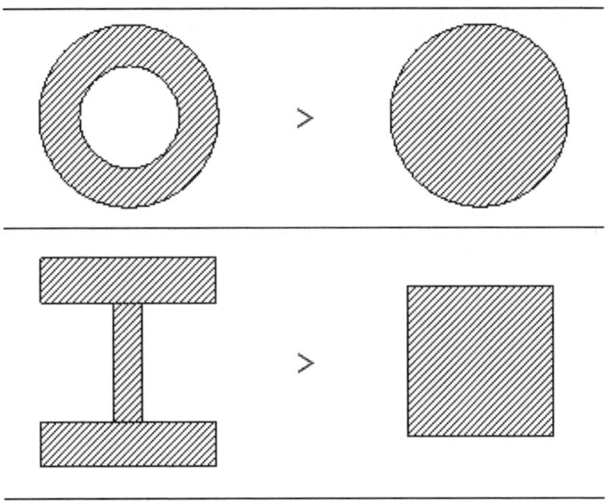

그림에서 aa축에 대한 관성 모멘트는 $\frac{1}{12}hb^3$이고, bb축에 대한 관성 모멘트는 $\frac{1}{12}hb^3$이므로 aa축에 대한 관성 모멘트가 작아서 기둥의 휨은 aa축을 중심으로 발생한다. 이와 같이 기둥은 모든 방향으로 동일하게 유지하는 것이 기둥의 휨을 발생시키지 않는 방법이다. 따라서 기하학적으로 단면이 원형인 기둥이 관성 모멘트가 방향과 무관하게 균일하기 때문에 가장 우수한 기둥이 된다. 고대로부터 기둥의 주재료가 된 나무의 단면이 원형이고, 고대 건축물의 기둥이 원형인 것을 보면 자연의 위대함과 고대 공학자들의 지혜를 다시 한번 생각하게 된다.

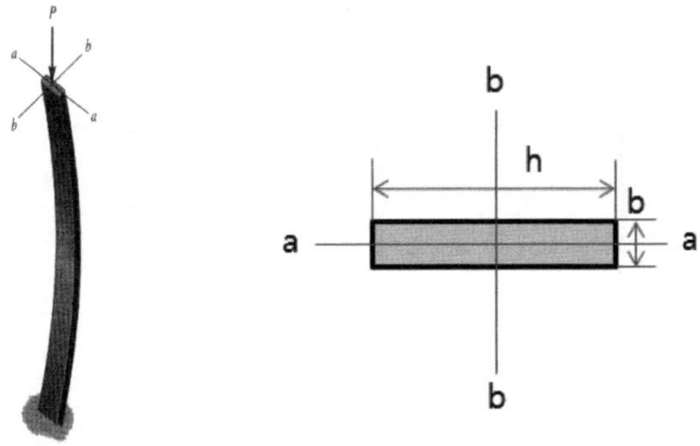

5.5.8. 기둥 지지조건에 따른 임계하중

기둥의 임계하중을 계산하기 위해서는 복잡한 공학적 계산이 필요하지만 여기서는 생략하고 간단하게 결과만 소개하기로 한다. 핀지지를 받는 기둥의 임계하중은 다음과 같이 계산된다.

$$W_{cr} = \frac{\pi^2 EI}{L^2} \quad (5\text{-}56)$$

W_{cr} : 좌굴이 시작되기 전 기둥에 작용하는 최대 축하중

E : 탄성계수

I : 기둥단면의 최소 관성모멘트

L : 기둥이 지지되지 않은 길이

하단이 지지되고 상단이 자유로운 기둥의 경우 하단만 지지된 기둥의 임계하중은 핀고정 기둥에 비해 $\frac{1}{4}$ 수준이고, 양단이 모두 지지된 기둥의 경우는 핀고정에 비해 4배가 크며, 하단이 고정되고 상단이 핀고정이 된 경우는 약 2배가 크다.

고정조건	양단 핀고정	하단 고정	양단 고정	상단 핀고정, 하단 고정
형상	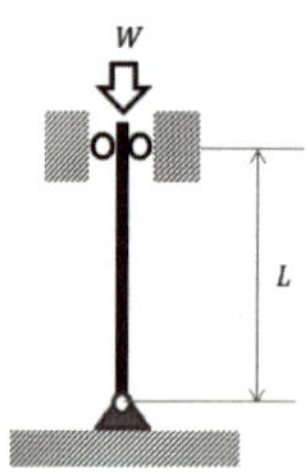	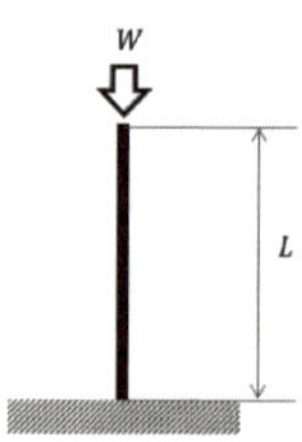	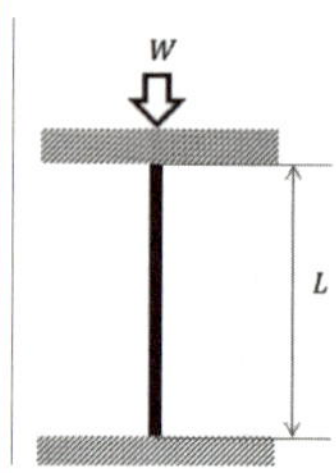	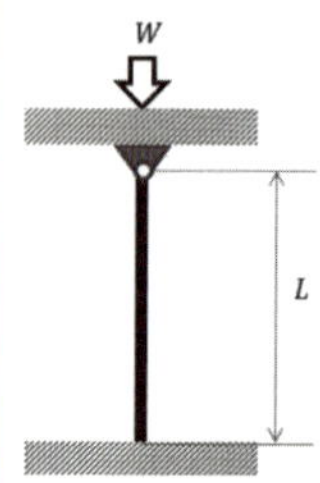
임계하중	$W_{cr} = \frac{\pi^2 EI}{L^2}$	$W_{cr} = \frac{\pi^2 EI}{4L^2}$	$W_{cr} = \frac{4\pi^2 EI}{L^2}$	$W_{cr} = \frac{\pi^2 EI}{0.49L^2}$

예제 42 다음과 같이 하단 고정, 양단 고정 조건의 목재기둥 임계하중과 좌굴이 발생하지 않을 최대 허용하중을 계산하시오. 단, 목재의 탄성계수는 5Gpa이고, 항복응력은 30Mpa이다.

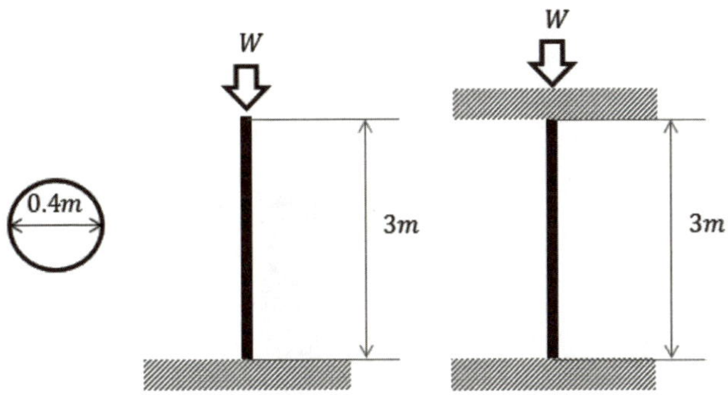

■관성모멘트 $I=\frac{1}{4}\pi r^4$

■하단 고정 $W_{cr}=\frac{\pi^2 EI}{4L^2}=\frac{\pi^2}{4\times(3m)^2}\times\frac{5\times10^9 N}{m^2}\times\frac{1}{4}\pi(0.2m)^4\approx1.72\times10^6 N$

허용하중 $\sigma_{cr}=\frac{W_{cr}}{Area}=\frac{1.72\times10^6 N}{\frac{\pi}{4}(0.4m)^2}\approx13.7Mpa$

계산된 최대 허용하중이 목재의 항복응력보다 작기 때문에 임계하중을 계산하는 식은 유효하다.

■양단 고정

$$W_{cr}=\frac{4\pi^2 EI}{L^2}=\frac{4\pi^2}{(3m)^2}\times\frac{5\times10^9 N}{m^2}\times\frac{1}{4}\pi(0.2m)^4=27.56\times10^6 N$$

허용하중 $\sigma_{cr}=\frac{W_{cr}}{Area}=\frac{27.56\times10^6 N}{\frac{\pi}{4}(0.4m)^2}\approx217Mpa$

계산된 허용하중이 항복응력보다 크기 때문에 이렇게 계산된 허용하중을 적용할 수 없다. 이러한 경우는 항복응력을 기준으로 계산된 허용하중을 적용해야 한다.

$$30Mpa=\frac{W}{A}$$

$$W=[\frac{\pi}{4}(0.4m)^2]\times30\times10^6\frac{N}{m^2}\approx3.77\times10^6 N$$

■하단 고정의 컴퓨터 시뮬레이션

하단 고정 기둥의 형상과 동일한 목재기둥(지름 0.4m, 높이 3m)의 하중을 15,000N을 가했을 때 프로그램에서 계산된 임계지수가 117.4이다. 따라서 컴퓨터 시뮬레이션으로 계산된 임계하중은

$W_{cr} = critical\ factor \times load$

$W_{cr} = 117.1 \times 15{,}000N \approx 1.76 \times 10^6 N$

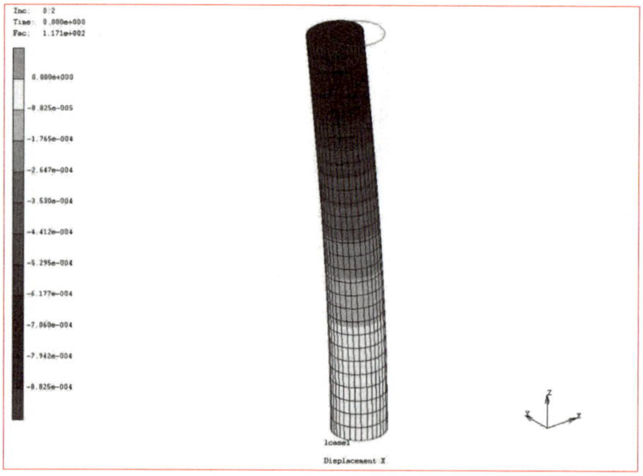

• 그림 5-98 | 컴퓨터 시뮬레이션으로 계산된 하단지지 기둥의 좌굴 형태
컴퓨터 시뮬레이션으로 계산된 임계하중은 약 1.76MN이고, 이론식으로 계산된 임계하중은 약 1.72MN으로 약간의 오차가 있으나 거의 유사하다는 것을 알 수 있다.

예제 43 양쪽 끝이 힌지(hinge)로 된 강철재 구형각재의 길이 l=4(m)인 기둥이 축방향으로 압축력을 받고 있을 때 임계하중과 임계응력을 구하라. 단, E =200(GPa)이다.

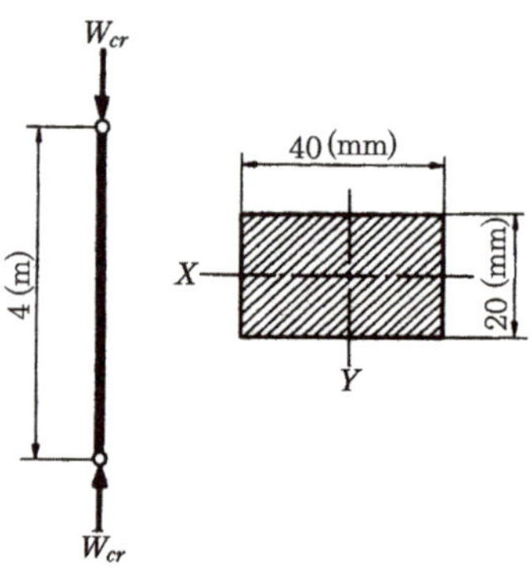

관성모멘트는 최소값인 I_X를 택한다.

$$I_X = \frac{0.04 \times 0.02^3}{12} = 2.66 \times 10^{-8}(m^4),\ \ I_Y = \frac{0.02 \times 0.04^3}{12} = 1.066 \times 10^{-7}(m^4)$$

$$\therefore\ I_x < I_Y$$

$$W_{cr} = \frac{\pi^2 EI}{l^2} = \frac{\pi^2 \times 2 \times 10^{11} \times 2.66 \times 10^{-8}}{4^2} = 3,281.64(N)$$

$$\sigma_{cr} = \frac{W_{cr}}{A} = \frac{3,281.64}{0.04 \times 0.02} = 4.1(MPa)$$

예제 44 원형단면의 연강재가 고정된 양쪽 끝에서 축압축하중 W = 100(kN)을 작용시키려 한다. 안전율을 S = 5로 하고, 탄성계수는 E = 200(GPa)이라 할 때 오일러 공식을 사용하여 이 기둥의 지름을 구하라.

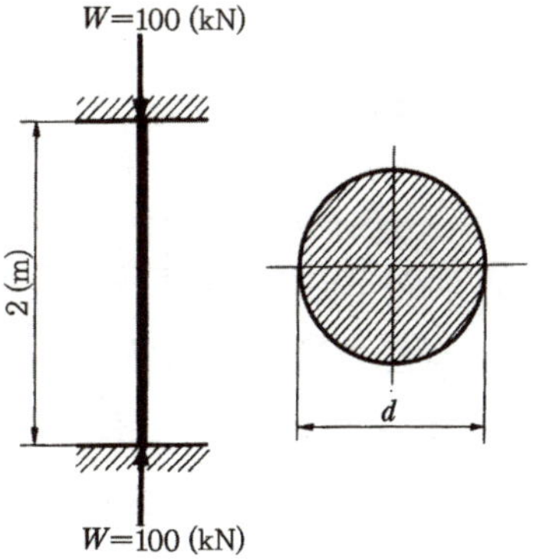

양단 고정기둥이고, $W_\sigma = W \times S$ 임을 이용한다.

$$W_{cr} = W_S \times S = \frac{\pi^2 EI}{l^2} = \frac{\pi^3 Ed^4}{64l^2}$$

$$\therefore\ d = \sqrt[4]{\frac{64l^2 W_S \cdot S}{n\pi^3 E}} = \sqrt[4]{\frac{64 \times 2^2 \times 10^5 \times 5}{4 \times \pi^3 \times 2 \times 10^{11}}} = 0.0476m$$

| 연습문제 |

[보]

1. 그림과 같은 단순보에서 지점 B에서 90(N)까지 지지할 수 있다고 한다. 하중점은 지점 A로부터 몇 (m)까지 이동할 수 있는가?

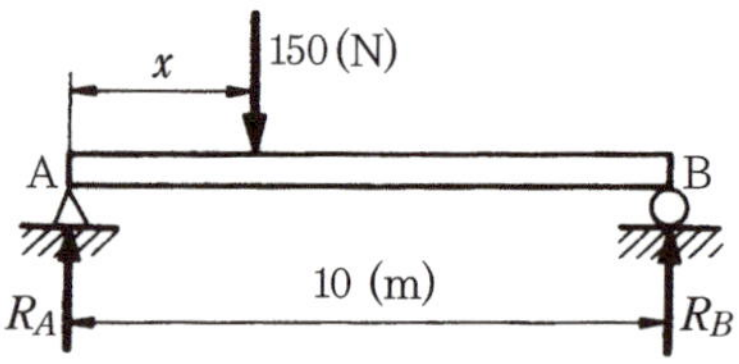

(a) 2(m)　　(b) 3(m)
(c) 5(m)　　(d) 6(m)

2. 아래 그림은 대형 트럭의 구동축을 나타낸 것이다. 트럭의 전장 방향으로 긴 형상을 하고 있는 축은 지지대에 의해 고정되어 있다. 오른쪽의 두 지지대 사이의 축은 수평으로 조립되어 있음을 확인할 수 있다. 이 두 지지대 사이의 축의 무게를 200N이라고 할 때 각 지지대에 작용할 수직방향 지지력(반력)은?

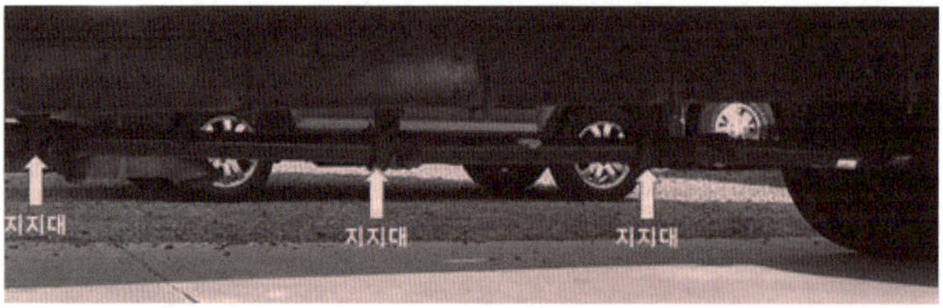

(a) 200(N)　　(b) 150(N)　　(c) 125(N)　　(d) 100(N)

3. 폭이 좁은 하천을 연결하는 다리에 하나의 교각이 설치되어 있다. 교각을 제외한 다리 전체의 무게를 A(N)이라 할 때, 교각 양쪽 끝의 지면과 다리 전체 길이의 중심 위치에 설치된 교각이 지지하게 될 수직 방향

반력은?

(a) A/2(N) (b) A(N) (c) A/3(N) (d) A/4(N))

4. 그림과 같은 돌출보에서 반력 R_A는 얼마인가?

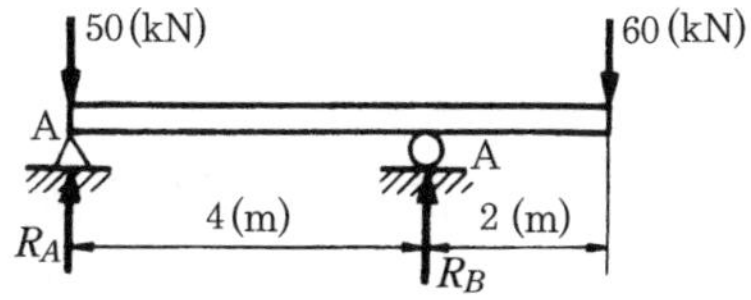

(a) 20(kN) (b) 40(kN
(c) 60(kN) (d) 80(kN)

5. 그림과 같은 내다지보에서 반력 R_A는 얼마인가?

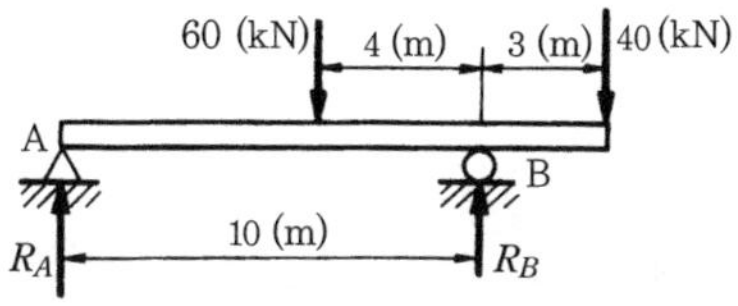

(a) 12(kN) (b) 17(kN)
(c) 21(kN) (d) 34(kN)

6. 그림과 같은 단순보에서 지점 A로부터 5(m)되는 곳의 등분포하중은 얼마인가?

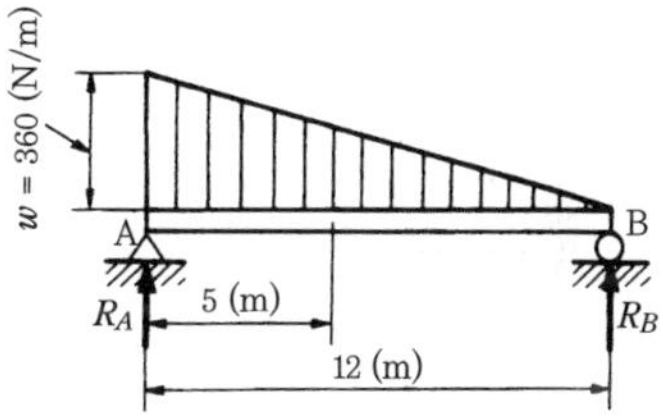

(a) 170(N/m) (b) 210(N/m)
(c) 270(N/m) (d) 310(N/m)

7. 그림과 같은 단순보에서 반력 R_B는 얼마인가?

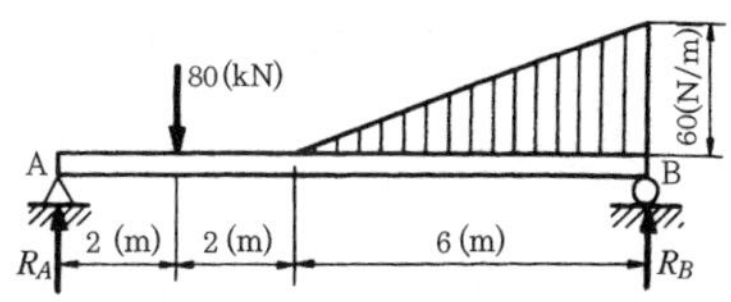

(a) 120(N) (b) 160(N)
(c) 200(N) (d) 240(N)

8. 그림과 같은 단순보에서 C점의 굽힘모멘트는 얼마인가?

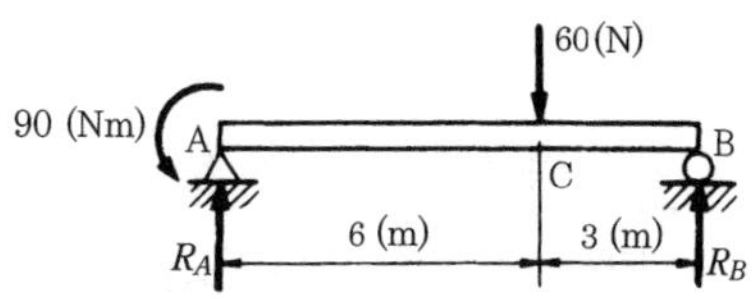

(a) 50(Nm) (b) 60(Nm)
(c) 90(Nm) (d) 120(Nm)

9. 그림과 같은 단순보에서 반력 R_A는 얼마인가?

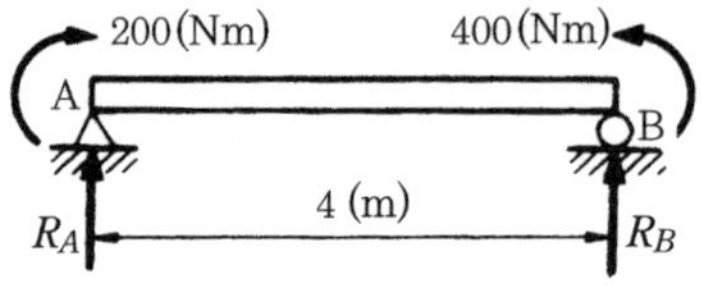

(a) 20(N) (b) 30(N)
(c) 50(N) (d) 70(N)

10. 그림과 같은 보에서 반력 R_B가 20(N)이 되려면 거리 X 는 얼마이면 되겠는가?

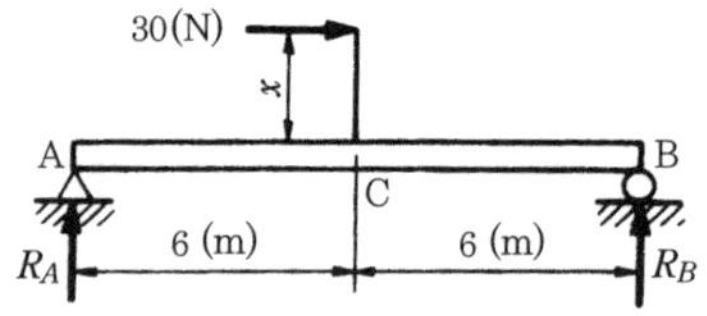

(a) 5(m) (b) 8(m)
(c) 9(m) (d) 12(m)

11. 그림과 같은 단순보가 w=400(N/m)의 균일분포하중과 W=300(N)의 우력을 C점에서 받고 있다. 반력 R_A는 얼마인가?

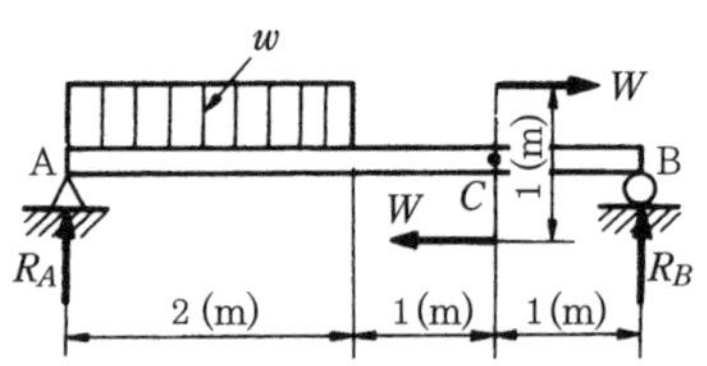

(a) 132(N) (b) 148(N)
(c) 275(N) (d) 327(N)

12. 그림과 같은 일단을 고정한 L형 보에서 고정단 A점에서의 모멘트는 얼마인가?

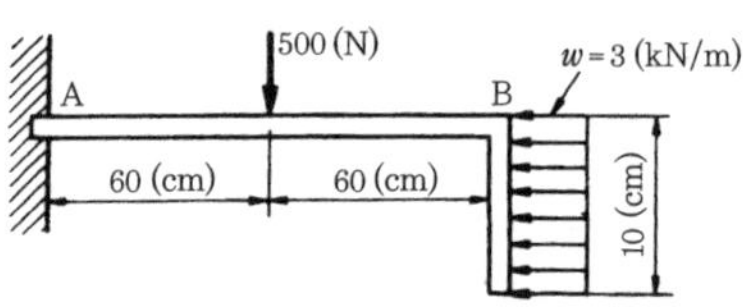

(a) 260(Nm) (b) 287(Nm)
(c) 315(Nm) (c) 426(Nm)

13. 그림과 같은 어떤 돌출보에 대한 전단력선도이다. 굽힘모멘트선도는 다음 중 어느 것인가?

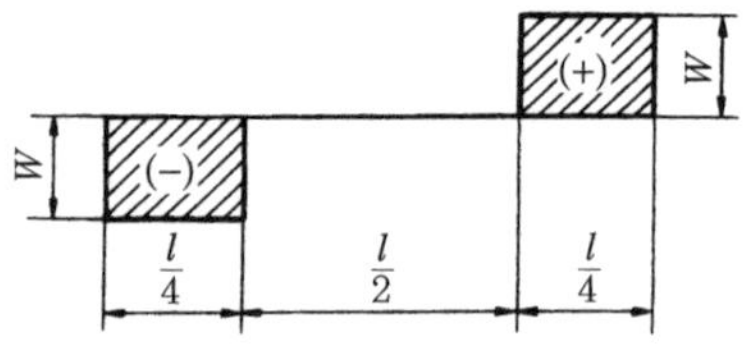

(a)
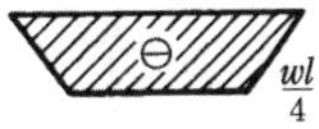

(b)
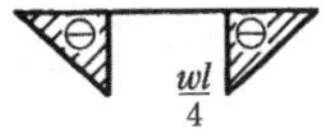

(c)
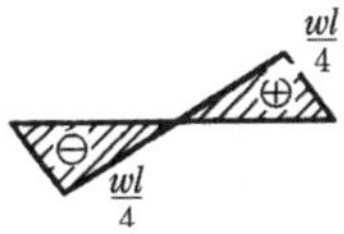

(d)
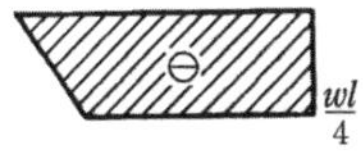

14. 그림과 같은 단순보에서 전단력선도는 다음 중 어느 것인가?

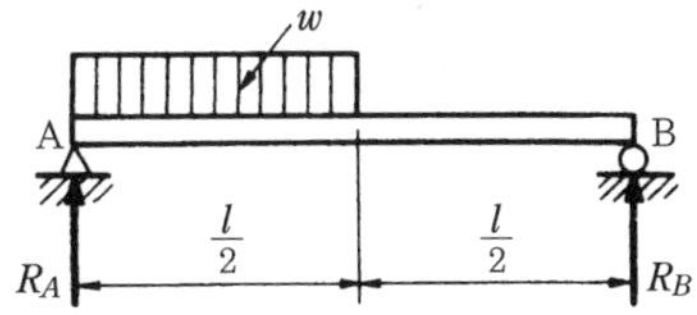

(a)
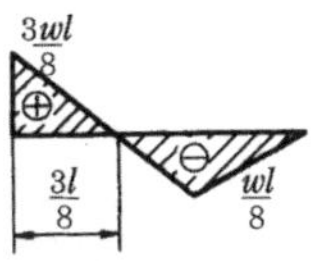

(b)
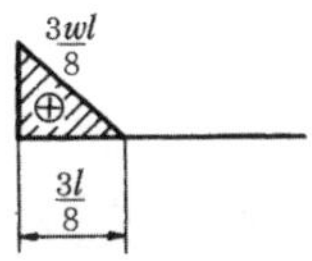

(c)
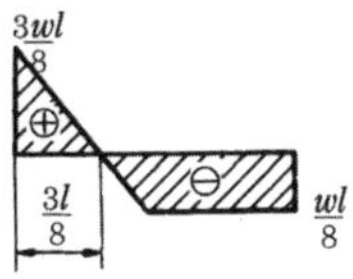

(d)
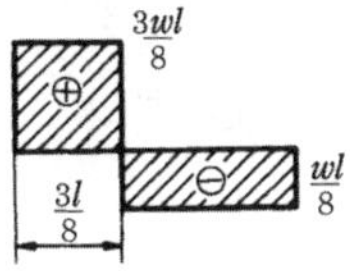

15. 어떤 돌출보의 전단력선도가 그림과 같다. 굽힘모멘트선도는 다음 중 어느 것인가?

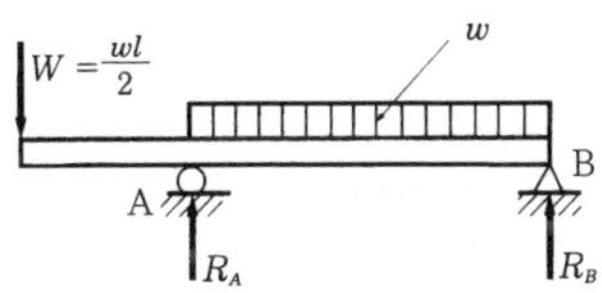

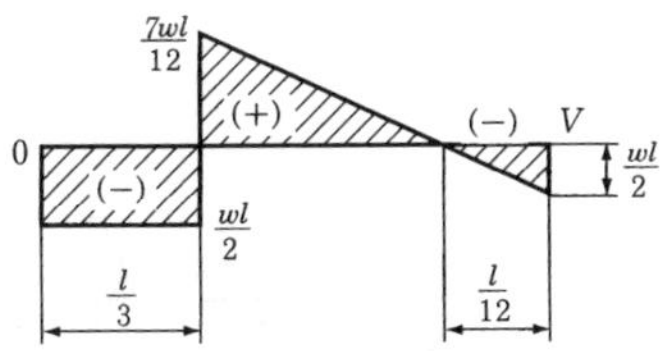

(a)
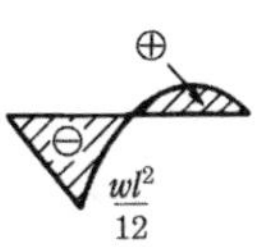

(b)
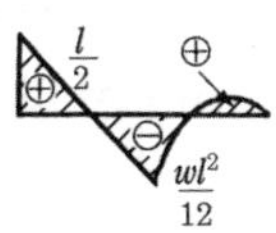

(c)
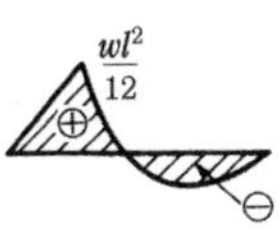

(d)
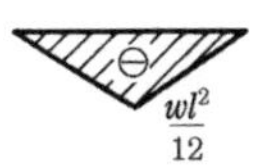

16. 돌출보가 그림과 같은 하중을 받고 있다. 집중하중이 $W = \dfrac{wl}{2}$일 때, 전단력선도는 다음 중 어느 것인가?

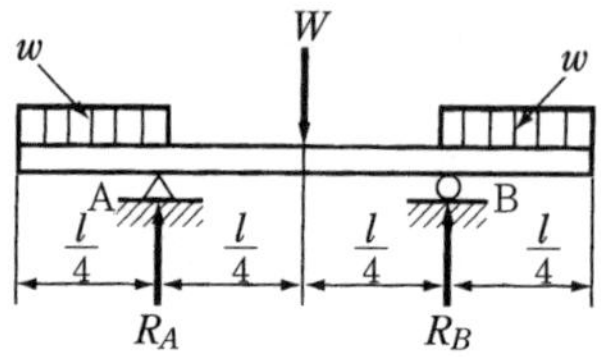

(a) 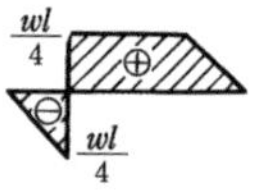

(b) 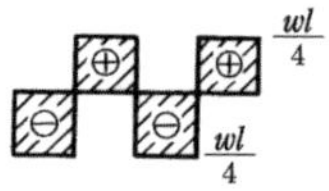

(c) 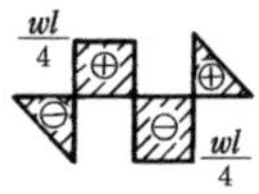

(d) 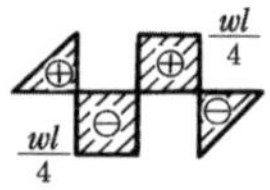

17. 그림과 같은 단순보의 중앙에 모멘트가 작용할 경우, 굽힘모멘트선도는 다음 중 어느 것인가? 단, 시계방향을(+)로 한다.

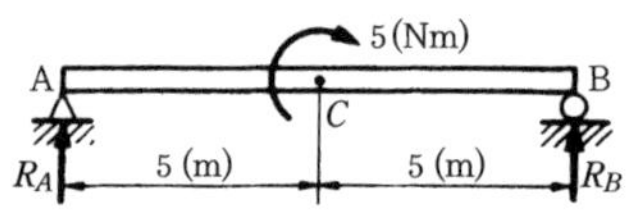

(a) 

(b) 

(c) 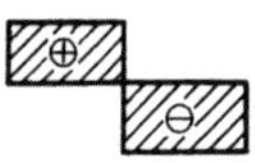

(d) 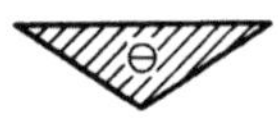

18. 그림과 같은 단순보에서 집중하중을 대칭으로 받으며, 동시에 보의 중앙에서 우력 을 받는다. 밑의 그림은 이 보의 전단력선도를 나타낸 것이다. 굽힘모멘트선도는 다음 중 어느 것인가?

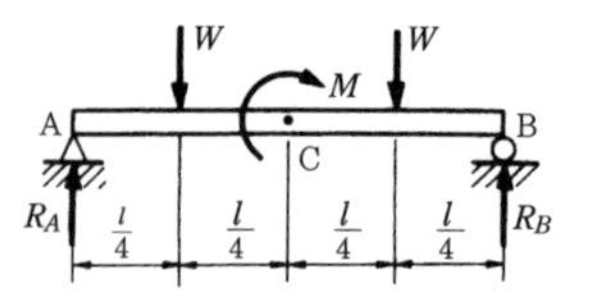

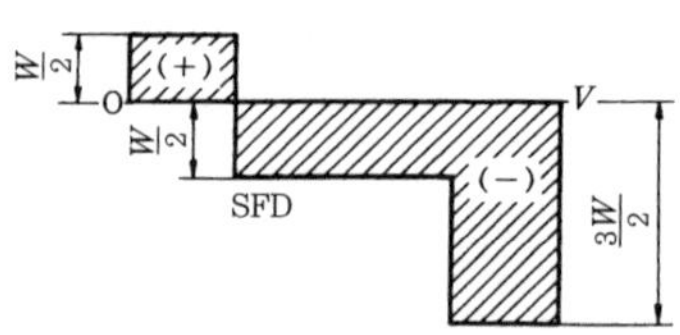

(a) 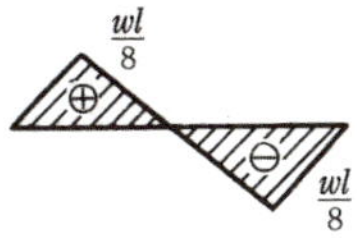

(b) 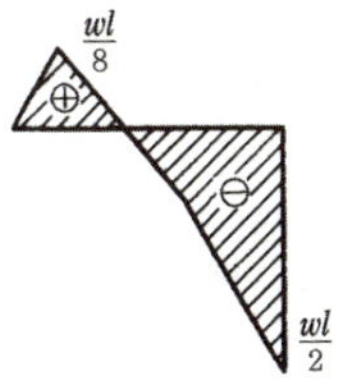

(c) 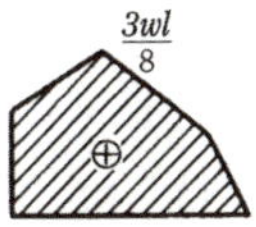

(d) 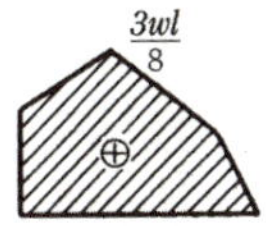

[보 - 응력과 처짐]

1. 길이 50(cm)의 외팔보에 (kN/m)의 균일분포하중이 작용할 때 고정단에 생기는 응력은 얼마나 되겠는가? 단, 단면의 지름은 (cm)이다.

(a) σ = 57.6(MPa)　(b) σ = 63.7(MPa)
(c) σ = 72.8(MPa)　(c) σ = 99.5(MPa)

2. 굽힘모멘트가 3(kN·m)이고 보의 굽힘응력이 90(MPa)이라 할 때 단면의 폭은 얼마로 하면 되겠는가? 단, 높이는 폭의 2배라고 한다.

a) 36.8(mm)　(b) 46.74(mm)　(c) 61.2(mm)　(d) 72.5(mm))

3. 그림과 같은 단순보의 C점에 20(kN)의 집중하중이 작용할 때 허용응력이 120(MPa), 높이가 8(cm)라고 할 때 폭은 얼마이겠는가?

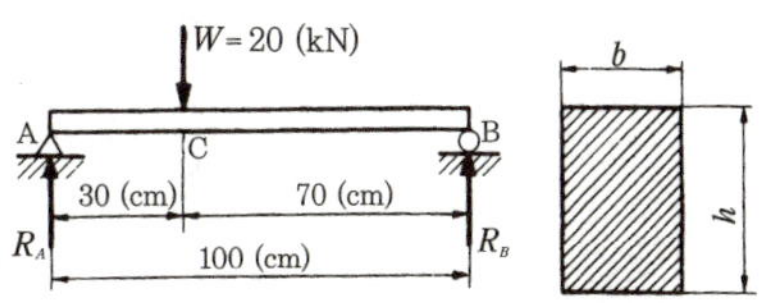

(a) 2.45(cm)　(b) 2.96(cm)　(c) 3.28(cm)　(d) 4.21(cm)

4. 그림과 같은 외팔보에서 구형단면의 폭이 6(cm), 높이가 10(cm)이며, 굽힘응력이 120(MPa)이라면 단위길이에 대한 힘의 세기 는 얼마인가?

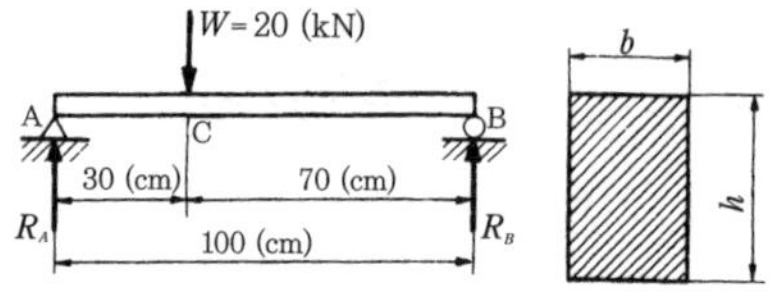

(a) 11.6(kN/m) (b) 12.6(kN/m) (c) 23.6(kN/m) (d) 28.6(kN/m)

5. 지름 d = 4(mm), 탄성계수 E =200(GPa)인 철사를 지름 D = 3(m)인 원통에 감았다. 철사에 발생되는 굽힘응력은 얼마인가?

(a) 153(MPa) (b) 266(MPa) (c) 320(MPa) (d) 418(MPa)

6. 지름 d =0.6(mm), 길이 l =30(cm), 탄성계수 E =200(GPa)인 강선을 그림과 같이 양단에서 우력 M을 가하여 중심각이 60°가 되게 굽혔다. 강선에 발생하는 최대굽힘응력은 얼마이겠는가?

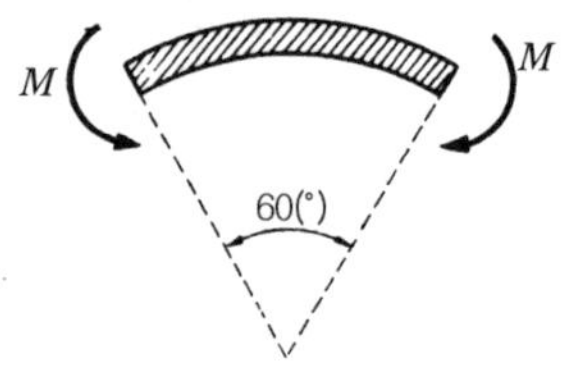

(a) 106(MPa) (b) 209.4(MPa) (c) 312.5(MPa) (d) 425(MPa)

7. 반지름 r인 원형단면을 가진 외팔보에 균일분포하중 w가 작용할 때 생기는 최대전단응력은 얼마인가?

(a) $\frac{2wl}{3\pi 4r^2}$ (b) $\frac{2wl^2}{3\pi r^2}$

(c) $\frac{4wl}{3\pi r^2}$ (d) $\frac{4wl^2}{3\pi r^2}$

8. 보의 단면의 지름이 d =4(cm)이고, 길이 l = 50(cm)인 단순보에 균일분포하중 w = 6(kN/m)이 적용할 때 이 보에 발생되는 최대전단응력은 얼마인가?

(a) 1.59(MPa) (b) 2.54(MPa)

(c) 3.29(MPa) (d) 4.26(MPa)

9. 그림과 같은 구형단면을 갖는 길이 l = 6(m)인 단순보의 중앙에 집중하중 W = 60(kN)이 작용한다면 중립축에 발생될 최대전단응력은 얼마인가?

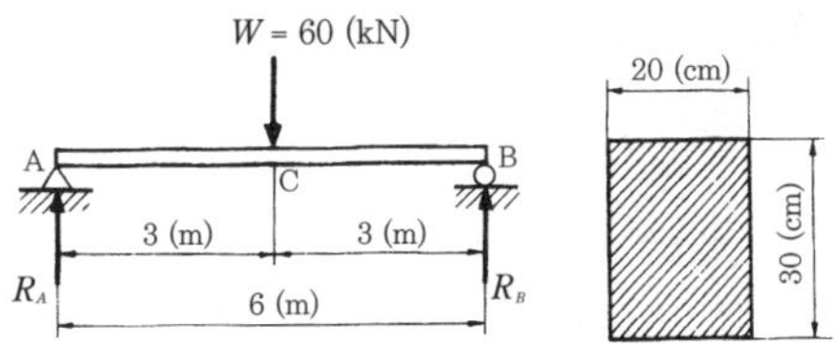

(a) 750(kPa)　　(b) 123(kPa)　　(c) 165(kPa)　　(d) 235(kPa)

10. 보의 길이 l = 100(cm), 지름 d = 40(cm)인 외팔보의 자유단에 집중하중 W = 5(kN)이 작용할 때 최대전단응력은 얼마인가?

(a) 3.2(MPa)　　(b) 4.3(MPa)　　(c) 5.3(MPa)　　(d) 5.9(MPa)

11. 자유단에서 집중하중 W = 160(kN)을 받고 있는 길이 l = 2(m)인 직4각형 단면의 외팔보가 있다. 단면의 높이 h = 30(cm)이고, 폭 b = 20(cm)인 보에 발생되는 최대전단응력은 얼마인가?

(a) 3(MPa)　　(b) 4(MPa)　　(c) 5(MPa)　　(d) 6(MPa)

12. 폭 b = 20(cm), 높이 h = 30(cm)의 직사각형 단면을 갖는 길이 l = 2(m)인 목재보가 단순지지되어 있다. 목재의 굽힘과 전단에 대한 허용응력이 각각 σ_a = 7(MPa), τ_a=0.6(MPa)일 때 이 보의 중앙에 가할 수 있는 최대안전하중 는 얼마인가?

(a) W = 37.5(kN)　　(b) W = 40(kN)　　(c) W = 42(kN)　　(d) W = 48(kN)

13. 단면이 b×h×5(cm)×7(cm)의 사각형단면에서 보의 길이 l = 3(m)인 단순보의 중앙에 집중하중이 작용할 때 최대처짐 δ_{max}= 1(cm)로 제한하려면 하중은 얼마로 하면 되겠는가? 단, 탄성계수 E = 200(GPa)이다.

(a) W = 2.52(kN)　　(b) W = 3.67(kN)　　(c) W = 4.32(kN)　　(d) W = 5.08(kN)

14. 지름이 4(cm), 연강제 단순보의 중앙에 3(kN)의 하중을 작용시켰더니 그 처짐량 δ = 0.8(cm)이었다. 이 때 강제의 길이를 구하라. 단, E = 200(GPa)이다.

(a) l = 100(cm) (b) l = 150(cm)
(c) l = 200(cm) (d) l = 1250(cm)

15. 지름 d = 3(cm), l = 150길이 (cm)인 연강축의 양 지점을 수평으로 놓고 중앙에 W = 1(kN)의 집중하중을 작용시킬 때 최대처짐량 δ_{max}= 0.85(cm)이었다. 이 때 재료의 탄성계수를 구하라.

(a) E = 80(GPa) (b) E = 180(GPa)
(c) E = 208(GPa) (d) E = 450(GPa)

16. 그림과 같은 두 외팔보에서 최대처짐을 각각δ_{max1}, δ_{max2}라고 할 때 처짐의 비 $\delta_{max}/\delta_{max}$의 값은 얼마인가?

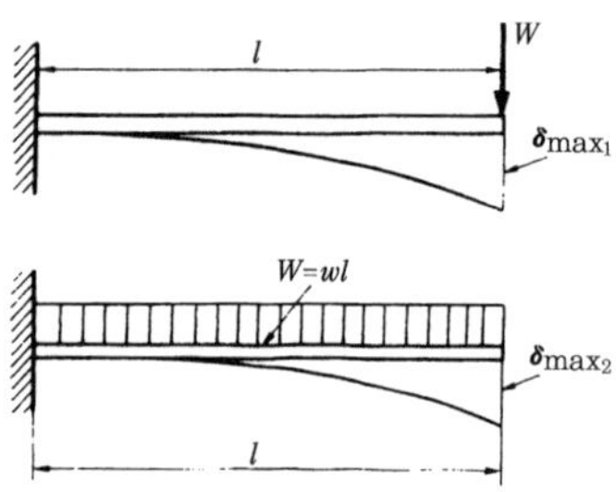

(a) $\frac{3}{4}$ (b) $\frac{3}{5}$

(c) $\frac{3}{8}$ (d) $\frac{3}{12}$

17. 그림과 같은 길이 2l인 외팔보의 중앙에 집중하중 W가 작용하면 자유단의 처짐은 얼마인가?

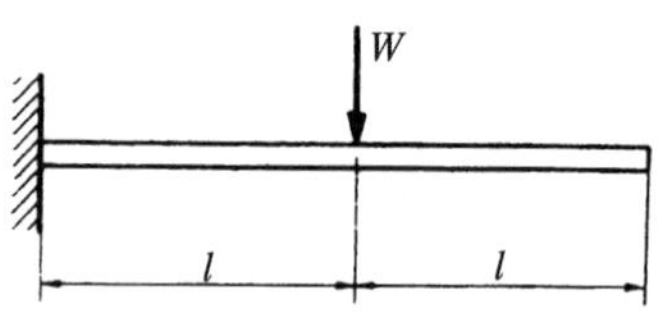

(a) $\delta=\frac{Wl^3}{3EI}$ (b) $\delta=\frac{2Wl^3}{3EI}$

(c) $\delta=\frac{3Wl^3}{4EI}$ (d) $\delta=\frac{5Wl^3}{6EI}$

18. 그림과 같은 외팔보에서 중앙점인 C점에서의 처짐각 및 처짐은 얼마인가? 단, E =100(GPa), I = 10^5(cm^4)이다.

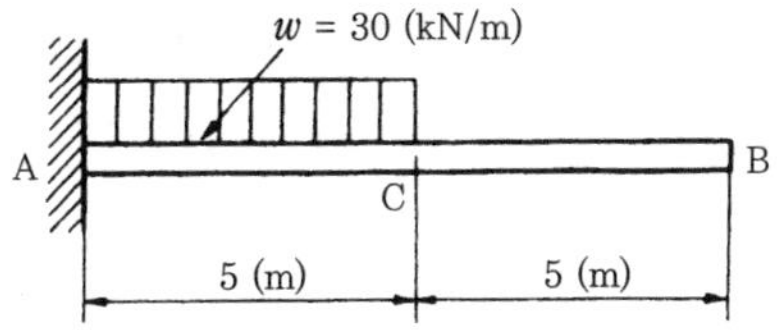

(a) ϕ_c = 0.00300(rad), δ_c = 1.84(cm) (b) ϕ_c = 0.00625(rad), δ_c = 2.34(cm)

(c) ϕ_c = 0.00825(rad), δ_c = 2.74(cm) (d) ϕ_c = 0.00925(rad), δ_c = 2.94(cm)

19. 단면이 $b \times h \times 5$(cm)×7(cm)이며, 길이 l = 100(cm)인 외팔보의 자유단에 집중하중 W = 10(kN)이 작용하고 있을 때 최대처짐각 및 최대처짐은 얼마인가? 단, 재료의 탄성계수 E = 200(GPa)이다.

(a) ϕ_{max} =0.02(rad), δ_{max}=0.12(cm) (b) ϕ_{max} =0.01(rad), δ_{max}=0.25(cm)

(c) ϕ_{max} =0.005(rad), δ_{max}=0.33(cm) (d) ϕ_{max} =0.008(rad), δ_{max}=0.02(cm)

20. 그림과 같은 외팔보에서 자유단의 처짐은 얼마인가?

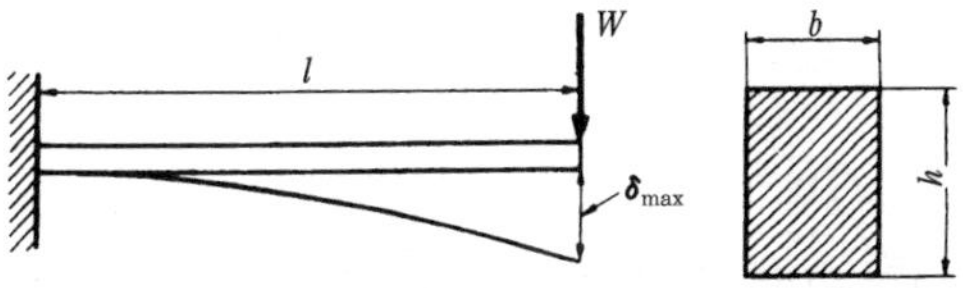

(a) $\delta_{max} = \frac{4Wl^3}{bh^3E}$ (b) $\delta_{max} = \frac{12Wl^3}{bh^3E}$

(c) $\delta_{max} = \frac{3Wl^3}{bh^3E}$ (d) $\delta_{max} = \frac{3Wl^3}{2bh^3E}$

21. 그림과 같이 균일분포하중과 집중하중이 동시에 작용할 경우 최대처짐을 구하면 얼마인가? 단, wl =W라고 한다.

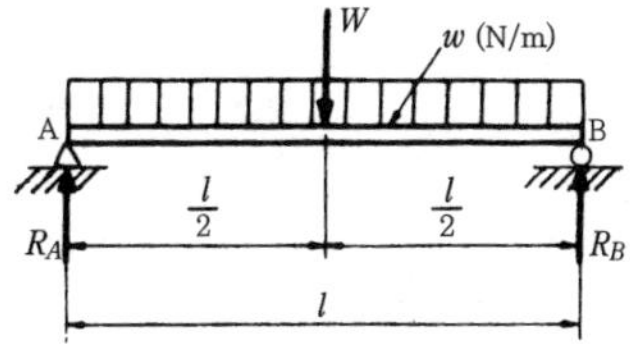

(a) $\delta_{max} = \frac{Wl^3}{184EI}$ (b) $\delta_{max} = \frac{5Wl^3}{384EI}$

(c) $\delta_{max} = \frac{9Wl^3}{384EI}$ (d) $\delta_{max} = \frac{13Wl^3}{384EI}$

22. 지름 d = 3(cm)인 원형단면의 길이 l = 150(cm)인 외팔보의 자유단에 집중하중이 작용할 때 최대처짐량이 3(cm)가 되었다면 최대굽힘응력은 얼마인가? 단, 탄성계수 E = 200(GPa)이다.

(a) σ_{max} = 60(MPa) (b) σ_{max} = 90(MPa)

(c) σ_{max} = 120(MPa) (d) σ_{max} = 150(MPa)

23. 그림과 같은 외팔보의 자유단에 처짐각 및 처짐은 얼마인가? 단, 탄성계수 E = 10(GPa)이다.

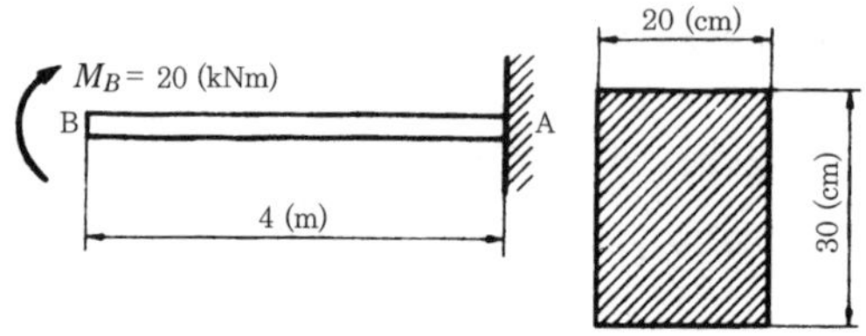

(a) σ_B = 1.02(°), δ_B = 3.55(cm) (b) σ_B = 2.03(°), δ_B = 3.88(cm)

(c) σ_B = 2.58(°), δ_B = 4.24(cm) (d) σ_B = 3.5(°), δ_B = 4.39(cm)

24. 그림과 같이 원형단면인 길이 l = 3(m)인 단순보가 w = 4(kN/m)의 균일분포하중을 받고 있다. 최대처짐을 보의 길이의 1/1,000로 제한하려면 지름(d)은 얼마로 해야 하겠는가? 단, E = 200(GPa)이다.

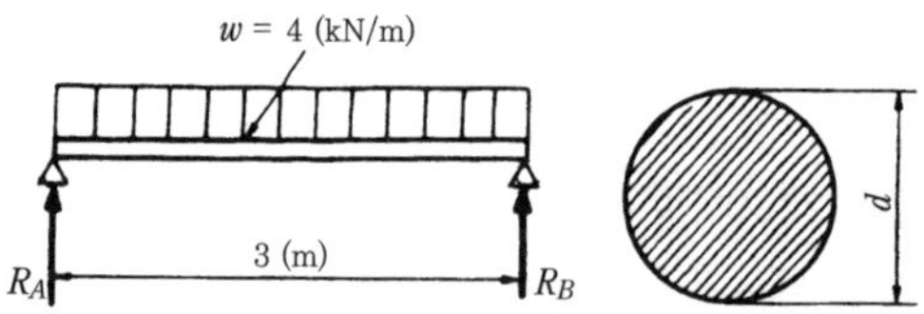

(a) d = 9(cm) (b) d = 11(cm)

(c) d = 15(cm) (d) d = 17(cm)

25. 그림과 같은 외팔보에서 B점에서의 처짐을 구하라.

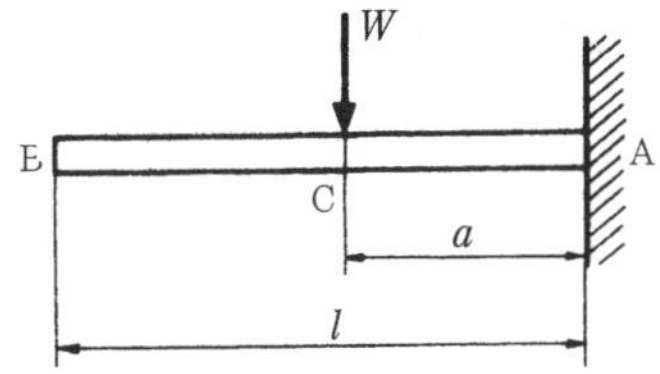

(a) $\delta_B = \frac{Wa^2}{3EI}(3l-2a)$ (b) $\delta_B = \frac{Wa^2}{3EI}(3l^2-a)$

(c) $\delta_B = \frac{Wa^2}{6EI}(3l-a)$ (d) $\delta_B = \frac{Wa^2}{6EI}(3l^2-a)$

26. 그림과 같은 단순보에서 양 지점의 처짐각은 얼마인가? 단, 탄성계수 E = 10(GPa)이다.

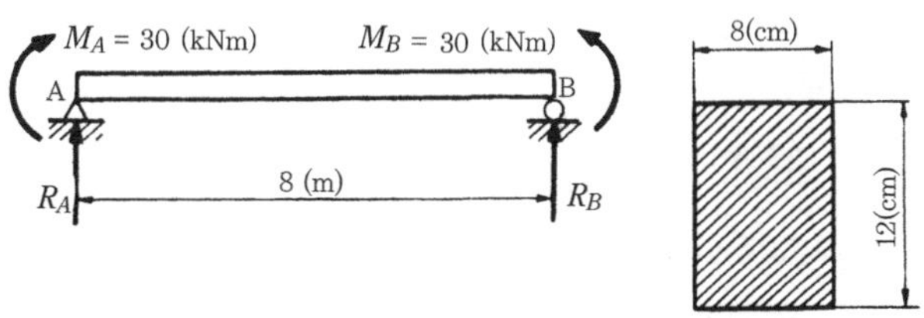

(a) ϕ_A= 0.86 (rad), ϕ_B= -0.26(rad) (b) ϕ_A= 0.76 (rad), ϕ_B= -0.36(rad)

(c) ϕ_A= 0.56 (rad), ϕ_B= -0.56(rad) (d) ϕ_A= 1.04 (rad), ϕ_B= -1.04(rad)

27. 그림과 같은 외팔보의 B점에서의 처짐각 및 처짐을 구하라. 단, E = 10(GPa), I= 10^5(cm^4)이다.

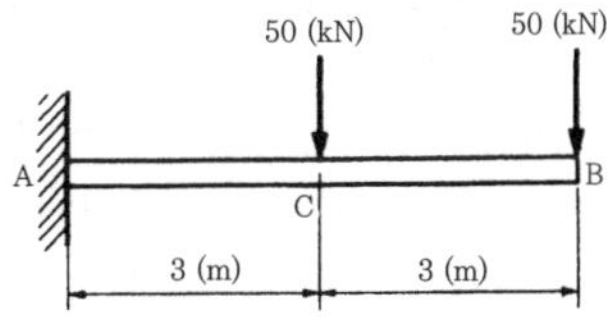

(a) ϕ_B = 0.0115(rad), δ_B = 5.30(cm)

(b) ϕ_B = 0.0112(rad), δ_B = 4.72(cm)

(c) ϕ_B = 0.0135(rad), δ_B = 5.67(cm)

(d) ϕ_B = 0.0174(rad), δ_B = 5.91(cm)

28. 그림과 같은 길이 l인 외팔보의 자유단에 $M_0 = W_0$를 작용시킬 때 자유단의 처짐각과 처짐을 구하라.

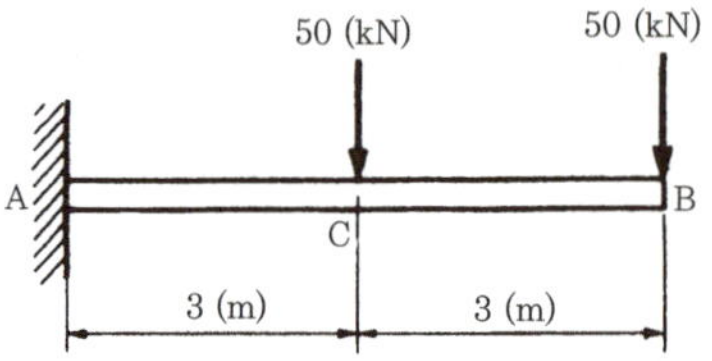

(a) $\phi_B = \dfrac{Wal}{EI}$, $\delta_B = \dfrac{Wal^2}{2EI}$

(b) $\phi_B = \dfrac{Wal}{EI}$, $\delta_B = \dfrac{Wal^2}{3EI}$

(c) $\phi_B = \dfrac{Wal}{2EI}$, $\delta_B = \dfrac{Wal^2}{3EI}$

(d) $\phi_B = \dfrac{Wal}{2EI}$, $\delta_B = \dfrac{Wal^2}{6EI}$

[단면의 성질]

1. 다음 설명 중 잘못된 것은 어느 것인가?.

(a) 관성모멘트의 단위는 (cm^4)이다.
(b) 3각형의 도심은 밑변에서 $\frac{1}{3}$높이의 위치에 있다.
(c) 단면계수는 도심축에 대한 관성모멘트를 도심축으로부터 상・하단까지의 거리로 나눈 값이다.
(d) 관성반지름은 도심축에 대한 관성모멘트를 단면적으로 나눈 값이다.

2. 단면의 주축에 대한 다음 설명 중 잘못된 것은 어느 것인가?.

(a) 주축은 항상 대칭축을 가진다.
(b) 주축에 대한 관성상승모멘트의 값은 항상 0이다.
(c) 주축에 대한 관성모멘트는 하나는 최대이고 다른 하나는 최소이다.
(d) 대칭축은 언제나 주축이 된다.)

3. 그림과 단면에서 관성모멘트가 가장 큰 것은 어느 것인가?

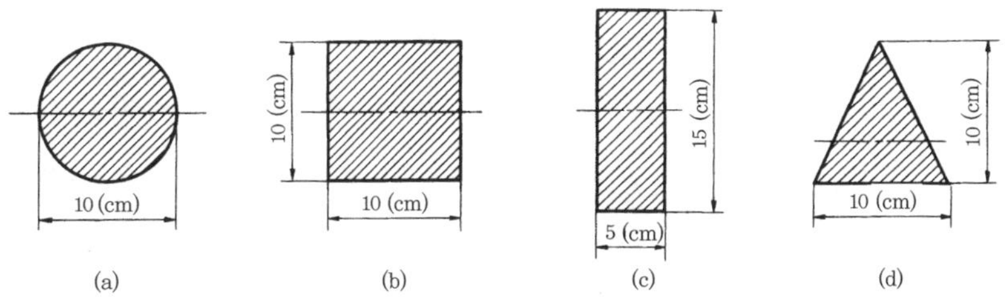

4. 그림과 단면에서 단면계수가 가장 큰 것은 어느 것인가?

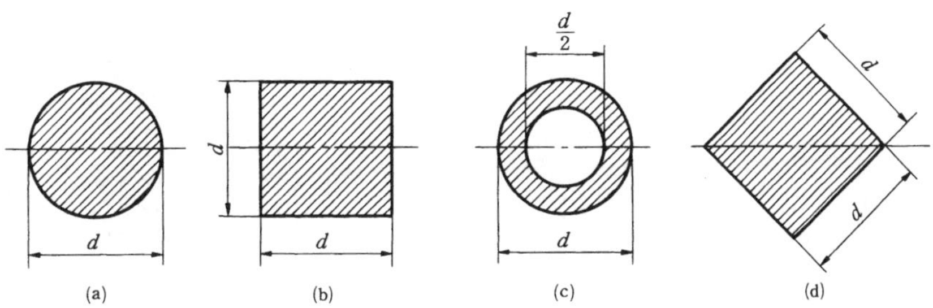

5. 그림과 같은 단면에서 단면계수를 구하라.

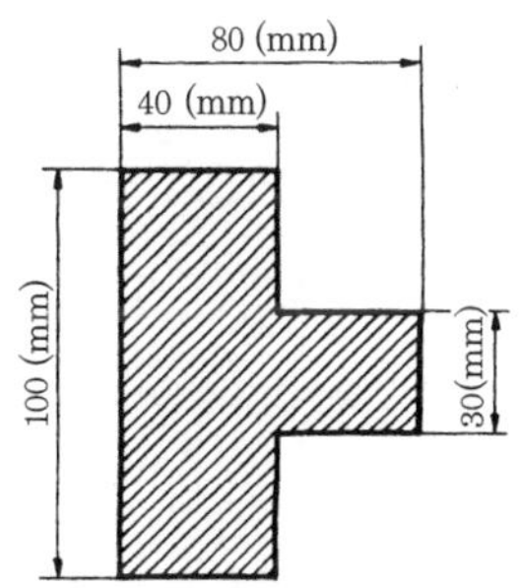

(a) 28.5(cm^3)
(b) 36.5(cm^3)
(c) 638.5(cm^3)
(d) 78.5(cm^3)

6. 그림과 같은 단면의 단면계수를 구하라.

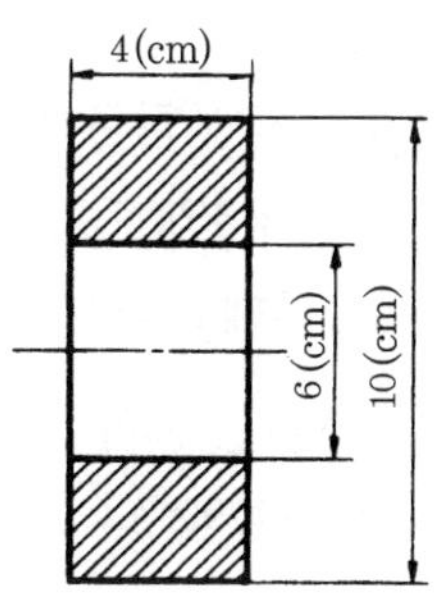

(a) 52.3(cm^3)
(b) 43.5(cm^3)
(c) 37.4(cm^3)(
d) 26.5(cm^3)

7. 그림과 같은 구형단면에서 도심을 지나는 축과 평행한 X', Y' 축에 대한 관성모멘트를 각각 $I_{X'}$, $I_{Y'}$ 라 할 때 $(I_{X'}, I_{Y'})$의 값은 얼마인가?

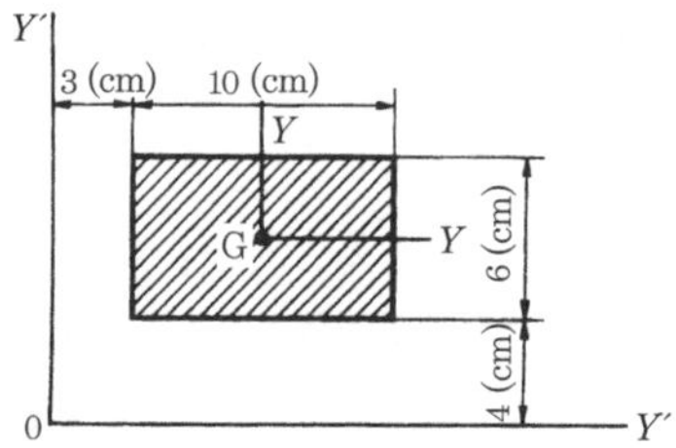

(a) 2,465(cm^4) (b) 2,660(cm^4)
(c) 2,960(cm^4) (d) 3,265(cm^4)

8. 그림과 같은 T형 단면의 도심 $\bar{y}$는 얼마인가? 단, 단위는 (mm)이다.

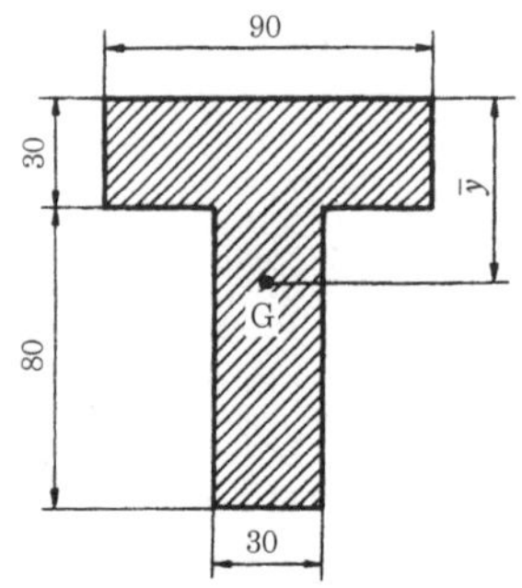

(a) 28.46 (b) 35.64
(c) 40.88 (d) 52.45

9. 그다음 그림과 같은 한 변이 인 정방형 단면에서 도심을 지나는 X축에 평행한 X' 축에 대한 관성모멘트를 구하라.

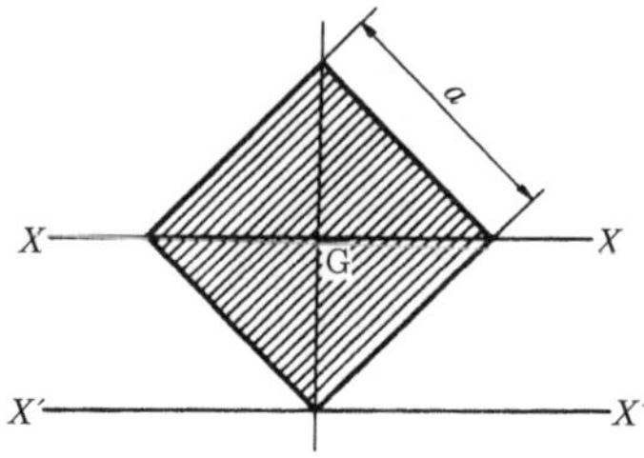

(a) $\frac{a^4}{12}$ (b) $\frac{3a^4}{12}$

(c) $\frac{5a^4}{12}$ (d) $\frac{7a^4}{12}$

10. 그림과 같은 반지름이 6(cm), 바깥지름 12(cm)인 중공단면에서 단면의 접선인 X'축에 대한 관성모멘트는 얼마인가?

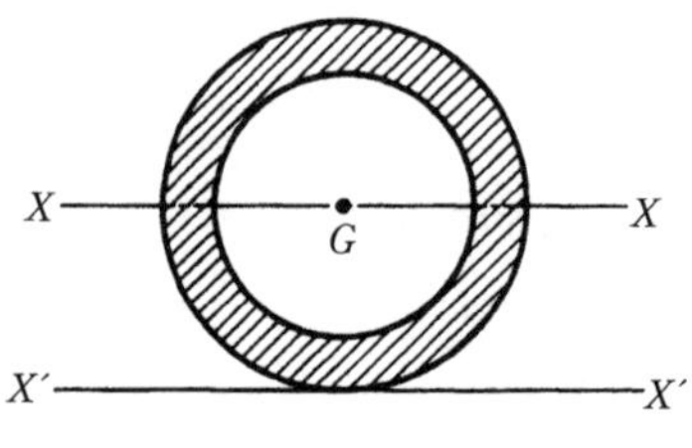

(a) 5,026(cm^4) (b) 4,008(cm^4)
(c) 3,789(cm^4) (d) 2,675(cm^4)

11. 그림과 같은 한 변의길이가 30(cm)인정방형에서 지름이 14(cm)인 원의 면적을 뺀 빗금 부분의 도심의 위치 $\bar{x}$ 는 얼마인가?

(a) 12.36(cm)　　(b) 13.35(cm)
(c) 13.78(cm)　　(d) 14.02(cm)

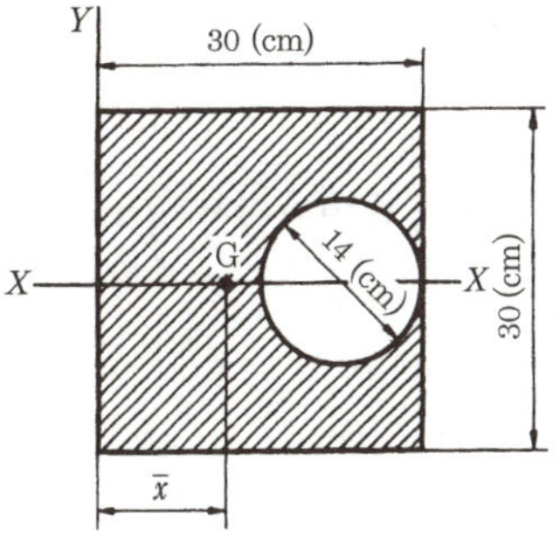

12. 그림과 같은 도형에서 꼭짓점 O를 지나는 주축의 방향을 표시하는 tan2ø의 값을 바르게 표현한 식은 어느 것인가?

(a) $\frac{3bh}{b^2-h^2}$　　(b) $\frac{bh}{b^2-h^2}$

(c) $\frac{3bh}{2(b^2-h^2)}$　　(d) $\frac{bh}{2(b^2-h^2)}$

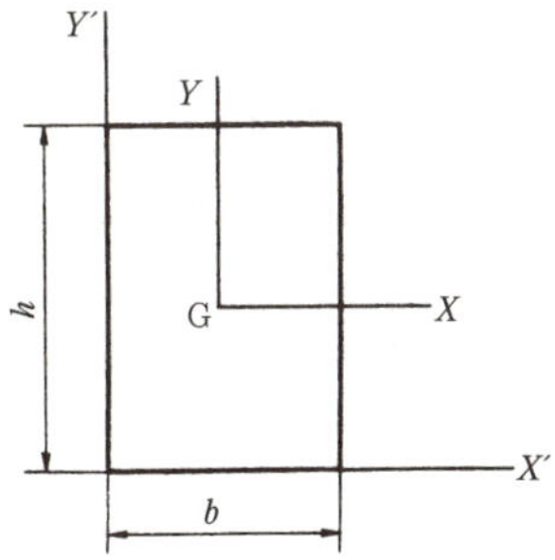

13. 그림과 같은 도형의 도심을 지나는 축에 대한 관성모멘트 I_{XG}를 주어진 표를 이용해서 구하라.

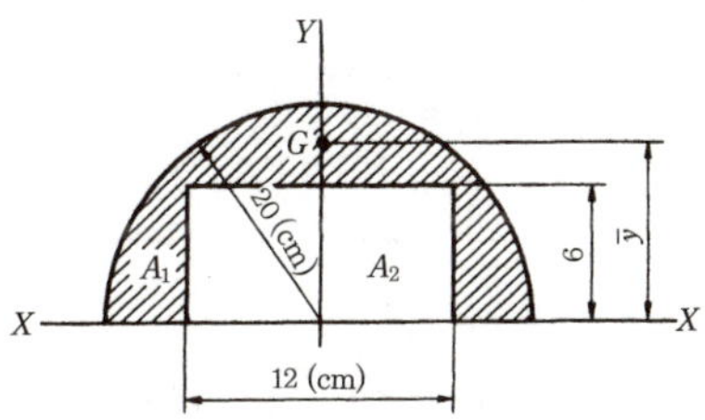

$A(cm^2)$	$\bar{y}$ (cm)	$G_X(cm^3)$	$I_X(cm^4)$
A_1 = 628	$\bar{y}_1$ = 8.5	G_{X1} = 5,338	I_{X1} = 62,832
A_2 =72	$\bar{y}_2$ = 3	G_{X2} = 216	I_{X2} = 864

(a) 6,298(cm^4)　　(b) 8,375(cm^4)
(c) 12,607(cm^4)　　(d) 14,908(cm^4)

14. 그림과 같은 지름이 d인 원형단면에서 최대 단면계수를 갖는 4각형 단면을 얻으려면 폭 b와 높이 h의 비를 얼마로 하면 되겠는가?

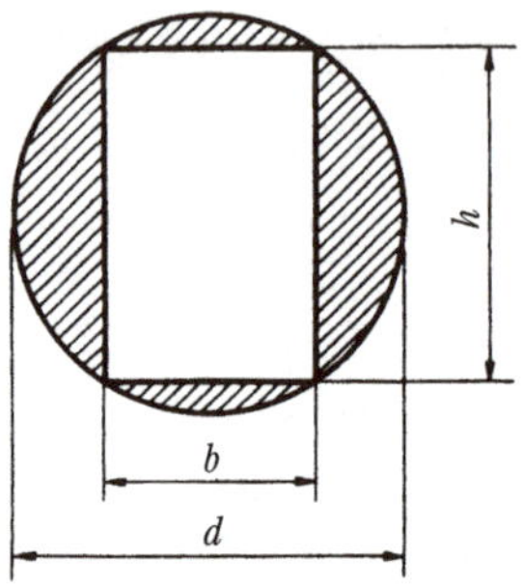

(a) 1 : 1 (b) 1 : √2

(c) 1 : √3 (d) 1 : 2

15. 그림과 같은 도형의 빗금 친 부분에 대한 단면계수를 구하라.

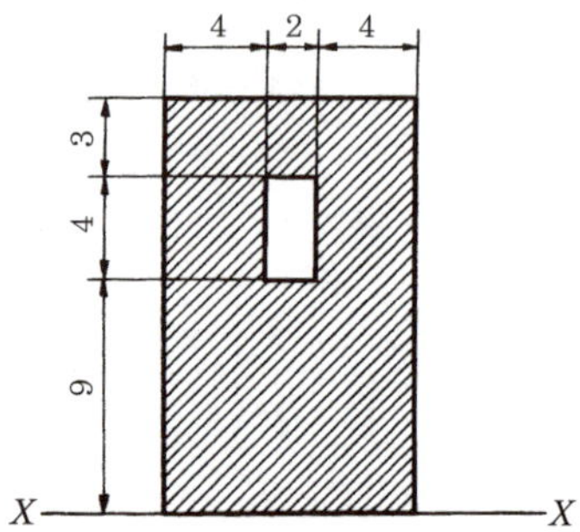

A(cm²)	$\bar{y}$ (cm)	G_X(cm³)	I_X(cm⁴)
A_1 = 160	$\bar{y}_1$ = 8	G_{X1} = 1,280	I_{X1} = 13,653
A_2 =8	$\bar{y}_2$ = 11	G_{X2} = 88	I_{X2} = 979

(a) Z_1 = 418(cm³), Z_2= 439(cm³) (b) Z_1 = 325(cm³), Z_2= 345(cm³)

(c) Z_1 = 4264(cm³), Z_2= 296(cm³) (d) Z_1 = 135(cm³), Z_2= 167(cm³)

16. 단면이 6(cm)×8(cm), 길이 (m)인 연강 구형단면의 기둥에서 좌굴응력을 구하라. 단, 양단고정이고, E = 200(GPa)이다.

(a) σ_w = 103(MPa) (b) σ_w = 112(MPa)

(c) σ_w = 148(MPa) (d) σ_w = 162(MPa)

17. 한 변이 12(cm)인 정4각형 단면에서 길이 l = 2.4(m)인 경강제 기둥을 양단 고정으로 사용할 때의 안정하중(W_s)을 구하라. 단, 안전율 s = 6, 탄성계수 E = 200(GPa)이다.

(a) W_s = 653(kN)　　(b) W_s = 752(kN)

(c) W_s = 865(kN)　　(d) W_s = 948(kN))

5.6 브루넬레스키 - 돔건축과 기계장치

5.6.1. 피렌체 대성당

피렌체 대성당(산타 마리아 델 피오레, 1296-1436)의 동쪽 끝에 어떻게 돔을 올릴 것인가 하는 문제는 가장 뛰어난 두뇌들도 시험에 들게 하는 도전이었다. 1296년 고딕 양식으로 성당 건물을 짓기 시작했으나, 70년이 지난 후 건축팀은 점차 커져 가는 피렌체의 중요성을 반영하도록, 새로 작업할 부분에 모두 고전주의 로마 양식을 채택키로 결정했다. 새로운 설계안에 따르면 지름 42미터의 팔각형 돔이 필요했다.[13] 전통적으로는 목조 뼈대를 세우고 그 위에 올리는 방식으로 아치나 볼트를 지었는데, 새로 지을 돔은 너무 커서 당시의 기술수준으로는 이 방식을 쓸 수가 없었다. 반세기 이상 돔은 지어지지 않은 채로 있었다. 마침내 완성하고 난 후, 1436년 3월 25일 교황이 성당을 축성했다.

르네상스 건축은 브루넬레스키(Filippo Brunelleschi, 1337~1446)와 더불어 시작되었다.[14] 피렌체 대성당의 돔을 얹는 해결 방안을 낸 이는 브루넬레스키였다. 그는 금 세공인이자 조각가였지만, 1401년 피렌체 세례당의 청동문 조각 공모전에서 낙선한 것을 계기로 건축가의 길을 걷게 되었다. 그는 여러 차례 로마를 방문하여 고대 로마의 유적의 물리적 조직을 상세하게 연구했는데, 특히 판테온의 거대한 돔의 건축 구조를 연구한 바 있었다. 또한 비트루비우스의 「건축십서」에서 큰 영감을 받았다. 그는 판테온의 경우 콘

13 원래 이 성당은 고딕시대의 건축으로, 1296년 아르놀포 디 캄비오(Arnolfo di Cambio)에 의하여 착공되어 석공장들이 대를 이어 공사를 이끌었는데, 1367년 공사 중인 건물을 확장하기 위한 계획이 결정되고 뾰족한 형상을 가진 직경 42미터의 팔각형 돔을 가설하기로 되었다. 이러한 크기의 돔 적용은 당시의 기술력으로는 불가능했다. 처음에는 플라잉 버트레스의 사용이 검토되었으나 정치적 이유로 거부되었고, 전통적인 목재 가설틀의 축조는 엄청난 크기로 포기되었다. 따라서 1418년까지 돔만 남겨두고 나머지 부분은 완공되었다. 이때 돔 공사에 대한 설계 경기가 개최되었는데, 1420년 기베르티와의 경쟁 끝에 브루넬레스키가 공사를 이어받았다. 주남철, 『이태리르네상스건축사』, 고려대학교 출판부, 1987, pp. 5-11 참조.

14 임석재, 『서양건축사』, p. 286-288 참조.

• 그림 5-99 | 피렌체 산타 마리아 델 피오레, 1296-1436

크리트 돔을 올릴 동안 목재로 만든 지지대를 사용했던 방식에 착안하여, 사암과 대리석으로 돔의 내벽을 만들고, 벽돌로 돔의 외벽을 만들어 돔의 형태를 이중으로 만드는 방식을 고안했다. 설계는 채택되었고, 1420년 작업이 시작되었다.

르네상스 건축은 15세기 초에 이탈리아의 피렌체에서 처음 발생하여 이탈리아 반도 전역은 물론, 프랑스, 독일, 영국 등 유럽 여러 나라에 전파되면서 번성하였다. '르네상스'(renaissance)는 프랑스어로 '재생'이란 말로서 흔히 '문예부흥'이라고 일컬어지는데, 14세기 중엽에서 16세기 중엽 동안 고대의 문화를 본보기로 삼아 문화적인 재생을 꾀했던 시기를 의미한다.[15]

15 'renaissance'라는 용어는 1858년 프랑스 역사가 쥘 미슐레(J. Michelet)가 처음 주도적으로 사용했는데, 16세기의 유럽, 특히 이탈리아가 아닌 프랑스를 중심으로 북방 유럽을 문화적으로 새로운 시대라 하여 처음으로 이 용어를 역사적 시대 개념으로 사용하였다. 2년 후에 야곱 부르크하르트(J. Burckhardt)가 『이탈리아 르네상스 문화』(1860)라는 저서를 발표하면서 완전히 고착시켰다. 당대의 이탈리아 지식층이 '르네상스', 즉 '리나시타'(rinascita: 재생)라는 용어를 사용한 적은 없지만, 그 시대 사람들 사이에 일종의 문화적인 재창조 작업이 일어나게 되어 고대 그리스와 로마의 위대한 문학, 철학, 예술이 재창조되었다는 사실을 감안하면 역사적으로 어느 정도 정당화가 이루어질 수 있겠다. 1550년 조르조 바자리는 『르네상스 미술가 열전』에서 고대의 문화가 재창조되는 과정이 회화와 조각, 건축에서 어떤 식으로 진척되었는지를 기술하면서, 고대의 영광과 이탈리아 당대와 최근의 과거 업적을 비교하고 그 사이의 퇴보한 시대를 '중세'라고 불렀다. 폴 존슨, 『르네상스』, 한은경 역, 을유문화사, pp. 11-12 참조.

십자군 전쟁(1099-1270년) 이후, 13세기 말 부터 봉건제도와 카톨릭 교회는 큰 타격을 받게 되는데, 화폐경제의 부활, 도시민의 대두, 상공업의 발흥, 세속문화의 형성 및 종교적 분열 현상은 르네상스 문화의 형성 요인이었다. 특히 이탈리아에서 도시의 발달은 새로운 문화의 발달에 결정적이었다. 귀족과 시민이 도시에서 함께 살면서 여가와 재력을 바탕으로 실질적인 평등이 이루어짐에 따라 교양의 필요성이 대두되고 교양의 모범으로 나타난 것이 바로 고전시대였다. 따라서 고대는 모든 교양의 핵심이 됨으로써 고대 문화의 부활이 촉진되었다. 한편 고대 문화의 재발견을 통해 사람들이 성서중심의 중세적 세계관에서 벗어나게 되면서 현세적이고 자유의지를 지니는 존엄한 인간성을 회복하였고 세계에 대한 시각을 넓혀 나갔다.[16]

르네상스 건축은 이와 같은 인문주의적 세계관과 과학주의에 근거하고 있다. 르네상스 건축가들은 고대의 이론과 고전적 요소들을 탁월하게 실제에 적용했는데, 다재다능한 천재의 등장에 힘입고 있다. 처음으로 '건축가'라는 명칭으로 불렸던 브루넬레스키, 알베르티, 브라만테, 팔라디오 등은 개인의 재능과 개성을 유감없이 발휘한 대표적인 만능인(Homo universalis)이었다.

르네상스 건축의 원천은 직접적으로는 비트루비우스의 「건축십서」의 영향으로 그리스 · 로마 건축이었다.[17] 한편 단순한 수학적 비례와 기하학적 형태성 즉 원과 사각형의 선호는 고대의 플라톤주의적 사상과 연관이 깊다.[18]

르네상스 건축의 주요 특징은 다음과 같다. 첫째 고대 건축양식이 부

16 부르크하르트는 『이탈리아 르네상스 문화』에서 '르네상스' 문화에 대해 '고대의 부활'과 '세계와 인간의 발견'이라고 규정하고 있다(『이탈리아 르네상스 문화』, 이기숙 역, 한길사, 2003 참조).

17 임석재, 『서양건축사4 - 인간과 인간』, 북하우스, 2007, p. 45.

18 신과 우주에 대한 그리스의 수학적 해석이 르네상스에 와서 다시 부활되었고 신의 모상인 인간은 바로 우주의 조화를 구현한 것이라는 그리스도교의 신앙이 활기를 되찾음으로써 사각형과 원형 속에 들어가는 비트루비우스의 '사각형 인간'도 소우주와 대우주 사이에 있는 수학적 조화의 상징이 되었다. R. 비트코버, 『르네상스 건축의 원리』, 이대암 역, 대우, 1988, p. 42 참조.

활되어 반원아치, 원통형 볼트, 돔, 주두장식이 적용되었다. 특히 돔은 반원형이 아닌 원추형으로 이중의 구조로 만들어져 역학적 문제를 해결함으로써 더욱 웅장하고 거대한 돔의 축조와 유심공간을 가능케 하였다.[19] 특히 이러한 원형 개념에 의한 중앙집중식 교회는 소우주라는 개념의 표현으로 고대의 우주론과 중세의 그리스도교를 조화롭게 융합시키고 있다.[20]

둘째 간결과 조화의 아름다움이 강조되었다. 수평선과 균제가 모든 형식상의 바탕을 이루면서 절대적으로 명료한 외형을 추구하였다. 특히 기하학적 도형에 근거한, 피타고라스 수학에 의한 단순 비례의 적용은 르네상스 건축이 수학적 조화로서의 우주라는 이미지를 충실히 구현하는 것이었다.[21]

1) 브루넬레스키의 돔 시공

브루넬레스키는 팔각형의 평면 위에 돔을 올려야했기 때문에 여덟 개

19 임석재, 『서양건축사』, pp. 286-308 참조.

20 임석재, 『서양건축사4 - 인간과 인간』, p. 75-76 참조, 르네상스 최초의 건축이론서인 알베르티의 『건축론』에는 르네상스의 이상적 교회에 대한 최초로 완전한 계획안이 기술되어 있다. 그는 교회건축의 이상적 형상으로 원형을 제시하고 있는데, 그에 따르면 자연 그 자체는 모든 형태 중에서도 특히 원형을 좋아하고 있으며, 그것은 지구, 별, 수목 및 동물과 그들의 둥지, 그 외 각종 자연의 창조물들에 의해 증명된다는 것이다(VII 4). 그리고 원형이야말로 비트루비우스에게서 유래하는 균제와 각 부분의 조화를 만족시키는 완벽한 기하학적 형식이며, 이것은 완전하고 불변하며 정적이고 명쾌해서 신성함 자체를 표현할 수 있다고 하였다. 르네상스 건축가 중 최후의 인물인 팔라디오(Andrea Palladio Padovano, 1508-80)는 『건축사서』(*I Quattro Libri dell'Architettura*, 1570)에서 알베르티를 좇아 교회의 이상적인 형태를 원형이라고 주장하였다. "원형이야말로 다른 모든 도형 중에서 단순하고 유일하며 동일하고 강하면서 또한 고매하기 때문에 교회는 원형으로 만드는 것이 좋다." "원은 오직 하나의 원주로 둘러싸여 있고 그 원주에는 시작도 없을 뿐더러 끝도 없다. 따라서 시작과 끝의 구별이 어렵다. 원주의 각 부분은 서로 대응하고 있으며 모든 부분이 전체의 일부분으로 되어 있다. 게다가 어느 부분을 취하더라도 중심으로부터 같은 거리에 있기 때문에, 그러한 건물이야말로 신의 단일성, 무한한 영적 존재성, 일률성 뿐만 아니라 신에 대한 정의까지도 잘 증명해 주고 있다"(IV 2). 따라서 그에 의하면 중앙집중식으로 설계된 교회는 신이 창조한 대우주를 인간의 힘으로 재현시킨 소우주인 것이다. 이러한 생각은 플라톤의 『티마이오스』에서 유래한 것인데, 플라톤은 세계를 구형으로 보았다(33b 이하). 구형은 "매끄럽고 고르며 중심에서 모든 방향으로 같은 거리를 갖고 전체로서 완전한"(34b) 도형이다. 게다가 조물주가 만든 이 세계는 "가장 선한 신"(29e), 바로 그것이다. 이와 같이 완벽한 교회에 대한 르네상스의 개념은 르네상스 초기에 피렌체를 중심으로 부흥한 플라톤주의적 우주론에 근거한 것이다. R. 비트코버, 『르네상스 건축의 원리』, pp. 55-59 참조.

21 R. 비트코버, 『르네상스 건축의 원리』, pp. 26-27, 76-77 참조. 알베르티가 건축에서 의도한 비례는 1:1, 1:2, 1:3, 3:2, 3:4 등의 간단한 관계이지만, 그것은 음악적 조화의 요소이기도 하며 알베르티가 고전 건축물 중에서 발견한 것이기도 하다. 예를 들면 판테온의 직경은 그 높이와 정확히 일치하고 있고 그 반경은 돔의 높이와는 물론 하부구조의 높이와도 일치하는 점 등이다(p. 95).

의 리브 사이에 패널을 끼우는 구조로 하중의 문제를 해결하였다. 돔의 내벽의 경우, 중앙에서 만나는 여덟 면의 수직 기둥(리브-근처 카라라 산 대리석)을 수평으로 연결하는 네 개의 석재(사암)와 쇠로 만든 구조물(압축링)이, 마치 나무로 만든 통을 죄어주는 테두리처럼, 똑같은 간격으로 둘러싸게 하여 완성하였다.[22]

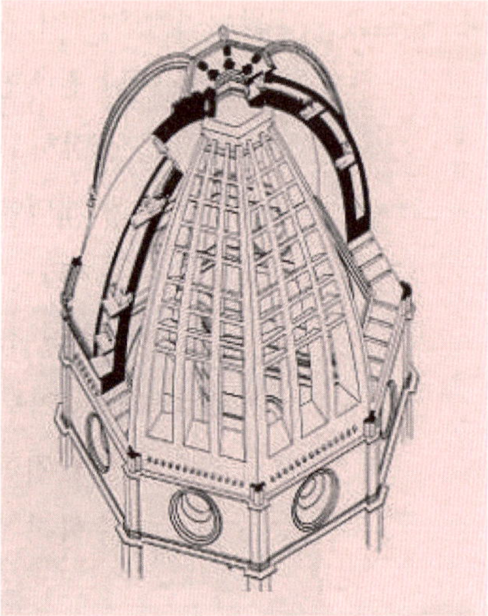

• 그림 5-100 | 브루넬레스키의 돔 시공, 1418-1436

또한 벽돌은 내벽에 쓰일 석재보다 가볍고 형태 잡기 쉽기 때문에 지지대를 세우기 불가능한 시공의 특성상 외벽으로 증축하기 좋은 재료였다. 이때 내벽은 벽돌을 받쳐줄 정도로 충분히 견고했지만, 정작 외벽은 회반죽이 다 마를 때 까지 벽돌을 고정할 만한 방법이 없었으므로, 그는 벽돌과 석재를 헤링본 무늬로 쌓아서 벽돌의 무게를 가장 가까운 위치의 수직 기둥에 전가시키는 방법으로 해결하였다.[23]

이는 그가 고대 로마 건물을 연구하면서 터득한 기술이었다. 팔각형 돔의 특징을 정리하면 다음과 같다.

① 외측 돔은 혹독한 기후에 저항하고 내측 돔은 장엄한 내부공간을 연출하는 역할을 한다.[24]

② 비계와 벽돌용 거푸집이 없는 간이공법을 적용한다.[25]

---

22 정재영, 『건축기술의 역사』, 글누리, 2007, pp.82-83 참조.

23 헤링본 무늬로 벽돌을 쌓는 방법을 '스피나페스케'(spinapesce) 혹은 오늬무늬 벽돌쌓기라고 한다. 브루넬레스키는 공사가 돔 꼭대기까지 진행되어 작업면이 안쪽으로 기울게 되자 이 방법을 사용했는데, 이는 직사각형으로 된 평평한 벽돌을 1미터씩의 구획을 두고 세워서 쌓는 공법이다. 이 공법은 회반죽(모르타르)이 양생될 동안과 새 수평 압축링의 다음 부분이 놓일 때까지 벽돌이 제자리에 있도록 한다. 로버트 마크 외, 앞의 책, p.223 참조.

24 내측 돔의 두께는 2미터가 넘는다. 자연재해에 대한 보호막 역할을 하고 매력적인 건축적인 형태를 이루는 외벽의 두께는 내벽 두께의 1/3 정도이다.

25 이것은 바로 이중 표피 구조로 인한 것이었는데, 내측 돔과 외측 돔 사이에 계단을 만들어 보기 흉한 계단이나 비계를 이용하지 않고도 돔 관리를 위해 올라갈 수 있게 하였다, 로버트 마크 외, 앞의 책, p. 221 참조.

③ 팔각형의 구석부분에 설치된 주요 리브로 상부를 고정하고 안정화를 꾀한다.

④ 돔의 중량을 줄이기 위해 이중 표피 구조로 한다. 중간 부분은 작업공간이나 통로로 이용한다.

⑤ 벽돌을 헤링본 무늬로 쌓아서 구조적 일체성을 강하게 한다.

⑥ 내측 돔에 수평 압축링(철제 꺽쇠로 연결된 석재 사슬)를 두어 시공 중의 자립을 가능하게 한다.[26]

⑦ 돔 하부에 목재로 된 인장 링을 두어 추력을 흡수시킨다.

추정 중량이 25,000톤, 지름이 42미터, 높이가 84미터나 되는 돔은 16년간의 공사 끝에 1436년 완성되었다. 브루넬레스키의 돔은 르네상스 토목공학의 뛰어난 솜씨와 예술성을 보여 주는 기념물이다.[27]

5.6.2. 기계의 발명

브루넬레스키는 모두 구조물의 설계와 하중의 계산에 있어서, 물리법칙과 수학적 측량 도구들은 아직 등장하지도 않은 상태였기 때문에, 브루넬레스키는 이것을 당시의 다른 건축가들과 마찬가지로 모두 자신의 직관과 축적 도면 및 건설 모형(maquette)으로 해결하였다. 또한 3만 7천톤에 달하는 건축 자재와 4백만 개가 넘는 벽돌들을 들어올리기 위해 다양한 기계 장치들을 개발하였다. 그러나 브루넬레스키는 고안한 기계에 대한 도면이나 스케치를 남기지 않았다. 그러나 당시 그를 추종하는 레오나르도 다 빈치와 같은 사람들이 그의 혁신적인 장치에 대해 연구하고 스케치로 형상을

26 브루넬레스키의 돔 시공의 가장 믿기 어려운 점은 알베르티 이전에, 가설틀을 사용하지 않고 돔을 건설할 수 있었다는 사실이다. 한층 씩 쌓아 올리는 돔의 주변부에 수평의 압축링을 두어 구조물이 자체적으로 지탱되게 함으로써 가설틀을 필요로 하지 않았다. 위의 책, p. 222 참조.

27 사이토 마사오, 『건축 공간 구조 이야기』, 박찬수 역, 기문당, 2005, p. 67 참조.

남겼다. 현재 그의 장치들은 재현되어 오페라 디 산타마리아 델 피오레 박물관에서 전시되고 있다. 아래는 박물관에서 전시되고 있는 브루넬레스키의 기계장치들이다.

브루넬레스키는 거대한 건축을 실현시키기 위해 1420년 3단 속도 기중기를 고안하여 건축에 활용하였다. 두 개의 수평 기어가 수직축에 나란히 설치되어있고 수직축은 수직 기어를 독립적으로 움직이게 맞물려 있다. 이런 수직 기어는 직경이 다른 두 개의 원통형의 축에 부착되어 있고 직경이 $\frac{1}{3}$인 세 번째 원통형 직경은 기어와 톱니바퀴에 의해 구동되도록 설계되었다. 좀더 무거운 물건은 직경이 작은 축에 감겨있는 끈으로 천천히 올려지고 가벼운 물건은 직경이 큰 축에 감긴 끈으로 상대적으로 빠르게 올려졌다. 이 장치는 피렌체 시민들에게 국가의 기념비적 자산으로 추앙받았고 10년 이상을 거의 고장없이 사용되었다.

높은 곳에서 작업을 하기 위해 물건을 수평하게 올리기 위해 브루넬레스키는 높이가 65피트(19.8m)이고 360° 회전이 가능한 현재의 타워크레인과 유사한 카스텔로라는 기계장치를 고안하였다. 수직방향으로 물건을 올리면 수평추(counterweight)가 반대방향으로 움직이고 동시에 두 개의 수평 스크류가 돌면서 수평을 맞추게 된다. 이 장치를 사용하기위해서는 4명의 인력이 필요했는데 한명은 수직 스크류에 물건을 올리고

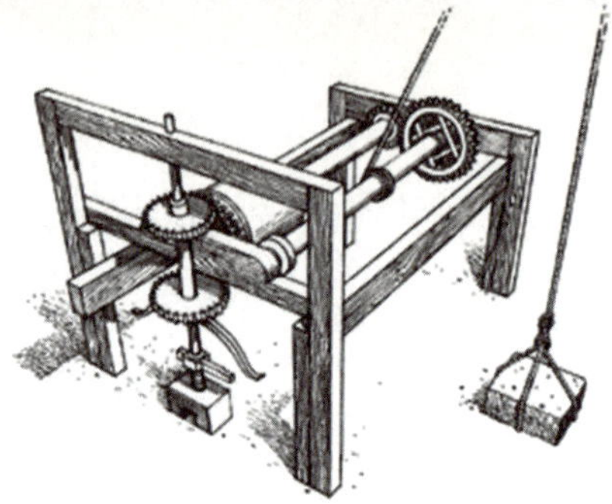

• 그림 5-101 | 3단 속도 기중기(three-speed hoist), 출처 : http://info.aia.org/aiarchitect

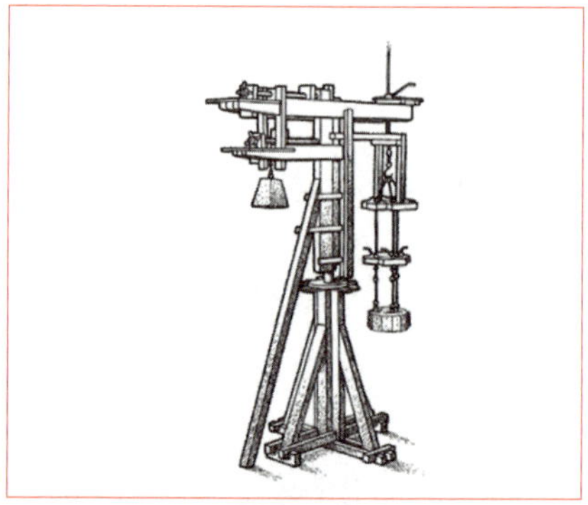

• 그림 5-102 | 카스텔로와 현대의 타워크레인, 출처 : http://info.aia.org/aiarchitect>

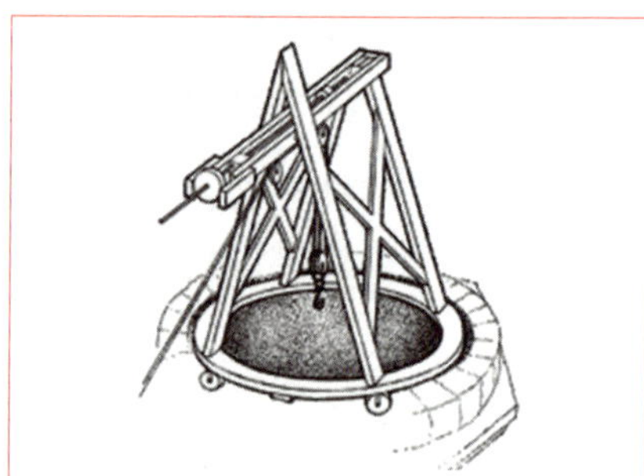

• 그림 5-103 | 랜턴 크레인, 출처 : http://info.aia.org/aiarchitect>

두명은 물건을 올릴 때 수평을 맞추기 위해 수평추를 물건의 반대방향으로 움직이는 역할을 했으며 나머지 한명은 카스텔로를 회전하는 역할을 담당하였다.

브루넬레스키는 무거운 돌을 돔의 높은 곳으로 옮기기 위해 두 개의 크레인을 사용했다. 첫째는 돔 중심부의 천창(oculus)의 가운데에 놓여져서 수직과 반경방향으로 물건을 움직이는 것이었는데 이 장치는 돔 랜턴(Dome lantern, 꼭대기의 작은 탑)의 낮은 곳을 건설하는데 사용되었다. 둘째는 바닥공사가 완료된 후 랜턴 첨탑(Lantern spire) 둘레에 놓여져서 랜턴 윗부분의 건설과 구리 볼과 십자가를 설치하는데 사용되었다.

이러한 장치들은 현대에 사용되는 기계장치의 원리와 유사한 것으로써 600여년전에 대단히 혁신적이고 창조적인 발명품이라고 할 수 있다.

5.6.3. 도르래 원리

도르래는 홈이 있는 바퀴에 줄을 감아 물건을 들어올리거나 잡아당기는 기구로써 힘(운동)의 방향을 바꾸거나 물체의 무게보다 작은 힘으로 물건을 이동시키는데 사용된다. 이러한 도르래는 고대부터 무게가 무거운 물건을 들어 올리거나 이동시킬 때 사용되었다. 도르래의 종류는 고정도르래, 움직도르래, 복합 도르래가 있다.

도르래는 같은 방향의 힘의 합은 0인 힘의 평형방정식의 원리를 사용한다. 즉, $\sum F_x = 0$, $\sum F_y = 0$, $\sum F_z = 0$의 식이 적용된다. 그림 5-104(a)~(c)는 도르래를 사용하여 무게가 200kgf(2,000N)인 물건을 y(+)방향으로 들어올릴 때 필요한 힘을 계산한 그림들이다. 이때, 줄과 도르래의 무게는 무시한다.

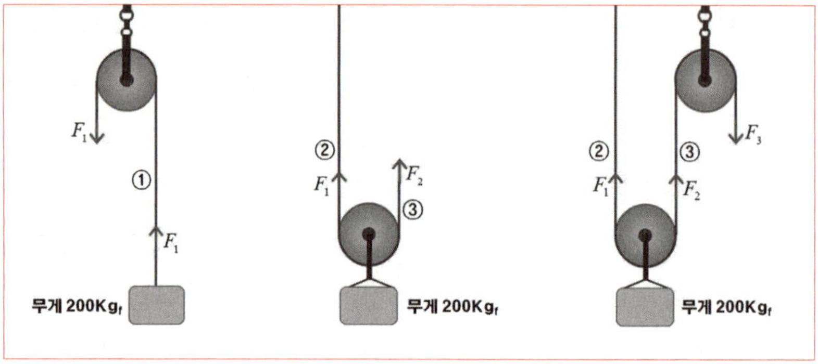

(a) 고정도르래 (b)움직도르래 (C)복합도르래

• 그림 5-104 | 도르래 원리

그림 5-104(a)의 고정도르래는 들어 올려야하는 물건의 무게와 동일한 힘을 사용하고 방향을 바꿀 때 사용한다. 그림에서 200kg$_f$(2,000N)인 물건을 들어올리는 경우 물건의 반대방향 줄(①)에 동일한 크기의 힘인 200kg$_f$(2,000N)가 발생하고, 힘의 평형방정식으로 표현하면 다음과 같다.

$\sum F_y = 0$

$-200kg_f + F_1 = 0$; F_1 = 줄(①)에 발생하는 인장력

(-)부호와 (+)부호는 각각 y방향의 아랫방향과 윗방향을 의미한다.

이때 사람이 당겨야하는 힘은 줄(①)과 동일하고 방향만 반대이므로 200kg$_f$(2,000N)이 된다. 즉, 사람은 물건을 위로 들어올리기 위해 반대방향으로 동일한 힘으로 당기는 것이 고정도르래가 된다.

그림 5-104(b)는 움직도르래의 원리를 나타낸 그림인데, 위에서 설명한 힘의 평형방정식을 적용하면

$\sum F_y = 0$

$-200kg_f + F_1 + F_2 = 0$; F_1 =

줄(②)에 발생하는 인장력, F_1 = 줄(③)에 발생하는 인장력

F_1과 F_2는 도르래에 감겨있으면서 동일한 크기이므로 각각 100kg$_f$(1,000N)이 된다. 즉, 사람은 물건 무게의 반인 100kgf(1,000N)으로 물건을 위로 들어올릴 수 있다. 이러한 움직도르래는 사람이 위로 힘을 가해야하는 경우인데, 사람은 위로 힘을 가하는 것보다 아래로 힘을 가하는 것이 편리하다. 이때 고정도르래를 하나 추가하여 그림 5-104(c)와 같은 복합도르래를 사용하면 물건을 들어올리기 위해 아랫방향으로 힘을 가하기 때문에 편리하다.

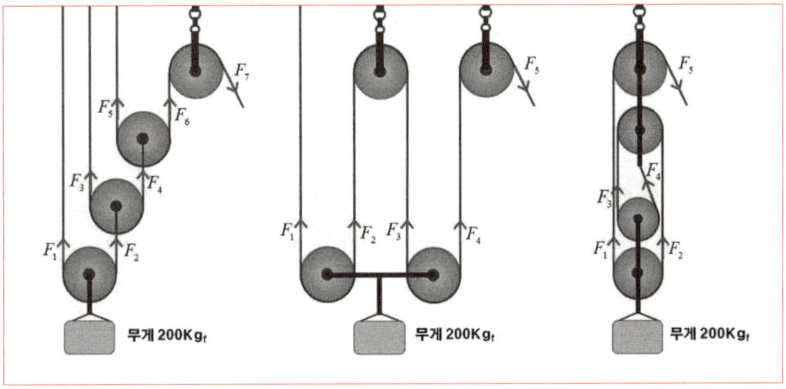

(a) (b) (C)

• 그림 5-105 | 다양한 도르래 원리

그러나 복합도르래를 사용할 때 필요한 사람의 힘은 위에서 설명한 이유로 움직도르래의 경우와 동일하다.

그림 5-105(a)~(c)는 다양한 형태의 도르래 사례를 보여주는 그림이다. 그림 5-105(a)는 4개의 도르래로 구성된 복합도르래이며 200kgf의 무게를 들어올릴 때 25kg$_f$의 힘만이 필요하다는 것을 알 수 있다. 그림 5-105(b)는 2개의 고정도르래와 2개의 움직도르래를 사용한 경우인데 움직도르래는 연결하였다. 이런 구조라면 50kg$_f$의 힘이 필요하다. 그림 5-105(c)는 한 개의 고정도르래에 세 개의 움직도르래를 연결하여 사용한 경우로 움직도르래를 고정도르래에만 연결할 수 있을 때 사용하는 경우이다. 암벽을 등반할 때 사용하는 등산용 도르래에 적용되기도 한다. 이 경우

에는 $50kg_f$의 힘이 필요하다.

옆의 그림은 수원성 건축의 과정을 기록한 다산 정약용의 『화성성역의궤』(華城城役儀軌) 에 기록된 거중기의 전도와 분해도이다. 이 거중기는 그림 5-106(b)의 사례와 비슷하다. 이 거중기는 17세기 중국에서 활약했던 스위스 출신의 선교사 테렌즈(鄧玉函 1576~1630)의 책 『기기도설』(奇器圖說, 1627)에서 유래한 것으로 알려져 있다. 테렌즈는 1600년대초 로마에서 '린체이 학회'에서 갈릴레이와 함께 회원으로 활동한 재능있는 의학자, 철학자, 수학자였다. 정조 임금은 궁궐 안에 있던 이 책을 몸소 정약용에게 주어 참고하게 했고, 그래서 정약용의 거중기가 제작되어 나온 것이라고 기록되어 있다. 당시 기록에 의하면 작은 힘으로 무거운 것을 들어 올릴 수 있어 수만금의 돈을 절약 했다고 적혀있다. 위로 4개, 아래에 4개의 움직도르래 4개를 연결하여 도르래 줄에 걸리는 무게를 물건의 1/8로 감소시킬 수 있다. 수원성 성벽에 사용된 돌 1개의 무게가 $10ton_f$이고 거중기의 양쪽에 20명의 사람들이 동원되었다면 한사람당 $62.5kg_f$의 힘으로 $10ton_f$의 엄청난 무게를 들어올리 수 있다.

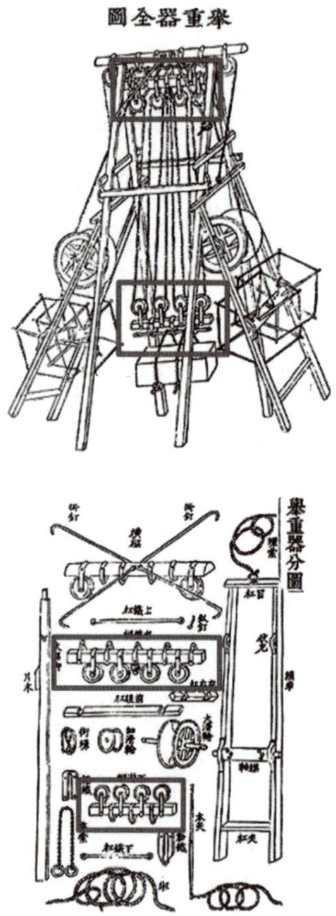

• 그림 5-106 | 『화성성역의궤』 중 거중기 전도(위)와 분해도(아래)

즉, 들어 올려야하는 돌의 무게에 따라 동원한 인력이 제한되어 있을 경우 거중기에 도르래를 더 설치하도록 거중기의 크기가 커지면 되고, 거중기의 크기가 제한되어 있다면 동원할 인력을 늘리면 된다.[28]

28 박성래, 『역사 속 과학인물』, 거중기 제작에 영향 미친 '등옥함'

5.6.4. 토크(Torque)에 의한 힘의 감소

그림 5-106의 거중기를 사용하여 한 사람이 내야하는 힘이 62.5kgf이라면 마지막 회전축 지름이 커지면 추가로 힘을 감소시킬 수 있다. 이와 같은 관계를 나타낸 것이 그림 5-107이다.

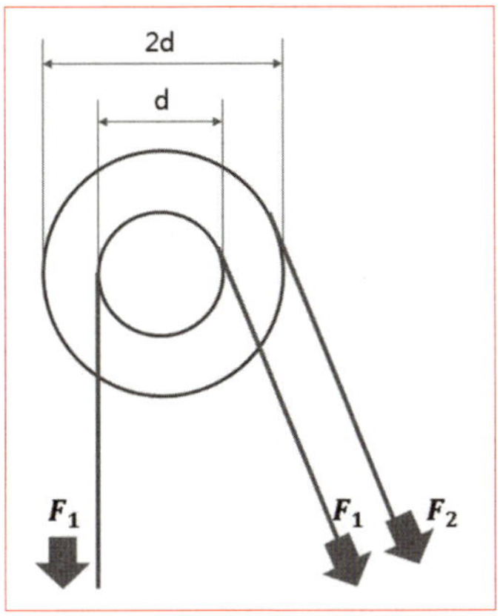

• 그림 5-107 | 회전축 지름에 따른 힘의 감소

지름이 작은 회전축과 지름이 큰 회전축이 동일할 때 지름이 작은 회전축의 중심과 줄의 거리와 무게의 곱은 지름이 큰 회전축의 중심과 줄의 거리와 무게의 곱과 동일하다. 즉, 힘과 거리의 곱으로 표현되는 회전일(rotation work) 또는 토크가 동일하다는 의미이다.

이와 같은 관계를 식으로 표현하면

$$F_1 \times \frac{1}{2} d = F_2 \times d, [N \bullet m] \qquad \therefore F_2 = \frac{1}{2} F_1$$

따라서, 축의 지름을 2배로 하면 힘이 반으로 줄일 수 있다. 이와 같은 원리를 이용하는 것으로는 자전거의 다단기어를 들 수 있다.

모터(Motor)를 사용한 거중기를 설계할 경우 모터의 용량을 결정해야 하는데 이때 사용되는 것이 토크이다. 위의 사례를 사용하여 모터의 토크를 계산해보자. 10ton$_f$의 하중을 4개의 움직도르래를 사용하여 거중기에 필요한 힘이 1,250kg$_f$이다. 회전축의 지름이 10cm이면 거중기를 사용하여 20명의 사람이 만들어 내야하는 토크는 다음과 같다.

$$1{,}250kg_f \times \frac{1}{2} 10cm = 6{,}250kg_f \cdot cm = 62.5kg_f \cdot m$$

즉, 62.5$kg_f \cdot m$의 토크를 만들어낼 수 있는 모터1대를 사용하면 10ton$_f$의 돌을 들어올릴 수 있는 것이다.

<table>
<tr><td>내용</td><td colspan="6">도르래 원리를 사용한 「힘의 평형」과 「토크」의 이해</td></tr>
<tr><td>실습목적</td><td colspan="6">1. 현대의 기계가 없던 고대, 건축물은 어떻게 건축되었을까를 생각하며 작은 힘으로 무거운 무게를 들어올릴 수 있는 장치를 고안한다.
2. 작은 힘으로 큰 무게를 들어올릴 수 있는 도르래를 대상으로 인장력, 힘의 평형방정식을 이해한다.
3. 힘의 크기와 회전체 지름에 따른 토크의 변화를 이해하고 무게를 들어올리기 위한 모터의 사양을 결정한다.</td></tr>
<tr><td rowspan="6">실습방법</td><td>내용</td><td colspan="5">기간</td></tr>
<tr><td>조별 인원 구성(8명이내)</td><td colspan="5">1주</td></tr>
<tr><td>설계안 제시</td><td colspan="5">2주</td></tr>
<tr><td>거중기 제작</td><td colspan="5">6주</td></tr>
<tr><td>프리젠테이션 문서 작성</td><td colspan="5">2주</td></tr>
<tr><td>거중기 견학</td><td colspan="5">1주</td></tr>
<tr><td rowspan="9">평가항목</td><td>항목</td><td colspan="5"></td></tr>
<tr><td>도르래를 사용한 거중기를 설계</td><td>5</td><td>4</td><td>3</td><td>2</td><td>1</td></tr>
<tr><td>거중기 설계방법의 적절성</td><td>5</td><td>4</td><td>3</td><td>2</td><td>1</td></tr>
<tr><td>재료 선정</td><td>5</td><td>4</td><td>3</td><td>2</td><td>1</td></tr>
<tr><td>거중기 규모(크기)의 적절성</td><td>5</td><td>4</td><td>3</td><td>2</td><td>1</td></tr>
<tr><td>거중기 디자인(색상, 편리성 등)</td><td>5</td><td>4</td><td>3</td><td>2</td><td>1</td></tr>
<tr><td>모터 사양의 적절성</td><td>5</td><td>4</td><td>3</td><td>2</td><td>1</td></tr>
<tr><td>전체 소요 비용</td><td>5</td><td>4</td><td>3</td><td>2</td><td>1</td></tr>
<tr><td>프리젠테이션 (10분 발표+10분 질의 응답)</td><td>5</td><td>4</td><td>3</td><td>2</td><td>1</td></tr>
</table>

5.6.5. 비틀림(Torsion)

1) 원형단면축의 비틀림

축은 원형단면의 경우에 강도가 가장 클 뿐 아니라 경제성도 높아 대부분의 기계에서는 원형단면축을 이용한다.

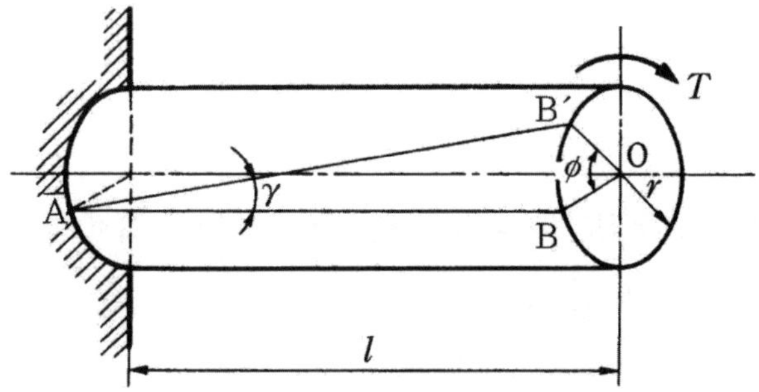

• 그림 5-108

그림 5-108과 같은 반지름 r, 길이 l인 원형단면축의 한 끝을 고정하고 다른 끝에 우력(couple of force) T를 작용시키면 고정단에는 그 반작용으로 크기가 같고 방향이 반대인 우력이 발생되어 이 축에는 비틀림현상이 나타나게 되며, 축의 내부에서는 외력 T에 상응되는 비틀림응력(torsional stress)이 발생하게 된다.

이때 외력으로 작용한 우력은 축을 회전시키려는 작용을 하게 되며, 이러한 우력 T를 비틀림모멘트(twisting moment, torsional moment) 또는 토크라고 한다.

여기서 비틀림각이 작은 동안은 변형 후에도 단면은 여전히 원형을 유지하고, 단면의 지름 및 단면들 사이의 거리도 거의 변화되지 않는다는 가정하에서 축을 해석하기로 한다.

그림 5-108에서 반지름 $\overline{OB}$가 변형 후 각 ϕ만큼 회전되어 $\overline{OB}$로 되고, 축의 표면에서 축 중심선에 평행으로 그은 모선 $\overline{AB}$는 축이 비틀려지면

서 $\overline{\text{AB}}'$로 이동하게 되어 이들 사이의 전단각을 γ라고 할 때,

$$\tan\gamma = \frac{\overline{\text{BB}'}}{\overline{\text{AB}}} = \frac{\phi r}{l}$$

의 관계를 얻을 수 있으며, γ는 대단히 작은 각이므로 tan ≒ γ로 표시할 수 있다. 따라서 윗식을 다시 표현하면 다음과 같다.

$$\gamma = \frac{\phi r}{l} \qquad (5\text{-}57)$$

이 γ는 비틀림모멘트에 의해서 길이 l의 원형축 둘레에 발생되는 전단변형률(shearing strain)이 된다.

또 식 5-57을 이용한 전단응력은 다음과 같이 표현된다.

$$\tau = G\gamma = \frac{G\phi r}{l} \qquad (5\text{-}58)$$

식 5-58로부터 비틀림작용을 받을 때 원형단면 내에 발생되는 전단응력은 축의 중심으로부터의 거리 r에 정비례하게 되며, $r = R$인 표면에서 그 최대값이 발생함을 알 수 있다. 공액전단응력의 개념을 이용해서 전단응력의 분포를 표시하면 그림 5-109와 같다.

이번에는 그림 5-109의 임의단면을 절단하여 그림 5-110과 같이 표시한 후, 이 단면에 작용하는 전단력이 중심축에 대해서 작용하는 모멘트의 총합은 힘의 평형조건에 의하여 외부에서 가한 토크 T와 평형상태가 되어야 함을 고찰하기로 한다.

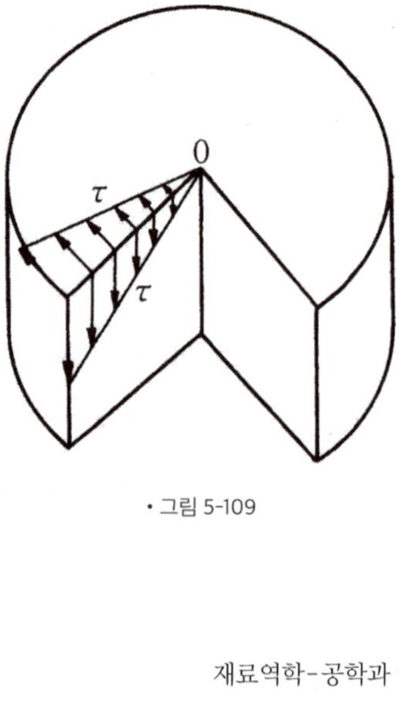

• 그림 5-109

그림 5-110에서 미소 단면적 dA에 작용하는 전단력은 로 표현할 수 있으므로, 이 미소 단면적 dA에 작용하는 토크는 $dT = \tau dA \cdot r$로 표현할 수 있다.

따라서 단면 전체에 작용하는 총토크 T는 식 5-58을 고려하여 다음과 같이 정리할 수 있다.

$$T = \int_A dT = \int_A \tau\, dAr = \int_A \frac{G\phi r}{l} dAr \qquad (5\text{-}59)$$

$$= \frac{G\phi}{l}\int_A r^2 dA = \frac{G\phi I_p}{l}$$

여기서 $\int_A r^2 dA$는 단면의 중심 O에 대한 극관성모멘트 I_p를 나타낸다. 식 5-59에서 비틀림각 ϕ에 대해서 정리하면 다음과 같다.

$$\phi = \frac{Tl}{GI_p} \qquad (5\text{-}60)$$

식 5-60으로부터 비틀림각 ϕ는 토크 T와 축의 길이 l에 비례하며, 단위길이에 대한 비틀림각을 줄 때의 비틀림모멘트를 표시하는 비틀림강도(torsional rigidity)라고 하는 GI_p에 반비례한다. 여기서 비틀림강도는 G의 값이 클수록, 또 축의 지름을 크게 할수록 증가된다는 것을 알 수 있다.

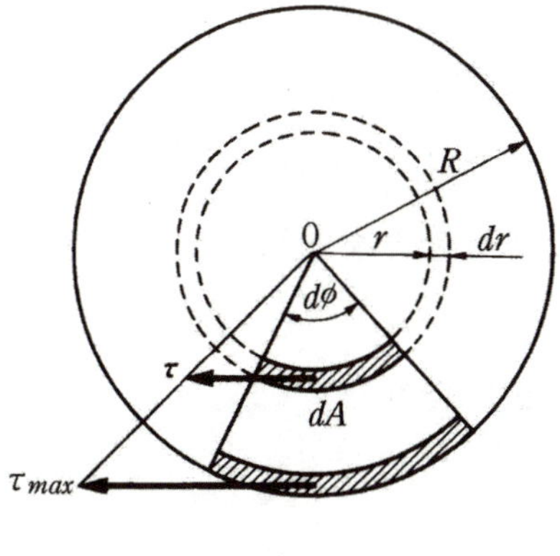

• 그림 5-110

단면이 원형단면이라면 $I_p = \frac{\pi d^4}{32}$ 이므로, 식 5-60은

$$\phi = \frac{32\,Tl}{\pi de^4 G}(\text{rad}) = \frac{584\text{Tl}}{\text{Gd}^4}(°)$$

과 같이 표현되며, 식 5-60을 식 5-58에 대입하면

$$\tau = \frac{Gr}{l}\phi = \frac{Gr}{l} \cdot \frac{Tl}{GI_p} = \frac{T}{I_p/r} = \frac{T}{Z_p}$$

$$\therefore T = \tau Z_p \qquad (5\text{-}61)$$

식 5-61에서의 는 외력인 토크에 저항해서 발생된 것이므로 비틀림저항모멘트(torsional resisting moment)라고 한다.

또 최대전단응력은 $r = R$인 표면에서 발생되므로, 식 5-61에서 다음과 같이 표현된다.

$$\tau_{\max} = \frac{T}{Z_p} = \frac{16T}{\pi d^3} \qquad (5\text{-}62)$$

그림 5-110에서 알 수 있는 바와 같이 축의 표면에서는 최대응력이 발생되므로 표면에 가까운 재료는 재료의 사용응력 한도까지 충분히 이용되지만, 축의 중심부에 있는 재료는 적은 응력의 작용으로 인해서 재료의 이용도 역시 훨씬 감소된다. 따라서 재료의 경제성면에서 고찰할 때 이는 재료의 낭비라 할 수 있다. 이런 경우 중공축(hollow shaft)으로 한다면 훨씬 경제적이 될 수 있다.

그러나 재료의 가공이 용이하지 않는다든지 다른 어떤 이유로 인해서 재료의 절약에서 얻을 수 있는 소득보다 가공비가 훨씬 많이 든다던지 하는 등의 이유로 오히려 경제성이 나빠질 경우라면 당연히 중실축(solid shaft)으로 가공해야 하므로, 중공축과 중실축 중 어느 것으로 할 것인가는 그 때의 상황에 따라 신중히 결정할 문제이다. 그러나 중량의 감소가 절대적으로 중요한 항공기, 선박 등의 축을 제작할 경우에는 반드시 중공축을 선택함이 유리하다.

예를 들어, 안지름이 $\frac{d}{2}$ 인 중공축인 경우를 지름이 d인 중실축과 비교 검토해 보면 다음과 같다.

식 5-60으로부터

$$\phi_1 = \frac{Tl}{GI_p} = \frac{32Tl}{\pi d^4 G}$$

$$\phi_2 = \frac{32Tl}{\pi\left(d^4 - \frac{d^4}{16}\right)G} = \frac{16}{15}\frac{32Tl}{\pi d^4 G}$$

$$\therefore \frac{\phi_2}{\phi_1} = \frac{16}{15} = 1.0667$$

식 5-62으로부터

$$\tau_{\max 1} = \frac{T}{Z_p} = \frac{16T}{\pi d^3}$$

$$\tau_{\max 2} = \frac{16T}{\pi\left(d^3 - \frac{d^3}{8}\right)} = \frac{8}{7}\frac{16T}{\pi d^3}$$

$$\therefore \frac{\tau_{\max 2}}{\tau_{\max 1}} = \frac{8}{7} = 1.143$$

한편 체적을 비교해 보면

$$V_1 = A_1 l = \frac{\pi d^2 l}{4}$$

$$V_2 = A_2 l = \frac{\pi\left(d^2 - \frac{d^2}{4}\right)l}{4} = \frac{3}{4}\frac{\pi d^2 l}{4} \qquad \therefore \frac{V_2}{V_1} = \frac{3}{4} = 0.75$$

즉, 중공축이 중실축에 비하여 비틀림각은 6%, 최대전단응력은 14% 정도가 증가되지만 체적, 즉 중량은 25%나 감소됨을 알 수 있다.

예제 45 지름 5(cm), 길이 1.2(m)인 연강의 한 끝을 고정하고 다른 끝에 800(N)의 비틀림 모멘트가 작용할 때, 이 봉에 생기는 최대전단응력을 구하라.

▶식 5-62에서

$$\tau_{max}=\frac{T}{Z_p}=\frac{16T}{\pi d^3}=\frac{16\times 800}{\pi\times 0.05^3}=32.6(\text{MPa})$$

예제 46 그림과 같이 지름이 10(mm)인 강선의 상단을 고정하고 하단에 지름이 180(mm)인 추를 달아 접선방향으로 50(N)의 힘을 작용시키면 강선이 9°만큼 비틀렸다고 하자. 이 때 강선의 길이가 3(m)라면 이 강선의 가로 탄성계수와 최대전단응력은 얼마인가?

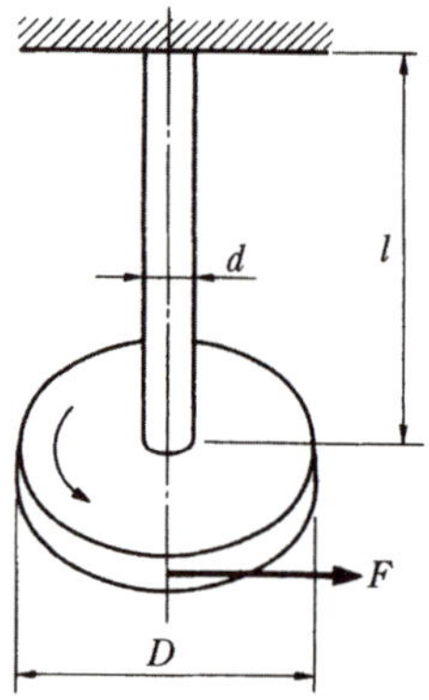

$T=FR=50\times 0.09=4.5(\text{Nm})$

▶식 5-26에서

$$G=\frac{Tl}{I_p\phi}=\frac{4.5\times 3}{\dfrac{\pi\times 0.014^4}{32}\times\dfrac{9\pi}{180}}=21.77(\text{GPa})$$

▶식 5-26에서

$$\tau_{max}=\frac{16T}{\pi d^3}=\frac{16\times 4.5}{\pi\times 0.01^3}=22.92(\text{MPa})$$

예제 47 그림과 같은 지름이 d, 길이가 l인 봉의 양단을 고정하고 단면 mn의 임의위치에서 비틀림모멘트 T를 작용시킬 때, 봉의 좌단과 우단에 작용하는 비틀림모멘트 T_a및 T_b를 구하라.

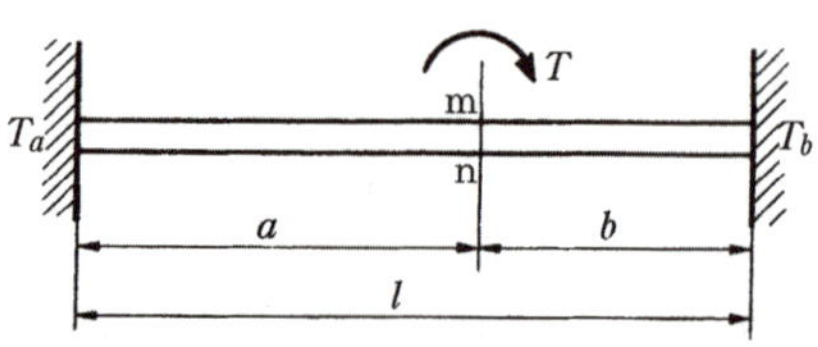

T에 의해서 양단에 발생되는 모멘트는 평형조건에 의해서

$$T = T_a + T_b \qquad \text{(a)}$$

또 외력의 작용점인 mn에서의 좌우 비틀림각은 같으므로

$$\phi = \frac{T_a a}{G I_p} = \frac{T_b b}{G I_p} \therefore \frac{T_a}{T_b} = \frac{b}{a} \qquad \text{(b)}$$

즉, 봉의 좌우단의 비틀림모멘트는 봉의 길이에 반비례함을 알 수 있다.
식 (a)와 식 (b)를 연립해서 풀면,

$$T_a = \frac{b}{a+b}T = \frac{b}{l}T, \quad T_b = \frac{a}{a+b}T = \frac{a}{l}T$$

2) 전동축

원동기와 같은 동력장치에서 동력을 전달하게 될 때 주로 축이 이용되는데, 이러한 축을 전동축(transmission shaft)이라고 한다. 축은 외부에서 가해지는 토크에 의하여 회전되며, 동력을 전달하게 된다.

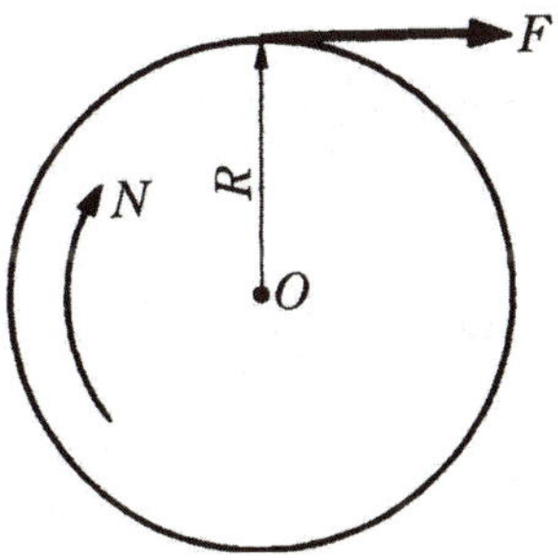

• 그림 5-111

그림 5-111에서와 같이 평균토크 T(kg$_f$·cm)를 전달하는 전동축에서 각속도를 w(rad/sec), 회전수를 N(rpm), 회전력을 F(kg$_f$), 원주속도를 v(m/sec)라고 할 때, 1마력은 매초 75(kgf·m)의 일이 작용하는 경우와 같으므로 축이 전달하는 동력 H는 다음과 같이 나타낼 수 있다.

$$H = \frac{Fv}{75} = \frac{F \cdot r\omega}{75 \times 100} = \frac{T\omega}{75 \times 100} = \frac{2\pi NT}{75 \times 100 \times 60} = \frac{2\pi NT}{450,000}$$

$$\therefore T = \frac{450,000H}{2\pi N} \fallingdotseq 71,620\frac{H}{N}(\text{kg}_\text{f}.\text{cm}) \quad (5\text{-}63)$$

식 5-62 및 식 5-63에서 외력인 토크와 축 내부에서 이 힘에 저항하는 토크와는 평형상태가 되어야 하므로 이어야 한다.

$$\tau\frac{\pi d^3}{16} = 71,620\frac{H}{N}$$

$$\therefore d = \sqrt[3]{\frac{16 \times 71,620H}{\pi\tau N}} \fallingdotseq 71.5\sqrt[3]{\frac{H}{\tau N}}\ (\text{cm}) \quad (5\text{-}64)$$

식 5-63을 절대단위(SI단위)로 표시하면 다음과 같다.

$$T = 71,620\frac{H}{N}(\text{kg}_\text{f}\ \text{cm}) = 71,620 \times 9.8 \times 10^{-2}\frac{H}{N}(\text{Nm})$$

$$= 7,018.76\frac{H}{N}(\text{Nm}) \fallingdotseq 7,019\frac{H}{N}(\text{Nm}) \quad (5\text{-}65)$$

그리고 에서 축지름은 다음과 같다.

$$\tau\frac{\pi d^3}{16} = T$$

$$\therefore d = \sqrt[3]{\frac{16T}{\pi\tau}} = \sqrt[3]{\frac{16 \times 7,019H}{\pi\tau N}} \fallingdotseq 32.9\sqrt[3]{\frac{H}{\tau N}}\ (\text{m}) \quad (5\text{-}66)$$

한편 동력으로서 전력이 사용될 경우에는 1kW102kg$_\text{f}$ m/sec를 이용하면 식 5-63 및 식 5-64을 다음과 같이 표현할 수 있다.

$$H = \frac{Fv}{102} = \frac{2\pi NT}{102 \times 100 \times 60} \text{에서}$$

$$T = 97{,}400\frac{H}{N}(\mathrm{kg_f\ cm}) \qquad (5\text{-}67)$$

그리고 $T_R = T$를 이용하면 축지름은 다음과 같다.

$$d = \sqrt[3]{\frac{16T}{\pi\tau}} = \sqrt[3]{\frac{16 \times 97{,}400H}{\pi\tau N}} \fallingdotseq 79.2\sqrt[3]{\frac{H}{\tau N}}\,(\mathrm{cm}) \qquad (5\text{-}68)$$

식 5-67 및 식 5-68을 절대단위(SI단위)로 표현하면 다음과 같다.

$$T = 97{,}400\frac{H}{N}(\mathrm{kg_f\ cm}) = 97{,}400 \times 9.8 \times 10^{-2}\frac{H}{N}(\mathrm{Nm})$$

$$T = 97{,}400\frac{H}{N}(\mathrm{kg_f\ cm}) \qquad (5\text{-}69)$$

그리고 $T_R = T$에서

$$d = \sqrt[3]{\frac{16T}{\pi\tau}} = \sqrt[3]{\frac{16 \times 9{,}545H}{\pi\tau N}} \fallingdotseq 36.5\sqrt[3]{\frac{H}{\tau N}}\,(\mathrm{m}) \qquad (5\text{-}70)$$

예제 48 원형단면의 전동축에서 매분 회전수가 1,400이고, 동력으로 120마력을 전달할 때 토크 T와 축의 지름 d를 구하라. 단, 허용전단응력은 60(MPa)이다.

▶식 5-63에서 $T = 7{,}019\frac{H}{N} = 7{,}019 \times \frac{120}{1{,}400} = 601.62(\mathrm{Nm})$

▶식 5-64에서 $d = 32.9\sqrt[3]{\frac{H}{\tau N}} = 32.9\sqrt[3]{\frac{120}{6 \times 10^7 \times 1{,}400}} = 0.037(\mathrm{m})$

또는 $d = \sqrt[3]{\frac{16T}{\pi\tau}} = \sqrt[3]{\frac{16 \times 601.62}{\pi \times 6 \times 10^7}} = 3.7(\mathrm{cm})$

예제 49 지름이 d_1인 전동축의 동력을 지름이 d_2인 축에 $\frac{1}{8}$로 감속시켜서 전달하려면 d_2는 d_1의 몇 배가 되어야 하는가? 단, 양축의 허용전단응력은 동일하다.

지름이 d1인 축에 작용하는 토크 $T_1 = 7{,}019\frac{H}{N} = \frac{\pi d_1^3}{16}\tau_a$

지름이 d2인 축에 작용하는 토크 $T_2 = 7{,}019\frac{H}{N/8} = \frac{\pi d_2^3}{16}\tau_a$

따라서 위의 두 식의 비를 구하면 $\frac{T_1}{T_2} = \frac{7{,}019\frac{H}{N}}{7{,}019\frac{8H}{N}} = \frac{\frac{\pi}{16}\tau_a d_1^3}{\frac{\pi}{16}\tau_a d_2^3}$

$$\left(\frac{d_1}{d_2}\right)^3 = \frac{1}{8} = \left(\frac{1}{2}\right)^3 \quad \therefore d_2 = 2d_1$$

3) 비틀림에 의한 탄성변형에너지

원형단면축이 외력인 토크의 작용을 받게 되면 단면에는 비틀림현상이 생기며, 이때 발생된 에너지는 탄성한계 이내에서는 모두 축의 내부에 저장된다. 이러한 에너지를 탄성에너지(elastic energy) 또는 탄성변형에너지(elastic strain energy)라고 한다.

그림 5-112과 같이 지름이 d, 길이가 l인 원형단면축에서 전단응력은 축중심으로 부터의 거리와 비례관계에 있으므로, 축중심에서 거리 r이며 두께 dr인 임의 요소에서의 전단응력 τ는

$$\tau : \tau_{\max} = r : \frac{d}{2} \qquad \therefore \tau = \tau_{\max}\frac{2r}{d} \qquad \text{(a)}$$

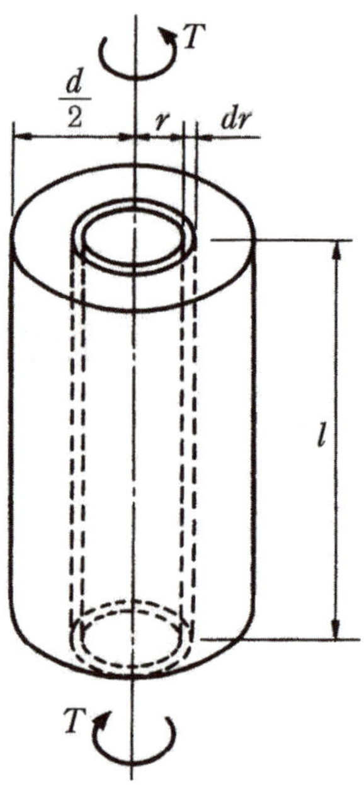

• 그림 5-112

의 관계식을 얻을 수 있으며, 식 (a)를 식 $u = \frac{\tau^2}{2G}$에 대입하면 임의요소의 단위체적에 대한 탄성에너지를 구할 수 있다.

$$u = \frac{\tau^2}{2G} = \frac{1}{2G}\left(\tau_{max}\frac{2r}{d}\right)^2 = \frac{2\tau_{max}^2 r^2}{Gd^2} \qquad \text{(b)}$$

이 되므로, 위의 식을 적분해 주면 원형단면축 전체에 저장되는 탄성에너지를 구할 수가 있다.

$$U = \int_0^{\frac{d}{2}} dU = \int_0^{\frac{d}{2}} \frac{2\tau_{max}^2 r^2}{Gd^2} 2\pi r dr l = \frac{4\pi\tau_{max}^2 l}{Gd^2}\int_0^{\frac{d}{2}} r^3 dr$$

$$= \frac{4\pi\tau_{max}^2 l}{Gd^2}\left[\frac{r^4}{4}\right]_0^{\frac{d}{2}} = \frac{1}{2}\frac{\tau_{max}^2}{2G}\frac{\pi d^2}{4}l = \frac{1}{2}\frac{\tau_{max}^2}{2G}V \qquad \text{(5-71)}$$

식 5-71은 최대전단응력을 알고 있을 경우에 중실축 속에 저장되는 탄성에너지를 구하는 식이 되며, 이 식으로부터 비틀림으로 인한 탄성에너지는 인장 및 압축에 의한 탄성에너지의 $\frac{1}{2}$과 같다는 것을 알 수 있다.

식5-71에 $\tau_{max} = \frac{T}{Z_p} = \frac{Td}{2I_p}$와 $I_p = \frac{\pi d^4}{32}$을 대입한 후 정리하면,

$$U = \frac{1}{2}\frac{\tau_{max}^2}{2G}\frac{\pi d^2 l}{4} = \frac{1}{4G}\left(\frac{Td}{2I_p}\right)^2\frac{\pi d^2 l}{4}$$

$$= \frac{1}{2G}\frac{T^2}{I_p^2}\frac{\pi d^4 l}{32} = \frac{T^2 l}{2GI_p} \qquad \text{(5-72)}$$

식 5-72는 탄성에너지를 비틀림모멘트 T에 대하여 표현한 것이다.

한편 비틀림에 의한 탄성에너지를 그림 5-113과 같은 비틀림시험선도를 이용해서 구할 수도 있다.

즉, 비틀림모멘트 T가 작용하여 원형단면에 비틀림각이 ϕ만큼 발생

되었다면 이들의 관계를 탄성한계 이내에서 선도상에 표시하면 그림에서와 같은 3각형의 면적 (OAB)이 축에 저장되는 전 에너지를 표시하게 되므로, 탄성에너지는 식 5-60을 참고하여 표현하면

$$U = \frac{T\phi}{2} = \frac{T}{2}\frac{Tl}{GI_p} = \frac{T^2 l}{2GI_p}$$

이 되며, 이 식은 식 5-67에 일치된다.

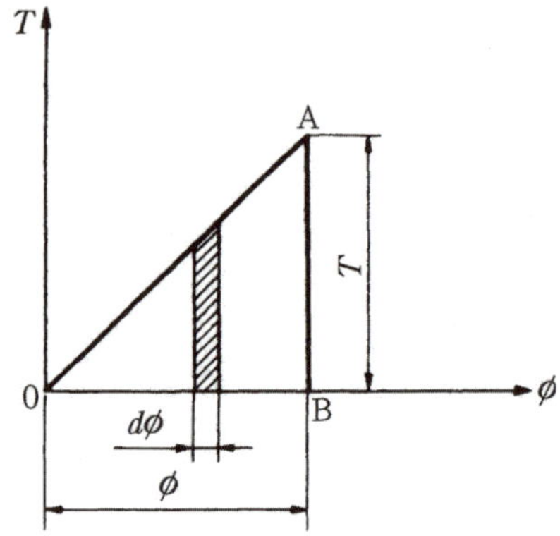

• 그림 5-113

또 $T = \tau Z_p = \tau\frac{\pi d^3}{16}$ 및 $I_p = \frac{\pi d^4}{32}$ 을 윗식에 대입하여 정리하면,

$$U = \frac{\left(\tau\frac{\pi d^3}{16}\right)^2 l}{2G\left(\frac{\pi d^4}{32}\right)} = \frac{\tau^2}{2G}\frac{\pi d^2 l}{8} = \frac{1}{2}\frac{\tau^2}{2G}\frac{\pi d^2 l}{4} = \frac{1}{2}\frac{\tau^2}{2G}V$$

가 되어 식 5-66에 일치하게 된다.

예제 50 지름의 비가 $d_1 : d_2 = 1:3$인 2개의 중실축이 있다. 동일한 토크를 작용시킬 경우 각각의 축에 저장되는 탄성에너지의 비는 얼마인가?

▶식 5-67에서

$U_1 = \frac{T^2 l}{2GI_{p1}}$, $U_2 = \frac{T^2 l}{2GI_{p2}}$

$$\frac{U_1}{U_2} = \frac{I_{P2}}{I_{P1}} = \frac{\pi d_2^4/32}{\pi d_1^4/32} = \left(\frac{d_2}{d_1}\right)^4 = \left(\frac{3d_1}{d_1}\right)^4 = 81$$

$\therefore U_1 : U_2 = 81 : 1$

4) 원근법의 발견

브루넬레스키는 건축적인 목적으로 일점 투시 원근법을 개발했는데, 그것은 혁명적인 기술이었다. 이 원근법은 평행선이 우리 눈에서 멀어질 때 수평선 위의 한 점에서 만나고, 우리와 떨어진 거리에 비례하여 물체의 크기가 작아진다고 가정한다. 그는 피렌체 세례당 건물의 크기를 자로 정확하게 측정하여 비례를 축소시켜서 원근법적인 방법으로 나무판 위에 그리고, 그림 한 가운데에 구멍을 뚫어 그 그림을 거울에 비친 상과 실제 건물의 모습이 일치함을 증명하였다.[29] 이러한 기하학과 수학을 이용한 학문적 실험으로 그림을 실제처럼 보이게 하는 방법을 발견하였다. 이러한 원근법의 실험은 이후의 화가들이 원근법을 구사하는데 도움이 되었다.

• 그림 5-114 | 브루넬레스키의 원근법 시연, 1425

• 그림 5-115 | 최후의 만찬, 레오나르도 다빈치, 1495-1497

29 엘케 폰 라치프스키, 『원근법아, 너 참 사랑스럽구나!』, 노성두 역, 금호문화, 1998, p. 43-45 참조.

5) 돔의 역학

지붕구조가 돔과 같이 반구형태이면 평면에 전개했을 때 편평해지지 못하기 때문에 강도나 강성이 더 커지므로 큰 지붕을 만들 수 있다. 돔은 자체 무게에 의해 돔의 정가운데에서 수직방향으로 처짐이 발생한다. 이러한 처짐은 돔을 바깥쪽으로 벌어지게 하는 원인이 되기 때문에 반구형 돔의 외부에 보강재를 둠으로써 돔의 안쪽으로 추력(thrust force)을 발생시켜 돔의 변형을 억제한다.[30]

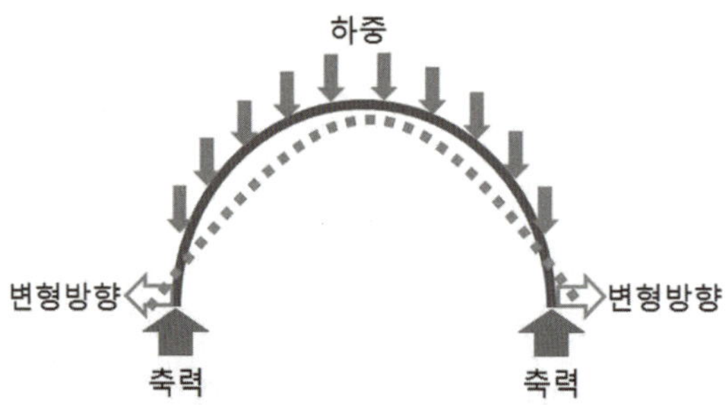

• 그림 5-116 | 하중에 의한 돔의 변형방향과 반력

위에서 기술한 바와 같이 돔형상은 형상이 갖는 특징 때문에 규모가 큰 구조물의 지붕으로 사용되는데 역학적 안정성을 보완하기위해 보강재를 사용한다. 이 장에서는 브루넬레스키가 설계하고 건축한 피렌체 대성당의 역학적 의미를 살펴보기 위해 15세기 브루넬레스키가 고민했을법한 몇가지 형태를 컴퓨터 시뮬레이션 기술을 적용하여 분석해보고자 한다.

대성당의 돔은 팔각형으로 되어 있지만 원형으로 된 경우도 살펴봄으로써 팔각형 돔의 장단점을 비교하였다. 그리고 돔 건축에 사용된 재료의 영향을 분석하고, 보강재로 사용된 리브과 돔하부의 인장링의 효과를 분석하였다. 이와 같은 분석을 위해 대성당의 형상을 최대한 간략하게 모사하였고 외형치수, 재료 등은 정확하지 않다는 것을 밝혀둔다.

30 김종성 외, 『건축, 구조디자인과 모형』, 구미서관, p. 102.

① 해석 조건

돔의 형상, 인장링, 리브의 효과를 살펴보기 위해 아래 표와 같이 해석 케이스를 사용하였다. 먼저 인장링과 리브가 없는 상태의 원형 돔과 팔각형 돔을 해석하였고, 인장링의 효과를 분석하기 위해 돔에 인장링만 설치한 형상을 모델링하였으며 리브의 영향을 해석하기 위해 돔에 리브만 설치한 형상을 모델링하였다. 이때 원형 돔의 리브는 팔각형 돔의 리브과 동일한 간격으로 설치하였다. 마지막으로 인장링과 리브를 모두 돔에 설치함으로써 최종 돔의 형태를 분석하였다.

<해석 케이스>

	원형	팔각형
형상 효과	돔	돔
인장링 효과	돔 + 인장링	돔 + 인장링
리브 효과	돔 + 리브	돔 + 리브
복합적 효과	돔 + 인장링 + 리브	돔 + 인장링 + 리브

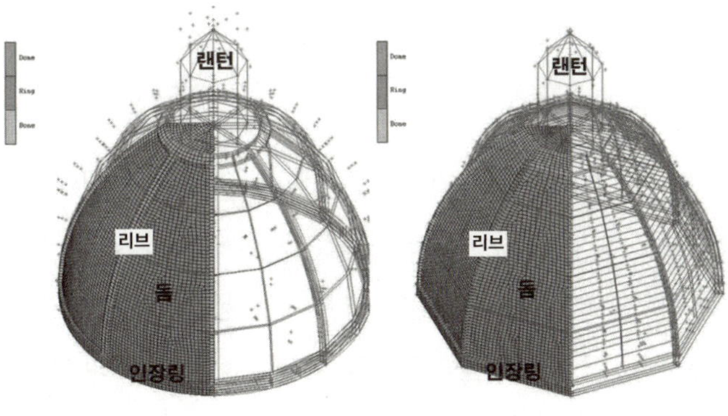

• 그림 5-117 | 피렌체 대성당 돔의 형상 모델링, 원형(좌)과 팔각형(우)

② 형상 치수

돔을 구성하고 있는 요소들의 효과를 분석하기 위해 돔의 높이와 외형크기는 최대한 유사하게 선정하였으나 돔의 두께 0.5mm 인장링의 높이 1.83m, 인장링의 두께 0.5m, 리브의 폭 1.2m, 리브의 두께 0.5m는 임의로 결정하였다. 또한, 돔의 상부에 올라가는 랜턴은 높이가 16.44m이고 부피가 753m3이라고 가정한 후 하중으로 변환하여 해석에 적용하였다.

<형상 치수>

	외형	높이	두께
돔	42m(외접원)	27.39m	0.5m
인장링	42m(내접원)	1.83m	0.5m
리브	42m(내접원)	1.20m(폭)	0.5m

③ 재료 특성

돔에 적용되는 재료는 대리석과 벽돌로 가정하였다. 해석에 사용된 대리석의 탄성계수, 포아송비, 밀도는 각각 77Gpa, 0.3, 2.7kg/m^3이고 벽돌의 탄성계수, 포아송비, 밀도는 각각 20Gpa, 0.3, 2.7kg/m^3이다.

④ 하중 조건

돔에 가해지는 하중은 돔 자체 무게와 돔 위에 설치된 랜턴의 무게이다. 돔의 무게는 체적×밀도×중력가속도로 계산되어 컴퓨터 시뮬레이션 프로그램에 자동으로 입력되고 랜턴의 무게는 돔의 상부에 가해지는 압력으로 변환하여 프로그램에 입력하였다. 이때 돔의 상부의 면적이 원형과 팔각형의 경우가 각각 약 128m^2, 158m^2로 차이가 있기 때문에 랜턴의 압력은 원형과 사각형 돔의 경우 각각 155,472Pa과 12,6221Pa로 달라졌다.

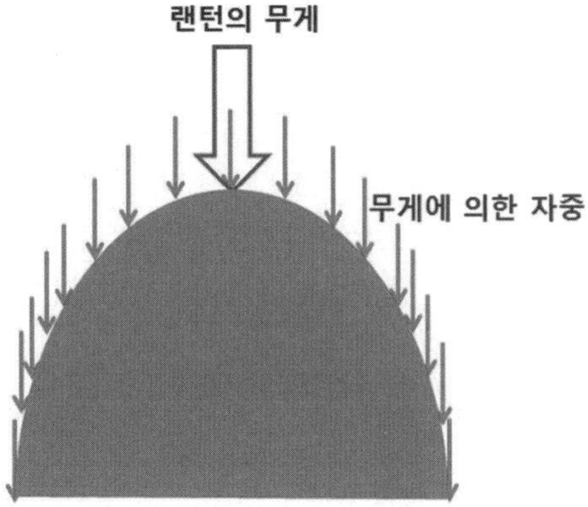

• 그림 5-118 | 돔 해석을 위한 하중 조건

⑤ 해석 결과

컴퓨터 시뮬레이션 기술을 이용하여 해석한 결과를 돔에서 발생한 처짐량과 응력으로 구분하였다. 처짐량 계산결과에 의하면 벽돌로 제작된 원형 돔에서 가장 큰 처짐량이 발생하였고 대리석으로 제작된 팔각 돔에서 가장 작은 처짐량이 발생하였다. 즉, 원형보다는 팔각형이, 벽돌보다는 대리석이 돔의 처짐량을 줄이는데 효과적이었다. 돔의 보강재 효과는 리브를 설치했을 때 처짐량이 1/4 수준으로 감소하여 리브의 효과가 매우 크다는 것을 알 수 있었다. 반면 돔의 아래부분에 설치하는 인장링의 효과는 상대적으로 매우 작았다.

돔에서 발생한 응력은 원형 돔보다는 팔각형 돔에서 낮은 응력이 발생하였지만 벽돌과 대리석의 차이는 거의 발생하지 않았다. 응력도 처짐량과 마찬가지로 돔에 리브를 보강재로 설치했을 때 1/2수준으로 응력이 감소하였고 인장링에 의한 응력감소효과는 매우 작았다. 인장링에 의한 처짐량과 응력의 변화가 거의 없다는 것은 대성당과 같은 벽돌이나 대리석으로 제작되는 거대한 돔은 자중에 의한 반경방향으로 발생하는 변형이 크지 않다는 것을 의미한다.

이와 같이 컴퓨터 시뮬레이션을 이용하여 돔의 처짐량과 응력을 계산했을 때 브루넬레스키가 팔각 돔에 리브를 설치한 것은 탁월한 공학적 설계라고 할 수 있다.

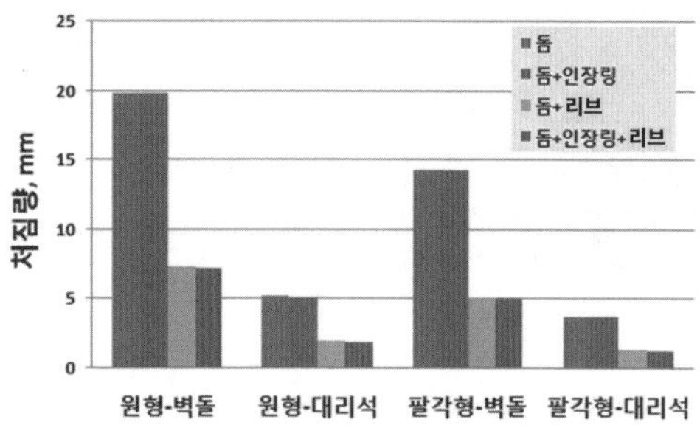

• 그림 5-119 | 돔 해석을 위한 하중 조건

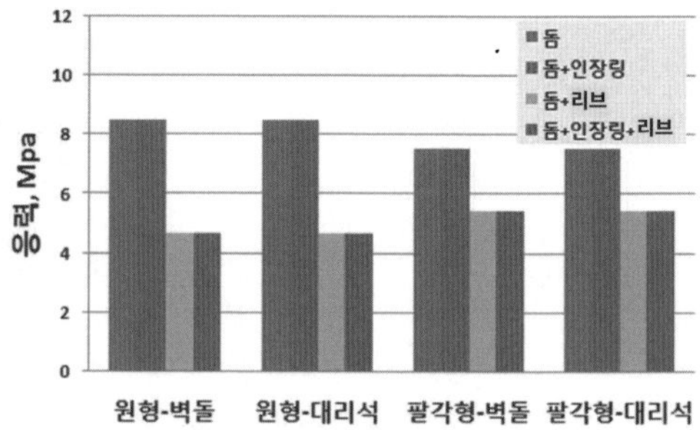

• 그림 5-120 | 돔 해석을 위한 하중 조건

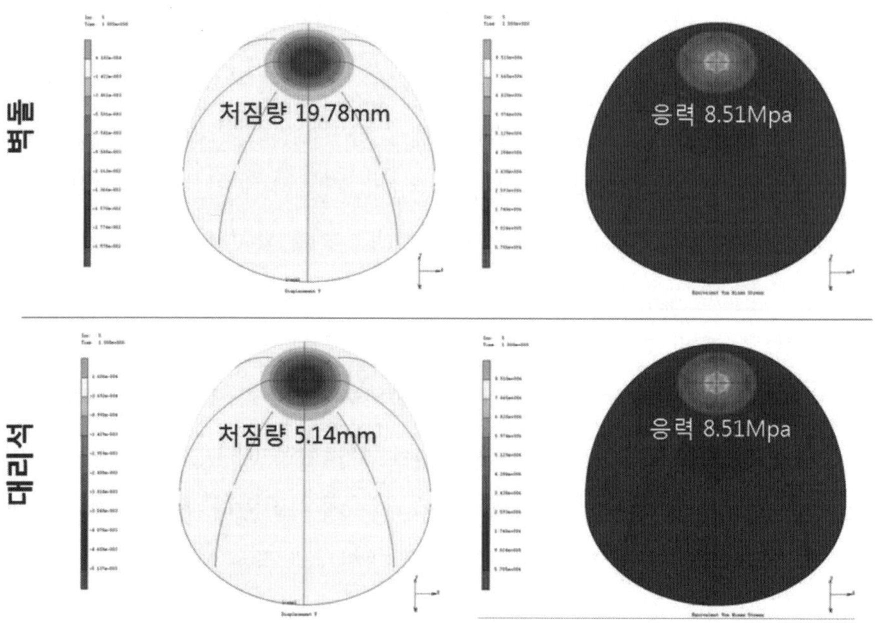

• 그림 5-121 | 원형 돔에서 발생한 처짐량과 응력

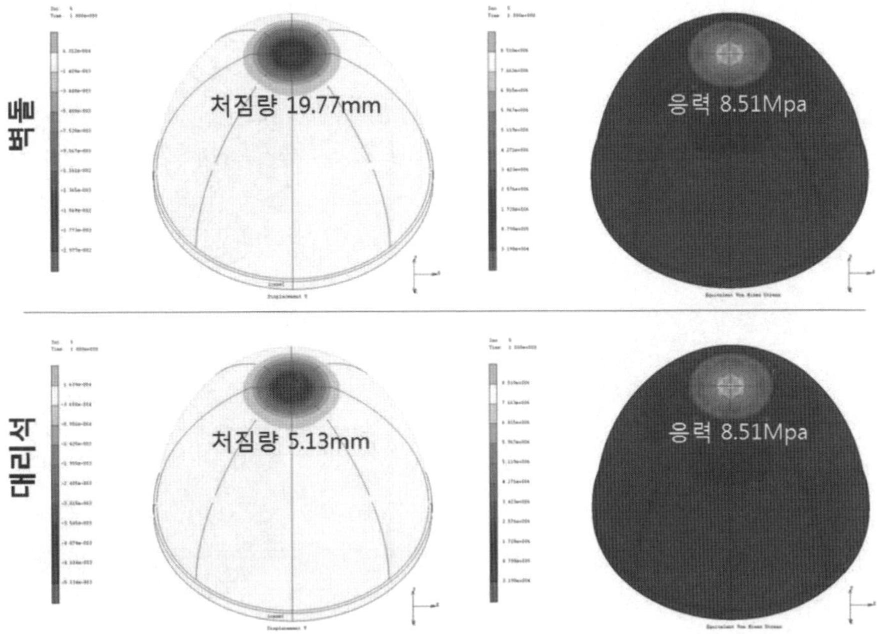

• 그림 5-122 | 원형 돔+인장링에서 발생한 처짐량과 응력

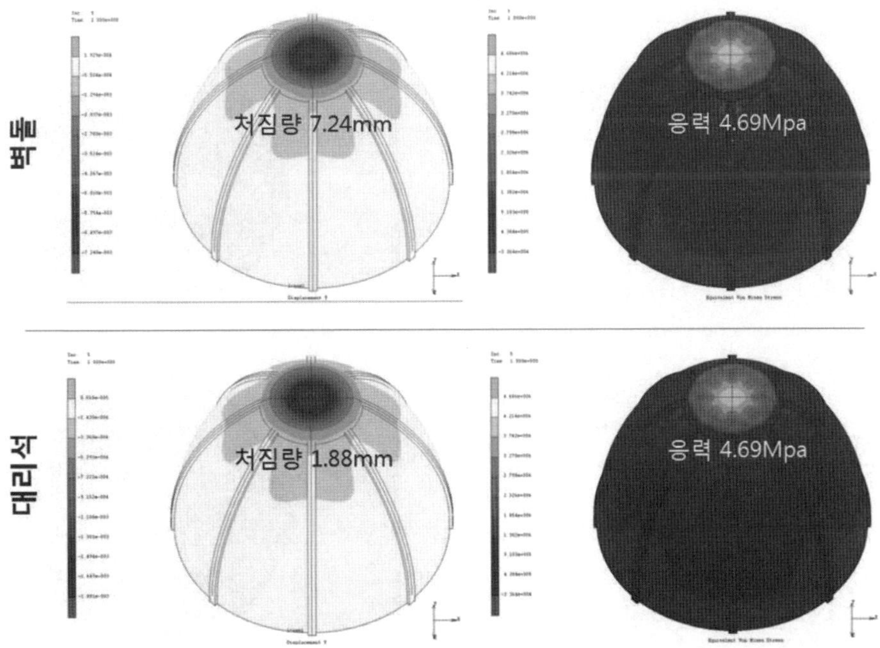

• 그림 5-123 | 원형 돔+리브에서 발생한 처짐량과 응력

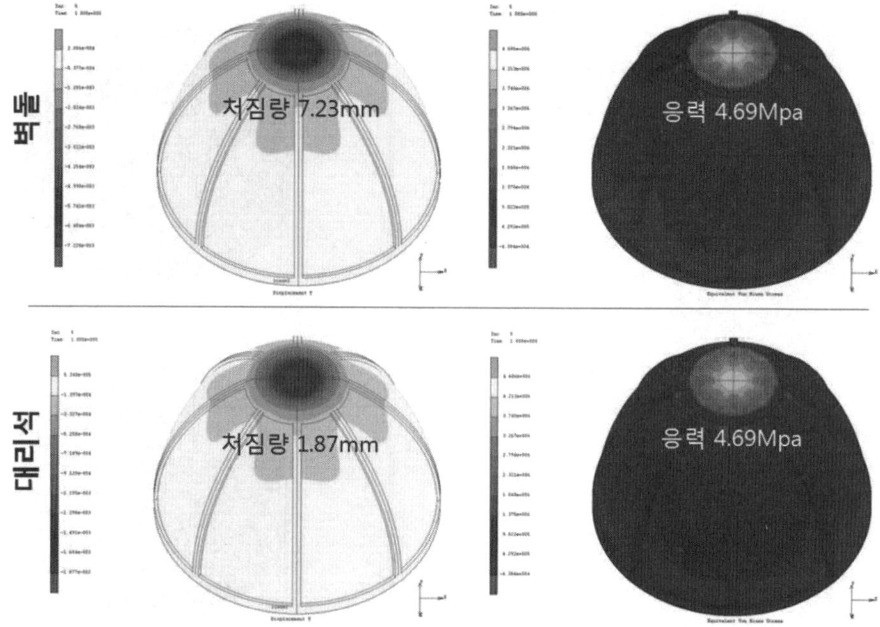

• 그림 5-124 | 원형 돔+인장링+리브에서 발생한 처짐량과 응력

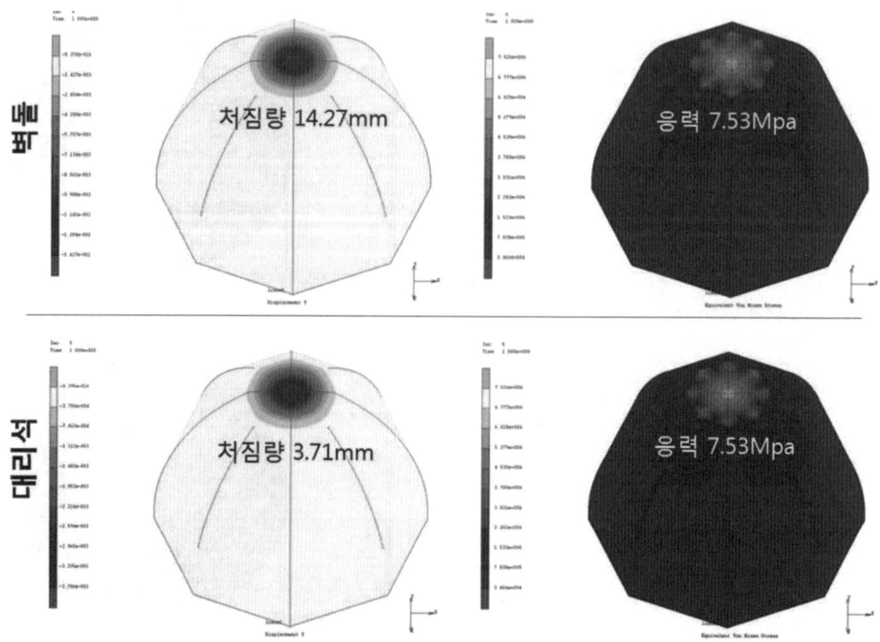

• 그림 5-125 | 팔각 돔에서 발생한 처짐량과 응력

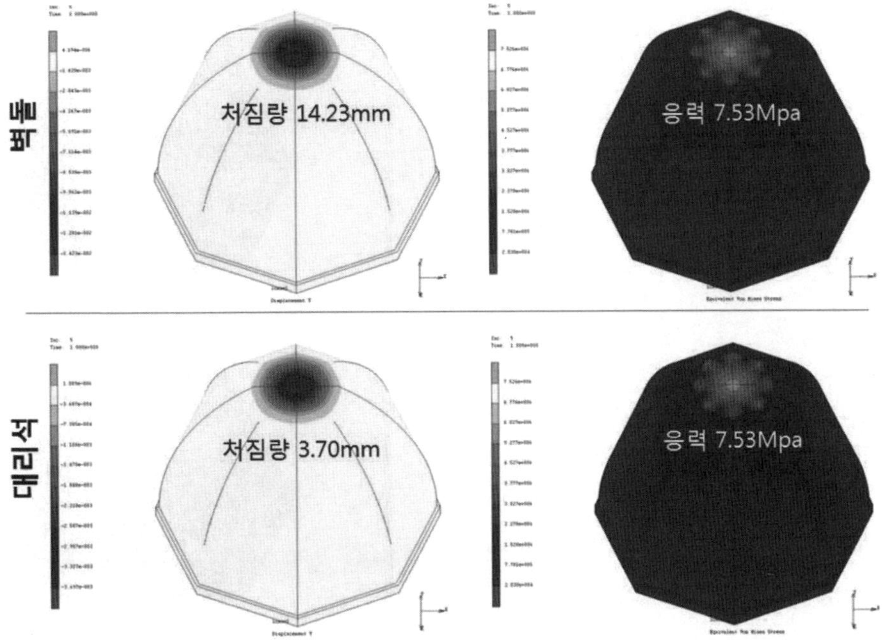

• 그림 5-126 | 팔각 돔+인장링에서 발생한 처짐량과 응력

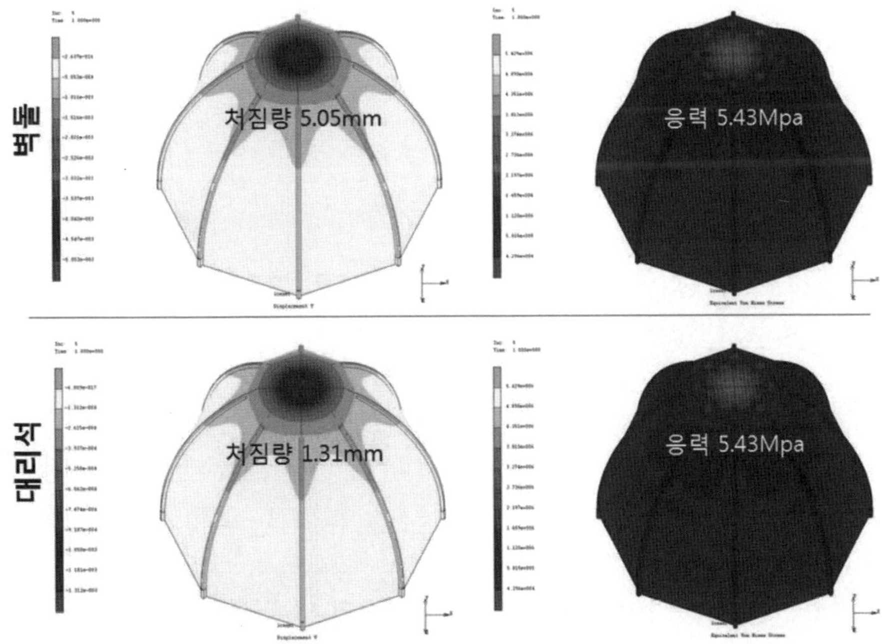

• 그림 5-127 | 팔각 돔+리브에서 발생한 처짐량과 응력

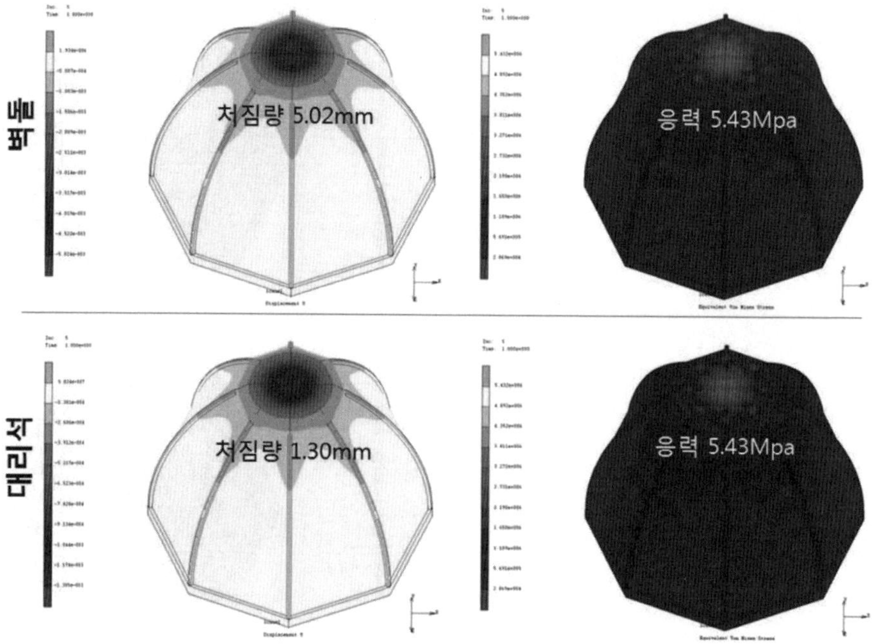

• 그림 5-128 | 팔각 돔+인장링+리브에서 발생한 처짐량과 응력

5.7 피사의 사탑-회전에너지의 균형

5.7.1. 로마네스크 건축의 성립

로마네스크 건축은 900년경에 프랑스 지역에서 먼저 시작되어 12세기 후반까지 계속된 중기 중세의 건축으로, 알프스 이북 지역의 전통 목조건축과 고대 로마의 석조건축을 결합한 새로운 건축술을 바탕으로 교회가 중심을 이루었던 그리스도교 건축 양식이다.[31] 로마네스크 교회의 기본 구조는 라틴 십자형을 기본 평면으로 하여 네이브 벽을 3단으로 세우고 그 위에 석조 리브볼트 천장을 덮는 형식이다.

로마네스크 양식은 유럽 전체가 고대 이후 비슷한 양상을 보이는 최초의 양식으로서 서유럽 사회의 형성시기에 나타났다. 서유럽은 500~900년 동안의 암흑시대, 즉 게르만족의 투쟁과 난립의 결과로 1050년경 비로소 안정된 사회를 이루고 그리스도교와 봉건제도를 성립하였다. 교황권이 증대되어 교황의 신정(神政)의 토대가 마련되고 종교가 교육 등 문화전반을 지배하게 됨으로써 교황의 권위는 영적 영역을 넘어서서 정치, 경제, 세속적 영역까지 확대되었다. 이와 때를 같이 하여 서유럽 자체의 건축문화가 개발되었는데, 특히 그리스도 탄생 이후 10세기를 기념하여 교회건축이 활발히 전개되었다.

5.7.2 로마네스크 건축의 특징

'로마네스크(Romanesque)'라는 용어는 19세기에 처음 붙여진 것으로, 고대 로마의 건축양식과 비슷하다는 의미에서 사용된 용어이다. 외관상으로

31 임석재, 『서양건축사』, p. 148.

는 일반적으로 고대에 선호된 기하학적 형태를 지니고 있는데, 육중한 기하학적 블록 같은 입방체, 원통형, 반원통형 등의 윤곽과 두터운 외벽이 특징적이다. 그러나 석조 벽체와 볼트 천장이라는 로마의 전통은 카롤링거 왕조[32]를 거치면서 리브볼트 천장으로 새롭게 발전되었고 3단으로 세워진 네이브 벽과 유기적으로 구성되었다.

첫째, 기본 평면은 로마의 바실리카 평면에서 라틴 십자형 평면으로 변천하였다. 네이브와 트란셉트(익랑)가 구별되고 네이브가 분할됨으로써 늘어난 교인들의 행진을 통제하고 동선의 불편을 최소화하였는데, 특히 트란셉트의 강화로 교회공간이 효율적으로 사용되고 복합화된 예배의식을 소화할 수 있었다.

둘째, 육중한 기둥과 무거운 아치 위에 석조 리브 크로스 볼트가 도입되어 목조 경사지붕과 결합되었는데, 점차 천장이 높아지면서 네이브 벽이 3단으로 구성되었다.

셋째, 정면이나 지붕 한 가운데에 첨탑이 놓여 대개 종탑으로 사용되었다.

넷째, 교회 공간이 예배당, 세례당, 종탑으로 분리되면서 사회 집단을 구성하는 교회의 기능성이 부각되었다. 특히 이러한 공간 기능의 분리는 이탈리아에서 두드러지게 나타났는데, 피사 대성당이 대표적이다.

로마네스크 건축은 지역별, 국가별로 특징이 상이하다. 북프랑스나 독일 등 서유럽은 카롤링거 왕조의 전통이 강하게 나타나면서 고딕 건축으로 이행해갔고, 남프랑스나 북이탈리아, 스페인 등은 고대 로마의 전통이 우세하면서 자유롭게 발전하였다.

32 5세기 후반에 프랑스, 독일, 이탈리아 북부 지방을 통합한 프랑크 왕국을 지배했던 메로빙 왕조가 약화되면서, 751년에 프랑스와 독일의 접경지대인 아헨을 중심으로 카롤링거 왕조(751-843)가 성립되었다. 샤를마뉴 대제(768-814)는 800년에 로마 교황으로부터 서로마 황제로 인정받음으로써, 로마의 옛 명성을 재현하려는 갈망에서, 고대 그리스·로마 문화와 그리스도교에 게르만적 전통을 결합하여 독자적인 서유럽 문화를 형성시켰다. 이러한 문예부흥의 중요한 활동으로서 성당 건축이 추진되었는데, 샤를마뉴 대제의 왕궁에 건립된 아헨 왕궁 예배당(790-805)은 위의 세 요소가 결합된 중세 서유럽 문화의 성격을 그대로 반영하고 있다. 왕궁 예배당은 로마의 구조기술을 토대로 하지만, 수직으로 높아진 건물의 구조적 안정성을 위해 벽체와 기둥 등 내력 구조가 두꺼워졌다. 이와 같은 수직성의 증가는 게르만족의 역동성을 반영하는 것이었는데, 카롤링거 왕조의 건축은 로마네스크 건축으로 발전해갈 바탕을 닦은 것으로 중요성이 있다. 위의 책, p. 138-142 참조.

5.7.3 피사의 사탑

피사 대성당(1063-1272)은 이탈리아 로마네스크를 대표하는 건축으로, 토스카나의 대리석을 이용한 장식적 양식[33]을 전개시켰다. 1063년에 중세 도시국가 피사가 팔레르모 해전에서 이슬람의 사라센 함대에 대승한 것을 기념해서 세우기 시작했는데, 성당, 세례당, 종탑의 복합단지가 되면서 1272년에 완공되었다. 성당은 라틴 십자형 평면으로, 세례당은 원형으로 각각 만들어져 기하학적 윤곽을 이루고 있다. 또한 양자가 정확히 축을 이루며 단지 전체에 강한 기하학적 질서를 형성하였다. 건물의 입면에도 전체적으로 기하학적 형태의 장식이 강하게 나타나 있다.[34]

피사의 사탑은 피사 대성당의 부속 종탑이다

종루에는 각각 다른 음계를 가진 7개의 종이 걸려 있다. 사탑 구조물의 정보는 다음과 같다.

• 그림 5-129 | 피사 위치, 출처:www.google.com

- 높이 : 55.863m(지표상 높이), 58.36m(기단위 높이), 8층(꼭대기의 종루 포함)
- 지름 : 15.484m(바깥지름), 7.368m(안지름)
- 무게 : 14,700톤
- 재료 : 흰 대리석
- 계단 수 : 종루까지 나선형의 294개

33 토스카나는 로마 시대부터 중요한 대리석 산지였다. 이 지역의 건축은 대리석을 주재료로 사용하여 흑백의 색깔 차이를 이용한 띠무늬가 대표적 특징이다. 작은 아치가 일렬로 늘어선 아케이드나 벽체에 흑색의 대리석과 백색의 대리석을 교대로 배열하여 장식하였다.

34 임석재, 『서양건축사』, p. 174-76 참조.

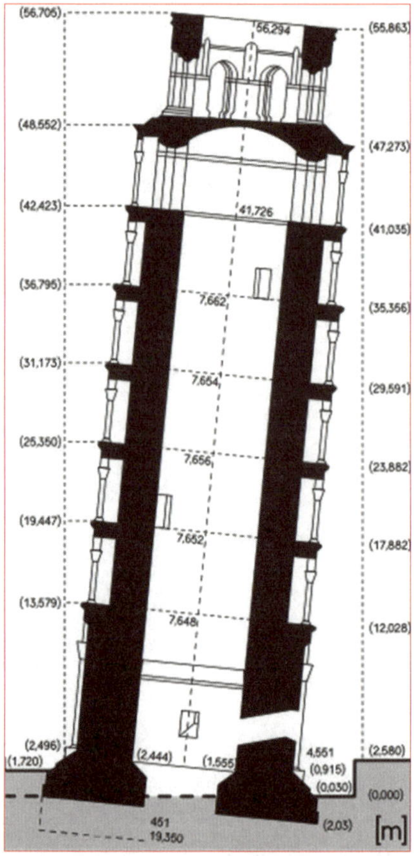

• 그림 5-130 | 피사 사탑,
출처:http://www.geocaching.com/

이탈리아 천재 건축가 보라노 피사노의 설계로 1173년 8월 14일에 착공된 사탑은 공사 중 지반 한쪽이 기울어지는 현상을 발견하였고 1178년 2층을 건축할 때까지 진행되었다. 이것은 약 3m의 연약하고 불안정한 지반 때문이었으나 당시 건축책임자는 사탑이 기울어지는 현상을 바로잡기 위해 새로 층을 올릴 때 기울어진 쪽의 높이를 더 높게 만들었다. 결국 사탑의 기울기는 추가된 대리석의 무게로 인해 점차 더 커져갔다.

건축은 피사공화국의 대외 전쟁으로 인해 중단되었다가 1272년 조반니 디 시모네에 의해 공사가 다시 시작되었다. 탑 밑의 지반을 다지자 이번에는 지반이 상대적으로 부드러운 남쪽으로 기울어졌다. 그래서 시모네는 남쪽의 기둥과 아치, 돌을 더 높게 만들었다. 그러나 공사는 1278년 멜로리아의 전쟁에서 패배하여 7층을 건축하는 도중 중단되었고 1319년 7층이 완성되었다. 이후 1360년 무렵 톰마소 피사노는 종루를 쌓기 시작하였다. 이번에는 탑이 계속해서 기울어지지 않도록 남쪽에 2계단씩을 추가해 북쪽으로 기울게 하는 방법을 이용했다. 사탑이 연약지반 위에서 완성될 수 있었던 것은 전쟁으로 인해 건축이 중단된 시기에 연약지반이 굳어졌기 때문이다.

사탑이 건축초기부터 기울어진 것은 사탑의 지반 토질 때문이다. 사탑이 건설된 대지의 지질은 여러 층의 부드러운 모래층과 진흙층으로 구성되어 14,700톤의 거대한 구조물을 안정적으로 지지하지 못하는 취약한 지반 토질이다. 사탑이 기울어진 남쪽의 토질이 상대적으로 더 부드러워 사탑은 남쪽으로 기울어진 것이다. 이러한 이유로 인해 사탑은 매년 약 1mm씩 남

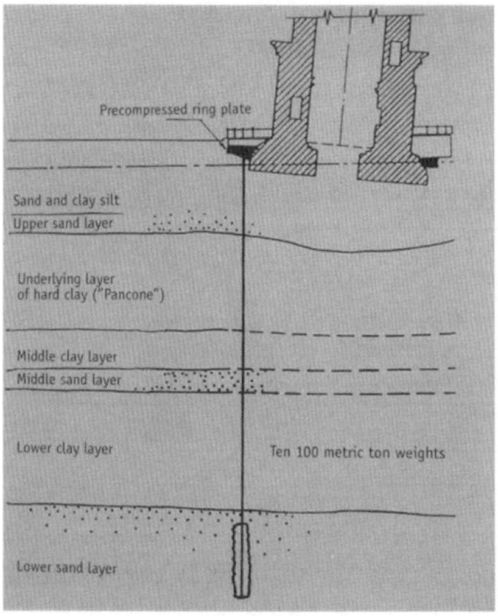

• 그림 5-131 | 그피사 사탑의 지반 토질,
출처 : http://www.geocaching.com/

쪽으로 기울어져서 지하 3m까지 내려앉자 기울기는 5°로 증가하였다.

1934년 탑을 바로 세우라는 무솔리니의 명령에 따라 토대를 강화하려고 콘크리트 80톤을 부었으나 사탑은 더욱 남쪽으로 기울었다. 수십 년 안에 사탑이 붕괴될 것이란 전문가들의 의견에 따라 이탈리아 정부는 좀 더 확고한 대안을 마련하기 위해 1990년 3월 피사의 사탑을 구하기 위한 전문위원회를 구성하고 내부관람을 금지시켰다.

이때 위원회에서 탑의 북쪽에 660톤의 납덩어리를 달자고 결정했다. 납덩어리에 의해 사탑은 남쪽으로 기울기를 그치고 조금 북쪽으로 돌아섰지만 납덩어리에 의해 사탑은 흉측한 모습을 하게 되었다. 결국 사탑의 기초를 강철 케이블로 묶고 콘크리트 링을 설치하였으며 북쪽방향의 흙 700톤을 퍼냈다. 1999년 2월부터 시작된 굴착작업은 2001년 6월 완료되었고 1990년보다 약 45cm가 바로 선 것으로 조사되었고 더 이상의 변화가 없는 것으로 확인되었다. 흉물스러운 납덩이도 제거되었고, 이제 관광객들은 붕괴의 위험에 처하지 않고 사탑을 오르내릴 수 있다.

이탈리아 정부는 사탑을 똑바르게 세울 계획은 없는 것으로 알려졌는데 이것은 기울어진 형상의 세계적인 관광 상품을 잃기를 원치 않기 때문이다. 이러한 입장은 외교관이자 작가인 로베르트 드보라크의 말에서 잘 드러나 있다. "피사의 사탑은 이탈리아의 예술, 비뚤어지고 불안정한 균형, 염려되지만 일어나지 않는 것, 뜻하지 않은 놀라움, 즉 이탈리아 자체를 상징한다."

그림 5-132는 사탑의 기울기를 고정하기 위한 3가지 방법을 보여주고 있다. 첫째, 강철 케이블을 사탑의 3층에 고정한 후 300톤의 추를 달아서 북쪽 지반의 흙을 퍼내는 작업을 하는 동안 사탑이 남쪽으로 기울어지지

않도록 하였다(그림 5-133). 둘째, 드릴로 구멍을 뚫고 타워의 북쪽방향으로 조금씩 흙을 뽑아내는 작업을 하였다. 셋째, 600톤의 납덩어리를 북쪽방향에 설치하였다(그림 5-134).

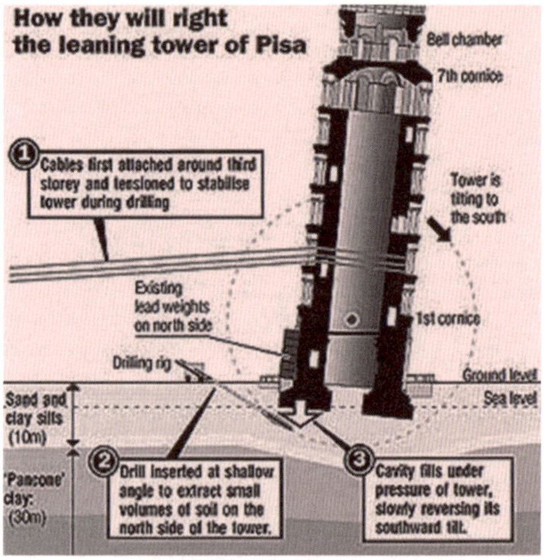

• 그림 5-132 | 사탑의 기울기를 고정시키기 위한 공법, 출처 : http://dickschmitt.com/pictures/tuscany99/pisa-tower.htm

• 그림 5-133 | 피사 사탑의 균형을 맞추기 위한 로프를 체결한 모습, 출처 : http://dickschmitt.com/pictures/tuscany99/pisa-tower.htm>

• 그림 5-134 | 사탑에 설치되는 납덩어리,
출처 : (좌)http://www.pbs.org/wgbh/nova/pisa/interventions2.html,
(우)http://www.talismancoins.com/catalog/Leaning_Tower_of_Pisa_Lead _Weights.jpg

5.7.4. 사탑의 균형-힘과 모멘트

그림 5-133, 5-134와 같이 사탑의 기울기를 고정시키기 위한 강철케이블과 납덩어리의 역할을 회전모멘트를 계산함으로써 공학적으로 검토해 보기로 한다. 그림 5-135은 실제 설치된 강철케이블의 위치와 케이블에 매달린 추의 무게, 납덩어리의 무게 등이 조건을 나타낸 그림이며 간략한 계산을 위해 다음과 같은 가정이 필요하였다.

• 사탑은 높이가 58.36m이고 지름이 15.484m인 내부가 균일하게 채워진 직사각형의 형상이다.
• 사탑의 기울기는 5°이다.
• 강철케이블은 늘어나지 않는다.
• 납덩어리는 높이가 10m이고 폭이 1m인 한 몸체이다.

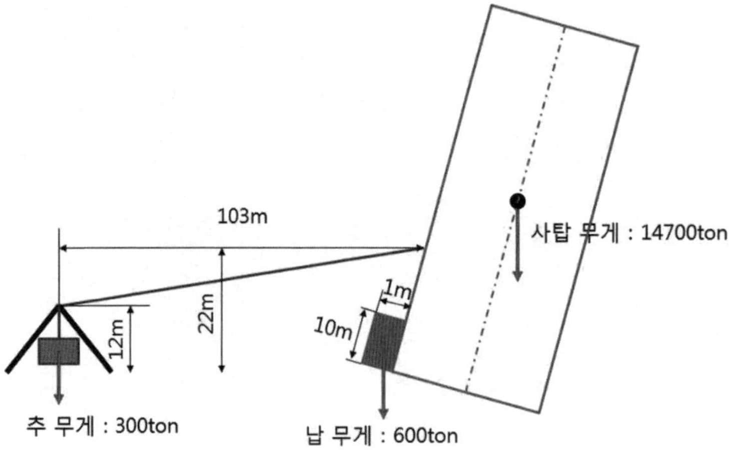

• 그림 5-135 | 피사 사탑의 균형을 맞추기 위한 힘의 작용,
출처 : http://guide.supereva.it/toscana_meravigliosa/galleria/big/pisa-la-torre-pendente-capolavoro-dellarte-medievale/23

그림 5-136은 사탑의 무게, 케이블에 작용하는 장력, 납덩어리의 무게에 의한 힘을 표시한 그림이다. 사탑의 지지면의 가운데(회전 원점)를 중심으로 힘과 거리의 곱으로 표현하는 모멘트가 사탑을 회전시키려는 에너지를 만들어내기 때문에 이러한 모멘트를 계산함으로써 사탑의 기울기가 고정되는지 여부를 확인할 수 있다. 사탑의 무게, 케이블에 작용하는 장력, 납덩어리의 무게를 다음과 같이 정의한다.

F_T : 탑(Tower)의 무게력
F_C : 케이블(Cable)의 장력
F_L : 납 덩어리(Lead dummy)의 무게력

탑, 케이블, 납덩어리에 의해 발생하는 모멘트는 다음과 같이 계산할 수 있다.

①탑 무게력에 의한 모멘트(M_T) = F_{T1} x L_T

②케이블 장력에 의한 모멘트(M_C) = F_{C1} x L_C
③납덩어리 무게력에 의한 모멘트(M_L) = F_{L1} x L_L

F_{T1} : 회전원점과 탑 무게력의 시작점을 연결한 선분과 수직인 성분
F_{C1} : 회전원점과 케이블 장력의 시작점을 연결한 선분과 수직인 성분
F_{L1} : 회전원점과 납덩어리 무게력의 시작점을 연결한 선분과 수직인 성분
L_T : 회전원점과 탑 무게력의 시작점을 연결한 선분 길이
L_C : 회전원점과 케이블 장력의 시작점을 연결한 선분 길이
L_L : 회전원점과 납덩어리의 시작점을 연결한 선분 길이

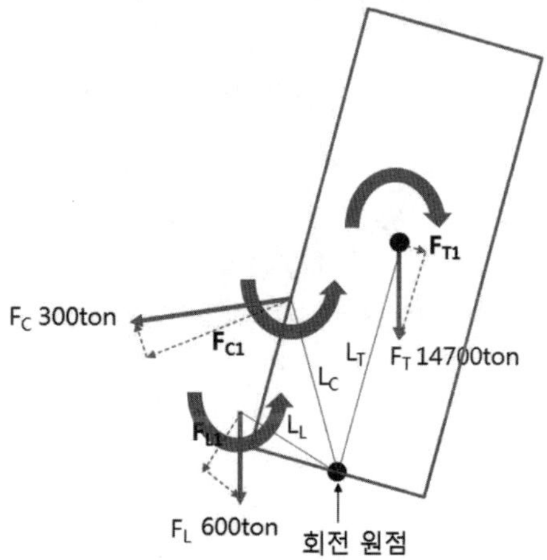

• 그림 5-136 | 사탑에 작용하는 힘과 모멘트

회전 원점을 중심으로 탑 무게력은 시계방향으로, 케이블 장력과 납덩어리 무게력은 반시계방향으로 사탑을 회전시키려는 모멘트를 발생시킨다. 사탑이 더 이상 기울어지지 않는다는 것은 이와 같은 시계방향으로 회전하려는 모멘트와 반시계방향으로 회전하려는 모멘트가 균형을 이루고 있다는 것을 의미한다. 따라서 다음과 같은 모멘트의 관계식이 성립된다.

$$F_{T1} \times L_T = F_{C1} \times L_C + F_{L1} \times L_{CL}$$

한편, 회전원점은 물체가 운동을 할 때 그것이 평면운동이라고 하더라도 순간순간 원운동의 연속이라고 할 수 있고 원운동의 중심인 순간중심(instantaneous center)라고 할 수 있다. 동역학과 기구학 측면에서 볼 때 이러한 순간중심은 두 물체 사이에 상대운동이 없는 점이 된다. 이러한 측면에서 바퀴가 미끄러지지 않고 회전운동을 한다면 지면과 만나는 점이 회전원점이자 원운동의 순간중심이 된다.

• 그림 5-137 | 회전하는 물체의 순간중심

예제 51 다음의 구조물에서 중심점 O에 대한 모멘트를 계산하시오.

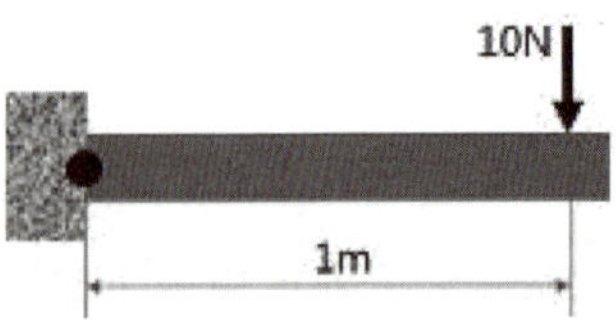

$M_O = 10N \times 1m = 10N \cdot m$

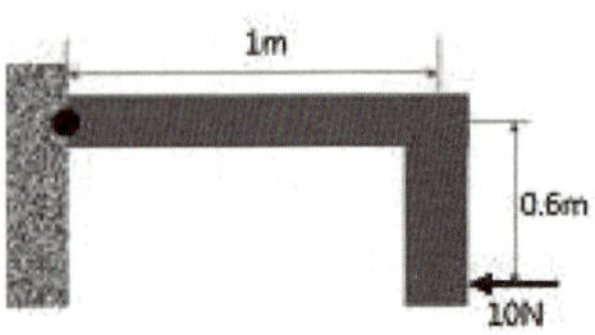

$M_O = 10N \times 0.6m = 6N \cdot m$

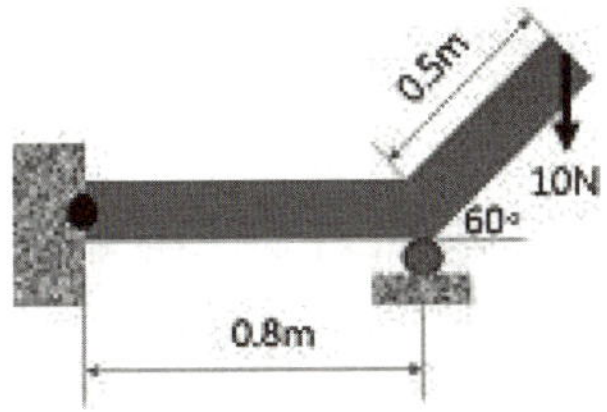

$M_O = 10N \times (0.8m+0.5m \times cos60^{\circ})$
$= 10.5N \cdot m$

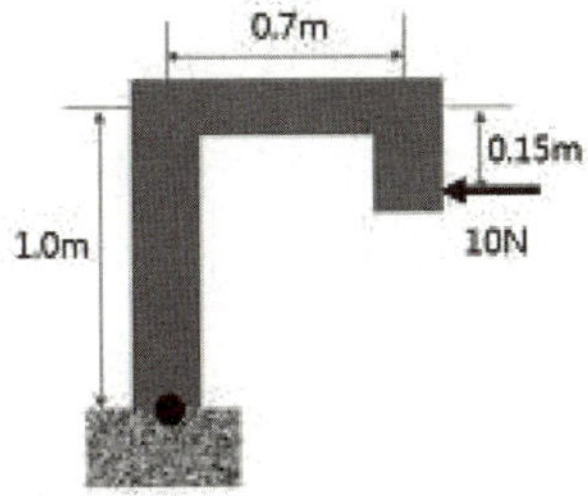

$M_O = 10N \times (1.0m+0.15m) = 8.5N \cdot m$

예제 52 다음과 같은 보에 작용하는 힘과 모멘트를 등가힘으로 대체하고, O점에서 떨어진 등기 힘이 작용하는 위치 l을 구하시오.

■등가힘과 등가거리 계산하기

$W_S = W_1 + W_2$

$l = \dfrac{(W_1 \times l_1 + W_2 \times l_2)}{W_2}$

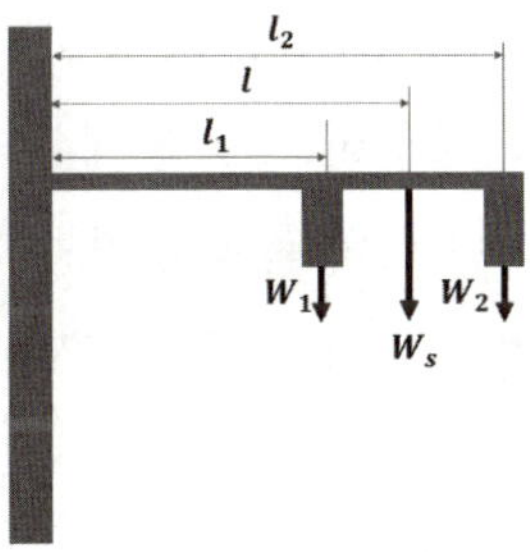

$\sum F_x = 15kN \times \cos 60^{\circ} = 7.5kN$

$\sum F_y = -10kN + 15kN \times \sin 60^{\circ} = 3kN$

$F = \sqrt{(3kN)^2 + (7.5kN)^2} = 8.1kN$

$3kN \times l = -10kN \times 2m$

$l = \dfrac{-20kNm}{3kN} = 6.7m$

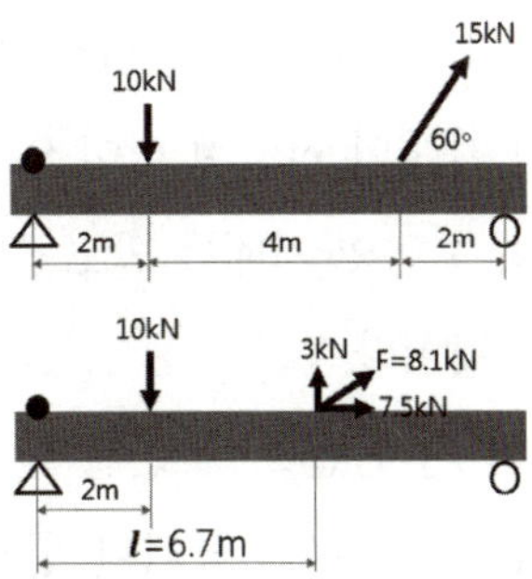

5.7.5. 피사의 연약지반과 반력(reaction force)

위에서 설명한 바와 같이 피사의 사탑은 연약한 토질 위에 건축되면서 기울어졌다. 우리는 생활 속에서 상식적으로 이러한 내용을 직감적으로 알고 있다. 바닷가 모래를 걸어갈 때가 아스팔트길을 걸을 때 보다 훨씬 힘이 든다는 것도 알고 있고, 물위를 걸을 수도 없고, 부드러운 매트 위에 떨어지면 몸이 받는 충격이 작아진다는 것도 알 수 있다. 어린 시절 즐겨봤던 '톰과 제리'에서 제리를 쫓던 톰이 허공 위에서 걷다가 문득 자신이 허공을 걷는다는 것을 깨닫는 순간 땅으로 떨어지는 장면도 통쾌하게 본 기억들이 있다.

피사의 사탑이 기운 것과 우리가 물위를 걸을 수 없고 톰이 허공에서 걷지 못하는 것에는 어떠한 공통점이 있을까? 그리고 모래 위를 걸을 때 힘이 드는 것과는 또 어떠한 관계가 있을까? 이러한 것들을 공통적으로 설명하려면 반력(reaction force)이라는 개념을 이해해야 한다.

앞서 설명한 것처럼 힘은 우리가 측정 가능한 물리량이다. 무게(힘)를 저울로 측정하고, 역도에서 역사가 몸무게보다 몇 배가 무거운 바벨을 들 때 우리는 힘의 측정이 가능하다. 그런데 무게를 측정하기 위해 저울에 물건을 올려놓을 때 물건이 저울에 놓여 있지 않고, 바닥 밑으로 가라앉는다면(저울의 바닥이 대단히 얇고 약한 종이로 되어 있다면), 역도에서 역사의 서 있는 바닥이 푹신푹신해서 푹 가라앉는다면 힘을 측정할 수 있을까? 그렇지 않을 것이다. 즉, 우리가 힘을 측정한다는 것은 힘이 가해지는 바닥에서 가해지는 힘과 동일한 가상의 힘인 반력이 있기 때문인 것이다. 반력은 눈에 보이지 않는 힘이다. 중력의 지배를 받고 있는 지구에서 힘을 설명하기 위해 만든 가상의 힘인 것이다.

길을 걸을 때 한발 한발 내 딛을 때마다 우리는 바닥에 힘을 가하고 바닥에서는 우리가 가한 힘과 동일한 크기의 반력을 만들어낸다고 생각하는 것이다. 이 반력이 우리가 가한 힘보다 크면 우리는 하늘로 튕겨오를 것이고 반대로 작으면 땅속으로 가라앉을 것이다. 우리가 편하게 땅위를 걸을 수 있

• 그림 5-138 | 물위 사람,
출처 : 네이버 영화 브루스 올마이티

• 그림 5-139 | 역도 역사의 발에 작용하는 반력

는 것은 가한 힘과 반력이 같기 때문이다. 이런 반력이 있어야만 지구에서 벌어지는 물리적인 현상이 설명된다. 영화 〈브루스 올마이티〉에서 주인공이 바다위에 있는 장면은 현실 속에서 가능하지 않다. 주인공의 발바닥에는 반력이 작용하지 않기 때문이다.

역도의 역사가 무거운 바벨을 들어 올릴 때 마지막엔 발로 힘껏 바닥을 내 딛는 것은 순간적으로 바닥면에 힘을 가해서 역사의 몸무게와 바벨의 무게가 함께 만들어내는 바닥면으로부터의 반력보다 더 큰 반력을 만들어내어 바벨을 들어올리기 위해서다. 바닥면에서 발생하는 반력이 커야만 순간적이지만 중력을 거스르며 바벨을 들어 올릴 수 있는 것이다.

물론 힘과 반력이 항상 동일하지는 않는다. 힘을 바닥에 가했을 때 삐거덕하는 소리가 나거나(소음), 약간의 열이 발생하거나(발열), 바닥면이 살짝 들어가거나(변형), 바닥면에 약간의 스크래치가 발생하면(마모) 이것은 힘이 다른 에너지로 소모되었다는 것이므로 반력은 가해지는 힘에 비해 작아진다. 또한, 매트릭스와 같은 바닥면에 힘을 가하면 매트릭스가 힘의 일부를 변형에너지로 흡수하기 때문에 반력은 작아진다. 이와 같이 반력은 모든 구조물이 지탱하는 원천이 되는 것이다. 건물을 신축할 때 터파기를 한 후 바닥을 다지는 것은 건물 무게와 반력이 동일하게 발생시키기 위함인 것이다.

따라서 피사의 연약지반 위에서 건축되는 사탑이 지반이 약한 토질 쪽으로 기울어지는 것은 당연하다. 연약한 토질이 사탑의 무게와 동일한 반력을 만들어내지 못하고 무게를 흡수하는 매트릭스와 같은 역할을 했기 때문이다.

| 연습문제 |

[비틀림]

1. 다음은 원형단면축이 비틀림모멘트를 받을 때 생기는 전단응력에 대한 설명이다. 잘못된 것은 어느 것인가?

(a) 극단면계수에 정비례한다.
(b) 비틀림모멘트에 정비례한다.
(c) 축지름의 3제곱에 반비례한다.
(d) 극관성모멘트에 반비례한다.

2. 지름이 10(cm)인 둥근축이 1,500(rpm)으로 회전하고 있을 때, 이 축에 견딜 수 있는 비틀림모멘트는 얼마인가? 단, 허용전단응력은 20(MPa)으로 한다.

(a) 2,562(Nm) (b) 3,243(Nm)
(c) 3,927(Nm) (d) 4,325(Nm)

3. 지름이 60(mm), 길이 500(mm), 가로탄성계수 76(GPa)의 재료를 비틀었을 때 2(°)만큼 비틀림각이 발생했다면 이 때 축에 생긴 최대전단응력은 얼마이겠는가?

(a) 109.5(MPa) (b) 159.6(MPa)
(c) 240.7(MPa) (d) 350.3(MPa)

4. 그림 6.10과 같이 양단이 고정된 단붙임축의 단붙임부에 비틀림모멘트 가 작용할 때, 지름 d_1인 축과 지름 d_2인 축에 작용하는 비틀림모멘트의 비 T_1/T_2의 값은 얼마인가? 단, d_1 =10(cm), d_2 = 5(cm), l_1= 60(cm), l_2= 15(cm)이다.

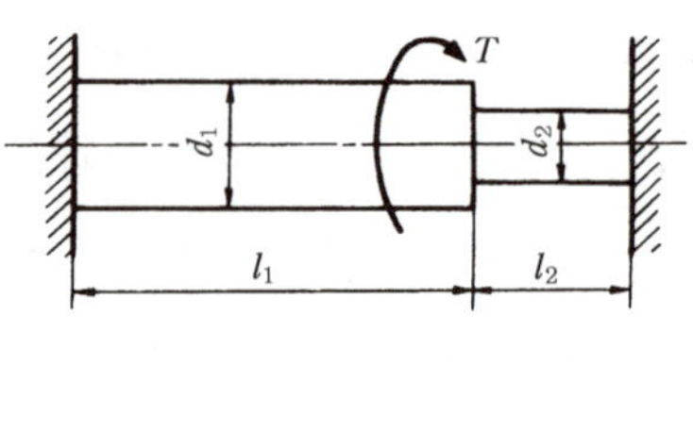

(a) 4 (b) 5 (c) 8 (d) 10

5. 그림 6.12와 같은 지름이 8(cm)인 양단 고정봉에 T = 100(Nm)를 작용시킬 때 하중점에서의 비틀림각을 구하라. 단, $G = 80$(GPa)이다.

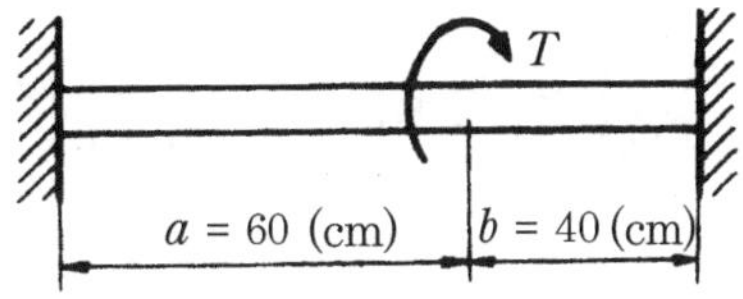

(a) 0.004(°) (b) 0.003(°)
(c) 0.002(°) (d) 0.001(°)

6. 지름 6(cm)인 연강축이 1,500(rpm)으로 회전하고 있다. 허용전단응력을 50(MPa)으로 할 때, 이 축은 몇 마력을 전달할 수 있는가?

(a) 265(PS) (b) 329(PS)
(c) 388(PS) (d) 453(PS)

7. 길이 3(m)에 대해서 $\frac{1}{40}$ (rad)의 비틀림각이 발생되는 지름 16(cm)의 전동축에서 매분 150회전을 하게 될 때, 이 축의 가로탄성계수가 80(GPa)이라고 하면 마력은 얼마나 되겠느냐?

(a) 267(PS) (b) 325(PS)
(c) 623(PS) (d) 917(PS)

5.8 판테온과 아치

5.8.1. 로마 건축의 특성

콜로세움은 높이는 약 48m이고 최대 5만 명이 관람할 수 있는 로마 제국의 가장 큰 원형극장이다. 로마의 대표적 건축물인 콜로세움이나 판테온은 아치와 둥근 천장을 특징으로 한다. 그리스 건축을 계승한 로마 건축은 공화정 말기[35]에 이르면서 볼트라는 새로운 역학적 구조를 발전시켰다. 이러한 구조법으로 로마인들은 수로나 도로와 같은 안락한 생활과 정복을 위한 실용적 시설물을 건설하였고, 더 나아가 규모가 장대하고 호화로운 건축물을 건설하여 로마 제국의 권력을 과시하기에 이르렀다.

로마 건축은 기본적으로는 그리스 건축의 연장으로, 오더와 조적조 구조를 사용하고 있지만(의장의 측면에서 지속), 구조적인 측면에서 선주민인 에트루리아인의 건축 전통[36]을 발전시켜(아치 및 볼트, 돔과 같은) 혁명적 건축기법을 도입함으로써,(크고 넓은 내부 공간의 확보라는 면에서) 건축사적으로 의의가 크다.

한편 이와 같은 "로마의 건축적 혁명"[37]인 볼트구법의 발전에는 새로운 건축 재료의 사용이 기여하였다. 원래 로마 건축의 주재료는 돌과 벽돌

35 로마의 역사는 시대별로 다음과 같이 구분된다.
제1기 로마왕정시대 (B.C. 753년-B.C. 509년)
제2기 로마공화정시대 (B.C. 509년-B.C. 27년)
제3기 로마제정시대 (B.C. 27년-A.D. 476년)

36 에트루리아인은 로마의 건국 이전에 이탈리아 반도의 중부 토스카나 지방에 거주했던 초기주민으로, 이 반도의 대표적인 문화를 형성하고 있었다. 에트루리아인은 석조건축을 발달시켰으며, 홍예석을 사용하여 아치와 볼트를 만들었다. 그 실례로 가장 유명한 것은 로마 계곡의 배수를 위해 B.C. 578년경에 건설된 클로아카 막시마(cloaca maxima)이다. 이것은 땅속에 낸 도랑으로, 모르타르 없이 거대한 돌을 쌓은 구조로 되어 있으며 돌을 사용하여 아치를 만들었다. 윤장섭, 『서양건축사』, 동명사, 1977, p. 86-88 참조.

37 William L. MacDonald, *The Pantheon : Design, Meaning and Progeny*, Havard Univ. Press, 1976, p.44~60 참조.

• 그림 5-140 | 콜로세움

이었다. 기원후 1세기 무렵 본격적으로 도입된 시멘트[38]에 의한 콘크리트 공법[39]의 발명은 건축물 벽체의 두께를 얇게 하면서도 내구성을 향상시킴으로써 볼트 축조를 자유롭게 했으며, 따라서 로마의 건축물이 "빠르게, 견고하게, 장대하게" 건설될 수 있었다.

38 생석회와 모래의 혼합물에 물을 추가함으로써 만들어지는 단순한 석회 모르타르와는 달리, 거무스름한 산성의 모래와 석회석으로 구성된 시멘트는 물과 화학적으로 혼합됨으로써 경화하는 수경성 시멘트인 것이다. 이 시멘트는 건조시킬 필요가 없으므로 수경성 시멘트로 큰 부피의 덩어리를 만들더라도 습기 찬 조건에서까지도 상대적으로 빠르게 양생될 수 있다. 그래서 (이것의 생산에 사용된 산성 화산재가 발견된 지역인 나폴리 근처에 있는 포졸리(Pozzuoli) 시의 이름을 따서 부르게 된) 로마의 포졸라나 시멘트는 수중공사뿐만 아니라 큰 건축물의 육중한 콘크리트 구조재로 사용될 수 있었다. 또한 수경성 시멘트의 초기 압축강도는 석회 모르타르의 강도보다 뛰어나다. 로버트 마크 외, 앞의 책, pp. 15-19 참조.

39 그 방법에는 목재로 거푸집을 만들어서 속을 콘크리트로 채우는 방법과, 외부 표면을 석재 또는 벽돌로 쌓고 속을 콘크리트로 채우는 방법이 있었으며, 그 표면은 시멘트 스터코를 바르거나 연마하거나 혹은 대리석을 붙였다.

5.8.2. 로마 건축의 구조 기술

"로마의 구조 기술의 위대한 발명품"[40]은 단연 아치이다. 아치는 새로운 시멘트와 콘크리트 공법과 결합하여 거대한 하중을 견딜 수 있는 핵심 기술이었다. 로마인들은 로마 이전의 아치구조[41]가 하중을 견디는 데에 한계가 있음을 깨닫고 새로운 반원형 아치를 고안하였다. 구조적 안정성과 형태적 가변성이 뛰어난 반원형 아치는 원통형 볼트와 반구형 돔으로 발전되어 카라칼라 목욕탕, 콜로세움, 판테온 등과 같이 광대한 공간을 가능하게 하였다.

1) 아치(arch)

홍예돌(voussoir, 쐐기형 돌)을 반원형으로 이어 붙여서 만든다. 아치를 구성하고 있는 홍예돌은 각각 옆의 홍예돌을 밀어서 지탱해주고 동시에 옆의 홍예돌이 미는 힘에 지탱됨으로써, 강한 결합력을 지니고 하중을 고르게 분산시킬 수 있다.

아치에서 나타나는 역학 작용은 하중이 시선방향으로 돌아 내려가며 작용하는 원형 하중방식이다. 사선방향의 하중은 수직방향의 압축력과 수평방향의 횡력으로 나누어지는데, 이 가운데 홍예돌에 직접 작용하는 수직력은 위쪽 홍예돌의 수직력이 아래쪽 홍예돌의 수직력에 합쳐지는 방식으로 모아져 하나의 큰 힘으로 작용한다. 이와 같이 홍예돌은 사선방향으로 공중에 떠 있어서 그리스 건축의 오더의 구조적 약점인 인장력이 발생하지 않기 때문에 반원형만 완벽하게 축조할 수 있다면 지름을 어렵지 않게 늘릴 수 있다. 따라서 아치는 하중처리에 매우 유리하여 효율적으로 긴 스팬

40 임석재, 『서양건축사』, p. 78.

41 일찍이 B.C. 1300년경 그리스 미케테 문명에서 사용되었던 코오벨 아치는 석재나 벽돌의 층을 아래층보다 돌출하여 내어 쌓는 기법으로, 그 안정성은 위에서 눌러주는 벽체의 중량으로 확보되므로, 아치의 높이가 반드시 바닥의 폭보다 높아야 한다는 규모의 제한이 있었다. 이후 그리스인들도 아치원리에 바탕을 둔 둥근 천장을 축조하였지만 흔한 것은 아니었고 지하구조물과 무덤에 주로 적용하였다. 로버트 마크 외, 앞의 책, pp. 90-91, 102-103 참조.

(span, 지점과 지점 사이의 거리)을 만들 수 있는 축조방식이었다.

한편 아치의 축조에는 홍예석 하나하나를 정확하게 다듬어서 전체형태가 반원형을 이루도록 시공의 정밀성이 요구되었을 뿐 아니라 쌓기 작업이 완료될 때까지 홍예돌을 받쳐주는 보조설비, 즉 목재로 된 가설틀이 필요하였다.[42]

아치는 구조적으로 우수할 뿐 아니라 미적 · 장식적 가능성도 지닌다. 반원형을 이룬 홍예석의 질서 있는 배열과 반원형의 균형 잡힌 명쾌한 형태는 그 자체가 훌륭한 미적 요소였으며[43], 아치 위와 옆에 형성된 벽체는 장식적 요소로 활용되기도 했다.[44]

2) 볼트(vault)

아치를 길이방향으로 연속시킨 곡면 천장이다. 볼트는 아치와 달리 지붕과 실내공간을 갖는 삼차원 구조로서, 곡면 천장과 이것을 받치는 벽체로 이루어졌다. 볼트의 구조적 강점은 아치와 마찬가지로 하중을 옆으로 흘려보내기 때문에 압축력과 인장력을 최소화한다. 또한 볼트는 바닥 면적과 견주어 천장이 높아서 공간 장악력이 뛰어난 구조이다.

로마에서 사용된 볼트로는 배럴 볼트(barrel vault)와 크로스 볼트(cross vault)가 있다. 배럴 볼트는 아치를 연속적으로 겹친 터널과 같은 반원통형 천장 구조이다. 시공이 쉽고 실용성이 높은 배럴 볼트는 깊고 웅장한 공간을 만들었다. 하지만 이러한 장점으로 인해 배럴 볼트의 곡면 천장은 면적과 하중이 많이 늘어나서 이것을 받치는 벽체에 부담을 주게 되어 두터운 벽체를 필요로 하는 단점이 있었다. 한편 개구부를 내기가 어려웠으므로 채광과 환기 등에서 불리했다.

크로스 볼트는 교차형 원형 천장 구조로, 두개의 배럴 볼트를 직각으

42 위의 책, pp. 94-98 참조

43 플라톤,『필레보스』 51c,『티마이오스』 33b 참조.

44 아치 구조의 로마 개선문은 아치의 양옆 벽에 오더를 덧붙여서 장식요소로 활용했는데, 이는 황제의 치적과 권위를 과시하는 기념건축물에 부합하였다. 임석재,『서양건축사』, p. 79 참조.

로 교차시킴으로써 사방이 모두 밝게 열리는 공간을 형성하였다. 평면은 정사각형이었고 천장에는 대각선 방향으로 두개의 교차선이 만들어졌는데, 하중이 네 방향으로 분산되어 아치를 통하여 네 코너에 집중되기 때문에 천장 두께가 얇아질 수 있었다. 또한 정사각형 평면은 배럴 볼트처럼 깊고 웅장한 공간 대신 다양한 공간을 창출할 수 있었으며 채광과 환기에도 유리했다. 하지만 크로스 볼트는 정사각형 평면 위에서만 축조가 가능했으며, 하중의 용이한 전달을 위해 배럴 볼트 두 개가 교차하면서 만들어지는 천장의 곡면을 정확하고 매끄럽게 시공해야 하는 어려운 기술이 요구되었다. 이러한 문제는 점차 리브(rib - 볼트에서 곡면의 경계부 윤곽을 따라 형성된 선형 구조부재) 기술이 발전하면서 해소되었는데, 리브로 교차곡선 두 개를 먼저 만들고 그 위에 가벼운 재료로 곡면 천장을 덮었다.

3) 돔(dome)

아치를 360도 회전시킨 반구형 천장이다. 원형 평면에 세워져 하중이 아랫부분에서 360도의 방향으로 분산되는 것이 특징이며, 위에서 가해지는 압축력은 두꺼운 벽체(혹은 보조 돔)에 의해 지지된다.

아치를 삼차원으로 발전시킨 돔의 축조는 아치나 볼트의 축조보다 훨씬 더 정교한 기술을 요구했다. 정밀한 돌 절단술이나 하중작용의 이해가 선행되어야 했다. 원형 천장을 얹는 방법은 반지 모양의 구조물을 위로 갈수록 축소시키면서 포개 쌓는 것이므로, 그 구조물을 구성하는 홍예돌이 위, 아래, 옆의 세 방향에서 기울어진 쐐기 형태여야 했다. 이와 같이 정밀하게 재단된 홍예돌은 삼차원의 회전력으로 인해 서로 맞닿아 힘을 상쇄시킴으로써 수직하중인 압축력이 벽체로만 지지될 수 있었다. 또한 콘크리트를 사용하게 됨에 따라 천장 두께를 얇게 하여 엄청난 돔의 하중을 줄일 수 있었고 그럼으로써 벽체에 가해지는 여러 제한을 해소할 수 있었다(벽체의 두께 감소, 개구부와 벽감의 형성).

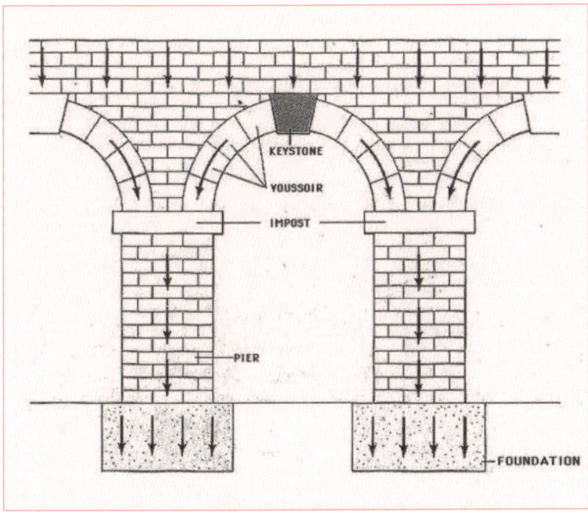

• 그림 5-141 | 로마 아치의 힘의 흐름, 그림 : Sandia National Labs.
출처 : http://travelswithnancy.com/EarlyRome/roman-technology.htm

• 그림 5-142 | 로마 외곽의 수로, 위키피디아 제공

• 그림 5-143 | 카라카라 목욕탕[45], David Darling 제공

• 그림 5-144 | 로마를 가로지르는 수로, Vroma 제공

45 서기 215년에 건축되었으며 1만 명을 수용하며 사원, 수영풀, 냉수흘, 열탕, 운동용 코트, 도서관, 정원, 조각상 등으로 구성된 기념비적인 거대한 건축물이다.

5.8.3. 판테온 – 구조 방식과 상징적 의미

로마 시대 건축물 가운데 가장 완벽한 돔인 판테온(118–128년)[46]은 로마에서 가장 유명한 콘크리트 구조물이자 인류사에서 1800년 이상 동안 현존하고 있는 가장 오래된 지붕이 있는 건축물이다. 판테온은 원형 평면의 지름과 반구형지붕의 높이가 약 43m로 동일하며 돔을 지지하기 위한 기둥(pillar, 장식 겸용의 기둥)이 없는 단일공간을 형성하고 있는데, 이는 가벼운 혼합재와 결합된 로마의 시멘트와 아치가 있었기 때문에 가능했다.

대형 원형 천장을 완벽하게 축조하기 위해서는 엄청난 돔의 하중을 처리해야 했다. 이를 위해 경량화된 조적 부재에 시멘트를 같이 사용하여 돔의 두께를 줄이고[47], 돔의 내곡면에 소란반자(우물 천장)를 뚫어 돔 자체의 무게를 줄였다. 한편 돔의 하중을 분산시키기 위해 릴리빙 아치(relieving arch)가 사용되었다. 돔의 하중을 지탱하는 원형 수직벽체의 두께는 6.5m나 되었지만, 일곱 로마신의 조각상을 모셔놓기 위한 감실과 출입구를 위해 벽체에 7m폭으로 여덟 개의 벽감을 뚫고 중간에 두 개의 오더를 세움으로써 벽체 단면적이 줄어들었기 때문에, 하중을 지탱하는 데에 구조적 문제가 발생하게 된다. 이때 취약한 오더 위쪽에 릴리빙 아치를 만들어 위에서 내려오는 하중을 양측 벽체로 분산시켰다.[48]

---

46 악티움 해전(기원전 31년) 이후, 아그리파는 그의 집정관의 세 번째 임기 중에 원래의 판테온을 건립하고 이를 신에게 봉헌하였다(기원전 27년). 아그리파의 판테온은 서기 80년에 로마에 일어난 대화재 때문에 다른 건물과 함께 불타 없어졌다. 지금 있는 건물은 서기 125년경에 하드리아누스 황제 재위 중에 세워진 것이다. 원래 있던 명문("M·AGRIPPA·L·F·COS·TERTIVM·FECIT". Marcus Agrippa, Lucii filius, consul tertium fecit를 의미하며, "'루시우스의 아들인 마르쿠스 아그리파가 세 번째 집정관 임기에 만들었다."라는 뜻이다.)이 새로운 건물의 정면(파사드)에 덧붙여졌으며, 하드리아누스가 계획한 로마 전역에 걸친 재건 계획의 일부로 이 건물은 완전히 재건되었다. 하드리아누스는 동방으로 널리 여행했으며, 그리스 문화를 극히 칭송한 국제적인 황제였다. 그는 모든 신들에게 바쳐질 신전으로 판테온을 건립했으며, 이는 로마 제국 내 로마의 신들을 믿지 않거나 다른 이름으로 로마의 신들을 섬기는 백성을 위한 일종의 혼합주의적인 행위였다. 이 건물이 실제로 어떻게 쓰였는지는 알려지지 않았다. 판테온은 셉티미우스 세베루스와 카라칼라 황제에 의해 서기 202년에 보수되었고, 이를 기념하는 작은 비석이 세워졌다. 이 비석에는 "pantheum vetustate corruptum cum omni cultu restituerunt(세월에 의해 낡은 판테온을 그들이 모든 정성을 들여 보수하였음)"라는 글이 새겨졌다.(출처 : 위키피디아)

47 돔의 경량화를 위해, 벽체에 사용된 무거운 트라버틴과 화산석 대신 경석이나 화산재가 벽돌과 함께 사용되었다. 돔의 콘크리트도 로마의 일반 벽체처럼 영구적인 거푸집이 되는 벽돌벽 사이에 굵은 골재로 콘크리트를 채우는 방법과 달리, 지면에서 지지되는 목재 가설틀에 경량 골재를 부어 형태를 만드는 방법이었다. 로버트 마크 외, 앞의 책, p. 189 ; 정재영, 앞의 책, p. 39 참조.

48 임석재, 『서양건축사1- 땅과 인간』, pp. 420-424 ; 로버트 마크 외, 앞의 책, p. 116 참조.

이와 같은 구조 방식은 이 건축물의 상징적 표현을 가능케 했다. 모든 신(Pantheia)을 위한 신전이라는 의미의 판테온(Pantheon, 만신전)은 어떤 상징적 의미를 지니는 것으로 의도되었다. 물론 오늘날 판테온의 건축자인 열렬한 그리스 애호가 하드리아누스 황제가 의도한 상징적 의미를 정확하게 밝혀내는 것은 어렵지만[49], 일반적으로 그 건축물의 형태, 돔 꼭대기의 천창(oculus)을 통해 유입되는 빛의 원형적 투사, 일곱 벽감에 모셔진 조각상 등은 당시의 점성술적이고 유사천문학적 관심을 나타내고 있는 것으로 해석된다. 즉 일곱 벽감에는 일곱 행성을 주관하는 신들의 상-수성(Mercury), 금성(Venus), 화성(Mars), 목성(Jupiter), 토성(Saturn), 달(Moon), 태양(Sun)[50]-이 놓여 있었다. 이점에서 돔은 하늘의 상징이며, 최고의 신인 쥬피터가 지배하는 신들의 거주지이다[51]. 이것은 하드리아누스 황제의 종교적 태도 뿐 아니라 정치적 의도도 반영한다. 원형의 공간과 하늘의 이미지는 곧 세계의 야만적 지배자로서의 로마가 아니라 세계 평화의 수호자로서의 로마 제국의 보편성과 완전성을 상징하는 것이리라.

원과 구형은 가장 이상적이고 완전한, 그 자체로 아름다운 기하학적 도형으로, 우주의 형태를 나타내는 것으로 여겨져 왔다[52]. 그것은 완전성, 균등성, 보편성, 및 통일성을 지닌다. 판테온의 구형과 원통형은 돔에 표현된 행성의 원환 궤도와 보편적 제국의 이상화된 범위를 의미하였다. 따라서 원형공간은 통일된, 완성된, 포괄적인 전체에 대한 필요성을 반영하며, 신들에 의해 수호되고 신성화된 제국의 질서를 상징한다. 질서, 평화, 조화, 통일은 종교적인 신전으로 만들어진 판테온의 직접적인 의미였다.[53]

49 판테온의 상징적 의미에 대한 여러 이론들의 소개는 John W. Stamper, *The Architecture of Roman temples*, Cambridge Univ. Press, 2005, pp. 200-201 참조.

50 이 신들은 로마인들에게 운명(Tyche) 혹은 행운(Fortune)의 상징이었다.

51 William L. MacDonald, 앞의 책, p. 89.

52 플라톤, 『티마이오스』, 33b 이하.

53 William L. MacDonald, 앞의 책, p. 90.

또 한편으로 판테온은 완전한 기하학적 도형들의 실험장이기도 하다. 원통형 벽체와 반구형 돔 사이의 공간 관계는 동일한 지름의 구형과 원통형 사이의 균제를 보여준다[54]. 판테온의 내부 비례들도 원과 관련이 있는데, 원의 지름은 벽체(약 22m)와 돔(약 22m)으로 이분된다. 이 외에도 다양한 크기의 원과 삼각형이 판테온의 비례를 결정짓고 있으며, 이러한 간결한 정수비례가 원의 완전성을 보충하면서 단순하고 절대적으로 아름다운 공간을 형성하였다.[55]

5.8.4. 아치의 역학

고대 로마 건축물에서 쉽게 발견되는 아치는 판테온의 벽체에도 사용되었다. 판테온의 높은 벽면은 콘크리트로 건축되었는데 자체 자중만 약 6,000톤(가정 : 지름 43m, 높이 43m, 벽두께 1m, 비중 2.3)이 넘는 거대한 구조물이다. 따라서 판테온의 벽체는 자체 하중을 견디기 위해서 벽면에도 중간 중간 아치구조를 설치하여 벽체의 무게가 분산되도록 건축되었다.

아치는 아치 위에서 가해지는 하중을 아치를 지지하는 구조물로 분산함으로써 하중을 견디는 역할을 하는데 다음과 같은 4개의 지붕구조물에서 기중으로 분산되는 하중의 크기를 계산함으로써 아치의 역학을 이해할 수 있다.

무게는 분포하중으로 정의한다. 분포하중이란 면적 또는 길이에 고르게 하중(무게)이 가해지는 경우를 의미하는데 겨울철 지붕에 눈이 고르게 쌓이면 이때 눈의 하중을 분포하중이라고 할 수 있다. 하중을 라고 하면 면적에 가해지는 분포하중은 $\frac{w}{m^2}$로 표기하고, 길이에 가해지는 분포하중은

54 John W. Stamper, 앞의 책, p. 201.

55 임석재,『서양건축사 1- 땅과 인간』, p. 425. 타타르키비츠『미학사1- 고대미학』, p. 111 그림 8 참조. 타타르키비츠에 의하면, 그리스 건축은 수학적 · 기하학적인 표준율(canon)을 적용하였는데, 특히 플라톤의 사각형, 피타고라스의 삼각형, 원과 같은 완전한 도형으로 간주된 기하학적 도형을 설계에 이용하였다.

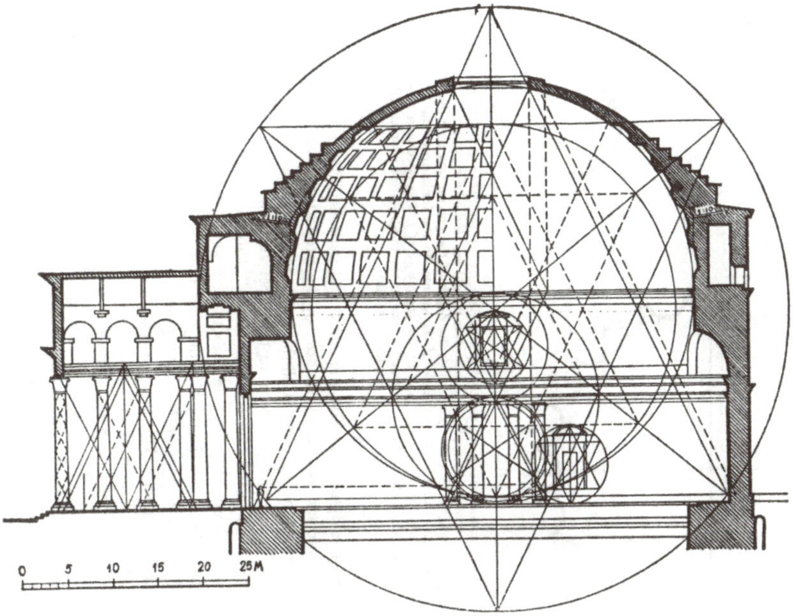

• 그림 5-145 | 원과 삼각형과 관련된 판테온의 내부 비례 출처: W. 타타르키비츠『미학사 I-고대미학』

• 그림 5-146 | 판테온, Panini, 19c. The National Gallery, Washington DC.

• 그림 5-147 | 판테온 벽체의 아치구조

$\frac{w}{m}$ 로 표기할 수 있다.

① 아치형 지붕

하중 = $\frac{w}{m}$

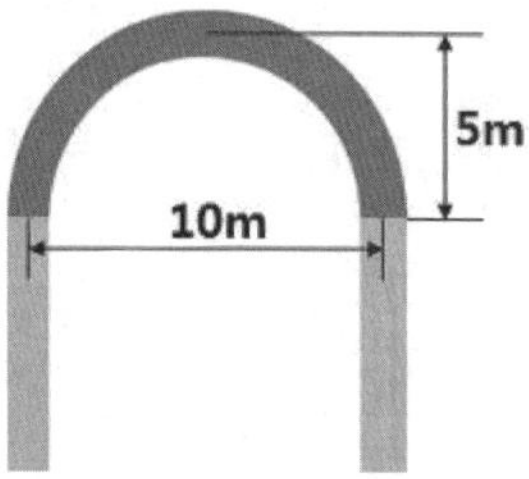

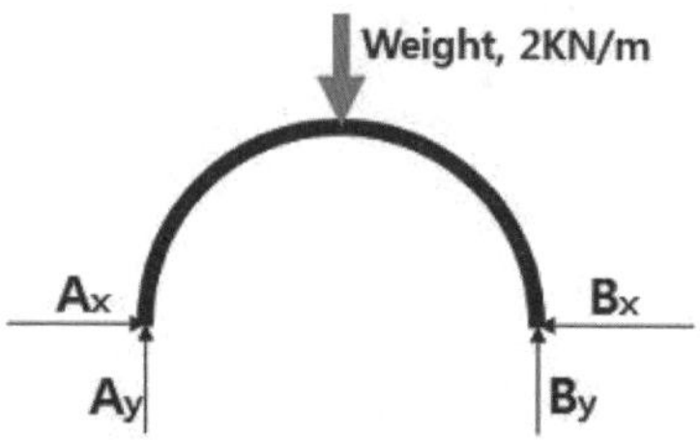

$$\sum F_y = 0\,;A_y + B_y - 2\frac{KN}{m} \times 10m = 0$$

$$\sum M_A = 0\,;B_y \times 10m - \frac{2KN}{m} \times 10m \times 5m = 0$$

$$\therefore B_y = 10KN,\ A_y = 10KN$$

at point C ;

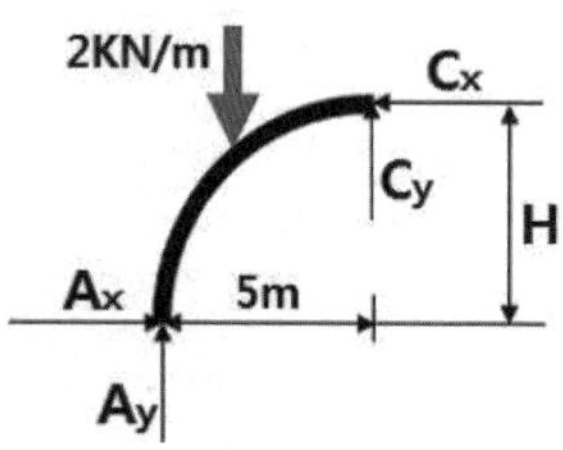

$$\sum F_y = 0;C_y + A_y - 2\frac{KN}{m} \times 5m = 0,\quad \therefore C_y = 0$$

$$\sum M_C = 0\,;A_y \times 5m - 2\frac{KN}{m} \times 5m \times \frac{5m}{2} - A_x \times 5m = 0$$

$$A_x = 5KN$$

$$B_x = 5KN$$

$$\sum F_x = 0;\ -C_x + A_x = 0,\quad C_x = A_x = 5KN$$

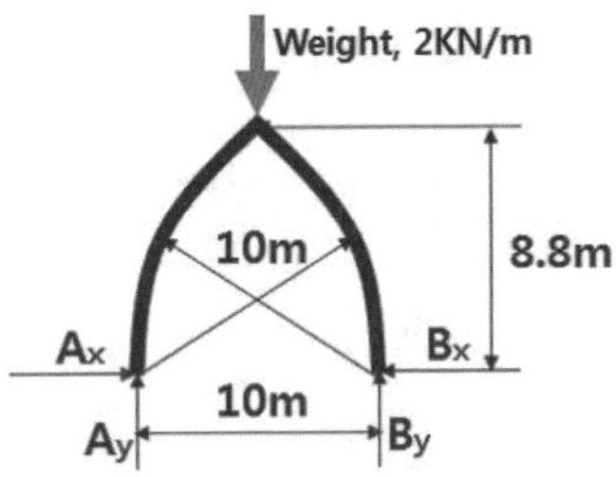

$$H = \frac{3.5D}{4}$$

$$\sum F_y = 0\,;A_y + B_y - 2\frac{KN}{m} \times 10m = 0$$

$$\sum M_A = 0\,;B_y \times 10m - 2\frac{KN}{m} \times 10m \times 5m = 0$$

$$\therefore B_y = 10KN,\ A_y = 10KN$$

at point C ;

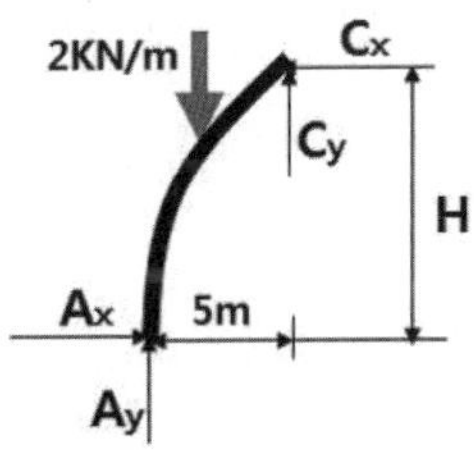

$$\sum F_y = 0; C_y + A_y - 2\frac{KN}{m} \times 5m = 0,\quad \therefore C_y = 0$$

$$\sum M_C = 0\,;A_y \times 5m - 2\frac{KN}{m} \times 5m \times \frac{5m}{2} - A_x \times 8.8m = 0$$

$$A_x = \frac{25}{8.8}KN = 2.84KN$$

$$\therefore B_x = 2.84KN$$

$$\sum F_x = 0\,;-C_x + A_x = 0,\quad C_x = A_x = 2.84KN$$

② 정삼각형 지붕

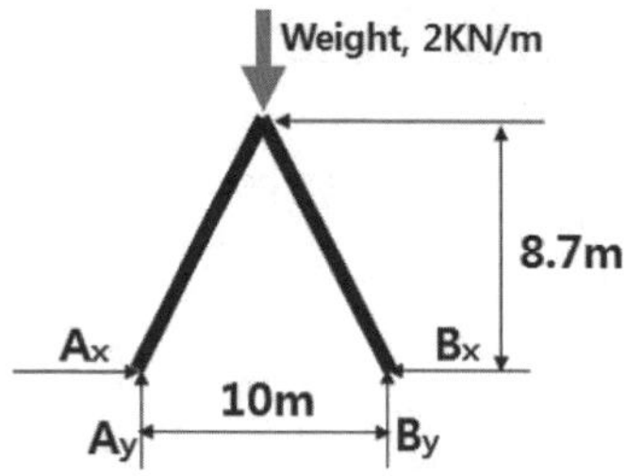

at point C ;

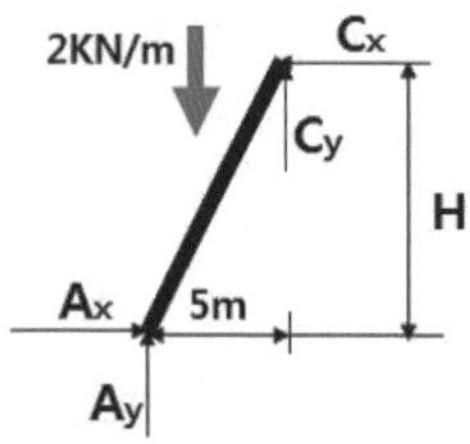

$$\sum F_y = 0 ; C_y + A_y - 2\frac{KN}{m} \times 5m = 0, \quad \therefore C_y = 0$$

$$\sum M_C = 0 ; A_y \times 5m - 2\frac{KN}{m} \times 5m \times \frac{5m}{2} - A_x \times 8.7m = 0$$

$$A_x = \frac{25}{8.7} KN = 2.9KN$$

$$\therefore B_x = 2.9KN$$

$$\sum F_x = 0 ; -C_x + A_x = 0, \quad C_x = A_x = 2.9KN$$

③ 수평형 지붕

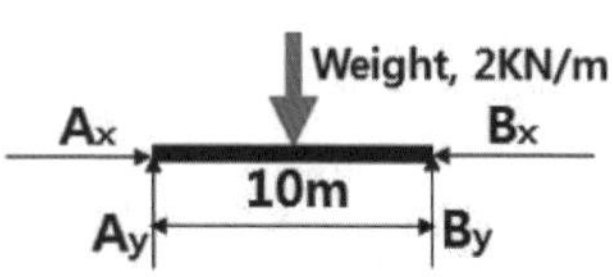

$$\sum F_y = 0 ; A_y + B_y - \frac{2KN}{m} \times 10m = 0$$

$$\sum M_A = 0 ; B_y \times 10m - \frac{2KN}{m} \times 10m \times \frac{1}{2} 10m = 0$$

$$\therefore B_y = 10KN, A_y = 10KN$$

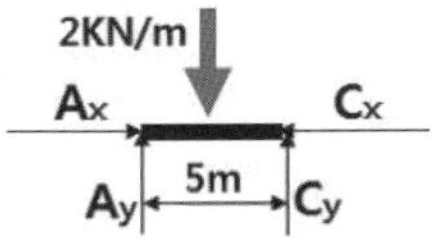

$$\sum F_y = 0; C_y + A_y - 2\frac{KN}{m} \times 5m = 0, \quad \therefore C_y = 0$$

$$\sum M_C = A_y \times 5m - 2\frac{KN}{m} \times 5m \times \frac{5m}{2} = 25KN.m$$

지붕의 형태에 따른 역학관계를 설명하기 위해 그림과 같이 동일한 폭과 동일한 기둥높이를 갖는 아치형, 삼각형, 수평형 지붕을 대상으로 지붕의 처짐량과 기둥하단에서 발생하는 최대 응력을 계산하였다. 지붕에 가해지는 분포하중은 4,000KN/m로 동일하다고 가정하였고, 지붕과 기둥의 재료는 대리석으로 가정하였다.

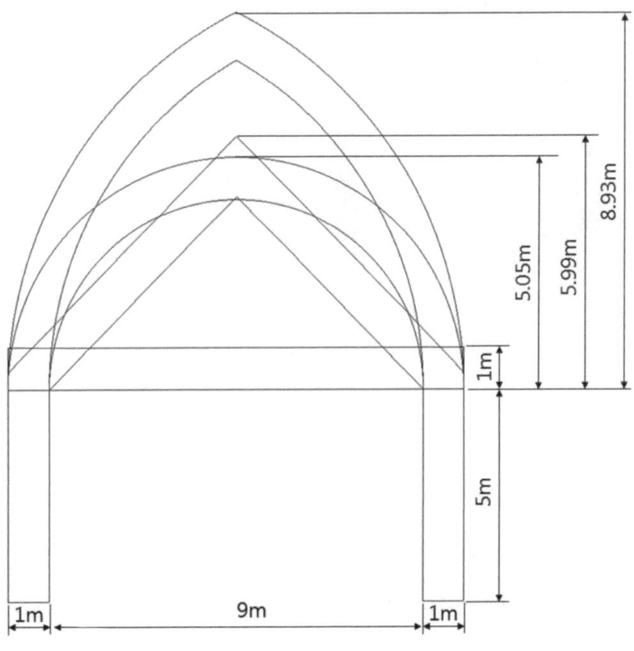

• 그림 5-148 | 지붕의 다양한 형태

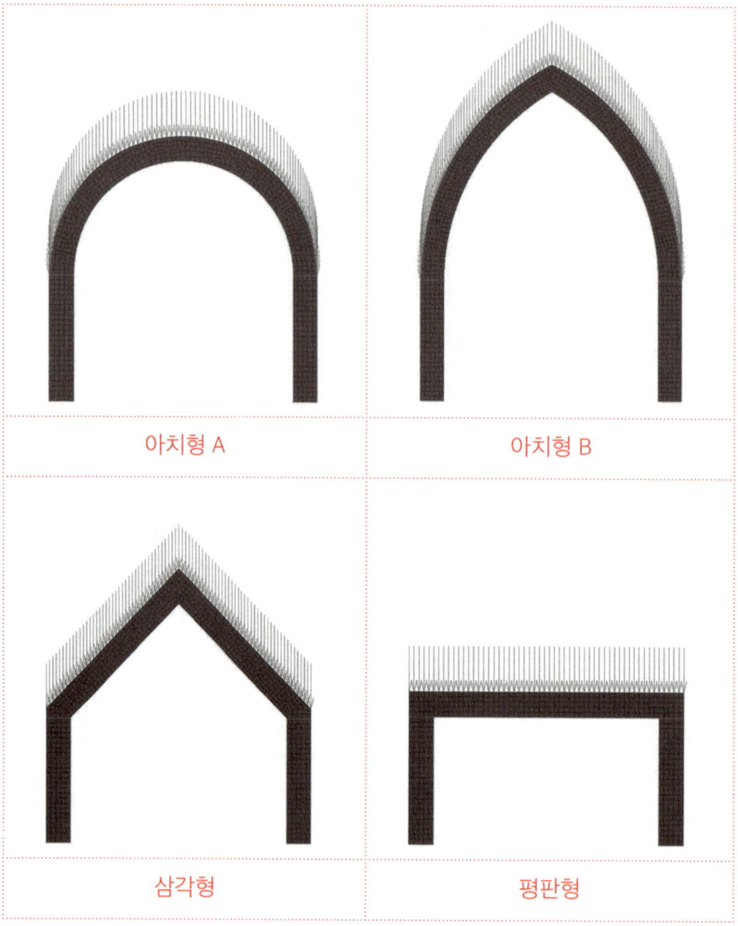

• 그림 5-149 | 지붕형태별 분포하중

컴퓨터 시뮬레이션에 의한 해석결과에 의하면 아치형 B가 처짐량과 기둥의 응력이 평판형 대비 각각 38%와 77%로 가장 작게 발생하였다. 따라서 아치형 B는 실내 높이를 높일 수 있다는 장점뿐만 아니라 구조적으로도 가장 안정적인 지붕의 형태임을 알 수 있다. 원형형태의 아치형 A는 각각 46%와 81%로 두 번째로 작은 처짐량과 응력이 발생하였다. 삼각형 지붕의 경우는 처짐량은 43%로 낮게 발생하였지만 기둥하단에서 발생하는 응력은 오히려 112%로 증가하였다. 이와 같은 결과는 삼각형지붕은 처짐량은 감소시키지만 기둥의 바깥쪽으로 가해지는 힘이 아치형이나 평판형에 비해 커진다는 것을 의미하고 삼각지붕을 설치할 경우 기둥하단을 좀더 보강할 필요가 있다고 할 수 있다. 평판형 지붕은 처짐량이 가장 크게 발생하였고, 응력도 크게 발생하였다. 과도한 지붕의 처짐은 지붕의 붕괴가능성을 높이기 때문에 평편형 지붕의 경우에는 지붕의 가운데에 추가적인 기둥의 설치가 필요할 수 있다.

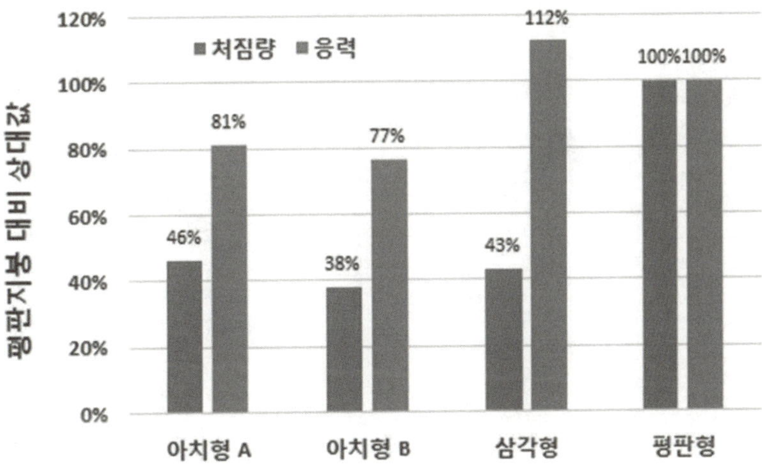

• 그림 5-150 | 평판형 지붕 대비 처짐량, 응력의 상대값

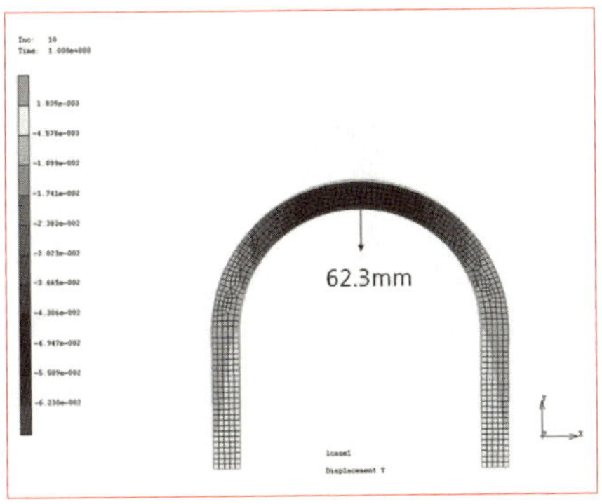

처짐량 62.3mm

응력 318.2Mpa

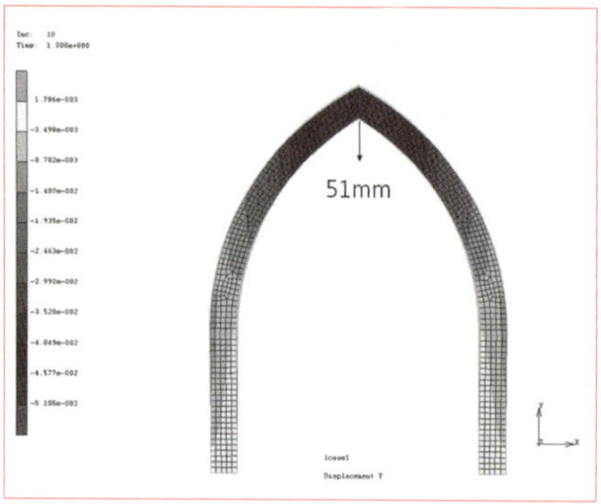

처짐량 51mm

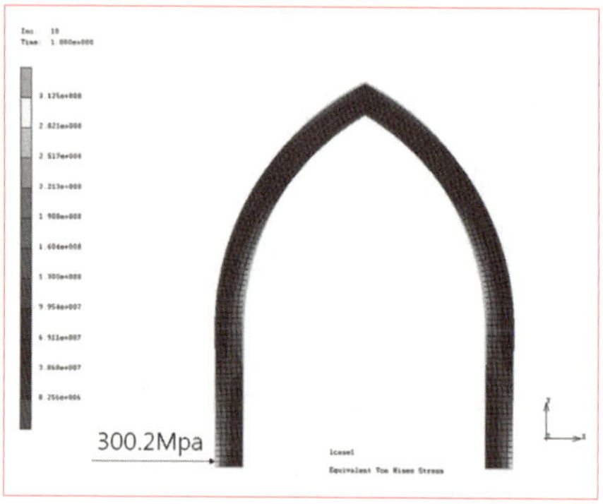

응력 300.2Mpa

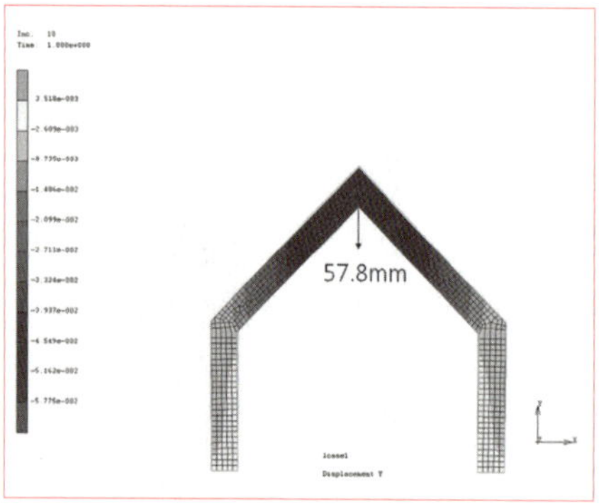

처짐량 57.8mm

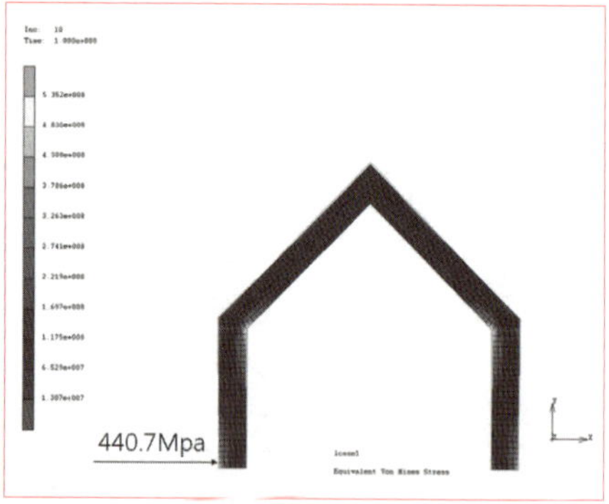

응력 440.7Mpa

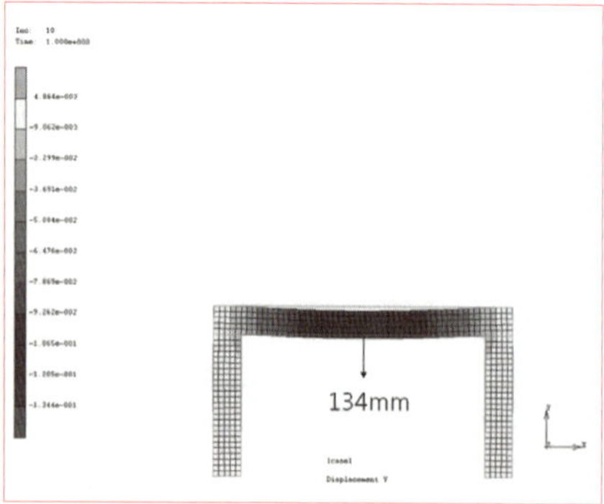

처짐량 134mm

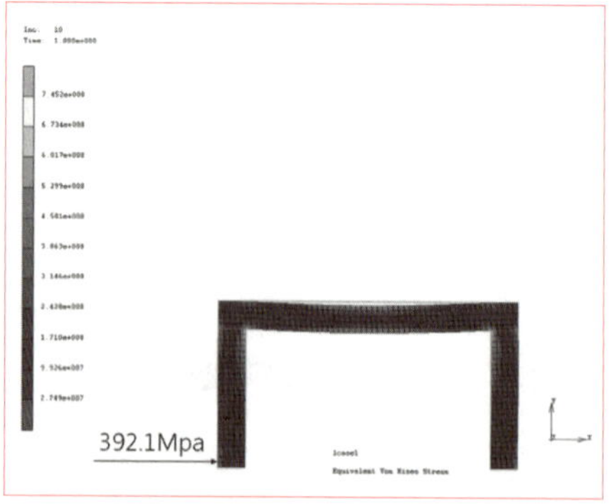

응력 392.1Mpa

• 그림 5-151 | 동일한 분포하중에 의해 발생한 지붕 처짐량과 기둥하단에서 발생한 최대응력

6. 움직이는 조각

키네틱 아트(Kinetic Art)는 1960년대에 유행한 움직이는 미술의 한 장르로서 작품 그 자체가 움직이거나 움직이는 부분을 넣은 작품을 일컫는다. Kinetic art라는 용어는 움직임을 의미하는 'kinesis'이라는 그리스어에 어원을 두고 있으며 움직임을 본질로 하는 미술을 의미한다.

• 마르셀 뒤샹의 자전거 바퀴(Bicycle wheel), 필라델피아. 출처 : 위키백과

산업혁명 이후 산업뿐만 아니라 일상생활에서 기계의 사용이 보편화되면서 예술계에서도 기계를 사용한 작품들이 나타나기 시작하였고 초현실주의는 산업혁명 이후 사회를 비판하는 방법으로 기계를 미술에 사용하면서 기계를 이용한 미술 작품들이 선보이기 시작하였다.

키네틱 아트 작품은 대부분 강철과 같은 기계에서 일반적으로 사용하는 소재를 사용한 조각 형태로 제작되었는데 이러한 경향은 현대 공학기술을 찬양했던 미래파의 예술운동에서 파생되었다. 최초의 작품은 1913년 마르셀 뒤샹이 자전거 바퀴를 사용하여 제작한 〈모빌〉이다. 1922년에는 나움 가보가 〈키네틱 스크랩처〉라는 작품에서 움직임에 대한 실험을 발표하였다.

1955년 파리 드니즈 르네 화랑에서 열린 〈움직임〉전에는 뒤샹, 알렉산더 칼더, 바자렐리, 폴 베리, 장 팅겔리, 야곱 아감, 헤수스 라파엘 소토 등이 키네틱 아트 작품을 출품하고 관련된 선언문을 발표함으로써 하나의 집단적 경향으로 확립되기 시작하였다. 키네틱 아트는 작품이 스스로 움직이는지 여부로 두 개로 분류할 수 있다. 첫째는 기계의 힘을 빌리지 않고 공기의 유동을 통해 저절로 움직이는 작품으로 칼더의 '모빌'이 대표적이다. 둘째는 빛, 전자기, 물 등을 사용하거나 모터와 같은 기계 동력으로 움직이

는 작품으로 장 팅겔리의 분수대 등이 대표적이다.[01]

이와 같이 키네틱 아트 작품들은 공기의 유동이나 기계적 힘에 의해 작품이 움직이거나 벽이나 스크린에 빛을 비추게 하여 움직이는 효과를 얻기도 하며, 관람자들이 직접 작품을 구성하고 있는 기계를 작동시키도록 하여 작품을 직접 경험할 수 있도록 하여 관객의 참여를 더욱 촉진시켰다. 키네틱 아트에서는 퍼포먼스와 해프닝이 미술작품이 되기도 하였다.

구성주의 조각가인 가보(Naum Gabo, 1890-1977, 러시아)는 "'시간'의 요소를 조각에 도입하고자 했는데 공간을 의미하는 3차원에 시간을 더한 4차원의 조각이었다. 따라서 키네틱 아트는 선과 형상뿐만 아니라 시간의 개념이 들어가면서 나타나는 움직임을 포함한다. 예술작업에서 움직임은 구조와 이미지만큼이나 중요하다"라며 '움직임'을 조각의 한 요소로 보았다. 또한, 사진과 같은 광학기술을 작품에 사용함으로써 예술의 지평을 넓혔다는 평을 받는 라즐로 모홀리 나기(Laszlo Moholy-Nagy, 1895-1946, 헝가리)는 1922년 알프레드 케머니(Alfred Kemeny)와 발표한 '역동적-구성적 형태의 체계에 관한 선언문'에서 "우리는 고전적 예술의 정적 원리를 보편적 예술의 동적 원리로 대체해야 한다."고 말하였다. 이것은 키네틱 아트의 핵심적인 요소로서 예술작품에서 움직임의 구현을 강조한 것이다.[02]

1960년대의 빛, 움직임, 소리로 대표되던 키네틱 아트의 예술적 구성요소는 1970년대에 들어서면서 물, 안개, 불, 연기, 생물적 요소를 포함하는 일종의 생태학적 방법론 쪽으로 옮겨가기 시작하였고 당시 첨단기술을 상징하던 비디오 아트, 레이저 아트, 홀로그래피 등을 사용하는 작품들도 선보였다. 이것은 미디어 아트의 재발견이라는 의미가 있었다.

01 위키백과

02 위키백과

6.1 알렉산더 칼더 - 모빌(Mobile)

알렉산더 칼더(Alexander Calder, 1898-1976)는 움직이는 조각, 모빌을 창안한 현대 조각의 혁신가이다. 그는 미술가 집안에서 성장하면서 어려서부터 미술을 접하였으나 대학에서 공학을 전공한 후 엔지니어의 생활을 했다. 이러한 성장배경과 대학의 전공이 접목되어 기계소재로 많이 사용되는 철(steel)을 사용하는 조각가가 되었다. 칼더와 같이 조지 리키(George Ricky), 장 팅겔리(Jean Tinguely) 등 키네틱 조각가들도 대학에서 공학을 공부한 경험들을 가지고 있다.

칼더는 조각을 하면서 철사, 양철 캔 등 주변에 있는 흔한 재료를 가지고 작품을 구성하였다. 칼더가 공학을 전공한 엔지니어였기 때문에 산업현장에서 사용되는 재료에 대한 거부감이 없고 오히려 적극적으로 사용하였다. 칼더는 젊은 시절 서커스에 매료되었는데 서커스에서 현란한 움직임을 관찰한 경험이 훗날 그에게 움직임(동역학)의 개념을 이용한 키네틱 아트를 개척하는 원동력이 된 것으로 보인다.

칼더는 미술을 전공한 학생보조원 케네스 스넬슨의 도움을 받아 모빌작품을 완성하였다. 1931년 제작한 이 조각들을 보고 마르셀 뒤샹이 '모빌'이라는 이름은 붙여주었다. 처음에는 사면체를 철사로 연결하여 흔들리는 작품인 모빌을 만들었고 이후에는 점토를 이용하여 사면체들이 힘의 균형

• 알렉산더 칼더의 작업실(위), 다양한 공구와 철사, 철판 등 재료가 있고, 천장에 모빌이 보인다, 리움미술관 2013 칼더 특별전
• 칼더의 '스태빌' 작품들(아래), 리움미술관 2013 칼더 특별전

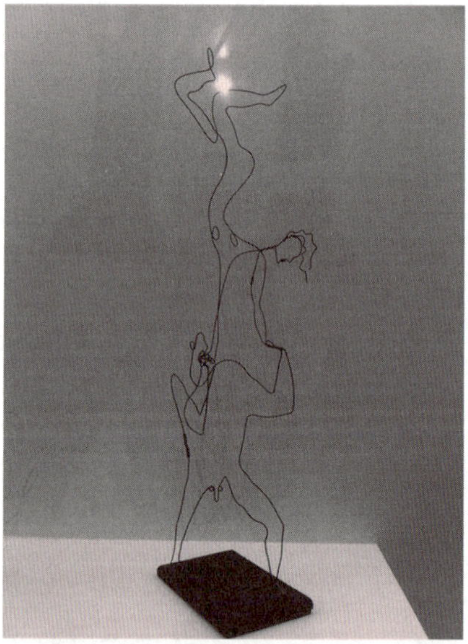

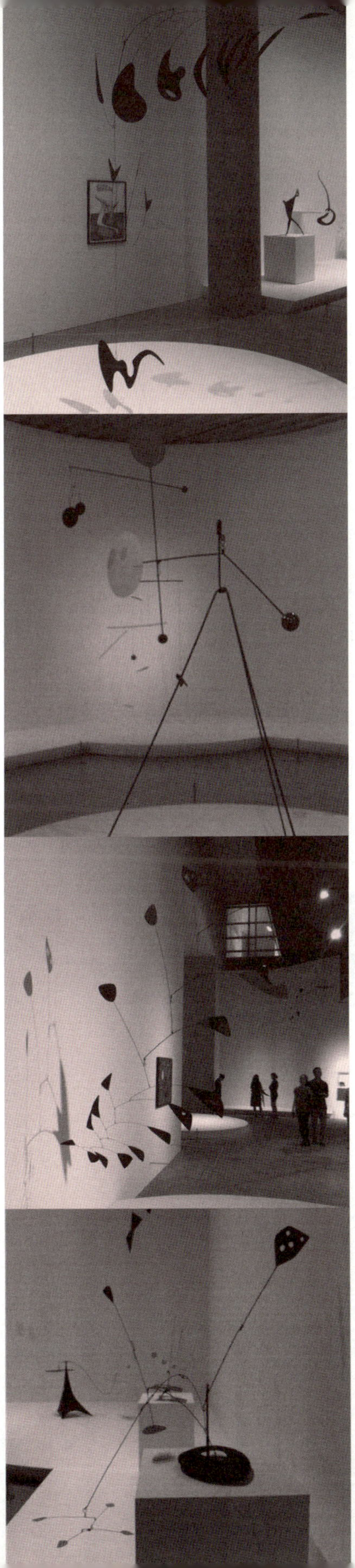

을 이루게하여 움직이지 않는 스태빌(Stabile)을 만들었다. 스태빌이라는 명칭은 움직이는 않는 칼더의 조각을 보고 장 아르프 (Jean Arp)가 지어준 명칭이었다. 칼더가 모빌을 제작한 것은 칼더가 매달린 물체의 힘의 균형과 물체를 연결한 철사의 장력을 이용한 동역학의 개념을 이해하고 작품에 적용한 것이다. 움직이는 조각을 만들 때 적용하는 힘의 균형에 관해 칼더는 다음과 같이 말하였다. "나는 작은 끝부분부터 시작한다. 그리고 무게중심을 찾았다는 생각이 들때까지 균형을 잡아간다. 무게중심은 단 한 군데만 존재하기 때문에 이 과정은 매우 중요하다. 작품이 자유롭게 매달려 있거나 회전되려면 이 지점이 정확해야한다. 보통 나는 철사를 구부려 매달기 전에 끈으로 이 무게중심을 시험해서 찾아낸다."

칼더의 대표적인 작업인 모빌과 스태빌은 칼더의 공학적 지식과 예술적 재능이 조화롭게 융합된 20세기의 혁신적 조각이라는 평가를 받는다.

칼더는 1933년 모빌에 대해 다음과 같이 말하였다. "운동감은 오랫동안 회화와 조각의 기본 구성 요소의 하나로 간주되어 왔다. 따라서 조각이 움직이지 못할 이유가 무엇인가? 단순한 직선운동, 회전운동이 아니라 서로 다른 유형의 여러 가지 움직임들의 속도와 진폭이 하나의 전체적인 결과를 형성하는 움직임이다. 색채나 형태로 구성할 수 있듯이 움직임으로도 구성할 수 있

• 칼더의 '모빌' 작품들(좌측), 리움미술관 2013 칼더 특별전

다.” 칼더는 2차 세계대전으로 인해 금속재료가 부족해지자 나무나 청동으로 새로운 유형의 작업을 하는 등 작품에 사용하는 소재의 제약을 받지 않는 예술가로서 창의성을 보여주었다.[03]

6.2 힘의 균형, 모멘트

칼더가 작품에 이용한 힘의 균형점을 찾기 위해서는 모멘트(moment)를 이해해야한다. 모멘트는 힘에 의해 발생하는 2차 물리량으로 일과 에너지와 같은 단위(힘×거리, Nm)를 사용하며 힘과 함께 물체를 움직이는 기본 요소이다. 힘이 직선운동을 일으키는 원인이라면 모멘트는 회전운동의 원인이 된다. 모멘트는 회전의 중심에서 힘이 작용하는 위치까지의 위치벡터와 힘벡터의 곱으로 정의한다.

다음 그림은 우리가 놀이터에서 흔히 볼 수 있는 시소이다. 무게가 큰 어른(M1)과 가벼운 어린이(M2)가 앉았을 때 당연히 무게가 무거운 어른 쪽으로 시소는 기울어진다.

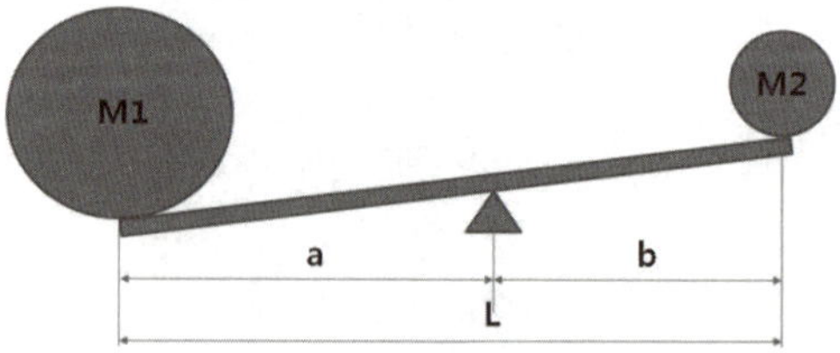

• 시소의 불균형

이때 시소를 균형 있게 하려면 어떻게 해야 할까? 우리는 누구나 경험적으로 어른의 앉은 위치를 시소의 받침대쪽으로 이동하고, 어린이는 가능한 시소의 끝으로 이동해야한다는 것을 알고 있다. 이것은 회전축이 되는 시소의 받침대를 중심으로 어른의 몸무게(힘)이 만들어내는 모멘트가 어린이의 몸무게(힘)가 만들어내는 모멘트보다 크기 때문이다. 위에서 설명한 모멘트를 사용해서 정확한 위치를 알아보자.

03 로버트 루트빈스타인 외, 『생각의 탄생』, 박종성 역, 에코의 서재, 2007, pp 331-334

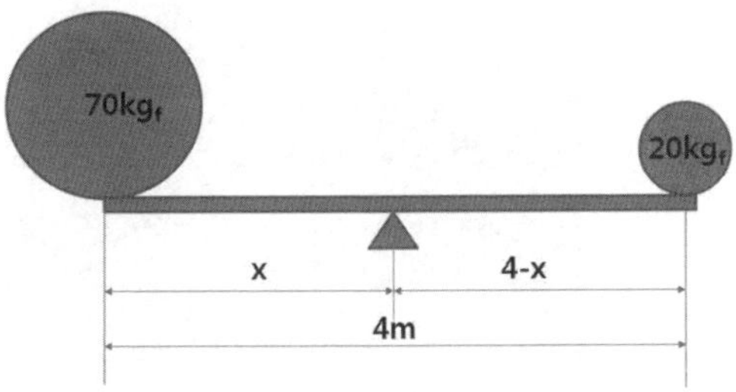

• 시소의 평형

어른의 몸무게(M1)를 70kgf라고 하고 어린이의 몸무게(M2)를 20kgf라고 하고, 시소의 길이(L)를 4m라고 하고, 시소는 충분히 강한 재료로 제작되어 변형이 없는 강체라고 가정한다면 시소의 받침대를 중심으로 발생하는 모멘트를 계산할 수 있다.

어른의 몸무게 70kgf가 만들어내는 모멘트 = $70kgf \times Xm$

어린이 몸무게 20kgf가 만들어내는 모멘트 = $20kgf \times (4-X)m$

시소가 균형을 이루려면 어른과 어린이에 의한 모멘트가 동일해야하므로

$$70kgf \times Xm = 20kgf \times (4-X)m$$

$$90Xkgf \cdot m = 80kgf \cdot m$$

$$\therefore X = \frac{8}{9}m \approx 0.89m$$

그러므로 시소 받침대의 위치는 아래 그림과 같이 어른 쪽으로 0.89m이고 어린이쪽으로 3.11m가 되어야 한다. 대부분의 시소 받침대는 고정되어 이동할 수 없기 때문에 시소 받침대를 중심으로 어른과 어린이가 0.89:3.11비로 앉는 위치를 잡는다면 시소의 균형을 맞출 수 있을 것이다.

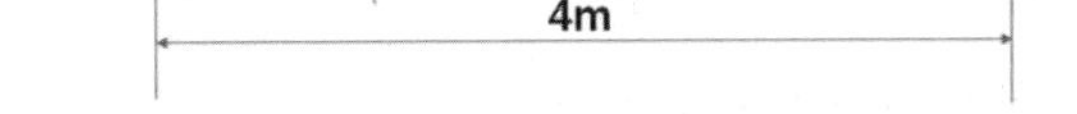

• 시소의 평형 계산

6.3 축소모형의 공학적 의미

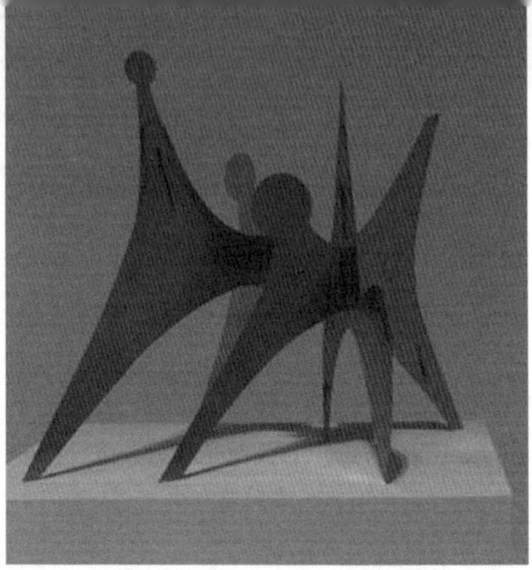

• 칼더의 공공조각 작품, 축소모형(위), 실제 작품(아래), 리움미술관 2013 칼더 특별전

칼더는 1960년대부터 공학기술을 이용해 공공장소에 대형 조각을 만드는 일에 집중했다. 대형 철판을 잘라 볼트로 조립해 완성한 공공조각들은 현재 세계 곳곳의 공장과 공원 등에 설치되어 있다. 대형 조각을 제작할 때 칼더는 작은 모형을 만들고 이를 확대해가며 최종 조각을 완성하는 과정을 거쳤다. 이와 같은 칼더의 제작방식은 건축, 토목, 기계, 전기 · 전자 등 산업 전 분야에서 보편화된 제조방식으로 완성품을 만들기 전에 형상 축소되거나 핵심기능만 포함된 모형을 제작하여 완성품에서 예상되는 문제점들을 사전에 방지하는 디자인의 한 기법이다. 역동적이면서 부드러운 칼더의 공공조각들은 직선이 주류였던 1960-70년대 도시공간에 활기를 불어 넣었다.

칼더가 공공미술을 제작하기 전 작은 모형을 제작했던 것과 같이 제품이 설계사양대로 제작되었는지 평가하기 위해 제조분야에서는 제품의 시작품과 시제품을 제조하고 시험, 평가, 보완의 과정을 거친다. 이러한 과정은 제품의 품질과 생산성 등을 개선할 수 있는 기회를 제공하고 완성도를 높이는데 필요하다.

제조산업에서 시작품(proto-type product)은 설계품질을 확보하기 위해 제조 전단계에서 시험용으로 제작한 제품의 모사품으로 기능성 검토를 위한 working sample과 형상 검토를 위한 mock-up이 있다. 이러한 시작품 제작을 통해서 제조 프로세스의 가능성과 문제점 등을 사전에 검토할 수 있다.

시제품이란 제조 프로세스상에서 발생할 수 있는 품질문제, 생산성 등을 사전에 검토하기 위해 대량 생산 전단계로서 실제 제조공정에서 만들어

보는 제품을 말한다. 이러한 시제품 제작을 통해 설계와 생산의 불일치 등을 확인하고 제조 프로세스를 최적화하여 목표수준의 양산성을 달성할 수 있다.

위와 같은 의미에서 칼더의 작은 모형은 시작품과 시제품의 의미를 동시에 가진다고 할 수 있다.

• 축소모형 예

6.4 장 팅겔리와 기계동력

현대 조각을 대표하는 예술가로서 장 팅겔리(1925~1991, 스위스)는 칼더 이후 키네틱 아트의 거장이다. 스위스 바젤 디자인학교를 졸업하고 1955년부터 파리에 정착한 초기에는 초현실주의의 영향을 받은 추상화를 주로 그렸으나 이후 급격히 발전하는 산업화의 전자(electronic) 시대를 예감하고 전기로 동력을 만들어내는 전기 모터와 결합된 금속 조각 작품들을 발표하기 시작하였다. 그는 기계를 사용한 조각작품 활동을 하면서도 기계의 순기능과 역기능 사이에 존재하는

• 장 팅겔리 미술관이 있는 스위스 바젤, 출처:구글맵

모순들을 날카롭게 비판하였다.

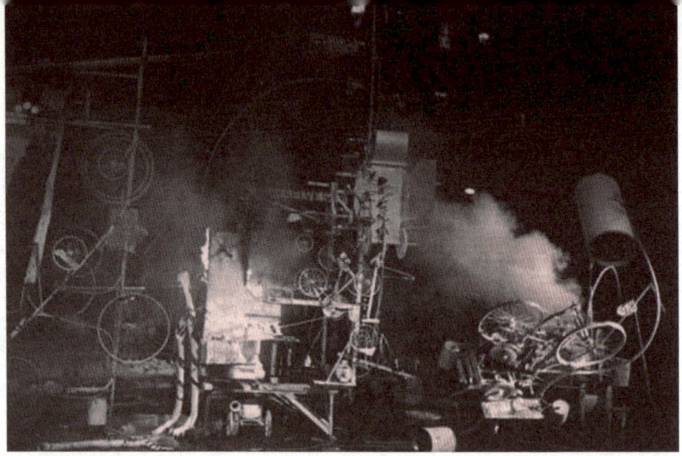

• 장 팅겔리, 뉴욕찬가, 1960, 출처: David Gahr photo

특히 1960년 뉴욕 근대미술관 정원에 전시한 〈뉴욕 찬가〉는 선풍기 · 피아노 · 자전거 · 인쇄기 등 생활 폐기물로 작품을 만들어 작품이 움직이면서 불을 내뿜고, 큰 소음을 만들다가 결국은 파괴되도록 하여 '모든 것은 움직인다. 움직이지 않는 것은 존재하지 않는다.'는 키네틱 아트의 본질을 잘 보여주었다.[04]

스위스 바젤에 소재한 장 팅겔리 미술관을 방문하면 거대한 고철과 폐기물 덩어리처럼 보이는 작품을 볼 수 있는데 사람이 올라가서 체험할 수 있고 어린이들이 즐거운 놀이를 하고 있다. 고철과 폐기물처럼 보이는 것들이 기구적으로 연결되어 움직이고 있는 장 팅겔리의 작품이다. 작품이 바로 훌륭한 놀이터가 되고 있는 것이다. 이 작품은 놀이를 통해서 장 팅겔리의 작품을 체험할 수 있도록 고안한 것으로 그의 작품철학을 느낄 수 있다.

스튜어트 브라운과 크리스토퍼 본은 그들의 책『플레이, 즐거움의 발견』(윤미나 역, 흐름출판, 2010)에서 사람과 동물은 본능적으로 놀기 위해 태어난다고 말하고 일과 놀이의 공통된 특징은 '창의성'이라고 했다. 그들에 따르면, 놀이는 우리가 어려운 문제를 다룰 수 있게 도와주고 삶의 지평을 넓혀주며, 우리의 능력과 기술이 완벽하게 숙달된 상태에 이를 수 있도록 촉진하는 창의적인 과정의 필수 성분이다. 따라서 놀이는 놀고 있는 사람을 새롭게 만들어주기 때문에 재창조한다는 의미의 레크레이션(recreation)이 되는 것이다. 이러한 이유로 최근에는 많은 기업에서 놀이에 관심을 가지고 있

04 위키백과

• 장 팅겔리 미술관, 바젤, 스위스

다. 기업은 기업 내에 많은 소모임을 지원하고 소모임을 통해 단체놀이를 즐기면서 기업의 생산성에 놀이의 에너지를 접목시키려고 노력한다.

창의적인 사람은 자신의 분야에 정통하면서 다른 분야에도 관심이 많아 넓은 시야로 나무뿐만 아니라 숲도 볼 수 있다. 또한 그들은 열심히 일을 하면서 동시에 놀기도 잘한다. 그래서 누구나 창의적인 사람이 되고자 한다면 잘 놀아야한다. 놀이터에서 정신없이 놀이를 하느라 식사를 거르고 해가 지는지도 모르고 옷이 땀으로 흠뻑 젖는 어린이를 관찰해보면 어린이들은 놀면서도 친구들과 항상 새로운 규칙을 만들어내며 놀이를 변형시키며 놀고 있다는 것을 알 것이다. 어린이들은 놀면서 새롭게 놀이를 창조하며 새로운 즐거움을 찾고 있는 것이다. 아이들의 상상력, 창의적인 지적 능력은 책상 위에서 하는 주입식 공부가 아니라 놀이를 통해서 얻는 것이다.

6.5 모터(motor, 전동기)의 원리

모터는 전기에너지를 기계에너지로 바꾸는 기계로 전동기라고도 한다. 대부분은 회전운동의 동력을 만들고 직선운동의 동력을 만들기도 한다. 1820년 외르스테드(Hans Christian Ørsted, 1777-1851, 덴마크, 물리학자, 화학자)는 전기의 움직임으로부터 자기장이 발생됨을 발견했다. 1821년 마이클 패러데이

(Michael Faraday, FRS, 1791-1867, 영국, 물리학자, 화학자)는 전동기의 원시모형을 고안했고, 1860년대 제노브 테오필 그람(프랑스, 발명가)은 최초의 상업성이 있는 전동기를 개발했다. 1888년 니콜라 테슬라(Nikola Tesla, 1856-1943, 세르비아, 기계공학자, 물리학자, 전기공학자)는 최초의 교류 유도 전동기를 개발하였으며 이것이 현대 전동기의 전형이 되었다. 자기장의 국제 단위인 테슬라는 니콜라 테슬라의 업적을 기리기 위해 그의 이름에서 유래한 것이다.[05]

모터는 전류가 흐르는 코일과 영구자석으로 구성되어 있다. 전기를 띤 입자(전하)가 움직이게 되면 주변에 자기장이 형성되기 때문에 코일에 전기가 흐르면 코일 주변에 자기장이 형성된다. 자기력이란 자기장끼리의 상호작용이다. 우리가 알고 있는 자석의 S극과 S극, N극과 N극이 붙지않는 것은 두 자석이 각각 자기장을 만들고 두 자기장이 밀어내려는 힘을 만들기 때문이고, S극과 N극은 그 반대가 된다. 코일 주위에 영구자석이 있을 수도 있고, 반대로 영구자석을 코일이 감싸고 있는 구조도 있다. 코일에 전류가 흐르면 코일은 자기장을 만들면서 전자석이 된다. 이것이 코일과 영구자석 사이에 힘인 자기력을 만드는 것이다. 이때 코일이 자석으로 부터 받는 힘이 한 방향으로 작용하면 코일은 회전을 하지 못하기 때문에 회전력을 만들기 위해 전류의 부호를 바꾸어 코일(전자석)의 극을 반대로 함으로써 힘의 방향을 바꾸도록 한다.

• 중형과 소형 모터

05 위키백과

회전력(자기력)을 만들어내는 전동기(모터)의 원리로는 플레밍의 왼손 법칙이 사용되는데 검지손가락이 자기장 방향, 중지손가락이 전류방향, 엄지손가락이 회전력의 방향이다. 이와 비교되는 것이 전기를 만들어내는 발전기의 원리로써 플레밍의 오른손 법칙이 사용되고 힘의 방향자기장 속에서 도선을 움직일 때 유도기전력(발전기의 전류방향)의 방향을 나타낸다. 엄지손가락이 도체의 운동방향, 검지손가락이 자기장 방향, 중지 손가락이 유도기전력의 방향이 된다.

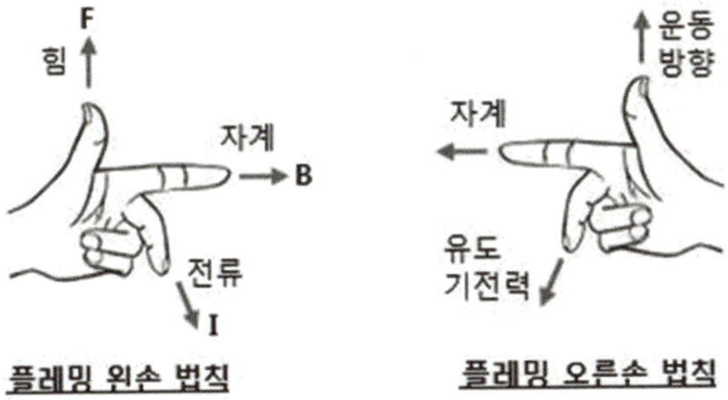

• 중플레밍의 법칙

플레밍 (Alexander Fleming,.1849~1945)

영국의 물리학자이자 전기공학자. 이극진공관(二極眞空管)의 발명자. J. C. 맥스웰의『전자기학』에 감명을 받고 캐번디시 연구소의 맥스웰 곁에서 공부하면서 표준저항값과 정밀비교하기 위한 저항브리지, 통칭 '플레밍의 밴조'를 조립하는 등 전기측정과 변압기의 설계에 착수했다. 1885년 런던 대학 최초의 전기공학 교수가 되어 '플레밍의 법칙'을 고안했다.

실제의 기술에도 관심이 깊어 1881년부터 10년 동안 런던의 에디슨 전등회사의 기술고문, 1900년부터 25년 동안 마르코니 무선전신회사의 기술고문을 지냈고, 1901년 대서양횡단통신의 뉴펀들랜드 수신국의 설계, 04년 '진동 밸브' 즉 이극진공관의 특허 취득, 06년 안테나의 지향성(指向性)의 이론을 세우는 등 무선전신의 실용화에 공헌했다. 에디슨 효과에 착안, 개발했다는 이극진공관은 고주파(高周波)교류의 검파를 가능하게 함으로써 오늘날의 전자공학에 대한 제1보를 내디디게 되었다.

[출처 : 한국과학창의재단, 과학백과사전]

7. 추상화와 물질구조

• 화가와 모델, 파블로 피카소. 출처: 로버트 루트번스타인 외, 『생각의 탄생』

7.1 추상의 개념

피카소는 추상하는 과정을 "추상에 도달하기 위해서는 항상 구체적인 실재로부터 시작해야 한다. 뭔가 실체가 있는 것에서 출발해야만 나중에 실재의 흔적들을 제거할 수 있다."라고 설명하였다. 그는 실체를 그린 후 특징적인 것만을 남기고 나머지는 제거하는 방식으로 추상화를 그렸다. 피카소가 그린 위의 그림 속 마리 테레즈의 모습은 사람이 아닌 뜨개질하는 모델의 행위를 따라가며 움직임의 본질을 그린 것으로 엉클어진 실타래와 같은 그림은 뜨개질하는 사람의 모습인 것이다. 이러한 피카소의 추상화를 그리는 방식은 물질의 본질을 탐구하는 과학자들에게서도 알 수 있다. 독일의 물리학자인 베르너 하이젠베르크(Werner Karl Heisenberg, 1901~1973)는 "한 가지 관점 아래 어떤 대상이나 대상 집단을 놓아두고 그 대상이 가진 다른 모든 속성을 무시하는 것이며, 추상의 본질은 다른 속성에 비추어 특히 중요하다고 생각하는 한 가지 특징만 잡아내는 데 있다."라고 추상화에 대해 말했다. 또한 미국의 물리학자 미첼 윌슨(Mitchell A.Wilson, 1914~1973)에 따르면, "위대한 과학자가 되기 위해 필요한 것은 복잡한 것들을 이해하는 능력은 필요없다는 것이다. 오히려 그 반대다. 가장 복잡한 것처럼 보이는 무엇을 간파해서 한순간에 그 저변에 깔려 있는 단순성을 파악해내는 능력이 필요한 것이다." 화가인 피카소와 물리학자인 하이젠베르크와 월슨은 활동영역은 회화와 물리학으로 확연히 다르지만 사물의 본질을 보고자했던 그들의 개념은 추상이라는 관점에서 매우 유사했다.[01]

(a) 자동차 내연기관

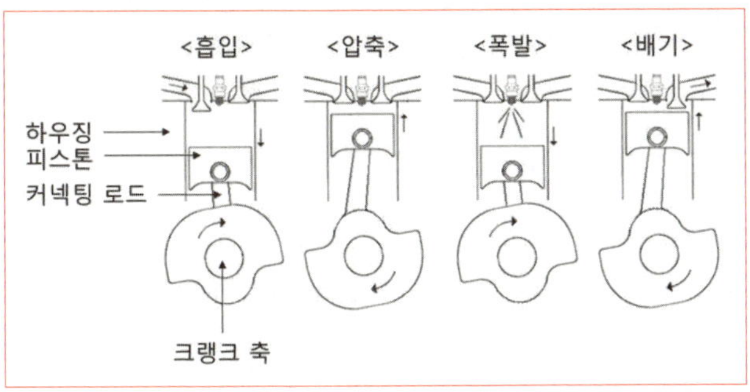

(b) 내연기관의 4단계 동작과 주요 구성요소

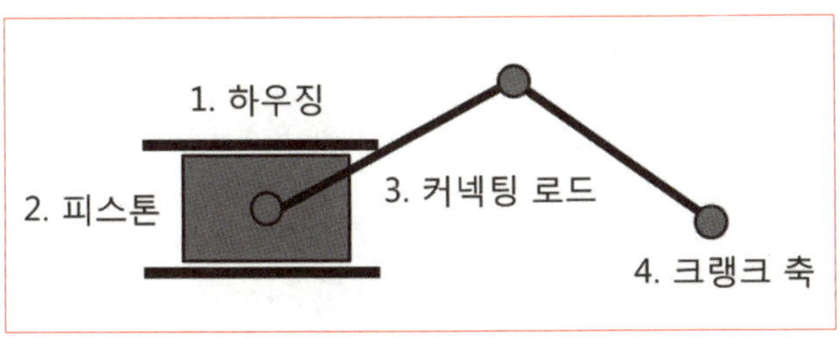

(c) 내연기관의 주요 구성요소를 움직임만 파악되도록 뼈대로 표시

• 자동차 내연기관의 추상

옆의 그림은 기계공학에서 설명하는 자동차의 내연기관(엔진)의 구조이다. 그림 7-2(a)은 실제 차량의 엔진(내연기관)의 모습이다. 내연기관은 자동차의 동력을 만들어내는 사람의 심장과 같은 핵심부품으로 상당히 복잡한 형상을 가지고 있다. 자동차의 동력을 만들어내는 내연기관의 본질을 생각해볼 때 이 복잡한 내연기관은 그림 7-2(b)와 같이 출력을 위한 내연기관의 4단계 동작(흡입, 압축, 폭발, 배기)과 주요 구성요소들(하우징, 피스톤, 커넥팅 로드, 크랭크 축)를 간략하게 표시할 수 있다. 이와 같이 간략화된 내연기관을 각 구성요소들의 구성과 연결관계, 상대운동 상태를

01 로버트 루트번스타인 외,앞의 책, pp. 112-113.

• 피카소의 황소 추상 과정, 피카소 박물관, 출처: 『생각의 탄생』

표현할 수 있도록 뼈대와 절점으로만 표현하면 그림 7-2(c)와 같이 나타낼 수 있다. 내연기관이 간략화되는 과정은 형상과 운동의 본질만을 표현했다는 점, 즉 추상이라는 관점에서 피카소의 황소와 공통점이 있다.

결국 추상이란 복잡한 형상이나 현상 속에서 특징 또는 핵심을 찾아내는 행위를 말한다고 할 수 있다. 이러한 추상의 관점에서 볼 때 우리는 주변에서 흔히 추상을 접하며 살고 있다. 매일매일 접하는 종합뉴스는 그날 벌어진 일상의 소식 중 중요하다고 판단되는 핵심적인 소식을 전달하는 추상적 행위의 결과이고, 대화를 할 때 "간단하게 말할게" 또는 "본론만 간단히 말할게"라고 말하는 것이나, 책을 읽거나 쓸 때 줄거리를 요약하는 것도 본질의 특징만을 추리는 추상의 범주에 속한다. 복잡한 현상을 해결하기 위해 현상을 수학적 방정식 또는 함수로 표현하는 수학적 또는 공학적 사고도 대표적인 추상이라고 할 수 있다. 즉, 우리가 알고 있는 모든 과학적 이론과 법칙은 자연의 현상을 단순화한 대표적인 추상인 것이다. 해결해야 할 복잡한 문제에서 가장 중요한 설계인자들을 선정해서 평가함으로써 시간과 비용을 절감하고 문제의 핵심에 빠르게 도달하고자 하는 공학적 사고와 문제해결 방식도 추상의 범주에 속하는 것이다. 이러한 것들은 추상의 관점에서 예술분야의 새로운 작품작업과 동일한 것이다.[02]

02 위의 책, pp. 115.

7.2 추상화와 물리학

세잔느, 피카소, 몬드리안 등의 현대 미술가들은 사물의 보편적이고 근본적인 구조를 탐구하여 월슨, 하이젠베르크와 같은 물리학자들처럼 보이지 않는 대상들을 표현했다. 현미경을 사용해야만 관찰할 수 있는 원자 세계를 탐구하는 물리학자들처럼 추상화가들도 다양한 수단들을 체계적으로 사용하여 사물의 본질을 새로운 방식으로 재구성함으로써 자신들의 독창적인 추상화를 창조하였다. 그들의 추상화 작업은 사물을 이미지화하고 그것의 구성 요소들을 조심스럽게 해체한 다음 화폭에 그 요소들을 하나씩 재배치하였다. 이것은 사물의 원자적 세계를 관찰하는 미시 물리학의 과학적인 방식과 매우 유사하다.

• 생빅투아르 산, 폴 세잔느, 1904

• 사과가 있는 바구니, 폴 세잔느, 1885-1887

1) 세잔느의 자연을 보는 관점

세잔느는 자연의 모든 사물을 구, 원추, 원통의 형상 개념으로 보고자 하였다. 1904년 에밀 베르나르에게 쓴 편지에서 "자연은 원주, 구, 원뿔로 구성되었다"라고 말하였는데 이것은 세잔느가 자연을 관찰할 때 단편적 모습이 아니라 영원한 실체를 탐색하고자 하였고 자연을 견고한 기하학적 형태로 표현하고자 한 것이었다. 그의 작품 중 〈생빅투아르 산〉 그림은 사물들이 지니고 있는 색채들이 서로 연관하면서 뒤섞이도록 자연풍광을 모자이크 하듯 파편 같은 색면들로 배치한 그림이다.

〈사과가 있는 바구니〉 그림은 단일 투시원근

법을 무시하고 여러 각도에서 보여지는 시각으로 그린 작품으로 하나의 시점을 통해 세계를 재구성하는 전통적인 원근법적인 회화와 차별되는 회화작품이다. 〈정물〉속 바구니, 병, 접시, 과일, 테이블 등은 하나의 시점으로 그려진 것이 아니다. 원근법은 하나의 고정된 소실점을 가지고 있기 때문에 눈에 보이는 세상을 표현하기에는 부적절할 수 있다. 왜냐하면 눈은 동시에 여러 가지 관점에서 사물을 관찰할 수 있기 때문이다. 세잔느가 정물에서 표현한 여러 개의 시각은 사람의 눈이 사물을 볼 때 나타나는 관점의 이동이라고 할 수 있다. 이와 같이 사물들의 외관을 넘어 보이지 않는 규범이나 패턴을 찾으려 했던 세잔느의 관점은 추상적 조형의 출발이 되었다.[03]

폴 세잔느(Paul Cézanne, 1839년 1월 19일 - 1906년 10월 22일)은 프랑스의 대표적 화가로서 현대 미술의 아버지이다. 세잔의 초기 작품들은 풍경화가 많았는데 그 중에는 특히 상상으로 그려진 중후하고 큰 풍경화도 있었다. 나중 그의 작품들은 직관적인 관찰과 빛을 이용한 화풍을 띠게 되었다. 그럼에도 불구하고 그의 성숙된 작품들에서는 거의 건축에 가까운 굳어진 스타일을 추구하였다. 그는 한평생 동안 그가 실제 눈에 보이는 것에 가장 가깝게 표현할 수 있는 화법을 찾아 가장 현실적으로 표현하려고 노력했다. 결과적으로 그는 구조적으로 간단한 형태와 간단한 색채를 사용하였다. 그는 “나는 무언가 단단하고 박물관 속 미술처럼 오래가는 인상(impressionism)을 만들고 싶다.”라고 말한 것과, 그가 Poussin의 “After Nature”를 재구성하는 것은 그가 전통적인 구성과 자연을 관찰하는 것을 통합하고 싶어하는 열망을 강조했다.

[출처 : 위키백과]

03 http://smart.edus.or.kr/upload/kem/2014/02/12/KEM_20140212O9493730.pdf

2) 피카소와 분석적 큐비즘

• 앙브로아즈 볼라르, 파블로 피카소, 출처:김찬동, "큐비즘과 피카소", 『열린시학』

피카소는 세잔느에게서 영감을 얻어 사물을 기하학적 큐브로 인식했는데, 세잔느의 단단한 구조적 형태를 파괴하여 화면에 입체적으로 재구성하는 방법을 시도하였다. 루이 보셀르(Louis Vauxcelles, 평론가)는 1908년 이러한 회화의 경향을 '큐비즘'으로 명명하였고, '큐비스트들(the cubists)'이란 명칭이 1911년 한 신문에 사용되기도 하였다. 사물을 분석한 후 파괴하고 파괴된 파편을 재구성하여 정면과 측면, 후면까지를 하나의 화면 위에 동시에 나타냄으로써, 물체의 입체성을 파괴된 파편의 집적으로 대치하는 회화 세계를 창조하였다. 이러한 관점에서 사물을 다시점적인 시각으로 표현한 '분석적 입체파'라고 불려졌는데 이것은 르네상스 이래 회화에서 사물을 정확하게 묘사하기 위해 사용된 투시원근법과 입체법이 처음으로 해체된 것이다.

특히, 피카소의 회화는 서구의 사상과 예술의 기반인 합리주의와 투시원근법의 효용성에 종결을 고하고 다양한 시점에서 사물을 바라보고 인식할 수 있는 방법을 개척하였고, 회화의 기반이었던 재현과 서술과는 별도로 조형 자체의 원리를 탐구함으로써 좁은 의미의 모더니즘으로서 형식주의를 탄생시키는 결정적 요인이 되었다.[04]

04 김찬동, "큐비즘과 피카소", 『열린시학』 제10권 제3호 통권36호, 2005, pp 79-88.

파블로 루이스 피카소 (Pablo Ruiz Picasso, 1881년 10월 25일 ~ 1973년 4월 8일)는 스페인 말라가에서 출생하였고 주로 프랑스에서 미술활동을 한 20세기의 대표적 서양화가이자 조각가이다. 큐비즘 작품으로 널리 알려져 있으며, 대표작으로 《아비뇽의 처녀들》, 《게르니카》 등이 있다.

[출처 : 위키백과]

3) 몬드리안과 기하학적 추상

몬드리안은 자연은 끊임없이 변화하지만 근본적으로 절대적인 규칙에 따라 움직인다고 생각했다. 그는 나무를 점차 단순화시켜 본 결과 결국 수평과 수직의 선만이 남게 됨을 깨닫고 나무와 같이 자연적 대상을 떠나서 엄격한 기하학적 조직(선, 색면)만으로 그림이 가능함을 입증하였다. 그는 사물의 형태에 있을 수 있는 최소한의 질서를 선과 색의 비례로 냉정하게 표현하였다.[05]

• 피에 몬드리안, 1922

05 위키백과

세잔느로부터 출발하여 피카소를 거쳐 몬드리안 등은, 물질의 근원인 원자구조에 관심을 가진 물리학자들처럼, 사물을 구성하는 원리에 관심을 가지고 사물을 새로운 방식으로 재구성하였다. 즉, 그들의 추상 과정은 자연의 형상에서 공통된 질서의 형태를 뽑아낸다는 의미이며, 단순화, 구조화, 축약화였다.

피에 몬드리안 (Pieter Cornelis (Piet) Mondriaan, 1912년 이후에는 Mondrian으로 철자를 바꿈, 1872년 3월 7일 ~ 1944년 2월 1일)은 네덜란드의 근대 미술 화가이다. 몬드리안은 추상화의 초기 화가에 속하며, 네덜란드 구성주의 회화의 거장이다. 빈센트 반 고흐와 야수파에서 많은 영향을 받은 예술가이다. 몬드리안은 테오 판 두스부르흐가 만든 데 슈틸(De Stijl) 예술 운동의 중요한 구성원이다. 그는 자신이 신조형주의(Neo-Plasticism)라고 부른 비구상적인 형태를 발전시켰다. 그의 그림들은 가로와 세로의 검은 선의 격자(grid)와 삼원색을 사용한 것들이 많다.

[출처 : 위키백과]

7.3 재료의 미시적 구조

우리는 재료를 관찰할 때 거시적 관점에서 눈으로 관찰할 수 있는 mm(10^{-3}m)단위의 크기를 본다. 눈으로 확인할 수 있는 재료를 현미경을 사용하여 마이크로(μm, 10^{-6}m)단위와 나노(nm, 10^{-9}m)단위의 미시적 또는 초미시적으로 관찰하면 재료는 일정한 형상를 갖는 결정체(crystal) 모양임을 알 수 있다. 물론 결정체는 재료의 종류에 따라 다양한 형태를 가지며 플라스틱과 같이 일정한 형태가 없는 재료도 있다. 이러한 결정체는 원자, 분자 등의 단위체가 공간에 규칙적으로 배열하여 결정격자를 형성하며 결정형을 이루는 것이다. 이러한 미시적 구조를 다시 원자적 관점으로 관찰하면 모든 재료는 원자로 이루어져있음을 알 수 있다. 사람의 몸이 세포로 이루어져있듯이 재료는 궁극적으로 원자로 이루어져있는 것이다.

현재까지 발견된 원소들의 원자량(질량)을 나타낸 표가 주기율표이다. 주기율표의 원자량은 초기에는 원자량의 기준으로 산소를 16.000으로 하여 다른 원자의 원자량을 계산하였다. 그러나 1913년 영국의 소디에 의해서 동위 원소의 개념이 분명해진 뒤, 같은 원소의 원자에도 무게가 다른 것이 있다는 것이 밝혀진 후 1962년 이후 질량수 12인 탄소 원자(^{12}C)의 질량을 기준으로 하고 이것과의 상대비율에 따라 각 원자의 질량을 나타낸 주기율표가 완성되었다.

이와 같이 사물을 구성하고 있는 물질의 근본적인 형상을 미시적으로 관찰하면 사면체, 육면체, 팔면체 등의 격자로 구성되어 있고 작게는 원형으로 표현되는 원자구조로 이루어져있다. 따라서 우리가 눈에 보이는 사물을 사각형이나 원형으로 표현한다면, 예를 들어 자동차를 사각형과 원형의 조합으로 표현한다면 사물을 구성하고 있는 핵심이자 근본으로 사물을 재구성한 추상화기들의 그것과 같은 것이다.

• 물질의 크기와 관점

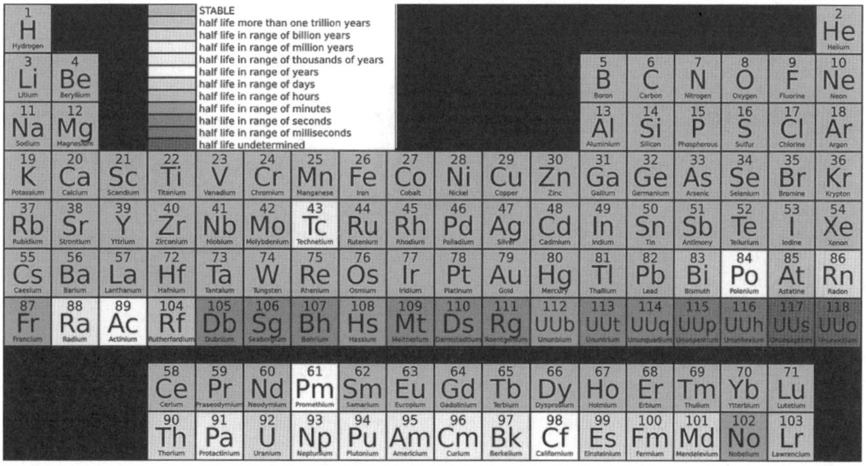

• 원소의 주기율표

사물의 미시적인 구조를 과학적으로 관찰하는 현대의 자연과학과 달리 과학의 개념이 정립되지 않은 고대에도 자연의 근원을 일정한 기하학적인 형상으로 파악한 철학자가 있었다. 플라톤은 물질의 세계를 혼돈의 상태에 질서가 부여된 "코스모스"(『티마이오스』 40a)로 보았으며, 물질의 세계를 구성하는 것은 불, 공기, 물과 흙이며 이것들은 각각 정사면체, 정팔면체, 정이십면체와 정육면체의 형상을 가지고 있다고 생각했다(52d-56a). 더 나아가 자신의 물리 체계의 불변적 요소를 "원소"란 단어에 이어 "씨앗"(Sperma,56b)이라고 말하였다.

플라톤은 한 종류의 물질에서 다른 종류의 물질로 가는 변화, 즉 불에서 공기, 공기에서 불 등으로 변화하는 것은 세 물질들(불, 공기, 물)이 모두 동일한 면인 정삼각형으로 구성되어 있기 때문이라고 했다. 다만 정사각형으로 구성된 정육면체인 흙만이 변형이 쉽지 않으나 이것 역시 정삼각형의 형태로 분화할 수 있다. 한편 플라톤은 우주전체에 정십이면체를 할당하였는데, 이와 같이 자연에 존재하는 다섯 개의 정다면체는 "플라톤의 정다면체"라 불린다.

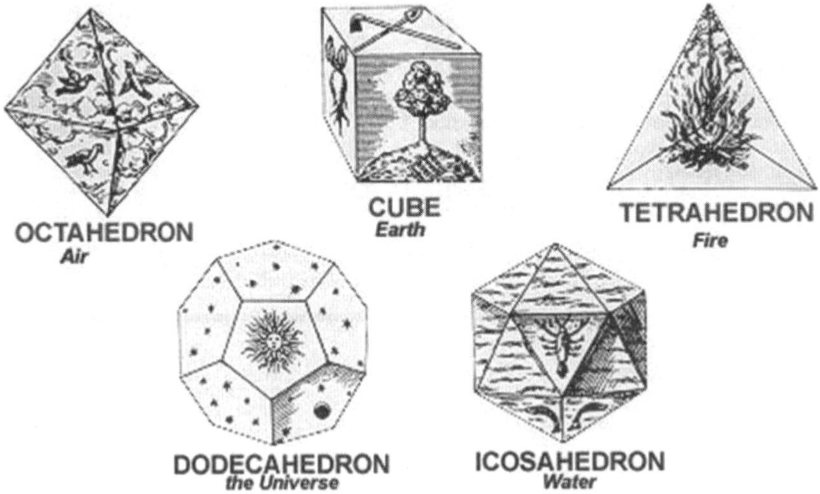

• 플라톤의 정다면체, 출처: http://goback1990.tistory.com/170

8. 부록. 과학 박물관

출처

1.런던 과학 박물관 | 영국 런던

1) http://blog.naver.com/protop00 (조이런던)
2) NAVER 백과사전
3) Google Map
4) Hello 135개 미술관·박물관 유럽1(장효정·김신우·김성희·이혜진 지음/김영사 출판)

2.파리 국립기술공예 박물관 | 프랑스 파리

1) 파리 국립기술공예 박물관 (www.arts-et-metiers.net/)
2) Vinci주차장(www.vincipark.com/)
3) Tech&Future 한국산업기술진흥원 펴냄
4)한국교직원신문 (www.ktcunews.com/sub04/article.jsp?cid=16869&code=449)
5) 이봉우 씨('과학선생님 프랑스 가다'의 저자) 블로그 (www.blog.naver.com/peaklee)

3.독일 과학기술 박물관 | 독일 뮌헨

1) 독일 과학기술 박물관 (http://www.deutsches-museum.de/index.php)
2) 유럽 배낭 여행기 (http://avantgarde.egloos.com/viewer/3879089)
3) 국립 독일 박물관 (한국산업기술진흥원)

4.독일 철도 박물관 | 독일 뉘른베르크

1) 독일 철도 박물관 (http://www.dbmuseum.de/museum_de/home/)
2) 세계 철도 여행기 블로그 (http://blog.daum.net/zenith2/15861820)

5.독일 바우하우스 | 독일 바이마르

1)독일 바우하우스 설명 사이트 (http://www.klassik-stiftung.de)

6.레오나르도 다 빈치 국립과학 기술관 | 이탈리아 피렌체

1) 레오나르도 다 빈치 국립과학 기술관 (www.museoscienza.org)

7.스미스소니언 박물관 | 미국 워싱턴

1) 2004.12.10 © ScienceTimes
2) NAVER 지식백과사전
3) Google Map
4) http://www.si.edu (스미스 소니언 협회 홈페이지)
5) 세상을 바꾼 이야기 - 권기균 지음 / 에르디아 출판

8.상하이 과학기술 박물관 | 중국 상하이

1) 상하이 과학기술 박물관 (http://www.sstm.org.cn/kjg_Web)

9.동경 국립 과학 박물관 | 일본 도쿄

1) 2009.03.27 © ScienceTimes
2) NAVER 백과사전
3) Google Map
4) 일본 국립 과학 박물관 (http://www.kahaku.go.jp)

1. 런던 과학 박물관

• 런던 과학 박물관 입구

과학박물관은 영국의 수도 런던에 있으며, 독일박물관에 비견되는 대규모의 과학박물관이다. 런던 과학박물관의 역사는 1857년 사우스 켄싱턴 박물관 한 쪽에 예술과 과학기술 전시 부스를 개설한 것이 계기가 되어 1964년 현재의 위치로 이전, 오늘날에 이르렀다. 약 30만점의 전시물을 중심으로 농업 · 식품기술, 화학 · 물질기술, 가정 · 레저기술, 환경과학과 기술, 물리학 · 도량법 · 시간, 천문학 · 우주, 통신컴퓨터, 공학 · 산업, 의학 · 건강 · 생명과학, 운송 등 10개의 주제로 구분해 전시하고 있으며 연간 250만 명의 방문객이 찾고 있다고 한다.

처음 박물관에 방문 시 세련되고 정돈이 잘되어 있다는 느낌을 받는다. 들어가면 붉은 옷을 입은 박물관 직원들이 전문가처럼 상세하고 친절하게 설명해준다. 또한 Science Show라고 해서 하루에 2~3번 볼거리를 제공하는 Show가 아닌 기초과학을 응용해 만든 많은 것들을 경험하게 하는 시스템이다.

런던 과학박물관 건물은 지상 5층, 그라운드층, 지하 1층으로 이루어졌다. 지하층은 일반 가정생활에서의 과학이나, 어린이가 놀이와 함께 과학을 접하게 만든 놀이터인 Garden, Things등이 있으며 편의 시설로는 간단한 음료 판매대, 카페, 가져간 음식물을 먹을 수 있는 장소가 있다.

(위에서 부터) • The Garde • 증기 기관 • 달 착륙선

그라운드층은 가장 오래된 증기 기관이 전시되어 있고, 푸꼬의 진자는 지구가 축을 중심으로 돌아가고 있음을 보여주고 있으며, 우주 탐험관에는 아폴로 10호가 1969년 달에 착륙한 것을 재현해놓았다. 또 1813년도 교통편인 증기기관차 퍼핑 필리를 볼 수 있다.

1층은 런치패드라고 해서 일종의 과학놀이터이다. 여기서는 50여 가지를 직접 실험해보며, 과학적인 이론과 배경을 설명 들을 수 있다. 과학박물관에서 접하는 모든 것들이 이곳에서의 현상에 기초를 두고 있기 때문에 여기서부터 실질적인 관람이 시작된다고 보면 된다. 그리고 통신수단의 1830년부터 1980년까지 통신수단의 발전 역사를 설명과 실물로 보여준다. 이밖에 가스, 농업, 시간측정, 기상학에 관한 전시물들을 볼 수 있다.

2층에서는 고대부터 현대까지의 화학기구, 실험실이나 일상생활에서 쉽게 접하는 것들로 전시가 되어있다. 그 중 비중이 높은 것은 핵물리학과 원자력, 컴퓨터, 해양공학에 관한 전시이다. 1897년에 톰슨에 의해 전자가 발견된 이후 현재까지 원자구조의 연구 및 실험에 쓰인 기구들이 전시되어 있으며 핵연료 재생, 방사성 폐기물처리에 관한 것까지 있다. 컴퓨터 쪽은 수학적 기계부터 슈퍼컴퓨터까지의 컴퓨터의 발전사를 볼 수 있다. 해양

• Launch Pad

과학 쪽은 타이타닉과 같은 배 모형과 엔진, 항해설비 등을 전시해 놓았고, 조명 쪽은 에디슨의 초창기 램프를 볼 수 있다.

3층에서는 가상체험 시뮬레이터가 있다. 우주선 모형의 비행기로 수용인원은 10명이고, 요동치는 우주선 안에서 효과화면을 보여준다. 사진과 영화분야의 전시실에는 사진기의 발전과정, 영국의 골동품 카메라, 빅토리아 시대의 촬영실 사진이 전시되어있다. 또한 ON AIR 전시실에서는 방송과 음향의 메커니즘을 설명해주며, Flight Lab에서는 비행기가 나는 원리, 상호작용 되는 전시물을 보여준다.

4층 의학 역사관(Medical History)에서는 고대 이집트 시대부터 현대까지 다양한 의학 발달 과정을 보여준다. 5층은 해부학 도구와 의약품 등 의료과학과 의술에 관한 전시를 주로 한다. 박물관 안에는 3D 아이맥스 영화를 상영하는 영화관도 있다.

(좌측부터) • 수학적 기계 • 비행기 모형 • 시술과정 재현

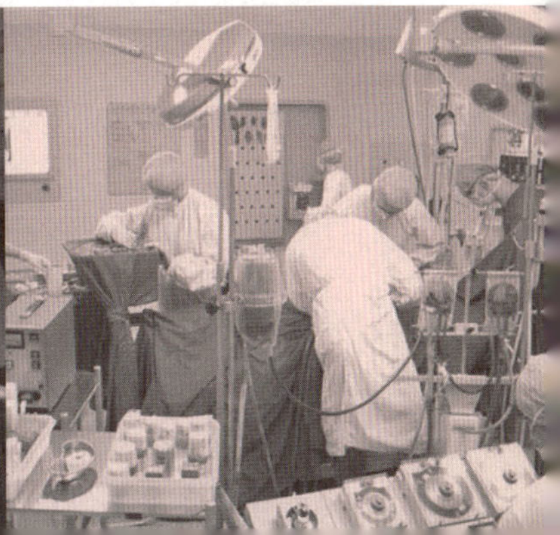

1 위치

Exhibition Road South kensington London SW7 2DD
TEL : 020-7938-8008/8080/8000

2 영업시간

시간	평상시	학교 방학시
개관	10:00	10:00
마지막 입장 시간	15:15	18:15
폐관	18:00	19:00

※ 학교 방학 시 월의 마지막 수요일은 18:00 폐관

3 이용요금

박물관 전체 이용은 무료. 특별 전시나 상설 전시의 경우 따로 입장료를 받음.

4 교통

- 지하철 : South Kensington역 하차(Piccadilly Line, District Line, Circle Line)
- 버스 : 9, 14, 49, 52, 74, 345
- 자전거 : Transport for London Barclays Cycle Hire

홈페이지 참고(http://www.tfl.gov.uk/modes/cycling/barclays-cycle-hire)

- 주차 : 근처에는 마땅한 주차시설이 없어서 이용하려면 Royal Borough of Kensington and Chelsea의 유료 주차장 이용 (시간당 요금 : 1시간당 4유로,€)

2. 파리 국립기술공예 박물관

· Musée des arts et métiers 전경

파리 국립기술공예 박물관(Musée des arts et métiers)은 프랑스 혁명 기간 중인 1794년 앙리 그레그와르 주교가 생 마르탱 데 샹 수도원 자리에 설립한 프랑스 국립기술공예학교의 과학기술 산업 관련 기기와 책, 스케치, 발명품들을 보관하는 자료관으로 시작됐다.

이곳은 17세기부터 20세기까지 제작된 8만여 점이 넘는 기술 산업 발명품과 1만5000여 점의 스케치를 소장하고 있다. 유럽에서 가장 오래된 산업기술박물관으로 영국 런던의 과학관이나 독일 뮌헨의 과학박물관을 비롯한 세계 각국의 과학기술 박물관 설립에 많은 영향을 끼쳤다.

'프랑스 과학사의 보고' 라고도 할 수 있는 이곳의 명칭에 '공예(arts)'라는 이름이 어울리지 않는다고 생각 할 수도 있다. 현대에서는 실험을 할 때 실험기구들을 구입하여 사용하지만, 아주 오래전에는 실험기구들을 파는 곳이 없어 스스로 모든 실험도구를 만들어서 실험을 하였다고 한다. 실험도구를 사는 경우도 공장에서 양산한 것이 아닌, 장인의 손길이 닿은 수제품뿐이었다고 한다. 이런 차원에서 생각을 해본다면 오래된 현미경이나 망원경 등은 마치 고가의 공예품이라고 느껴질 정도이니, 그런 점에서 '공예'라는 이름이 잘 어울린다고 할 수 있다.

• 제노브 그람의 동상

박물관 본관과 별관으로 구분되어 있다. 본관은 과학기기, 물질, 에너지, 역학, 건설, 통신 수송 등 7가지 섹션으로 구성되어있다. 처음 입구에는 제노브 그람(1826-1901)의 동상이 1871년 자신이 제작한 세계 최초의 직류 발전기 부품을 손에 쥔 채 생각에 잠겨있는 모습으로 관람객들을 맞이하고 있다.

• 파스칼의 계산기

가장 높은 곳에는 오래 전 학자들이 사용했던 여러 가지 기구들이 전시되어있는데 주로 측정 또는 관측 도구이다. 천체 관측도구, 부피 관측도구, 갈릴레이의 온도계, 포물선 운동 시연장치, 음정 측정장치 등이 있다. 이 중 가장 눈 여겨 볼 것은 파스칼의 계산기이다. 또한 파리 시내로 가면 생자크 탑을 볼 수 있는데 이 곳은 파스칼이 높이에 따라 수은주의 높이가 달라지는 것을 실험했던 곳이다. 파스칼을 수학자로서도 큰 업적을 남기기도 하였지만, 과학에서도 큰 업적을 남겼다. 압력의 단위로 Pa(파스칼)을 쓰는 것도 같은 이유에서이다.

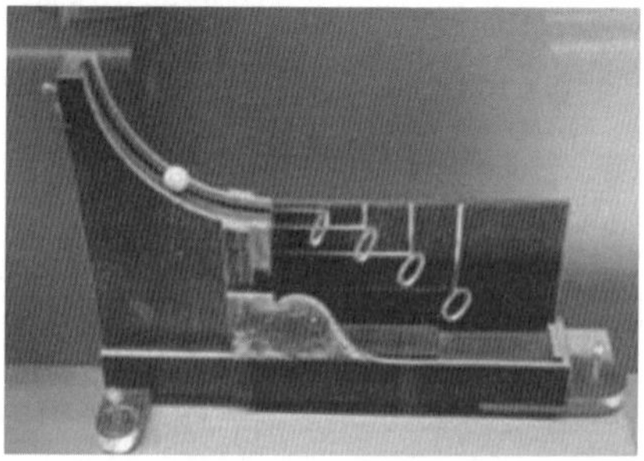

• 포물선운동의 시연장치

이 박물관에서 가장 유명한 곳은 '라부아지에의 실험실'이다. 라부아지에는 프랑스 과학자로 화학에서는 돌턴과 더불어 세계에서 가장 위대

• 라부아지에의 실험실

한 과학자라고 할 수 있다. 라부아지에의 실험실은 실제 실험실이 아닌 라부아지에가 사용하던 실험도구를 한 방에 모아서 전시해 놓은 것이다. 실제로 라부아지에의 실험실은 그 당시 가장 최신식이었고 화려했다고 한다. 당시는 과학자를 직업으로 삼기 매우 힘든 시대였다고 한다. 과학실험을 하려면 막대한 돈이 필요했기 때문이다. 그래서 라부아지에는 세금징수원 일을 했다. 그는 매우 똑똑한데다 현실감각도 뛰어났기 때문에 세금관리인 조합의 세금징수원인 동시에 화약감독관으로 일할 수 있었다. 그 결과 그는 막대한 부를 손에 넣을 수 있었고, 풍족한 자금력을 바탕으로 당시 다른 과학자들은 할 수 없는 최첨단 실험실을 만들었다. 그의 실험도구들은 그가 과학에서 뛰어난 업적을 남기는데 결정적인 역할을 했다. 라부아지에의 가장 큰 업적이라 하면 '질량 보존의 법칙'을 빼 놓을 수 없다. 질량 보존의 법칙은 화학반응 시, 반응 전후에 반응물과 생성물의 전체질량은 변하지 않는다는 법칙인데, 라부아지에는 유리 기구에 주석을 넣고 가열해 가열 전후 질량이 거의 변하지 않는다는 것을 통해 질량보존의 법칙을 알아냈다. 이것이 가능한 것은 정밀 측정이 가능한 저울 때문이었다. 박물관에는 라부아지에가 질량보존의 법칙을 발견하는데 사용한 저울도 전시되어 있다. 이 밖에도 다이아몬드를 태우는데 사용한 볼록렌즈를 비롯해 정량적인 화학의 기틀을 마련할 수 있는데 도움을 준 여러 가지 기구들을 살펴볼 수 있다.

박물관의 진품 중 '볼타 전지'도 또한 유명하다. 1799년 만들어져 세계 최초의 전지라고 할 수 있는 이 볼타전지는 작은 원판 모양의 은판과 아연판, 소금물을 적신 판지를 번갈아 겹겹이 쌓아 만든 것으로, 맨 위와 아래를 서로 다른 금속으로 하여 전선을 연결하면 전류가 흐르게 된다. 은판이 (+)극이 되고 아연판이 (-)극이 되어 소금물을 전해질로 하는, 교과서에서 본 전지가 만들어진 것이다. 그 당시 정전기를 모아서 만든 라이덴병이라는 것도 있었지만, 라이덴병은 순간적으로 방전되는 정도가 한계였다. 반면에 전류가 계속 흐르게 한 볼타전지야말로 아주 획기적인 발명품이었던 것이다.

• 푸코의 진자 실험 재현(위) • 자유의 여신상 제작과정 재현(아래)

별관에는 1851년 프랑스의 물리학자 레온 푸코가 지구의 자전을 증명하는 실험에 사용했던 길이 19m의 거대한 '푸코의 진자'의 원본과 함께 이해를 돕는 전시물이 함께 있다. 푸코의 진자는 크리즈 라는 과학사학자가 세상에서 가장 아름다운 10대 실험 중 하나로 손꼽히기도 했다. 진자를 흔들면 진자의 진동면이 회전한다는 것을 당시 많은 과학자들도 알고 있는 사실이었으나 푸코는 이를 통하여 지구의 전전을 증명하였다. 푸코는 많은 사람들은 파리 천문대의 중앙홀에 모아놓고 실험을 시연하였고, 이를 접한 보나파트르 왕자는 그에게 판테온에서 진자실험을 하도록 지시하였다고 한다. 푸코는 판테온 돔 중앙에 길이 67m의 긴 쇠줄로 28kg의 추가 모래바닥에 자국을 남길 수 있도록 하여 실험을 하였다. 지금도 판테온의 중앙홀에는 진자가 있다고 한다. 이 외에도 별관에는 1886년 미국 독립 100주년을 기념하여 프랑스에서 우호증진을 위해 선물로 준 자유의 여신상 제작 과정, 니콜라 퀴뇨가 1769년 제작하여 파리 시내를 4km 주행했던 증기자동차 '파르디에', 1909년 영불 해협 횡단에 성공한 루이 블레리오의 단엽비행기 '블레리오11'등이 실물 그대로 전시되어 있다.

1 위치

프랑스 파리 3구에 자리하고 있으며 생-마르텡(Rue Saint-Martin)거리와 레오뮈르 거리(Rue Réaumur) 사이, 아르 에 메티에르(Arts et metiers) 역 근처에 있다.

2 주소

프랑스 파리 3구 레오뮈르 가 60번지
기술공예박물관
Musée des arts et métiers, 60 rue Réaumur,
Paris 3e, France
TEL : +33 1 53 01 82 75/65

3 영업시간

시간	월요일	화요일	수요일	목요일	금요일	토요일	일요일
개관	휴관	10:00	10:00	10:00	10:00	10:00	10:00
폐관		18:00	18:00	21:30	18:00	18:00	18:00

※ 5월 1일, 12월 25일은 요일과 관계없이 휴무

4 이용요금

1) 영구소장품

▷정상요금 : €8.00

▷연 간 권 : €22.00

▷할 인 권 :€5.50

다음의 항목 증명 시 : 학생, Gaîté Lyrique의 멤버쉽 카드 소지자

▷무　료 :

다음의 항목 증명 시

- 구직자
- 26세 미만(EU회원국), 18세 미만(EU비회원국)
- 기자
- Education pass 소지자
- 기술공예박물관 후원자
- 기술공예박물관 직원
- 기술공예박물관 연수생
- 국제박물관협의회(ICOM)카드, AMCSTI, 및 Paris museum pass 영구초대권 소지자
- 장애우 및 동반 1인(성인)

▷무료개방

- 매 월 첫째 주 일요일 / 목요일 저녁 18:00~21:30

2) 전시회

▷정상요금 : €6.00

▷할 인 권 : €4.00

다음의 항목 증명 시,

- 학생
- Education pass 소지자
- 18세 미만

▷무료

다음의 항목 증명 시

- 구직자
- 5살 미만
- 여행 가이드
- 기술공예박물관 후원자
- 기술공예박물관 직원
- 장애우 및 동반 1인(성인)
- 국제박물관협의회(ICOM)카드/AMCSTI/초대권
- 기술공예박물관 연수생
- 기자

3) 영구소장품 및 전시회 통합 티켓

▷정상요금 : €9.00

▷할 인 가 : €6.50

▷18세 미만 : €4.00

4) 기타 요금

- 오디오 가이드 : €5.00/개 (영어, 독일어, 중국어, 스페인어, 프랑스어, 이탈리아어, 일본어)
- 교육 연수 : €6.50(8세~9세/10세~12세)
  동반자 추가 교육 연수 : €4.50/성인 1명
- 기념일 연수 패키지 : €105.00
- 문화그룹멤버(가이드 없이, 예약) : €4.50
- 교육그룹멤버(가이드 없이, 예약) : €0.00
- 학교 단체(가이드 포함, 예약) : €100.00
- 특정 단체(장애우, 예약) : €40.00

5)지불방법

- 현금, 수표 및 신용카드

5 교통

- 지하철 : 3호선, 11호선 - 아르 에 메티에르(Arts et metiers)역
  4호선 - 세바스토폴(Sebastopol)역
- 버 스 : 20, 38, 39, 47
- 자전거 : vélib(자전거 대여시스템)이용,
  Station n°3011 - 55 rue de Turbigo - 75003 Paris
  Station n°3005 - 7 rue Sainte-Élisabeth - 75003 Paris
  vélib이용방법 : vélib 홈페이지 참고 (http://www.velib.paris/)
- 주 차 : 인근 유료 주차장 이용

Parking Vinci(Vinci 주차장), Tel. +33 1 42 74 16 00
생-마르텡 거리와 레오뮈르 거리의 교차로에 위치

시간(hour)	요금 (유로,€)
1	3,50
2	7.10
3	10.70
24	36.00

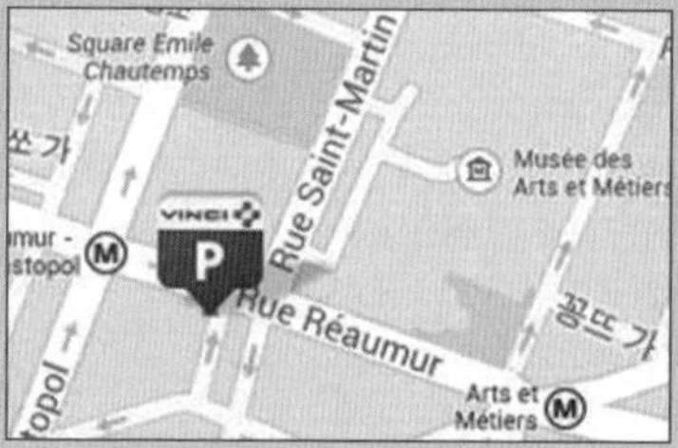

3. 독일 과학기술 박물관

• 라이트 형제의 비행기 (독일 과학기술 박물관 소장)

국립 독일 박물관은 세계에서 가장 큰 과학기술 박물관 중 하나로 1925년에 처음으로 일반인에게 공개되었다. 처음에 뮌헨에서 1903년에 이자르강가의 작은 모래섬에 과학관을 세울 수 있게 한 이래 과학관이 개관하게 된 것은 22년의 세월이 흘렀다. 전시품은 과학 기술 분야에서 100,000개 이상을 소장하고 있다. 독일 박물관은 세계에서 가장 선도적인 과학 기술 박물관 중 하나이다. 전시품들은 특정 분야에 국한되지 않는다. 핵물리학과 광산까지 다양하게 있고, 시대는 석기 시대부터 현재까지 범위가 넓다. 역사적으로 중요한 전시품은 박물관의 핵심이다. 그래서 수집품 보관함은 계속적으로 확대되고 있다. 이름은 독일 박물관이지만, 내용물을 보면 독일 과학박물관이라고 보는 게 더 맞을 것 같다. 8층으로 구성된 넓고 큰 박물관 안에 비행기, 선박, 기계, 우주과학, 광학, 우주 과학 등 수없이 많은 전시품이 소장되어 있다.

독일 박물관의 물리학

물리학은 독일 박물관의 설립에서 가장 큰 중요한 학문이다. 물리적 우너리의 설명은 기술을 이해할 수 있기 위한 전제 조건으로 간주되었다. 전시 기술의 많은 항목은 물리적 연구의 응용 분야로 제시했다. 그러나, 시간이 지남에 따라 이러한 문제, 예를 들면 통신 기술, 전시실이 주목되고 있다. 독일 박물관(Deutsches Museum)에서는 전시 물리학과 간단한 증명을 사용하여 물리적 원리의 설명에 초점을 둔다. 역사적인 장비 및 물리학 악기의 전시품 전시는 미래를 위한 물리학의 물리적 유물을 보존하기 위한 역사적 물품의 전시품인 것이다. 물리학의 특징은 생명이 없는 자연의 법칙을 확립하기 위해 실험과 이론적인 복잡한 상호 작용이 필요하다. 목표는 자연 현상을 이해하고 수학적 형태로 설명하는 것이다. 고대 시대에, 많은 중요한 교훈이 되었지만, 실험 및 수학은 16세기까지 큰 중요성을 인수했다. 전시의 초점은 '현대' 물리학의 형성과 발전에 두었다. 전시 부문의 구조는 현재 물리학의 전통적인 구분을 따른다. 전기와 자기는 고대에 이미 알려져 있었다. 그러나 이러한 문제의 18세기 연구에서 설정한 간단한 정전 발전기를 통해 인위적으로 전기를 생산하는 것이 가능하게 되었고 탐색을 위해 나침반을 중앙에 위치시켰다. 또한 원자 물리학은 고대에 그 뿌리를 두고있다.

• 제임스 와트의 증기기관

박물관에 있는 제임스 와트의 증기기관은 '손을 사용하지 않고도 물체를 움직일 수 없을까?'라고 고민을 하면서 발명된 증기기관이다. 증기기관의 기본 원리는 일정한 용기에 담긴 물을 가열하면 수증기가 발생하는데 이로 인해 용기 속의 압력이 용기 바깥의 공기 압력보다 높아진다. 이렇게 생긴 압력 차를 이용하면

물체를 움직이는 것이 가능하다. 증기기관은 사람의 손을 직접 사용하지 않고 물체를 움직이고자 한 인류의 오랜 꿈을 실현시켜 주었다. 증기기관은 18세기 산업혁명 이후 공장의 기계를 돌리거나 기차와 같은 탈것의 엔진으로 활용됐다. 와트의 초기 아이디어는 실린더와 응축기를 분리시키는 것이었다. 실린더로 들어간 수증기를 분리된 장소에서 응축시킴으로써 실린더 안에 찬물을 끼얹을 필요가 없었다. 따라서 실린더는 높은 온도를 유지할 수 있었다. 이로 인해 증기기관을 작동하기 위해 소비하는 석탄의 양을 줄여, 광산 인근이 아니어도 증기기관을 이용할 수 있게 했다. 또한 와트는 실린더에 덮개를 씌워 피스톤이 외부 공기에 노출되는 것을 막았다.

• 항공기 테마관의 헬기(위) • 프로펠러 엔진(아래)

이렇게 제작된 와트의 증기기관은 대기압의 영향을 거의 받지 않고 증기압만으로 피스톤을 위아래로 움직이게 됐다. 피스톤이 증기압에 의해서만 움직인다는 점에서 와트의 기관을 '최초의 증기기관'이라고 한다.

예전의 발명품 이외에도 최첨단 발명품이 있는 테마관도 있다. 테마관은 항공기, 선박, 광학기기 등등 여러 테마관이 있는데 항공기 테마관은 프로펠러의 엔진이랑 비행기들이 많이 있는데 그중에서도 박물관의 최대의 볼거리는 라이트형제의 비행기다.

앞의 비행기는 미국의 비행기 제작자이자 항공계의 개척자 형제, 오빌(Orville 라이트와 윌버(Wilbur) 라이트 형제가 1903년 역사상 처음으로 동력비행기를 제작하여 비행에 성공했었던 비행기다. 독일에서 비행기가 발달하게 된 계기는 1918년과 1945년 사이를 손꼽는다. 이 기간을 비행기의 발달 시대로 손꼽는데, 바로 1918년은 제1차 세계대전이 끝난 해이며, 1945년은 제2차 세계대전이 끝난 해이다. 첫 번째 세계대전이 끝남과 동시에 전쟁에 사용할 수 있는 무기로서 비행기를 연구하고 개발했던 것이다. 전시장 곳곳에는 세계대전에서 실제로 사용했던 다양한 비행기들도 전시되어 있다.

• 초창기 라이카 카메라(위) • 아폴로 11호 미니어처(아래)

광학관 테마는 모든 카메라 유저들의 로망인 초창기 라이카 카메라가 전시되어 있다.

카메라는 독일제와 일본제가 유명한데 그 이유는 렌즈를 정밀하게 제작할 수 있는 기술력을 보유해서 그렇다. 이 두 나라가 유독 렌즈 기술이 발달한 이유는 세계대전을 겪으면서 정밀하게 조준할 수 있는 폭격기를 많이 생산하면서 기술 발전을 많이 했다. 세계대전에 쓰였던 스파이 카메라까지 전시되어 있다. 그 밖에 전시물은 방직, 인쇄, 컴퓨터 공학, 장난감 등등 수많은 테마관이 있다. 관심 있는 테마관을 미리 선정하는 것이 좋다.

독일 기술의 발달을 가져온 광산을 보여주고자 실제로 터널 속에 광산을 재현해 놓고 광산업에 사용하는 다양한 기구들을 전시해 놓고 있다. 긴 터널은 무려 900미터나 된다고 하니 실로 엄청난 전시물이다. 사람들이 가장 좋아하는 것은 역시 직접 만져보고 움직여 볼 수 있는 전시물이다. 비교적 최근에 구성된 전시관인 듯 보이는 곳이 운하와 해수의 운동에 관련된 전시물이 갖추어진 곳이다. 기계를 돌려 물을 이동시키고, 물이 위에서 아래로 내려오면서 만들어지는 다양하고 예쁜 조형물들을 조금은 삭막해 보이는 박물관 내를 예쁘게 만들어주고 있다.

[1] 주소

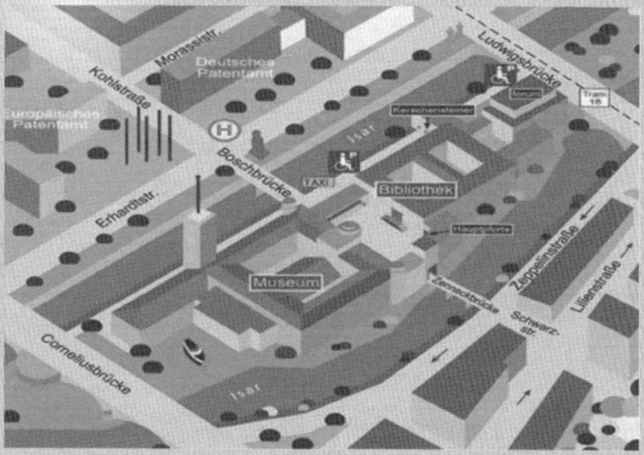

Deutsches Museum of masterpieces of science
and technology Museum Island (Museum Island)
180538 뮌헨
전화 : +49 (089) 2179-1

[2] 영업시

※ 2016년 1월 1일, 2016년 2월 9일, 2016년 3월 25일, 2016년 5월 1일, 2016년 6월 29일, 2016년 11월 1일, 2016년 12월 24일, 2016년 12월 25일, 2016년 12월 31일 휴무

[3] 이용요금

1)기본요금

항목	입장료(유로, €)
16세 이상	11
박물관, Flugwerft와 교통 센터의 조합 티켓	16
가족 티켓 (가족구성원인 부모와 15살 이하의 어린이일 때)	26

2)특별할인

항목	입장료(유로, €)
어린이와 청소년 (6~15년)	4
20명 단체 성인 (각자)	7
복지 수급자, 장애인, 자원봉사 참가자 등	7
5세 미만 어린이, 회원	Free

3)추가요금

항목	입장료(유로, €)
Zeiss Planetarium	2
박물관의 개관 가이드 / 투어	3

4)연간 티켓

항목	입장료(유로, €)
Zeiss Planetarium	2

4 교통

- 지하철 : Subways U1 and U2 (station Fraunhoferstrasse)
- 버스 : Bus 132 (stop Boschbrücke)
  Bus 52 and 62 (Baaderstraße)
- 기차 : Tram line 16 (stop Deutsches Museum)
  Tram line 17 (Fraunhoferstraße)
  Tram line 18 (Isartor)

※ 주변에 주차장이 있지만, 대중교통 이용을 추천 드립니다.

4. 독일 철도 박물관

• 보존되어 있는 ETT 차량인 DB Baureihe VT 11.5 디젤 자동차)

철도 박물관은 모두 3층으로 되어 있는데 1~2층은 철도 박물관이고 3층은 통신 박물관이다.

따로 떨어져 있는 건물에 차량 전시장이 있다. 뉘른베르크는 1835년에 독일에서 최초로 철도가 개통된 장소이고 1899년에 왕립 바이에른 철도 박물관으로 문을 열었다. 현재 건물은 1925년에 지어졌으며 1996년 부터는 독일 철도 DB에서 운영을 맡게 되었다.

철도 박물관에는 크게 철도 역사관과 철도 체험관으로 나눌 수 있다. 철도 역사는 다른 나라의 박물관에 비해서는 오래된 차량이 많지 않지만 그림과 도표, 그리고 영상으로 자세하게 설명을 하고 있다. 1835년 독일에서 철도가 처음으로 개통되었을 때부터 1989년 독일 통일이 되면서 철도가 통합될 때까지의 과정을 담고 있는데 독일답게 과거의 아픈 역사도 그대로 담고 있다.

독일 철도 박물관은 1835년 뉘른베르크와 퓌 르트 사이의 6km 트랙으로 역사는 시작되었다. 천만 톤의 철, 나무, 그리고 돌을 이동시키는 수많은 노동자들을 고용했다. 동시에 철도의 도입은 풍경을 대규모로 삭감시키는 것을 의미한다.

• Eagle 철도의 개통(위) • 1835년 증기 기관차 "애들러"(아래)

철도는 19세기 산업화의 엔진이었다. 노선의 전국적인 확장과 함께 연구 개발과 산업은 새로운 분야로 도입되었다. 더 나은 차량과 신뢰할 수 있는 신호 기술, 표준 및 규정이 필요했다. 고용된 노동자의 증가와 다양한 철도 회사의 네트워킹은 정치적인 이슈를 웹 사이트에 기재했고 그 결과 많은 민간 철도 회사가 국유화되었다. 19세기 후반의 철도는 대중교통수단이었다. 개인의 삶에 대한 모든 결과와 도시화의 과정을 가속시키고 도시 사람들은 교통의 새로운 수단을 통해 서로 가까워지고 있었다. 국가 주민들은 도시에서 일을 하고 쇼핑을 기차로 했다. 도시 주민들은 시골을 주말에 갔다. 처음부터, 철도는 중요한 경제 요인이었다.

증기 기관차 "애들러"는 독일에서 사용된 최초의 기관차이다. 뉘른베르크와 퓌 르트 사이를 20년 이상을 운행했다. 애들러는 최고속도 65km/h 길이는 6.7m이고 중량은 14ton이다.

독일 철도는 민간회사의 개념을 도입하여 수익을 높이기 위하여 노력하였고 이에 따라서 전쟁 패배에 따른 경제적인 어려움을 극복하는데 기

• 1998년 시험 운전에서 406km/h를 기록한 ICE

여하였다. 독일 철도는 기술 개발에 많은 투자를 하여서 1933년에는 플라잉 "함부르거(Flying Hamburger)"같은 최고속도가 160km/h인 차량이 등장하게 되었다. 독일 철도는 많은 일자리를 창출하였고 또한 철도 노동자들은 노조를 만들어서 자기들의 이익을 대변하였다.

1933년 초에 나치 정권이 나타나면서 철도는 점차 정부에서 직접 관할하게 되었고 2차 대전을 수행하는 역할을 하였지만 덕분에 엄청난 피해를 입었다. 박물관에서는 군인들이 철도로 이동하는 장면과 나치의 총통이었던 아돌프 히틀러가 역에서 군인들을 독려하는 장면을 보여주고 있다.

전쟁은 끝나고 독일이 분단되면서 철도는 동독의 독일 제국 철도(Deutsche Reichsbahn)와 서독의 독일 연방 철도(DeutscheBundesbahn)로 나누어졌다. 민주주의 국가였고 착실히 경제를 발전시켰던 서독의 연방철도와 소련의 영향력 하에 있으면서 경제였던 동독의 제국 철도가 거대한 프로젝트를 수행하는 과정을 그렸다. 서독은 철도 기술이 발전하면서 고속 철도인 이체에(ICE, InterCity Express)를 개발하였다. 박물관에서는 서독과 동독의 주요 차량의 모델을 전시하여 놓고 각종 지표를 비교하여 놓았다.

마지막으로는 독일의 통일 과정이 영상으로 나온다. 서독의 열차가 국경을 넘어서 동독을 달리는 장면과 독일 연방 철도와 독일 제국 철도가 합쳐져서 지금의 독일 철도 DB(Deutsch Bahn)이 되는 기념식 장면을 보여준다.

3층에 있는 통신 박물관을 나오면 박물관 건물과 따로 떨어져 있는 차량 전시장이 있다.

안에는 TEE(Trans-Europ-Express)라고 하는 유럽 횡단 특급 디젤 자동차가 전시되어 있다.

TEE는 1957년부터 운행하기 시작한 서유럽 국가 간의 국제 특급 열차로 초창기에는 서독, 프랑스, 스위스, 이탈리아, 네덜란드를 잇는 노선에서 운행하기 시작했다. 당시에는 전철화가 되지 않은 노선이 많았고 나라마다 전류와 전압이 달라서 디젤 자동차로 운행을 시작하였다. TEE 초기 차량인 DB 바우라이헤(Baureihe) VT 11.5 디젤 자동차는 1957년에 만들어졌으며 최고속도는 140km/h였다. 1971년에는 인터시티(Inter City)가 운행하기 시작하면서 차량의 출력이 증강되어서 최고속도가 160km/h로 빨라졌다. 전철화가 된 구간이 늘어나면서 1982년에 은퇴하여 관광 열차로 운행을 하다가 현재는 이곳에 전시되어 있다.

• 인터시티나 유로시티의 개통 전(1855년)과 개통 후(1985년)의 상황

1 위치

철도 박물관은 뉘른베르크의 주요 역 근처에 있습니다.

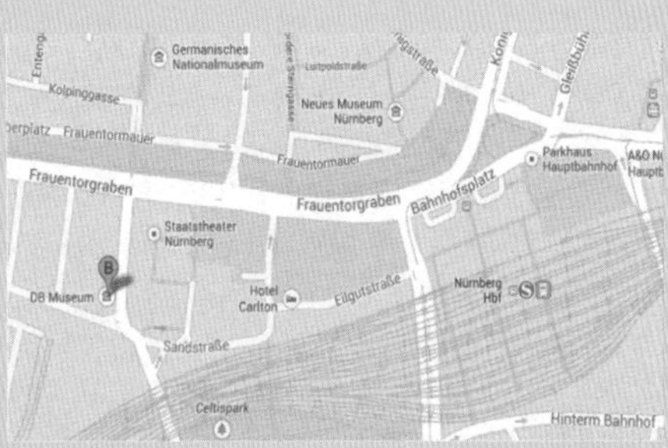

● 주소

6 Lessingstraße D-90443 뉘른베르크

전화 : 0800. 32687386 or 0800 DB Museum

2 영업시간

시간	월요일	화요일	수요일	목요일	금요일	토요일	일요일
개관	휴관	10:00	10:00	10:00	10:00	10:00	10:00
폐관		18:00	18:00	21:30	18:00	18:00	18:00

※ 2016년 1월 1일, 2016년 2월 9일, 2016년 3월 25일, 2016년 5월 1일, 2016년 6월 29일, 2016년 11월 1일, 2016년 12월 24일, 2016년 12월 25일, 2016년 12월 31일 휴무

3 이용요금

항목	입장료(유로, €)
성인	5
가족 티켓 (성인 2명과 아이들 최대 4명)	10
특별 할인(*)	4
6세 이상 17세 미만 어린이	2.5
6세 미만 어린이	Free
DB 박물관 직원	Free

※ 특별 할인(*) : 10명 이상 단체, 노인, 학생, 장애인, VGN 티켓 소지자

직불 카드와 신용 카드 (비자, 마스터 카드)로 결제가 가능합니다.
라이브러리 및 문서 열람은 무료입니다.
전시회 입장료는 박물관 입장료에 포함되어 있습니다.

3 연간입장권

항목	입장료(유로, €)
성인	15
가족 티켓 (성인 2명과 아이들 최대 4명)	40
특별 할인(*)	12
6세 이상 17세 미만 어린이	7.5

4개의 장애인 주차장과 입구 계단에는 리프트가 있습니다.
박물관의 모든 전시관은 휠체어 경사로와 리프트가 있습니다.
장애인 방문객은 휠체어 2대를 사용할 수 있습니다.
사진 및 동영상 촬영 (플래시 없이 또는 개인 목적)이 허용됩니다.
삼각대는 오랫동안 다른 방문자가 방해받지 않는 한 사용할 수 있습니다.
상업 음반은 사전 예약 수수료가 있습니다.
개는 박물관에 출입할 수 없습니다.

4 교통

● 대중교통(VGN) >>가격은 4€
U2 Opernhaus (약 100m)
S1,S2,S4는 뉘른베르크Steinbühl (약 900m)에서 정차
● 운전경로
고속도로 센터 또는 주요 기차역에 표지판을 따라 올드 타운 광장 (Frauentorgraben) 및 Lessingstraße를 통해 올 수 있습니다.

• 데사우의 바우하우스

5. 독일 바우하우스

1919년 건축가 발터 그로피우스(Walter Gropius)가 미술학교와 공예학교를 병합하여 설립하였다. '바우하우스(Bauhaus)'라는 이름은 독일어로 '집을 짓는다'는 뜻의 하우스바우(Hausbau)를 도치시킨 것이다. 주된 이념은 건축을 주축으로 삼고 예술과 기술을 종합하려는 것이었다. 바이마르에서 출발한 바우하우스에서는 요하네스 이텐(Johannes Itten), 라이오넬 파이닝거(Lyonel Feininger), 폴 클레(Paul Klee), 오스카 슐레머(Oskar Schlemmer), 바실리 칸딘스키(Wassily Kandinsky) 등이 교육을 담당하였다. 초기에는 공예학교 성격을 띠다가 1923년에 이르러서야 예술과 기술의 통일이라는 연구 성과를 평가받기 시작하였다. 그러나 그로피우스와 이텐 사이에 대립이 생겨 이텐이 바우하우스를 떠난 뒤에는 모호이너지(László Moholy-Nagy)가 후임으로 참가하였다. 이때부터 비로소 교육방침이 정착되어 바우하우스의 특색으로 자리잡았는데, 교육과정은 다음과 같다. 우선 예비과정에서 반년 간 기초 조형훈련을 받고 토목 · 목석조각 · 금속 · 도자기 · 벽화 · 글라스그림 · 직물 · 인쇄의

각 공방으로 진급한다. 거기서 형태교사에게 조형 이념을 배우면서 공작교사에게 실제적인 기술을 배워 익히는 것이다.

기능주의(functionalism)

"건축은 기능을 만족시키면 자동적으로 아름답게 된다." 바우하우스는 건축을 중심으로 기능적, 합목적적인 미를 추구했는데, 공예 디자인에 대한 바우하우스의 방침은 다음과 같다. "기능을 실제적으로 충족시키면서 튼튼하고 값도 싸고 그 위에 아름답도록 만들지 않으면 안 된다." 이것은 낭만주의 이후의 수작업 존중의 태도를 버리고 기계에 의한 제작과 대량 생산 방식을 긍정적으로 받아들여, 예술가의 역할은 대량 생산을 위한 원형을 만드는 것이라는 오늘날의 공업디자인의 이론적 근거를 확립하였다.

과학기술과 예술의 제휴관계

20세기 초 모더니즘 건축과 과학철학은 서로 긴밀한 연계를 이루면서 함께 성장했다. 즉 바우하우스의 건축가들은 그 당시 20세기 초 과학철학계의 중심을 이루었던 빈 학단의 논리실증주의 철학에 대해 많은 논의를 하였고, 논리실증주의도 바우하우스의 모더니즘 건축 이념을 반영하고 있었다. 실제로 1920년대 카르납(Rudolf Carnap)을 비롯한 빈 학단은 모든 의미있는 과학 활동을 관찰을 바탕으로 하여 재구성하려는 소위 '과학의 통일성'을 추구하고 있었는데, 그들은 모든 의미있는 경험적 진술들은 무오류적인 감각자료 진술로 환원가능하다는 믿음을 가지고 있었다. 이러한 거대한 환원주의적 통일을 추구했던 빈 학단의 철학적 모더니즘 운동은 그로피우스에 의한 바우하우스 운동과 같은 예술과 건축분야의 모더니즘 운동과 정치적 움직임과 그 맥락을 같이 하였다. 즉 카르납이 모든 과학을 경험에 바탕을 분 '프로토콜' 문장과 논리적 연결사들('만약..그러면', '혹은', '그리고' 등)로 환원하고 있는 동안, 바우하우스 건축가들은 전통적인 건축물에서 모든 불

필요한 장식물을 없애고 건물을 기본적인 기하학적 형태로 환원하려고 노력하고 있었다.

이와 같이 기술과 예술을 통일하고, 기본적인 기하학적 형태와 색채로부터 현대적인 형태를 구성하려는 바우하우스의 예술가들의 작업은 논리와 기초적인 지각요소로부터 보편언어를 얻어내려고 했던 논리실증주의 과학철학자들과 서로 연관되어 있었다. 그 예술가들과 과학철학자들은 모두 단순하고 기능적인 것에 집착하고 있었고, 양자 모두는 공통의 토대 위에 서로 떨어져 있던 상이한 영역을 통일시키려고 했다. 두 운동은 더 나아가 20시기 유럽과 특히 미국에서 상당히 큰 영향력을 발휘하고 있었던 과학주의적이고 기계 중심의 이미지를 공유하고 있었으며, 자신들의 영역을 모더니즘적인 포드주의 생산방식과 일치시키려고 하였다.

바우하우스의 과학과 예술의 결합

1928년 그로피우스의 뒤를 이은 스위스 건축가 한네스 마이어(Hannes Meyer, 1889-1954)는 바우하우스를 재조직했는데, 그가 제시한 학습조직 다이어그램에 의하면 지성과 머리로 대표되는 과학과, 직관과 가슴으로 대표되는 예술을 결합시키려 하였다. 이를 위해 물리, 화학, 생물학, 해부학, 보건학, 경제학, 사회학, 공간음향학, 색채학, 조명기술 등 과학분야과 철학, 심리학, 연극/영화, 회화 및 조소, 예술사, 문학 등 예술분야의 강연을 기획하였다. 이러한 통합적인 교육 과정을 통해 다양한 작업 그룹 내지 세포를 육성하려고 했다.

• 바우하우스 의자

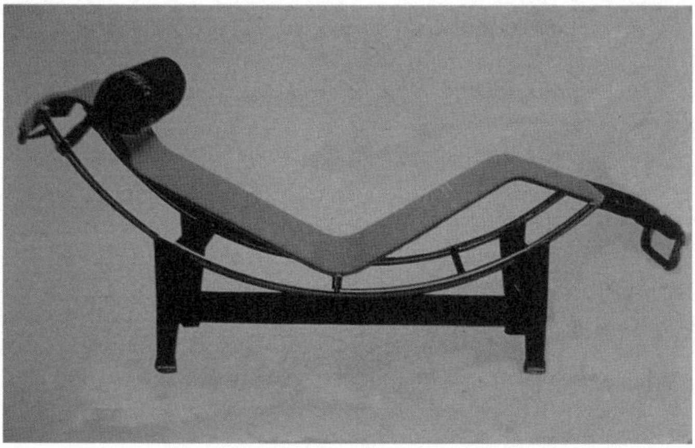

1 위치

● 주소

Bauhaus Museum Weimar, Theaterplatz 1, 99423 Weimar

TEL : +49 (0) 3643. 545. 400

2 영업시간

시간	여름 시즌	겨울 시즌
개관	10:00	10:00
폐관	18:00	16:00

※ 매주 화요일 휴무.

3 이용요금

항목	입장료(유로, €)
성인	4
학생 (16~20세)	1
16세 미만의 청소년	Free

4 교통

● 도보

베를린 문화 포럼 내에 있는 성 마트호이스 교회(St.Matthäuskirche)으로 쭉 가면 강변을 따라 만들어진 라이히피취우퍼(Reichpietschufer)라는 거리가 나오고, 여기서 우회전하여 거리를 따라 7~10분쯤 직진하면 박물관이 나온다.

6. 이탈리아 레오나르도 다 빈치 국립과학 기술관

• 박물관의 입구

이탈리아 밀라노 중심부에 위치한 레오나르도 다 빈치 국립과학 기술관은 1953년 레오나르도 다 빈치의 500주기 기념 전시회가 열린 것을 계기로 과학적 사고의 발달과 공업기술의 발전을 소개하기 위해 설립되었다. 박물관의 본관은 16세기 초에 지어진 수도원으로, 한때 나폴레옹의 명령으로 군 병원으로 사용 되었었으며, 이 후 몇 년간은 이탈리아 군의 막사로 사용되기도 하였다. 1943년에는 공습폭격에 의하여 붕괴 되었었으나 1947년 복원 공사를 통하여 현재의 박물관으로 탄생하게 되었다.

박물관은 약 15000점에 달하는 문화유산을 소장하고 있다. 이것들은 1930년대부터 수집되어온 것으로 19세기부터 현재에 이르기까지 이탈리아의 과학, 기술 및 산업 역사의 보고라고 할 수 있다. 소장품들은 기술/과학 도구, 기계 및 장비, 에너지, 철강, 통신 및 정보과학 등 다양한 분야의 유산을 소장하고 있다. 이 외에도 4만권의 도서와 400m에 달하는 역사기록

보관소, 5만개의 시청각 자료를 보유하고 있으며, 이들 중 약 1만여 개의 물품을 전시하고 있다. 매년 40만 명의 방문객과 4000여 교육 단체에서 관람한다고 한다. 웹사이트의 방문자는 무려 연간 300만 명에 육박한다.

박물관은 5개의 전시관과 7개의 전시 파트로 구분된다. 1만여 개의 이르는 전시품을 40,000m2의 면적에 전시를 해놓았기 때문에 박물관에서는 방문객의 효율적인 관람을 위하여 일정한 경로를 제안하고 있다. 꼭 이 경로를 따라야하는 것은 아니지만 모든 전시품을 효율적으로 관람하고 싶은 방문객이라면 한 번 쯤은 고려해보는 것도 나쁘지 않을 것이다.

입장 후에 가장 처음 들어서게 되는 곳은 M전시관이다. M전시관은 총 지상 2층 지하1층으로 구성되어있다. 지상1층에 위치한 M0관에서는 나노기술에 대하여 전시를 해 놓을 것을 볼수 있는

• 내부 회랑

• 다양한 분야의 소장품들

• 박물관의 지도

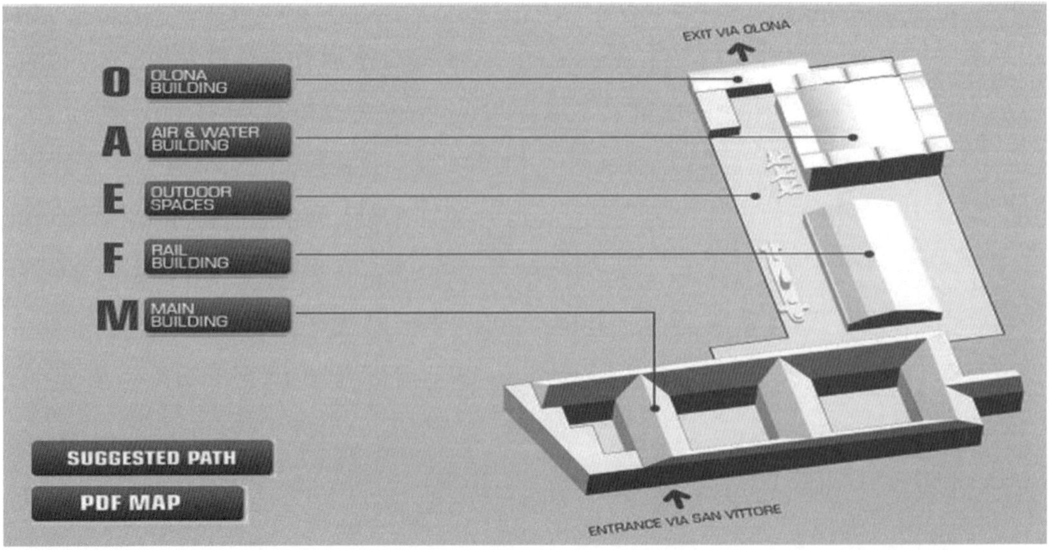

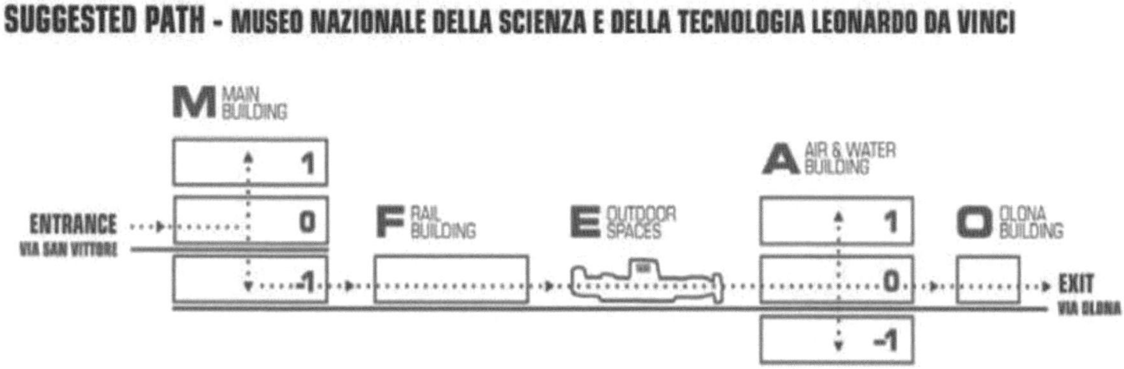

• 박물관에서 제안하는 관람 경로

데 관람객은 이곳에서 나노기술로 생산된 제품을 체험해보고 전시품과 시청각 시설을 이용한 교육활동에 참여함으로써 나노기술의 세계를 이해하고 우리 삶에 어떤 영향을 주는지 배울 수 있다. M0관의 윗 층인 M1관에 가면 금속재료, 에너지 자원과 장치, 제품의 수명주기, 고분자 재료, 에너지 시스템, 기초적인 화학제품 생산 등 에너지와 재료에 관련된 전시품을 볼 수 있다.

금속재료 섹션

금속재료 섹션에서는 채광부터 제련까지 순수 금속을 얻는 과정과 합금의 생산 그리고 주조와 소성가공 등 금속재료를 이용한 제품 생산 과정 등을 강철, 알루미늄, 구리 등의 재료로 다루고 있다.

에너지 자원과 장치 섹션/ 에너지 시스템 섹션

에너지 자원과 장치 섹션과 에너지 시스템 섹션은 M1관외에도 박물관 입구와 외부에서도 볼 수 있는데, 레지나 마르게리타 열전 발전소의 재현 모델과 3kW급 태양광 발전 모델이 그러하다. M1관내의 에너지 자원과 장치 섹션에서는 석탄과 증기, 석유의 정제, 원자력 에너지, 신재생 에너지 등을, 에너지 시스템 섹션에서는 우리가 사용하기까지의 에너지의 자원, 그리드, 네트워크, 시스템 등을 전시품과 시청각 자료를 통하여 관람객의 이해를 도와준다.

제품수명주기 섹션

제품수명주기 섹션에서는 제품을 구성하는 재료의 원천부터 제조, 유통, 사용, 폐기에 이르는 과정을 보여주는데 이를 통하여 관람객은 제품수명주기가 환경적, 경제적, 사회적으로 미치는 영향에 대하여 자세히 알 수 있다.

고분자 재료 섹션

고분자 재료 섹션에서는 고무, 플라스틱, 접착제 등 오늘날 우리 생활과 매우 밀접한 관계를 맺고 있는 합성물질인 고분자 재료에 대한 역사와 각각의 재료, 화학적, 물리적, 기술적 득성, 처리기술, 우리 생활과의 관계 및 영향, 재활용 제품의 가능성에 대한 기술진화 분석 등에 대한 전시품과 시청각 자료를 체험할 수 있다.

기초적인 화학제품의 생산 섹션

이 섹션에서는 일상의 제품에 대한 화학적 변환에 대하여 말하고 있다. 관람객은 우리 주면의 세계를 형성하는 많은 물질을 발견 할 수 있는데, 이를 통하여 기술 및 과학 측면과 개인과 사회의 습관과 연결을 강조하는 오늘날의 화학 산업에 대하여 이해 할 수 있다.

• 나노기술 섹션(위) • 에너지자원과 장치 섹션(아래)

M0와 M1관을 보았다면 M전시관의 마지막 코스인 지하1층 M-1관으로 가보자. M-1관에서는 보석, 시계 그리고 레오나르도 다 빈치 섹션을 만날 수 있다.

보석

보석 섹션에서는 시대에 따라 부와 종교와 권력의 상징이었던 보석 공예품(예를 들어 금이나 옥으로 만들어진 공예품)들을 세공과 같은 생산부터 사용되었던 시대와 사용했던 사람 등을 전시품과 시각자료를 이용하여 전시하여놓은 것을 볼 수 있다.

시계

시계 섹션에서는 이집트의 모래시계부터 쿼츠시계까지 시간을 측정하는 기기의 진화를 볼 수 있다.

레오나르도 다 빈치

이 섹션은 레오나르도 다 빈치의 출생 5세기를 만들어졌다고 한다. 이 섹션에는 레오나르도 다 빈치가 스케치만으로 남겨놓은 다양한 발명품들의 스케치를 해석하여 모형으로 제작한 것을 볼 수 있다.

M전시관의 지하층인 M-1관을 통하여 나오게 되면 근대의 기차역과 비슷한 풍경

• 보석 섹션(위) • 레오나르도 다 빈치 섹션(아래)

이 관람객을 맞이하는데 이곳이 철도 차량에 대하여 전시해 놓은 F전시관이다. 이곳은 19세기 후반 기차역의 재현을 통하여 철도 발전의 백년 역사를 체험 할 수 있는 곳이다. 주요 전시품으로는 1885년의 말이 끄는 전차, 1914년의 691-022 증기기관차 등으로 이탈리아에서 생산된 각종 증기 기관차와 전기엔진으로 움직이는 기차까지 일련의 철도 운송기술의 진화를 볼 수 있다.

• 전시관의 전경

F관을 뒤로하고 출구로 나오게 되면 야외전시장인 E전시장이 나온다. 이곳은 Enrico Toti 잠수함과 제트기를 전시해 놓았다.

Enrico Toti 잠수함

이곳에서는 2차 대전 이후인 1967년에 이탈리아 최초로 건조된 Enrico Toti 잠수함을 볼 수 있다. 이 잠수함은 지중해에 배치되어 30년간 활동하

• Encico Toti 잠수함의 외부와 내부

• 쌍돛대 범선(위) • 유람선의 조타실(아래)

였으며 총 항해거리는 137,000마일(약 220,480km)이다. 가이드투어를 이용하여 관람하면 엔진 룸, 수중 음파 탐지기 및 잠망경 등을 이용 체험해 볼 수 있다.

전시장을 지나면 지상2층 지하1층의 A전시관이 나온다. A전시관은 항공 및 해상 운송수단에 대하여 전시하여 놓은 곳으로 지상1층은 A0관으로 해상 운송수단을 전시해 놓았고, 지상2층은 A1관이며 항공 운송수단을 전시해 놓았다. 지하1층은 A-1관이고 임시 전시관이다.

해상운송수단 섹션

이 섹션에서는 탐색과 발견에 대하여 소개하고 있다. 주요 전시품은 1921년의 쌍돛대 범선EBE호, 1925년 대서양을 횡단한 콘테 비앙카이다. 북극을 처음으로 탐험한 스텔라 폴라와 세계 대전 중 사용된 일부 어뢰들로부터 탐험과 해전의 역사들을 이야기 하고 있다.

항공운송수단 섹션

이곳의 전시물은 개척시대부터 제트행공에 이르기까지 비행의 역사를 보여주고 있다. 총 11대의 실물 항공기를 보유하고 있으며 주요 전시품목으로는 완벽하게 재현된 이탈리아의 최초 전투기 Macchi-Nieuport Ni10(1915)와 Macchi 205V, 이탈리아 공군의 첫 제트 전투기 Vampire MK52가 있다. 이외에서 2차 세계대전에서 활약한 정찰기 및 유명 전투기 등이 전시되어있다.

A전시관의 1층(A0관)은 Olona building과 연결되어 있는데 이곳은 전시관이 아닌 기념품 가게와 휴식 공간이 마련되어있다.

• 비행 역사를 알 수 있는 항공운송수단 섹션

1 위치

이탈리아 밀라노에 위치하고 있으며 입구는 Via S. Vittore, 21에 출구는 Via Olona, 6에 있고, 주변 교통으로는 Line M2인 Sant' Ambrogio역이 있다.

● 주소
이탈리아 밀라노20123 산 비토레 가 21번지
Museo Nazionale della Scienza e della Tecnologia Via S. Vittore, 21 20123 Milano, Italia
TEL : 39. 02. 48. 555 1

2 영업시간

시간	월요일	화요일	수요일	목요일	금요일	토요일	일요일
개관	휴관	9:30	9:30	9:30	9:30	9:30	9:30
폐관		17:00	17:00	17:00	17:00	18:30	18:30

※ 공휴일은 주말 시간과 같음.
※ 마감 전 30분 까지 입장 가능.
※ 1월 1일, 12월 24,25일은 요일과 관계없이 휴무.
※ Enrico Toti 잠수함 - 가이드 투어 입장은 오전10:00부터 폐관 45분 전까지.

3 이용요금

▷정상요금 : €10.00
▷할인 : €7.50
- 25세 미만의 방문자(신분증 제시 필요)
- 65세 이상의 성인 (신분증 제시 필요)
- 3세~13세 아동 동반 최대 2인
- 10명 이상의 단체
- 예약하지 않은 국립 및 비 국립학교 단체 및 교사
- 국립 및 비 국립 학교의 교사(수, 토 제외 / 증명서 제시 필요)

▷학교 : €4.50
- 국립 및 비 국립학교의 교사동반 단체 예약

▷무료
- 3세 미만 아동
- 장애우 동반 1인
- 관광 가이드(방문 그룹 동반 시)
- 통역사(방문 그룹 동반)
- 기자
- I.C.O.M 또는 I.C.C.R.O.M 회원
- 문화유산보호부의 직원
- 예약방문 한 국립 및 비 국립 학교의 교사

- 교사(수요일, 토요일에 한함)

※무료 입장을 위하여 해당 방문객은 신분증 또는 권한 있는 기관이 발행한 증명서 등 유효한 문서를 제시하여야 함.

▷가이드 투어(Enrico Toti 잠수함)

- 예약 : €10.00
- 당일방문 : €8.00

※ 가이드 투어만 따로 구매하는 것은 불가능. 박물관 입장료와 함께 구매하여야 하며, 박물관 측은 예약할 것을 권장함.

▷타 박물관 섹션의 인터렉티브 랩에서의 활동 또는 관광(최대 25인)

시간(hour)	이탈리아어	영어
1	€50.00	€65.00
2	€90.00	€120.00

4 교통

● 지하철 : Line M2, S.Ambrogio역 하차

● 버 스 : 50번, 58번 San Vittore역 하차 94번 Carducci역 하차

● 기차

- Stazione Centrale FS → 지하철 Line M2 Abbiategrasso 방향 6정거장 S.Ambrogio역 하차
- Porta Garibaldi FS → 지하철 Line M2 Abbiategrasso 방향 4정거장 S.Ambrogio역 하차
- Lambrate FS → 지하철 Line M2 Abbiategrasso 방향 10정거장 S.Ambrogio역 하차
- Stazione Cadorna FN → 지하철 Line M2 Abbiategrasso 방향 1정거장 S.Ambrogio역 하차

● 개인 차량 : 박물관은 밀라노 중심부에 있음.
주차는 Via Olona의 Carducci Parking이용

● 공항으로부터

- Malpensa 공항 → Malpensa express로 Cadorna-City Centre까지 이동 → Line M2 Abbiategrasso 방향 1정거장 S.Ambrogio역 하차
- Linate 공항 → 73번 버스로 Piazza S. Babila 까지 이동 → 지하철 Line M1 Bisceglie/Rho-Fiera 방향 4정거장 Cadorna역까지 이동 → 지하철 Line M2 Abbiategrasso 방향 1정거장 S.Ambrogio역 하차
- Orio al Serio 공항 → Orio Shuttle 또는 Autostradale로 Milano Stazione Centrale FS까지 이동 → 지하철 Line M2 Abbiategrasso 방향 6정거장 S.Ambrogio역 하차 또는 → Autostradale로 Milane Lambrate Stazione FS까지 이동 → 지하철 Line M2 Abbiategrasso 방향 10정거장 S.Ambrogio역 하차

7. 미국 스미스소니언 박물관

• 스미스소니언 국립 자연사 박물관 입구

1846년 설립된 미국의 스미스소니언 박물관(Smithsonian Institution)은 15개의 개별 박물관과 미술관, 동물원으로 이루어진 세계 최대의 종합박물관이다. 스미소니언 성(城)으로 알려진 한 개의 건물로부터 시작하여 오늘날 박물관-연구센터 복합체로 진화한 스미스소니언 박물관은 미국의 과학과 역사, 예술, 문화 분야를 총망라하는 전시 활동과 전문 연구를 수행하고 있다.

우선 박물관으로서의 스미스소니언은 다수의 테마별 박물관에서 1억4천만 점의 다양한 유물과 표본을 전시함으로써 과학, 역사 및 예술을 총망라하는 교육과 계몽의 기회를 제공한다. 전시 테마의 목록에는 우주 개발과 항공의 역사, 아프리카계 미국인의 문화, 발명품, 인디언의 삶과 문화, 직물과 퀼트, 동식물학 및 광물표본, 화석, 만국기, 조각품, 장난감 등 귀중

▶(위에서 부터 차례대로)
• 아프리카 코끼리 박제 • 사자 박제 • 고래 박제 • 한국의 혼례복

한 역사의 자산들이 담겨 있어, 매년 7천3백만 여 명의 관람객을 끌어들이고 있다.

스미스소니언 박물관에는 다양한 박물관이 있지만 그중에서 가장 가볼만한 곳은 스미스소니언 국립 자연사 박물관과 항공우주박물관이라고 할 수 있다. 스미스소니언 국립 자연사 박물관은 '박물관이 살아있다'라는 영화의 배경이 되는 장소로 유명하다. 1층 중앙 로텐더에는 세계에서 가장 큰 아프리카 코끼리 박제가 전시되어 있다. 그리고 공룡과 화석 전시실, 포유동물 전시실, 해양 전시실, 인류의 기원 전시실과 한국 전시실도 있다.

포유동물 전시실에는 274마리의 포유동물 표본들이 진화를 주제로 실감나게 전시되어 있다. 이 전시실에 박제된 전시 동물들은 모두 스미스소니언 국립동물원에서 죽은 동물들로 만들었는데, 마치 살아있는 것처럼 생동감이 있다.

해양 전시실은 1천 갤런의 물속에 인도양과 태평양 출신 산호초가 자라는 수족관을 비롯해 길이 45피트짜리의 고래 등 크기와 규모 면에서 방대한 해양생물들이 화려하게 전시되어 있다.

위 두전시를 준비하는데 걸린 시간과 예산은 포유동물 전시실과 해양 전시실 모두 준비기간 6년에 예산 2백억이 들었다.

◀(위에서 부터 차례대로)
• 호프 다이아몬드 • 스미스소니언 국립 항공우주 박물관 입구 • 라이트 형제의 비행기 • 실제 비행기의 조종석

2010년에 문을 연 '인류의 기원' 전시는 인류의 기원을 자세히 보여주는데 10년간 백 명의 인류학자가 연구한 결과를 250억 원을 들여 만들었다.

한국 전시실은 우리나라 언어인 한글의 이해와 설명을 해주고 혼례복 등 문화에 대해서도 설명을 해주고 있다.

2층 보석 광물 전시실은 42.5캐럿으로 세계에서 가장 큰 블루 다이아몬드인 호프 다이아몬드와 각종 진귀한 보석 및 생물들이 가득하다. 그 밖에 지구와 달의 여러 암석과 운석, 곤충, 살아있는 나비, 각종 생물의 뼈, 이집트 미라 전시실 등으로 볼거리가 넘쳐난다.

스미스소니언 항공 우주 박물관에는 린드버그가 최초로 대서양을 횡단했을 때 탔던 비행기 '세인트 오브 루이스', 최초의 상업용 우주선 '스페이스 쉽-1', 최초의 달착륙선 '아폴로 11호'와 최초의 초음속 비행기 '벨 X-1', 그리고 라이트 형제의 비행기 등이 실물로 23개 전시시실에 펼쳐져 있다.

중앙 홀은 비행기, 로켓 등 실물을 매달아 관람객들이 직접 만지고 볼 수 있으며, 파일럿처럼 운전석에 앉아 시뮬레이션도 할 수 있다. 전시관에서는 거대한 비행기가 하늘을 나는 원리도 볼 수 있고, 비행기가 날수 있는 양력 장치의 원리와 공기, 압력 등을 직접 실험해 볼 수 있다. 항공우주의 지식을 넓히기 위해 다양한 방식의 전시와 체험을 제공하는 것이다.

• 우주왕복선의 발사의 책임자가 되어 관제 실을 운영해 보는 프로그램

1 위치

● 주소

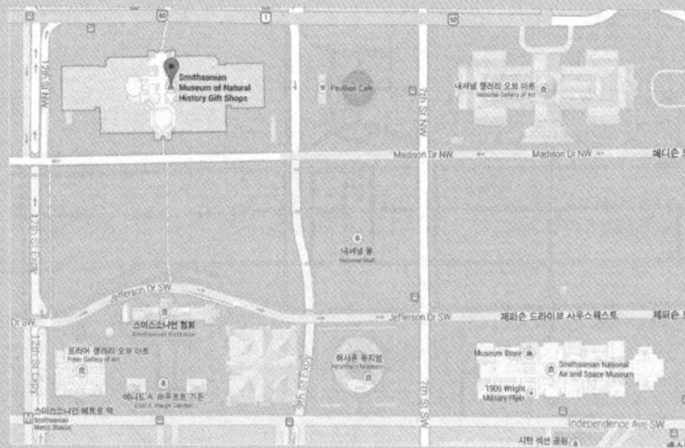

<스미스소니언 항공우주 박물관>
Independence Avenue at 6th Street SW
Washington, DC 20560
TEL : 202-633-2214

<스미스소니언 국립 자연사 박물관>
intersection of 10th Street and Constitution Ave., NW in Washington, D.C. 20560

2 영업시간

시간	자연사 박물관	항공우주 박물관
개관	10:00	10:00
폐관	17:30	17:30

※ 12월 25일만 휴무

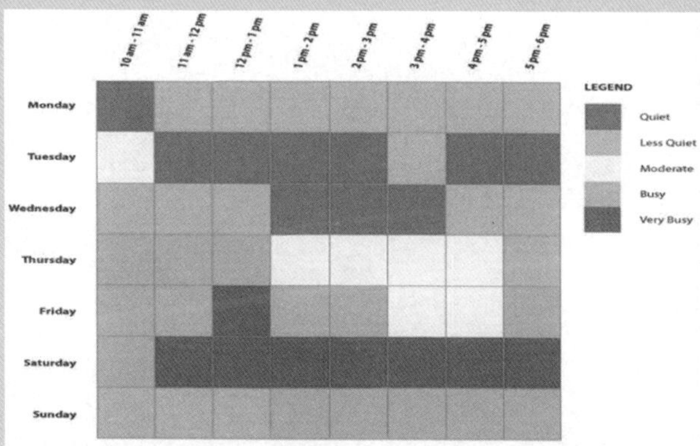

• 시간별 방문객 빈도수
  - 자연사박물관

3 이용요금

자연사 박물관/항공우주박물관의 이용료는 무료
(아이맥스 극장과 플라네타륨은 각각 $7.50)

4 교통

- 지하철 : 스미스 소니언 메트로역 하차
- 자전거 : Bicycle Racks
  대여가능한 지점은 항공우주 박물관 입구/자연사박물관 constitution Ave 입구
- 주차

이름	가격	비고
National Zoo	$22	일괄요금
Udvar-Hazy Center	$15	탈것 1대당 요금 (16시 이후 부터는 무료)
Anacostia Community Museum	무료	

8. 상하이 과학기술 박물관

• 상하이 과학기술 박물관 -디자인 전시관

상하이 과학기술 박물관은 상하이시 인민정부에서 투자하여 설립한 중대한 사회문화 프로젝트이며, 이는 국가급 AAAA 유람지로서 상하이시 중요한 과학 보급 교육 기지 및 레저 유람 기지이기도 하다. 상하이 과학기술 박물관은 포동신구 세기대로 동남부에 위치해 있으며 세기공원과 인접해 있다. 부지 면적은 6.8만 제곱미터이고, 건축면적은 9.8만 제곱미터이며, 전시면적은 6.55만 제곱미터로 연간 200만~300만 명의 고객을 수용할 수 있게 설계되어 있으며, 총 17.55억(위안, ¥)을 투자했다. 2001년 12월 18일 상하이 과학기술 박물관은 정식으로 오픈했다. 2007년 12월 말까지 접수한 관광객은 이미 총 1500만 명을 초과하였으며 과학 교육과 과학 유람의 기능을 충분히 발휘하였으며 광범위한 사회적 칭찬을 받아 왔다.

상하이 과학기술 박물관은 "자연. 인간. 과학"을 주제로 하며, 전체 시민의 과학 문화 소질을 추진하고 도시의 종합 경쟁력을 높이려는데 그 목적이 있다. 그 기능은 교육 과학 연구, 레저 유람, 합작 교류 및 수장 제작 등이 있다. 우리의 목표는 관광객으로 하여금 즐거운 게임을 하면서 과학 기술 지식과 과학 정신을 습득하게 하는 것이다.

관광객들에게 오픈하고 있는 상하이 과학기술 박물관의 전시관들로는: 자연과 생물, 지각 탐색, 시청 낙원, 디자인 테마, 아동 과학 기술 가든, 지혜의 빛, 지구의 집, 정보 시대, 로봇 세계, 탐색의 빛, 사람과 건강, 우주 항행 천지 등 12개의 전시관이 있다. 그 외, 고대 창조 발명을 보여주는 중국 고대 과학 기술 낭하, 이름난 과학자들을 보여주는 탐색 낭하 및 상하이 당대 과학자들을 보여주는 원사 낭하 등도 있다.

상하이 과학기술 박물관은 4개의 특수 영화관 즉 대형 스크린 영화관, 구형 스크린 영화관, 3D 영화관 및 4D 영화관 등이 있다. 지금까지 아시아에서 규모가 가장 큰 과학 기술 영화관으로서 매년 10000차례의 상영을 할 수 있다.

상하이 자연 박물 분관(연안 동로260에 위치해 있음)은 생명 진화 과정의 자연사를 보여주고 있다.

그 외, 우리는 부정기적으로 특별한 임시 전시회를 조직한다. 지금 진행하고 있는 임시 전시는 “동물세계” 전시이다. 이 전시는 오대주의 110종, 186건의 정밀한 진귀한 야생 동물 표본을 전시하고 있으며 그 총 가치는 1500만 달러($)를 초과하고 있으며 전시면적은 2000 제곱미터에 달한다.

● 추천 경로

1층

동물의 세계 : 원주민 "주민"의 5 개 대륙, 숲 인상 드문 방문

자연과 생물 : 열대 우림 번개, 유전자 발견의 비밀

디자인 전시관 : MTV 생산 역, 입체 영상 제작 역

지혜의 빛 : 합성 장면, 공중 놀이기구, 에너지 기계
지구 탐사 : 멋진 미네랄 크리스탈, 화산, 지진의 신비

2 층

로봇의 세계 : 양궁, 체스와 로봇, 로봇 극장보다 로봇
정보 시대 : 가상 실험실, 디스플레이 기술
플래닛 : 침입 종과 생태 재해 극장, 시청각실

3 층

탐험 등 : 미세한 입자의 구조를 탐구하는 상대론적 극장, 고전적인 실험
인간의 건강 : 탁구, 피트니스 테스트 스테이션
항공 우주 세계 : 축 분산, 항공 우주 전시장

• 동물의 세계 전시관

과학기술 박물관의 '동물의 세계' 전시회는 5개 대륙, 110종류의 희귀 야생 동물이 있고 2000 제곱미터의 크기로 상당히 크다. 전시장은 아프리카, 남아메리카, 호주, 유라시아 등 하나의 독특한 지리적 환경을 맞추고 있으며 멸종 위기에 처한 야생 동물도 그에 맞춰서 보호하고 있다. 자연과 유사한 정글과 희귀 동물들의 경이로운 세계를 느낄 수 있다.

자연과 생물 전시관은 생물의 다양성을 사람들에게 소개하고, 생물학적 자연의 아름다움을 나타내어 다채로운 현상뿐 만 아니라 종과 생태의

상호 의존성을 인식하고, 자연환경 보호의 중요성을 파악할 수 있다. 유전적 다양성, 종 다양성 및 생태계의 다양성, 생물의 다양성은 세 단계를 포함한다. 열대 우림은 생태학적 다양성, 정원, 곤충, 조류 왕국의 다양성을 보여준다. 또한, 유전자의 다양성을 보여 유전자 기술의 발전을 보여주고 있다.

• 자연과 생물 전시관(위) • 지혜의 빛 전시관(아래)

디자인 전시관은 컴퓨터 지원 설계(CAD)와 컴퓨터 지원 제조(CAM)이다. 방문자 실습(CAD/CAM), 레이저 기록 기술, 신속한 타이핑 기술을 포함한 현대적인 디자인과 첨단 제조의 기본 기술을 경험할 수 있는 몇 가지 간단한 활동들이 설계 되어 있다. 디자인 전시관에서 개인적으로 참여도 할 수 있어서 모두가 디자이너가 될 수 있습니다. 방문객을 위한 입체 영상 검사 및 생산, 유연한 조립 라인, 인사말 카드 만들기, CAD 교실이 제공 된다.

지혜의 기본 법칙, 기본 원칙, 과학적 방법과 과학을 이해하는 방문자의 능력을 개발 해내는 물리, 수학, 화학, 생물학 및 다른 분야의 주요 수단으로 일반적인 현상을 보여준다. "일반적인 현상 → 자연의 법칙"을 이해하여 분석하고 자연 현상을 관찰하는 법을 보여 주고 있다. 시퀀스의 사무실은 중앙 지역의 활동 영역과 상호 작용하는 영역으로 나누어져 있다.

지구 탐사 전시관은 시뮬레이션을 통해 지각을 느끼도록 도와주고 전시관은 우주에서 지구의 위치와 움직임의 상태에 초점을 맞추고, 지구의

• 지구 탐사 전시관(위) • 로봇의 세계 전시관(가운데)
• 정보화 시대의 전시관(아래)

물질 조성, 지구, 지구 표면의 형태와 상하이 지리학의 형태로 구조되어 있다. 전시관에서는 직접 보기 힘든 화산과 지진을 방문자가 보고 느낄 수 있도록 구조화되어 있다.

간단한 시스템을 기반으로 하는 로봇은 현대 로봇 공학을 기반으로 기존의 정보 기술에서 변화하기 시작했다. 로봇은 인간 활동의 모든 영역에서 활동이 가능하다. 지능형 로봇의 본질이 무엇인지, 우리의 연구에서 로봇, 라이브, 응용 프로그램에서 로봇 기술에 대해 배울 수 있도록 하는 종합 통합 기술 전시관이다.

정보 기술의 개발은 크게 우리가 사는 방식을 변경하고 개발하는 방법이다. 응용 프로그램 기술 산업은 산업 구조를 전반적으로 업그레이드하고 촉진하기 위해 계속적인 변화를 거친다. 정보 시대의 전시관은 정보 기술 및 전통적인 기술, 현대 생활의 정보 기술의 지식의 차이를 이해할 수 있도록 도와주고, 정보화 사회의 특성을 경험으로 알려주는 역할을 한다.

"빛의 지혜 전시관"은 19 세기를 반영하는 경우이고 자연 과학의 인간을 이해하는 "탐색 빛" 전시관은 영광스러운 20 세기의 과학 기술 전시의 반영이다. 이번 "탐색 빛"전시에서 우리는 양자 이론, 상대성, 물리적 구조, 유전자 기술, 원자력, 레이저와 다른 20 세기를 포함하는 가장 중요한 과학 기술 성과를 거두었다.

• 항공 우주의 세계

신비 가득한 광대 한 우주, 별이 끊임없이 반짝이는 항공 우주는 인간의 영원한 주제를 탐구하는 우리를 끌고 있다. 항공 우주 구현은 20세기 과학 기술 이니셔티브의 가장이라고 할 수 있다. "항공 우주의 꿈을 달성하는 방법은?, 얼마나 열심히 훈련을 실시해야 하는지? 광대한 우주에 있는 우리는 현상을 관찰할 수 있다?" 이 3가지의 질문은 항공 우주관에서 항공 우주 기술 분야와 항공 우주 훈련 체험 공간, 디스플레이 영역을 방문자가 직접 경험할 수 있다.

1 위치

● 주소
상하이시 푸동 세기대도 2000호
상하이 과학박물관
전화 : 8621-68622000*6888

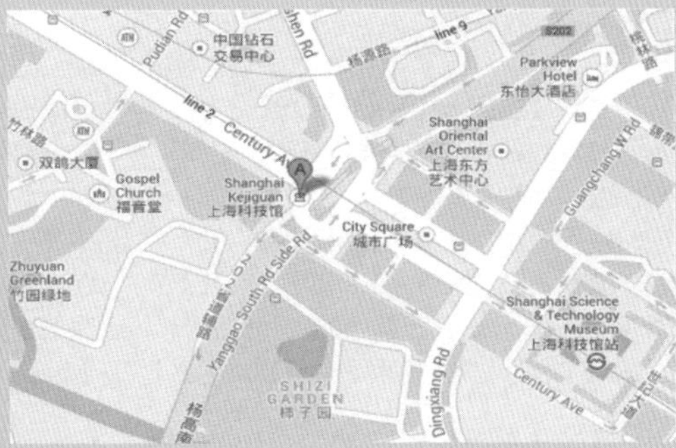

2 영업시간

시간	월요일	화요일	수요일	목요일	금요일	토요일	일요일
개관	휴관	9:00	9:00	9:00	9:00	9:00	9:00
폐관		17:15	17:15	17:15	17:15	17:15	17:15

※ 황금 휴무기간 제외

3 이용요금

	입장료 (위안, ¥)	비고
성인 티켓	60	
학생 티켓	30	청소년 (본인 학생증으로만 입장료 구입함)
학생 회원증	100	청소년 (18살 이하)
성인 회원증	260	18살 이상 성인
가정 회원증	450	2명 성인+1명 어린이
70세 이상 노인, 퇴직 간부, 현역군인, 불구자, 열사 가족	무료입장	관련 유효 증서를 소지하고 입장
키 1.3m 이하의 아동	무료입장	성인과 동행 필수

※ 추가 요금

	입장료 (위안, ¥)	장소
3D 영상관	40	지하 1층
돔 영상관	30	지하 1층
4D 영상관	40	지하 2층
우주 영상관	20	우주 세계

※ 구입 주의사항

매표시간:8시 55분~4시 30분 (월요일 휴무)
상하이 과학 기술관 참관 가격표 목록과 상하이 과학 기술관 영화 목록을 자세히 읽어주세요. (영화 시작 30분 전에는 티켓 환불이 불가능합니다.)
티켓과 금액은 구입 시에 확인 바랍니다.
매표소에서 현금, 신용카드로 구입 가능하며 수표 구입은 3일 후에 표를 영수할 수 있습니다.
할인티켓을 구입 시, 관련 증서를 제시하고 한 증서에 티켓 한 장 구입만 허용합니다.
입장료에 기재된 관련 사항을 자세히 읽고 유효 기한 내에 사용하기 바랍니다.

4 교통

● 대중교통
▷지하철 - 상하이 과학 기술 박물관 역 4번 출구
세기 애비뉴 역 회전 지하철 라인
▷버스 - 동부 저우 왕조 라인 버스 번호(640,794,788,984,638,987,983)

9. 동경 국립 과학 박물관

• 일본 국립 과학 박물관 입구

동경 국립 과학 박물관은 일본 동경 우에노 공원 안에 있으며, 자연사, 과학 및 기술사를 보여주는 박물관이다. 1871년에 설립되어 각종 자료의 수집, 보존, 전시, 교육 활동을 벌이고 있으며, 약 380만 개의 희귀 표본을 소장하고 있다.

이 박물관은 지구관과 일본관으로 나뉘어 있다. 지구관은 각 층이 주제별로 꾸며져 있고, 지구의 변화, 인간과 지구상의 생명체들의 진화 과정을 보여준다. 2007년에 문을 연 일본관은 일본 열도의 자연과 역사 등을 보여준다. 또 3000여 종의 식물이 전시되어 있는 식물원도 갖고 있다. 2008년 일본 중요 문화재로 지정된 일본관 건물은 1931년 '도쿄 과학박물관'으로 건립되어 2004년 지구관 건립 때까지 본관 건물로 사용됐다.

박물관의 시설 중 '시어터 360관'은 지구 모형을 축소한 지구본 형태에서 360도 전방위로 지구에 관한 영상물을 보여준다. 〈갈릴레오 이후 우주탐사 400년〉 등 특별 전시회를 개최하기도 한다. 매월 첫 번째, 세 번째 금요일 오후 7시 30분(9~3월은 오후 6시 30분)부터 〈야간 천체 관측 프로그램〉이 운영된다.

일본관 건물은 지상 2층, 지하 1층으로, 지구관 건물은 지상 3층, 지하 3층으로 이루어졌다.

박물관은 크게 지구관과 일본관으로 나뉘어 있으며 두 관 사이에 위치한 단아한 정원을 지나 다른 관으로 옮겨갈 수 있다.

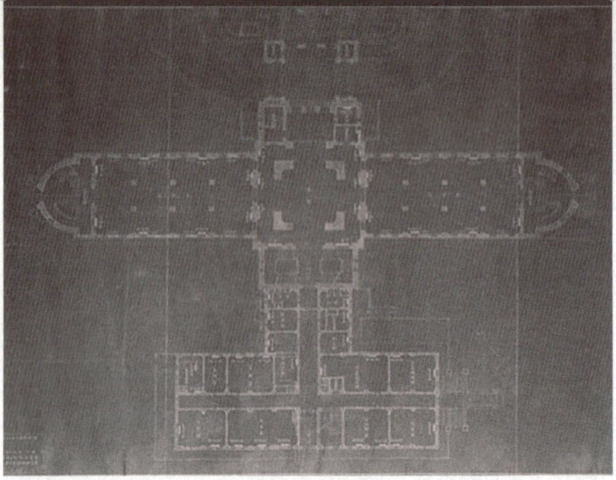

• 일본관의 건물 형태(위) • 지네오르네상스 양식 기조(아래)

지하 1층이 입구이며, 일본관에 들어서면 건설 당시의 문화로 인한 네오르네상스 양식의 기조로 설계되어 있어서 아치형의 곡선과 직선의 조화가 이루어져 있으며 그때 당시의 과학기술의 상징인 비행기형으로 디자인 되어 있다.

입구 바로 앞쪽에는 물리학자 푸코가 지구의 자전을 증명한 진자 모형인 푸코의 진자가 설치되어 있다. 이것은 진자가 왕복운동을 할 때 밑판이 움직이게 되면 진자의 운동이 마치 회전하는 것처럼 보이는 원리이다.

일본관은 일본 열도의 자연과 성장 과정, 서식하고 있는 생물들의 진화과정, 일본인의 형성 과정까지 자연이 함께한 역사가 전시되어 있다.

각관은 남쪽과 북쪽으로 구분되어서. 각각의 테마대로 전시되어 있다. 1층은 자연관찰 기법이라 해서 자연을 올바르게 보는 법이 소개되어 있으며, 2층의 남쪽은 일본 열도의 다양한 생물들이 소개되어 있다. 여기에는 해양동물, 조류, 식물 및 지질의 역사와 곤충의 종 분화 메커니즘이 있다.

• 3층에 있는 동물 박제 전시

그리고 북쪽은 일본인과 자연에 대해서 소개하고 있었는데, 일본 사람들의 조상과 멸종 위기의 생물, 쌀 제배와 관련된 환경 변화 등이 전시되어 있다.

3층의 남쪽은 일본 열도의 특성에 대해 전시 돼있는데, 특히 일본의 뚜렷한 사계절과 계절풍, 해류에 의한 일본 바다의 특징 등이 나와 있다. 북쪽은 일본에 서식 하고 있다가 멸종된 다양한 생물들의 화석이나 박제가 전시 되어있다.

지구관은 지하 3층부터 차례대로, 우주부터 시작하여 지구에 이르기까지 우리가 사는 지구가 전시되어 있다. 광대한 우주를 구성하고 있는 물질과 또 이것들을 지배하는 물리 법칙을 이해할 수 있게 잘 설명해 주고 있다.

지하 3층에는 전기 및 자기, 빛의 속도, 중력 등 자연의 법칙에 대해 설명해주고, 망원경에 대한 것과 우주의 구조나 성운, 별에 대해서 전시 되어 있다.

지하 2층에는 세계적인 환경변화의 기록이나 고생대의 바다생명체와 진화, 포유류의 기원부터 종류까지 설명 되어 있고, 인간의 진화에 대해서도 전시되어있다.

지하 1층에는 공룡의 역사와 생물학 그리고 생명체의 역사에서 공룡에 대해 다양한 설명을 해주고 화석을 전시해 놓았다.

지상으로 올라와서 1층에서는 해양생물의 먹이 연쇄와 다양성, 지구의 다양한 환경, 변화의 요인(진화)등 다양한 종으로 진화해서 살아온 생물들이 각각의 주어진 환경에 적응하고 독자적인 생활양식을 소유하면서 상호 간의 연관관계를 맺으며 살아가는 모습을 전시해 놓았다.

2층에서는 에도시대 이후로 과학기술이 일본 고유의 문화에 뿌리를 내리면서 외국의 문화를 받아들여 발전해온 발자취를 설명 하고 있다. 인간의 등장부터는 기술이라는 것의 범주가 매우 작은 것에서부터 시작하여 오늘날의 자동차, 항공, 컴퓨터, 우주관련 분야까지의 과학기술에 이르는 것까지 전시되어 있다.

3층에는 큰 짐승이나 사바나의 포유류나 다양한 모양의 새 등이 전시되어 있고, 지구상의 다양한 동물들이 멸종의 위협을 피하기 위해 어떻게 했는지가 나와 있다. 또한 탐험광장이 포함되어 있었는데 우리의 가까이에 있는 놓치기 쉬운 과학기술을 발견하게 되고, 자연의 신비를 깨달을 수 있는 탐험 공간이 마련되어 있다.

• 공룡 화석 (좌) • 인류 발전 과정 전시 (우)

1 위치

● 주소

7-20 Ueno Park, Taito-ku, Tokyo 110-8718

TEL : 03-5777-8600

2 영업시간

시간	월요일	화요일	수요일	목요일	금요일	토요일	일요일
개관	휴관	10:00	10:00	10:00	10:00	10:00	10:00
폐관		17:00	17:00	v	20:00	17:00	17:00

※ 12월 28일~ 1월 1일은 요일과 관계없이 휴무, 월요일이 공휴일 인 경우 는 화요일 휴무외

3 이용요금

개인손님	일반인 및 대학생	¥ 620
	고등학생 이하로는 65세 이상 및 18세 미만 (신분증 제시 필요)	무료
단체 손님(20명 이상)	대학 및 일반 학생	¥ 310
천문 관측을 위한 밤	일반인 및 대학생	¥ 310
	고등학생 이하로는	무료

4 교통

● 지하철 : 우에노역 공원출입구 도보 5분

도쿄메트로 긴자선·히비야선 우에노역(7번 출구) 도보 10분

케이세이선 게이세이우에노역(정면 입구) 도보 10분

● 자전거 : 자전거 대여하는 곳은 역 근처 지하에 있다.

대여 시 여권이 필요하며 양식을 채워야한다.

대여 가격은 하루에 ¥ 200, 일주일에 ¥ 500이다.

●주차 : 박물관에는 주차장 시설이 없으므로 주변 공원 주차장 이용.

이름	전화번호	영업시간	주차 공감
우에노 공원 제1주차장	+81-(0)3-3821-0755	09:00 ~ 2 :30	차량 100대
타임즈 우에노 역 공원 출구	+81-(0)120-77-8924	24시간	차량 191대 (승용차 만)
우에놀 주차장 센터	+81(0)3-3883-8151	24시간	차량 400대

찾아보기

가동 힌지 지점 195
가로변형률 104
가로탄성계수 109
가보 353
가설틀 337
가스압 119
가압시스템 86
각속도 7, 303
간이공법 289
갈릴레오 갈릴레이 4, 28
강성계수 109
거중기 295
건축십서 47, 72, 92, 284
건축론 55
건축미 47, 154
견고성 49
결정체 373
경도 106
경도시험 106
경사면 실험 28
경제성 48
계산서 59
계산수 23
계획 54
고딕 건축 165
고속전철 99
고압가스 119
고정지점 196
고트프리트 라이프니츠 31
곡률 229
곡률반지름 229
곡선보 195
공공조각 358
공기 원근법 71
공기역학 85
공칭응력 116
공화정 334
과학 81
과학주의 286
관계 55
광탄성시험 131
광휘성 178
교번하중 129
교황권 319
구구단 23
구리판 88
구상 54
국부응력 130
국제단위계 34
굽힘강성 256, 257
굽힘모멘트 200, 202, 203, 204, 205
굽힘모멘트선도 206
굽힘시험 93, 106
굽힘응력 101
굽힘하중 97
규칙 81
균등성 341
균열 129
균일분포하중 94, 200, 216
균제 48, 49, 154, 178
균질 243
그리스 건축 48
그리스도교 319
극관성모멘트 255, 299
극한강도 106
극한응력 117
근원수 23
금성 341
기계동력 359
기계장치 290
기계학 69
기기도설 294

기능주의 51
기둥 259, 262
기둥간격 158
기둥직경 158
기준강도 126
기하학 70
기하학적 추상 372
길이 35

나팔수 18
낙하산 86
납덩어리 323
내곡면 340
내다지보 199
내벽 285
네이브 320
네이피어 26
네킹 117
노치 128
노트르담 대성당 9
뉴욕 찬가 360
니콜라 테슬라 362

다니엘 18
다비드상 65
단면 특성 242
단면계수 248
단순마찰 89
단순보 207
단순응력 101
단위변환 34
달 341
대리석 285
대수와 기하학 72
대이론 56
대칭성 14
데메테르 22
데생 77
데카르트 27
도르래 291
도리아식 155
도심 243
독일 과학기술 박물관 391
독일 철도 박물관 397
돔 287, 338
돔건축 284
돔형 천장 175
동경 국립 과학 박물관 431
동력 303
동파 139
동하중 95
뒤샹 352
드야드 8
등분포하중 94
등호 26
디세뇨 54
디자인 46, 54

라이즈 158
라이프니츠 57
라즐로 모홀리 나기 353
라파엘로 15
랜턴 291
랜턴 첨탑 291
런던 과학박물관 379
레오나르도 다 빈치 56, 68
레오나르도 다 빈치 국립과학 기술관 407
레일 99
레크레이션 360
로그 26
로마네스크 165, 178, 319

로마인 59
로버트 레코드 26
로베르트 드보라크 323
루카 파치올리 59, 72
르네상스 285
르네상스 건축 285
르네상스 미술가 열전 55
르코르뷔지에 59
리브 288
리브 볼트 166, 167
린체이 학회 294
릴리빙 아치 340

마르셀 뒤샹 352
마모현상 90
마이클 슈나이더 4
마이클 패러데이 361
마찰 76, 89
마크 바 59
만능인 286
망원경 28
메카 18
면적 1차 모멘트 244
면적 2차 모멘트 247, 248
면적 관성 모멘트 247
면적의 관성 모멘트 248
명동성당 9
모나드 5, 6
모나리자 69
모더니즘 51
모듈 59
모방 53
모빌 352, 355
모터 361
목성 341
몬드리안 369, 372
무게 75, 76, 330
무게중심 243
무시케 53
무채색 유리 178
무하마드 이븐무사 알콰리즈미 25
문예부흥 285
물 83
물리학 368
뮤즈 여신들 53
미 52
미래파 352
미분학 32
미시적 구조 373
미적분학 30
미첼 윌슨 366
미켈란젤로 56
밀도 76
밀로의 비너스 상 58, 63
밀봉력 118

바람 83
바실리카 평면 320
바아 40
바우하우스 403
바자렐리 352
바자리 55
바젤 359
박쥐 86
반구형 338
반도체 136
반도체 패키지 136
반력 195, 196, 330
반력의 하중 200
반원아치 287
반원형 336
반원형 아치 175

방법서설 29
방정식 28
배럴 볼트 337
배열 48
배흘림 158
벅민스터 폴러 12
벌집 17
법선 229
법선응력 98
베로나르도 87
베르너 하이젠베르크 366
베시카 피시스 8
베어링 89
벨베데레의 아폴론 상 58
변위 93, 102
변형 93
변형경화 117
변형률 93, 102
변형에너지 147
보 93, 195
보나치오 59
보라노 피사노 322
보이는 성서 179
보편성 341
복소수좌표계 30
복합마찰 89
볼베어링 90
볼트 43, 334, 337
볼트구법 334
봉건제도 319
부동 힌지 지점 196
부등분포하중 95
부벽 167
부정정보 195
부호규약 202
분석적 입체파 371
분석적 큐비즘 371
분포하중 94
분할 58
불균일분포하중 95, 200
불의 거울 88
브라만테 286
브루넬레스키 87, 284, 286
브리그스 27
블롱델 57
비너스 64
비너스상 65
비례 49, 70
비례한계점 116
비선형 거동 123
비트루비안 맨 64
비트루비우스 47, 56, 92, 284
비틀림 297
비틀림모멘트 297
비틀림시험 106
비틀림응력 101, 297
비틀림저항모멘트 300
비틀림하중 97
빛 상징주의 165

사각형 인간 50
사과가 있는 바구니 369
사실주의 74
사암 285
사용응력 126
사전지식 82
사칙연산 26
사하중 95
산반서 25
산타 마리아 델 피오레 87
삼각수 16
삼손 18

상하이 과학기술 박물관 423
상항복점 117
색유리 178
색채 원근법 71
생 드니 수도원 166
생명의 신선함 14
생빅투아르 산 369
샤프츠베리 57
서유럽 319
선 원근법 71
설계 152
성 모자와 성 안나 69
성가대석 166
세계지도 79
세례당 320
세로변형률 103
세로탄성계수 108
세보 18
세비아 성당 9
세잔느 369
소란반자 340
소묘 54
소크라테스 51, 56
솔더 조인트 136, 145
수 2
수성 341
수원성 294
수직응력 98
수직하중 96
수축도 103
수학 3, 81
순간중심 328
순수예술 53
스미스소니언 박물관 417
스태빌 355
스테인드글라스 166, 177, 178
스트레인 게이지 131
스푸마토 75
시각적 보정 48, 154
시간 35
시멘트 335
시소 356
시작품 358
시제품 358
신드바드 18
신성 60
신성한 비례 14
신장도 103
신정 319
실제응력 116
실험 82
실험방법론 83
심미성 49
십자군 전쟁 286
십자형 평면 320

아돌프 차이징 59
아르스 52
아르카이 2
아르키메데스 62
아르키메데스 나선형 61
아리스토텔레스 56
아리아바타 25
아방가르드 54
아우구스티누스 56
아이작 뉴턴 30
아이작 베크만 29
아치 336
아폴론 64
안드레아 델 베로키오 87
안쏠림 158
안전계수 125, 126

안전율 126
안토니오 데 베아티스 78
안티크글라스 179
알렉산더 칼더 352, 354
알베르티 55, 56, 286
알프레드 케머니 353
알함브라 궁 9
암페어 44
압력 40
압축변형률 103
압축시험 106
압축응력 99
압축하중 96
야곱 아감 352
양단 단순지지보 198
양단고정보 199
엔네아드 22
엔터블러처 154
여호수아 18
역학 75
연구노트 84
연성 106
연성재료 118
연속보 199
연신율 118
연약지반 330
열응력 133
열충격 시험 145
열팽창계수 134
영계수 108
영구변형 101, 116
영구자석 362
예배당 320
예술 52
오더 334
오목거울 88
오프셋 방법 118
옥타 20
옥타드 20
옥토 20
옴 43
와트 43
완전성 10, 341
완전수 49
외르스데드 361
외벽 285
외압 77
외팔보 93, 199, 220
요하네스 케플러 59
요한 로렌츠 59
요한 카를 프리드리히 가우스 29
용접 88
우아 49
우월성 14
운동 75, 76
원 5, 6, 7
원근법 70, 309
원응력 101
원주속도 303
원통형 볼트 287
원형단면축 297
원형판 7
원호 229
윌리엄 오트레드 26
유도기전력 363
유용성 49, 51
유체역학 83
유클리드 59
육각형 17
윤활평면 89
응력 93, 97
응력-변형률 93

응력변형률선도 115
응력집중 128
응력집중계수 130
이동하중 96, 200
이상기둥 259
이오니아식 155
인문주의적 세계관 286
인성 106
인쇄회로기판 136
인수 16
인장변형률 103
인장시험 93, 106, 115
인장시험선도 115
인장응력 93
인장하중 96
인체 50
인체 비례 63
인체해부학 69
일 41
일단고정 타단지지보 199
일률 43
일점 투시 원근법 309
임계하중 259

자기력 362
자리수 25
자코브 베르누이 62
작용외력 196
잔류응력 101, 144
잠수함 86
장 팅겔리 352, 359
재생 285
저널베어링 90
저압력 118
저항 43
적분학 32
적합미 47, 49
적합성 48, 51
전단력 202, 203, 204, 205
전단력선도 206
전단변형률 109
전단시험 106
전단응력 100, 109
전단탄성계수 109
전단하중 97
전동기 363
전동축 303
전력 43
전압 43
전위차 43
절석 166
점가하중 95
점변분포하중 200
접선응력 100
접시 스프링 121
정물 370
정비례법칙 107
정사각형 12
정사면체 12
정약용 294
정오각형 14
정정보 195
정조 294
정하중 95
제노브 테오필 그람 362
제품설계 150
조적 기술 166
조적조 334
조지 리키 354
조토 5
조토의 종탑 6
조합응력 101

조화 55
종탑 320
좌굴 259
좌표 27
주기율표 374
주두장식 155, 287
줄 41
중공축 300
중력 75, 76
중력 가속도 36
중세적 세계관 286
중실축 300
쥬피터 341
지동설 28
지수 표기법 27
지평선 22
직선보 195
진 팅겔리 354
질량 36
질산은 179
질서 48, 55
집중하중 94, 200

착시교정 157
창의성 360
채색유리 178
처녀 수 18
처짐 93, 231, 232, 234
처짐각 231, 232, 234
처짐곡선 228
천연고무 118
천창 291
첨두아치 165, 166 ,167, 168
첨두형 천장 176
체적변형률 105
체적변화율 109
체적탄성계수 109
초기응력 144
초응력 101
초현실주의 359
최대응력 117
최후의 만찬 69
추력 289, 310
추상 366
추상화 369
축소모형 358
축하중 96
충격 76
충격시험 106
충격하중 96
취성재료 118
친퀘첸토 179

카논 63
카라칼라 목욕탕 336
카롤링거 왕조 320
카바 신전 18
칸트 57
케세드랄글라스 179
코덱스 마드리드 78
코린트식 156
코스모스 375
코일 362
콘크리트 335
콘크리트 슬래브 257
콘트라포스토 65
콜로세움 334, 336
쾌 53
쾌적함 49
퀸틸리아누스 56
큐리우스 89
큐비스트 371

큐비즘 371
크랭크 89
크로스 볼트 320, 337
크리스토퍼 클라비우스 59
크리프 106
크리프시험 106
키네틱 스크랩처 352
키네틱 아트 352
키아로스큐로 74
키케로 56

타이 빔 190, 191
탄력계수 149
탄성계수 93, 106, 107
탄성곡선 228
탄성론 93
탄성변형에너지 147, 306
탄성에너지 306
탄성좌굴 260
탄성체 93
탄싱한계점 116
태양 341
태양에너지 88
테렌즈 294
테세라 178
테크네 52
테트라드 12
토마스 아퀴나스 56
토성 341
토스카나 321
토질 322
토크 195, 295
톰마소 피사노 322
통일성 341
투탕카멘 15
트란셉트 320
트로이 22
트리아드 10
티마이오스 50

파고다 23
파단 117
파르테논 신전 58, 154
파리 국립 기술 공예박물관 383
파손 93
파스칼 40
판테온 284, 334, 336, 340
팔각형 287
팔등신 63
팔라디오 286
팔성도 20
패트(PET)용기 123
페디먼트 154
페히너 60
펜타드 14
평균토크 303
평행축 정리 251
평형방정식 93
평형조건식 196
포아송비 106
폴 베리 352
폴리클레이토스 56, 63, 65
푸생 57
푸아송 111
푸아송비 93
푸아송의 수 112
품질신뢰성 144
프라루카 파촐리 14
프란체스코 스포르짜의 기마상 75
프톨레마이오스 79
플라잉 버트레스 167, 168, 169, 172
플라톤 56, 59, 375

플라톤의 정다면체 375
플레밍 363
플로티누스 56
피렌체 87
피렌체 대성당 284
피렌체 세례당 309
피로강도 106
피로시험 106
피로파괴 131
피보나치 수열 59, 60
피사 대성당 321
피사공화국 322
피사의 사탑 319
피치노 56
피카소 366, 369, 371
피타고라스 2, 56
필롤라오스 2
필리우스 보나치오 59
필연성 81

하드리아누스 황제 341
하중 94
하중변형선도 115
하항복점 117
합치 55
항복강도 106
항복점 118
해머 빔 193, 194
해부도 77
해부지도 79
해부학 78
허용응력 125, 126
허치슨 57
헤겔 57
헤르바르트 57
헤링본 무늬 288
헤수스 라파엘 소토 352
헥사드 16
헬리콥터 85
헵타드 18
형상계수 130
형태미 157
호메로스 22
홍예돌 336
홍예석 337
화성 341
화성성역의궤 294
활하중 96
황금 60
황금 나선형 61
황금비 14, 57, 60
회광기 29
회전력 303
회전력 363
회전수 303
회전에너지 319
회전원점 328
회화론 70
훅의 법칙 107
휠 99
흄 57
흑점 28
힘 38
힘 76
힘 77

ASTM 106
CN타워 61
ISO 107
J. 레슬리 59
JIS 107
KS 106

NBR 118
O-링 118
PS 콘크리트 144
PTFE 소재 119
UN본부 61

1차 모멘트 243
2개 이상의 집중하중 210